Cisco | Networking Academy®
Mind Wide Open™

思科网络技术学院教程

CCNA Exploration：路由协议和概念

Routing Protocols and Concepts

CCNA Exploration Companion Guide

[美] Rick Graziani
Allan Johnson 著

思科系统公司 译

中国思科网络技术学院 校

人 民 邮 电 出 版 社

北 京

图书在版编目（CIP）数据

思科网络技术学院教程．CCNA Exploration：路由协议和概念 /（美）格拉齐亚尼（Graziani, R.），（美）约翰逊（Johnson, A.）著；思科系统公司译．—北京：人民邮电出版社，2009.1（2019.7 重印）
ISBN 978-7-115-19064-2

I. 思… II. ①格…②约…③思… III. 计算机网络－路由选择－通信协议－高等学校－教材 IV. TP393

中国版本图书馆CIP数据核字（2008）第167052号

版 权 声 明

思科网络技术学院教程 CCNA Exploration:
路由协议和概念

◆ 著 [美] Rick Grazizni Allan Johnson
译 思科系统公司
校 中国思科网络技术学院
责任编辑 李 际
◆ 人民邮电出版社出版发行 北京市丰台区成寿寺路 11 号
邮编 100164 电子邮件 315@ptpress.com.cn
网址 http://www.ptpress.com.cn
大厂聚鑫印刷有限责任公司印刷
◆ 开本：787×1092 1/16
印张：24
字数：706 千字 2009 年 1 月第 1 版
印数：106 301-108 000 册 2019 年 7 月河北第 34 次印刷

著作权合同登记号 图字：01-2007-4727 号

ISBN 978-7-115-19064-2/TP

定价：45.00 元（附光盘）

读者服务热线：(010) 81055410 印装质量热线：(010) 81055316
反盗版热线：(010) 81055315

内容提要

思科网络技术学院项目是 Cisco 公司在全球范围推出的一个主要面向初级网络工程技术人员的培训项目。

本书为思科网络技术学院 CCNA Exploration 第 4 版课程的配套书面教材，主要内容包括：通信和网络的基本概念介绍，OSI 和 TCP/IP 模型介绍，应用层和传输层协议、服务，IP 寻址、网络编址和路由基础，数据链路层和物理层的介绍，以太网技术及其原理，网络设计和布线，Cisco 路由器和交换机的基本配置。书中每章的最后还提供了复习题，附录中给出答案和解释。术语表中描述了有关网络的术语和缩写。

本书适合准备参加 CCNA 认证考试的读者以及各类网络技术人员参考阅读。

献　　辞

我的妻子 Teri，没有你的耐心和理解，我不可能参与这个项目。谢谢你在我编写本书的过程中所付出的爱和支持以及对我仍有时间去冲浪的理解。

——Rick Graziani

我的妻子 Becky，没有你的奉献，本书不可能完成。感谢你为我提供的舒适、愉快的环境。

——Allan Johnson

关于作者

Rick Graziani，在加利福尼亚 Aptos Cabrillo 学院教授计算机科学和计算机网络课程。Rick 在计算机网络和信息技术领域已经工作了近 30 年的时间。在教书之前，Rick 在不同的 IT 公司，如 Santa Cruz Operation、Tandem Computers、Lockheed Missiles 与 Space Corporation 工作。他在加利福尼亚州立大学 Monterey Bay 获得了计算机科学和系统理论 M.A。Rick 也为思科和其他公司提供咨询服务。在 Rick 不工作时，他喜欢冲浪。Rick 渴望在他最喜欢的 Santa Cruz 进行冲浪。

Allan Johnson，经过 10 年商业公司的努力，1999 年进入学术界，将他的热情奉献给教育。他获得职业培训和开发的 M.B.A 和 M.Ed。他是得克萨斯 Corpus Christi 的 Del Mar 学院信息技术老师。2003 年，Allan 开始在 CCNA 教师支持团队中工作，为世界范围的网络学院老师提供服务并编写培训材料。现在他全职供职于网络学习系统开发学院。

关于技术审稿人

Nolan Fretz 是不列颠哥伦比亚省基洛纳 Okanagan 学院网络和通信工程技术专业的大学教授。他在实施和维护 IP 网络方面有近 20 年的经验，并在过去 9 年中将他的经验与他的学生分享。他获得了信息技术硕士学位。

Charles Hannon 是西南伊利诺伊学院网络设计和管理助理教授。他从 1998 年成为思科认证学院老师。Charles 从密苏里州圣路易斯马利维尔大学获得了教育艺术硕士学位，并有 8 年信息系统管理经验。Charles 的优势在于鼓励学生成为成功的终身学习者。

Matt Swinford是西南伊利诺伊学院网络设计和管理助理教授。他从1999年成为思科认证学院老师。Matt致力于发展教学环境，培养认证学生及高质量的IT专业人才。Matt获得伊利诺伊州爱德华兹南部伊利诺伊大学经济管理硕士学位，并获得CCNP、A+和微软认证。

致　谢

来自 Rick Graziani：

首先，我要感谢我的好朋友 Allan Johnson，很高兴与他合作本书。我们共同工作，是如此默契的团队，为读者带来巨大好处。Allan 的技术知识、写作能力、绘图技巧及对质量的重视贯穿本书之中。

Cindy Ciriello 作为教师的指导者是开发团队中的重要一员。她为本项目提供了巨大的帮助。为你所做的一切，谢谢你，Cindy。

你对计算机网络了解得越多，就会越认识到自己的无知。这些年，加利福尼亚圣塔克鲁兹大学的网络工程师 Mark Boolootian 和 Jim Warner 及圣克塔鲁斯县教育办公室的 Dave Barnett 为我提供了宝贵的资源。在不同饭店的晚餐讨论、餐巾纸上的拓扑图和协议、有关不同场景和主题的探讨对我来讲都是无价的。这是典型的老朋友的聚会。

为多年的支持和鼓励而感谢 Fred Baker——思科的同事和前 IETF 主席。感谢他所花费的时间以及提供的有价值的观点。

尤其要感谢 Alex Zinin——《Cisco IP Routing》的作者。他的书为我详细解释了在别处找不到的路由协议过程和算法。在本书中可以发现他的影响。再次感谢，Alex！

在写作的漫长过程中尤其要感谢 Mary Beth Ray 的耐心和理解。无论何时，Mary Beth 平静的声音都给了我信心和方向。

感谢 Dayna Isley 和 Chris Cleveland 在编辑和生产阶段所给予的帮助。我惊叹于出版技术书籍所要求的合作水平。感激你们所有的帮助。

感谢所有提供反馈和建议的技术编辑。如果书中还有技术错误，那都是我的责任。

特别感谢 Pat Farley，在此项目进行期间，他保证了我每周的冲浪时间也因此使我身心健康。对于热爱冲浪的人来说，可以理解这有多么重要。为了你的友好和支持，谢谢你，Pat。

最后，我想要感谢所有学生。我总是有最好的学生。你们使我的工作充满乐趣，这也正是我热爱教书的原因。

来自 Allan Johnson：

感谢 Rick Graziani，与我分享这一项目。共同服务于学生是我的荣幸。Rick 一直是我的老师，现在我为有这样的朋友而自豪。对于学生和读者来说，可能不会了解 Rick 是如何认真，很多次，我问他技术问题时，他的回答都是“让我查一下算法，然后再告诉你”。

Cindy Ciriello 具有将我们的努力整合起来的才能，对每项技术资料进行了提升。作为“Agent 99”，在那些疯狂的日子，你总能激励我们并维持我们的理智。

Mary Beth——执行编辑，我佩服你同时进行几个项目的能力，而每个项目从始至终都在掌控之中。我总能依赖你进行艰难的决定。

感谢我所有的学生——过去的和现在的——帮助我经过多年的磨炼成为更优秀的教师。教学效果的最好的测试就是展示给学生们，他们可以发现最隐蔽的错误。没有你们的支持，我永远不可能完成这些工作。

前　　言

思科网络学院是采用 e-learning 方式，为学生提供学习互联网技术的项目。网络学院通过传送基于 Web 的学习内容、在线测试、学生成绩跟踪和动手实验帮助学生完成企业标准认证。CCNA 课程面向思科认证的网络工程师（CCNA）认证提供 4 门课程。

本书是官方提供的用于网络学院 CCNA Exploration 路由协议和概念在线教程第 4 版的补充课本。

本书超越了早期的版本，提供更多解释和例子。你可以平时使用在线教程，而利用本书中更多的例子来巩固、加深理解。

本书与在线教程一样提供有关路由协议和概念的全面知识，而不仅是包括 CCNA 认证的内容。配置路由协议的命令不困难。这些协议的运行和对网络产生的影响将带来挑战性。

本书的目标是解释路由协议和概念。每个概念都做出了全面的解释，只有一个例外：超出本课程范围或在 CCNP 中讲述的内容，会在注释中标出。

欢迎读者使用 Rick Graziani 网站资源：http://www.cabrillo.edu/~rgraziani。你可以发信到 Rick Graziani 的信箱 graziani@cabrillo.edu 以获得用户名和口令来访问本课程和其他 CCNA、CCNP 课程资源，也包括 PowerPoint 幻灯片。

本书的目标

首先也是最重要的目标是通过提供新鲜的、更丰富的资料帮助你学习网络学院 CCNA Exploration 路由协议和概念课程。第二个目标是有些不能总是方便上网的学员可以使用本书作为在线教材的替代。此种情况下，需要教师指导你阅读本书相应的部分和材料。另外，本书作为离线学习资料可以帮助你准备 CCNA 考试。

针对的读者

本书的主要读者是参加网络学院 CCNA Exploration 路由协议和概念课程的人。很多网络学院在课上将其作为课本使用。也可以将其作为推荐的辅助学习和练习的指导书。

特色

本书的特点集中于主题范围、可读性和实践材料，以有助于对所有课程资料的理解。

内容范围

以下列出每章中的主题，以便于你学习时更好地利用时间。

- **目标**——在每章的开始列出。目标指明本章的核心概念，并与在线教程中的相应目标相匹配。在指导中以问题的形式提出是鼓励你在阅读本章时勤于思考发现答案。
- **"How to" 功能**——当本书描述需要完成某一特定任务的步骤时，将以"How to"列表的方式列出步骤。在你学习过程中，此图标使你在浏览本书时可以很容易参考此功能。

- **注释、提示、注意和警告**——在页边，用简短的文本框列出有趣的事实、节约时间的方法及一些重要的安全提示。
- **每章总结**——每章最后是对本章关键概念的总结。它提供了本章的大纲，以帮助学习。

可读性

作者用相同的风格编辑，有时是重写了一些材料以使本书具有一致性和更强的可读性。此外，为帮助你理解网络术语作了以下改进：

- **关键术语**——每章开始列出关键术语表，并以在每章中出现的次序排序。这个参考可以让你快速找到该术语，看看在教材中是如何使用的。术语表中定义了所有关键术语。
- **术语表**——本书中包括了超过 150 条术语的全新术语表。

实践

实践环节更加完美。本书提供大量的将你所学用于实践的机会。你可以发现以下一些有价值的方法来指导你学习。

- **"检查你的理解"的问题及答案**——本书对每章后面用于自我检查的复习题进行了更新。这些问题的类型与在线评估一致，附录"检查你的理解和挑战性问题的答案"，提供了所有问题的答案和解释。
- **（新）挑战的问题和实践**——附加的——更具挑战性——大多数章节的最后有复习题和实践活动。这些题目类似于 CCNA 考试的复杂程度。此部分包括帮助你准备考试的练习。附录 A 提供答案。
- **Packet Tracer 活动**——本书中包含很多使用思科 Packet Tracer 工具的实践活动。Packet Tracer 可以让你建立网络，模拟数据包在网络中的流动过程，并可用基本测试工具确定网络工作是否正常。看到此图标时，你应用 Packet Tracer 完成本书中建议的任务。练习所用的文件已经包括在本书的 CD-ROM 中。可以访问网络学院的网站获得 Packet Tracer 软件。可以通过你的老师获得访问 Packet Tracer 的权限。

Packet Tracer 软件和实践活动简介

Packet Tracer 是由思科公司开发的可视化的交互教学工具。实验活动是网络教育的重要组成部分。然而，实验设备是很稀缺的资源。Packet Tracer 提供了模拟网络设备和过程的可视化环境以弥补设备的缺乏。通过 Packet Tracer，学生可以有足够的时间完成标准的实验练习，还可选择在家学习。虽然 Packet Tracer 不能完全代替实际设备，但可允许学生使用命令行接口进行练习。"e-doing" 可以让学生通过命令行学习配置路由器和交换机，这是网络学习的基本内容。

Packet Tracer v4.x 仅通过 Academy Connection 网站对思科网络学院提供。在思科网络技术学院学习的读者可以从老师那里获得 Packer Tracer。

另外，本课程中包括了 Packet Tracer 练习。

Packet Tracer
☐ Activity

Packet Tracer Activity: 此图标在章节中需要练习或观看某一主题时就会出现，表明有一个练习。在本书的 CD-ROM 中提供这些练习的文件。此类练习比 Packet Tracer Companion 和 Challenge 练习花费的时间少。

Packet Tracer Companion

Packet Tracer Companion：此图标与课程中的动手实验相匹配。你可利用 Packet Tracer 完成模拟的动手实验。Companion Guide 在每章的最后出现。

Packet Tracer Challenge

Packet Tracer Skills Integration Challenge: 此图标表示这一练习需要你将本章所学的几个技能综合运用才能完成。Companion Guide 在每章的最后出现。

本书是如何组织的

本书主要标题的次序与网络学院在线课程《CCNA Exploration Routing Protocols and Concepts》完全一致。本书有 11 章，与在线教程有相同的编号和名字。

路由协议的每章和静态路由一章都以简单拓扑开始，整章都使用这一拓扑。每章的简单拓扑具有很好的连贯性，也便于对路由命令、运行和输出的理解。

- **第 1 章，"路由和数据包转发介绍"**，对路由器的硬件和软件的概述，及直连网络、静态路由和动态路由协议的介绍。还回顾了数据包转发的过程，包括路径决定和交换功能。
- **第 2 章，"静态路由"**，详细分析静态路由并讨论在现代网络中静态路由的使用和作用。本章还描述了静态路由中使用下一跳 IP 地址和/或出口的好处及配置方法，回顾了基本思科 IOS 命令，也包括思科 IP 路由表的介绍。
- **第 3 章，"动态路由协议介绍"**，概述动态路由协议及不同的分类方法，介绍了术语 ***metric*** 和 ***administrative distance***。本章对术语和概念进行了简介，在后面的章节中将作更深入的探讨。
- **第 4 章，"距离矢量路由协议"**，介绍距离矢量路由协议。讨论了协议所使用的算法，网络发现过程和路由表的维护。
- **第 5 章，"RIPv1"**，介绍距离矢量路由协议 RIPv1。虽然它是最古老的 IP 路由协议，但却是探讨距离矢量技术和分类路由协议最好的例子。本章包括 RIPv1 的配置、校验和排错。
- **第 6 章，"VLSM 和 CIDR"**，介绍 VLSM（可变长子网掩码）和 CIDR（无类域间路由），包括如何超越分类按需分配 IP 地址，如何把 IP 地址汇总为一个单独的地址，即***超网***。
- **第 7 章，"RIPv2"**，讨论距离矢量路由协议 RIPv2。与 RIPv1 相比，RIPv2 是无类路由协议。本章介绍无类路由协议的好处并描述它是如何支持 VLSM 和 CIDR 的。本章包括 RIPv2 的配置、校验和排错。
- **第 8 章，"深入讨论路由表"**，详细介绍思科 IPv4 路由表。理解路由表的结构和查找过程，为校验和对网络排错提供有力工具。
- **第 9 章，"EIGRP"**，讨论无类路由协议 EIGRP。EIGRP 是思科专有的、高级的距离矢量路由协议。本章揭示 DUAL（扩散更新算法）并描述 DUAL 如何确定最佳路径和无环的备用路径。本章包括 EIGRP 的配置、校验和排错。
- **第 10 章，"链路状态路由协议"**，介绍链路状态的概念和术语。本章对链路状态和距离矢量路由协议进行比较，讨论使用链路状态路由协议的好处和需求。
- **第 11 章，"OSPF"**，描述无类的、链路状态路由协议 OSPF。讨论 OSPF 运行，包括链路状态更新、相邻、DR/BDR 选择过程。本章包括 OSPF 的配置、校验和排错。

本书还包括如下内容：

- **附录，"检查你的理解和挑战性问题的答案"**，提供每章后面检查你的理解力问题的答案。也包括大多数章节包括的挑战性问题和实践活动的答案。
- **术语表**提供了在本书中出现的所有关键术语的汇编。

关于光盘

光盘中提供了大量的有用的工具和支持你学习的信息。

- **Packet Tracer Activity Excercise Files （Packet Tracer 练习文件）**：这些文件与贯穿本书的、由 Packet Tracer Activity 图标指示的 Packet Tracer 练习共同使用。
- **Talking Notes（笔记）**：这一部分是每章的学习目标的.txt 文件，可作为大纲使用。写出清晰的、相符的笔记不仅是学习的重要技能，也是取得工作成功的重要能力。此部分包括一个“使用网络日志指南”PDF 文件，提供有关使用和组织专业日志的有价值的方法以及在日志中应关注或不应关注的问题。
- **IT Career Information（IT 职业信息）**：本部分提供用于职业发展的工具包。通过阅读两章从 *The IT Career Builder's Toolkit*:摘录的内容 Defining Yourself: Aptitudes and Desires 和 Making Yourself Indispensable 可以学习更多的将信息技术作为职业的信息。
- **Lifelong Learning（在网络界的终身学习）**：当你开始技术生涯，你会发现技术的发展和变革日新月异。职业道路为你提供更多的机会学习新的技术和应用。思科出版社是你获取知识的关键资源之一。CD-ROM 中的这一部分向你提供这一方面的信息并指导你如何打开终身学习的资源。

本书中使用的图标

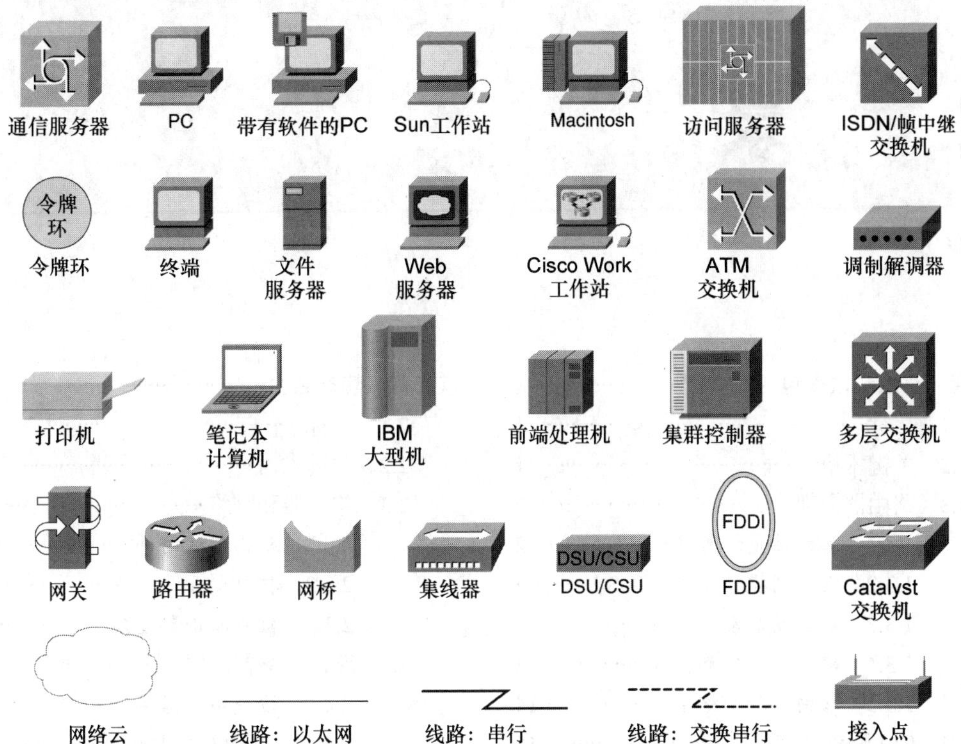

命令语法约定

本书中用于表示命令语法的规则同《IOS 命令手册》一致。《IOS 命令手册》中的表示规则如下介绍。

- **粗体字**代表输入的是命令或关键字。在实际配置例子和输出（非常规的命令语法）中，粗体字代表用户手工输入的命令（如 **show** 命令）。
- *斜体字*指用户实际输入的参数值。
- 竖线（|）用于分割可选的、互斥的选项。
- 方括号【 】表示可选项。
- 花括号{}表示必选项。
- 方括号中的花括号[{}]表示必须在可选项中选择一个。

目　录

第 1 章

路由和数据包转发介绍

1.1 目标

在学习完本章之后，你应该能够回答下面的问题：

- 哪些特性是路由器和计算机所共有的？
- 你如何来配置思科设备并附加上地址？
- 你能描述路由表的基本结构吗？
- 你能够详细描述路由器是如何选择最佳路径并紧接着交换数据包的？

1.2 关键术语

本章使用如下的关键术语。你可以在书后的术语表中找到解释。

IP
路由器
数据包
内存
ROM
操作系统
局域网
广域网
以太网
Internet 服务提供商
最佳路径
路由表
点到点协议
串行
帧中继
异步传输模式
动态路由协议
统一通信
介质
ARP
MAC 地址
闪存
NVRAM
IPv6
IS-IS
静态路由
RIP
EIGRP
OSPF
设置模式
开机自检
控制端口
DSL
ISDN
电缆
LED
NIC
主机
网关
特权执行模式
Telnet
下一跳
邻居
度量
管理距离
集中星型拓扑
IGRP
BGP
非对称路由
TTL
数据包
NAT
等价度量
等价均衡负载
非等价均衡负载

如今，网络在我们的生活中扮演着重要的角色——网络正不断改变我们的生活、工作和娱乐方式。计算机网络以及范围更广泛的 Internet 让人们能够以前所未有的方式进行通信、合作以及交互。我们可以通过各种形式使用网络，其中包括 Web 应用程序、*IP* 电话、视频会议、互动游戏、电子商务、教育以及其他形式。

网络的核心是***路由器***，简而言之，路由器的作用就是将各个网络彼此连接起来。因此，路由器需要负责不同网络之间的***数据包***传送。IP 数据包的目的地可以是国外的 Web 服务器，也可以是局域网中的电子邮件服务器。这些数据包都是由路由器来负责及时传送的。在很大程度上，网际通信的效率取决于路由器的性能，即取决于路由器是否能以最有效的方式转发数据包。

现在，路由器已应用于太空中的卫星。这些路由器能够在太空中的卫星之间路由 IP 业务，其方式与数据包在地面的传送方式大体相同，可以减少延迟并提供更高的网络灵活性。

除了转发数据包之外，路由器还提供其他服务。为满足现今的网络需求，路由器还用于：

- 确保全天候（24×7，即每周 7 天，每天 24 小时）的服务可用性。为了帮助确保网络的连通性，路由器使用备用路径来防范首选路径出现故障；
- 通过有线网络和无线网络提供集成的数据、视频和语音服务；路由器使用 IP 数据包的服务质量（QoS）优先排序来确保实时通信，例如确保语音、视频和重要数据不出现丢失或延迟；
- 通过允许或拒绝数据包的转发来应对蠕虫、病毒和其他攻击带来的影响。

所有这些服务均围绕路由器而构建，而路由器主要负责将数据包从一个网络转发到另一个网络。正是由于路由器能够在网络间路由数据包，不同网络中的设备才能实现通信。本章将为您介绍路由器、它在网络中扮演的角色、它的主要硬件和软件组件，以及路由过程本身。

1.3　路由器内部构造

路由器就是一台计算机，它使用的大多数硬件组件在其他计算机上都能找到。路由器同样包括操作系统。对基本的硬件和软件组成的研究，将会使你对路由和数据包转发的过程有更好的理解。

1.3.1　路由器是计算机

路由器其实也是计算机，它的组成结构类似于任何其他计算机（包括 PC）。第一台路由器是一台接口信息处理机（IMP），出现在美国国防部高级研究计划局网络（ARPANET）中。IMP 是一台 Honeywell 516 小型计算机，1969 年 8 月 30 日，ARPANET 在它的支持下开始运作。

ARPANET 由美国国防部高级研究计划局（ARPA）组建。ARPANET 是全球第一个投入运行的分组交换网络，也是当今 Internet 的前身。

图 1-1 显示了思科 1800 系列综合服务路由器的前面板，这是本课程建议使用的路由器。路由器中含有许多其他计算机中常见的硬件和软件组件，包括：

- **CPU；**
- *内存*；
- **ROM；**
- *操作系统*。

一、路由器是网络的核心

普通用户可能不知道他们自己的网络或 Internet 中有大量的路由器存在。用户只希望能够访问

Web 网页、发送电子邮件，以及下载音乐——不管所访问的服务器是位于自己的网络，还是位于世界其他地方的网络。但网络工程师知道，负责在网络间将数据包从初始源位置转发到最终目的地的，正是路由器。

图 1-1 思科 1841 综合服务路由器

路由器可连接多个网络，这意味着它具有多个接口，每个接口属于不同的 IP 网络。当路由器从某个接口收到 IP 数据包时，它会确定使用哪个接口来将该数据包转发到目的地。路由器用于转发数据包的接口可以位于数据包的最终目的网络（即具有该数据包目的 IP 地址的网络），也可以位于连接到其他路由器的网络（用于送达目的网络）。

路由器连接的每个网络通常需要单独的接口。这些接口用于连接***局域网***（***LAN***）和***广域网***（***WAN***）。LAN 通常为***以太网***，其中包含各种设备，如 PC、打印机和服务器。WAN 用于连接分布在广阔地域中的网络。例如，WAN 连接通常用于将 LAN 连接到 ***Internet 服务提供商***（***ISP***）网络。

在图 1-2 中，我们可以看到，路由器 R1 和 R2 负责从一个网络接收数据包，并将数据包转发到位于另一个网络中的目的网络。

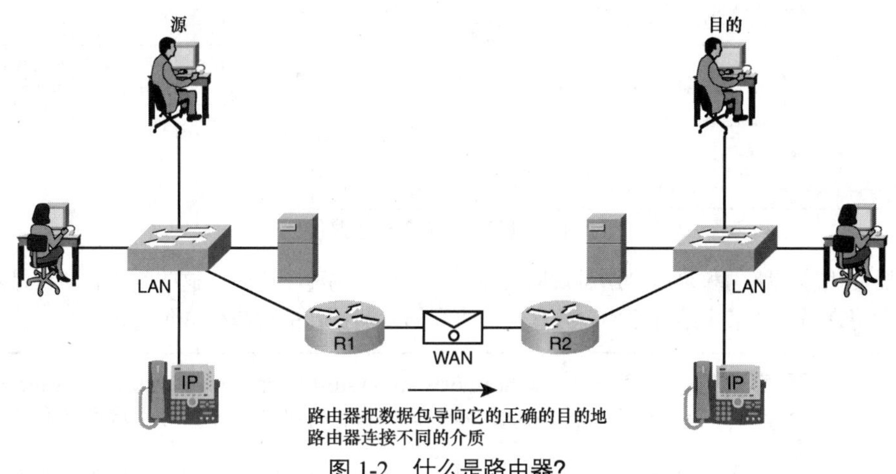

图 1-2 什么是路由器?

二、路由器确定最佳路径

路由器主要负责将数据包传送到本地和远程目的网络，其方法是：

- 确定发送数据包的***最佳路径***;
- 将数据包转发到目的地。

路由器使用***路由表***来确定转发数据包的最佳路径。当路由器收到数据包时，它会检查其目的 IP 地址，并在路由表中搜索最匹配的网络地址。路由表还包含用于转发数据包的接口。一旦找到匹配条目，路由器就会将 IP 数据包封装到传出接口或送出接口的数据链路帧中。

路由器经常会收到以某种类型的数据链路帧（如以太网帧）封装的数据包，当转发这种数据包时，路由器可能需要将其封装为另一种类型的数据链路帧，如***点对点协议***（***PPP***）帧。数据链路封装取决于路由器接口的类型及其连接的介质类型。路由器可连接多种不同的数据链路技术，包括

LAN 技术（如以太网）、WAN *串行*连接（如使用 PPP 的 T1 连接）、***帧中继***以及 ***ATM***。

在图 1-3 中，请注意，路由器的责任是在其路由表中查找目的网络，然后将数据包转发到目的地。在本例中，路由器 R1 收到封装到以太网帧中的数据包。将数据包解封装之后，路由器使用数据包的目的 IP 地址搜索路由表，查找匹配的网络地址。R1 找到了静态路由 192.168.3.0/24，相应的外出接口是 Serial 0/0/0。R1 在外出接口将把数据包封装到合适格式的帧中，然后发出该数据包。

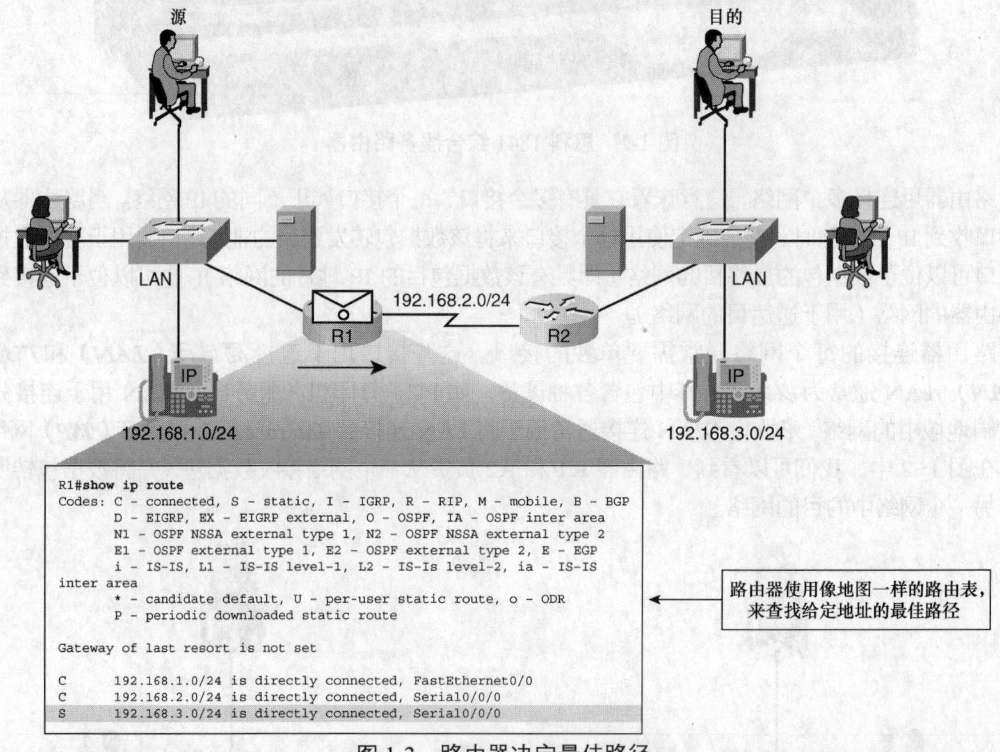

图 1-3 路由器决定最佳路径

路由器使用静态路由和***动态路由协议***来获知远程网络和构建路由表。这些路由和协议是本课程的重点，我们将在后续章节中结合路由器搜索路由表和转发数据包的过程作详细讨论。

更多信息 访问诸如 http://www.howstuffworks.com，http://www.techweb.com/encyclopedia，以及http://whatis.techtarget.com的网站，可以看到路由器和相关术语的定义。

当今的路由器已经不仅仅是一个数据包转发和网络互联设备了。现代的路由器综合了很多其他特性，比如安全、QoS，以及语音功能。路由器在当今向***统一通信***前进的道路中扮演着重要的角色。要想了解更多的思科统一通信的知识，请访问 http://www.cisco.com/go/unifiedcommunications_solutions_unified_communications_home.html。

Packet Tracer Activity

企业网络仿真器（1.1.1） Packet Tracer 练习展示了拥有很多不同技术的路由器的复杂网络。在仿真模式的练习中，你可以看到数据流量通过不同***介质***类型从多个源到多个目的的传输过程。在练习文档中提供了详细的指导。在本书携带的 CD-ROM 中，你可以使用 e2-111.pka 文件来执行这个 Packet Tracer 练习。

三、路由器 CPU 和内存

尽管路由器类型和型号多种多样，但每种路由器都具有相同的通用硬件组件。根据型号的不同，这些组件在路由器内部的位置有所差异。图 1-4 显示了 1841 路由器的内部构造。要查看路由器的内部组件，必须拧开路由器金属盖板上的螺钉，然后将盖板拆下。一般而言，除非要升级存储器，否则不必打开路由器。

图 1-4 路由器内部构造

与 PC 一样，路由器也包含：

- CPU；
- ROM；
- 内存；
- 闪存（Flash）；
- NVRAM。

图 1-5 所示是一个 1841 路由器硬件组成部分的示意图。

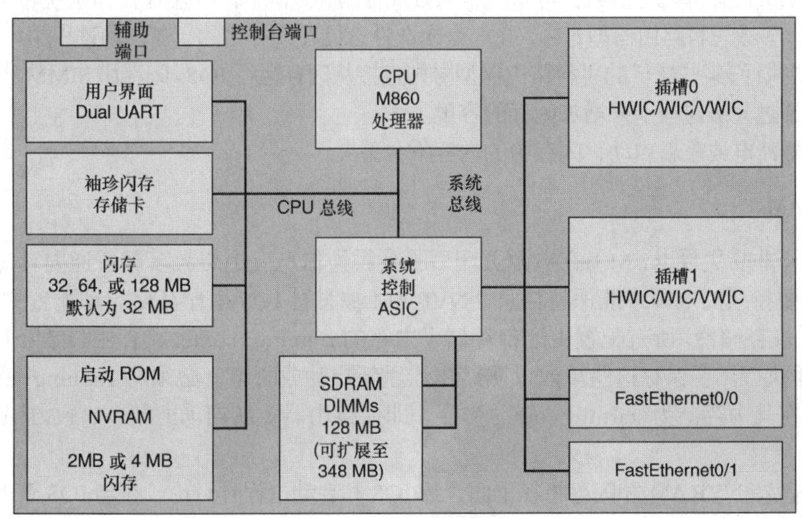

思科 1841路由器的内部组件逻辑图

图 1-5 路由器硬件组成

四、CPU

CPU 执行操作系统指令，如系统初始化、路由功能和网络接口控制。

五、内存

与其他计算机类似，内存存储 CPU 所需执行的指令和数据。内存用于存储以下组件。

- **操作系统**：启动时，操作系统会将思科 IOS（互联网操作系统）复制到内存中。
- **运行配置文件**：这是存储路由器 IOS 当前所用的配置命令的配置文件。除几个特例外，路由器上配置的所有命令均存储于运行配置文件，此文件也称为 running-config。
- **IP 路由表**：此文件存储着直接相连网络以及远程网络的相关信息，用于确定转发数据包的最佳路径。
- ***ARP*缓存**：此缓存包含 IP 地址到 ***MAC 地址*** 的映射，类似于 PC 上的 ARP 缓存。ARP 缓存用在有 LAN 接口（如以太网接口）的路由器上。
- **数据包缓冲区**：数据包到达接口之后以及从接口送出之前，都会暂时存储在缓冲区中。

RAM 是易失性存储器，如果路由器断电或重新启动，内存中的内容就会丢失。但是，路由器也具有永久性存储区域，如 ROM、闪存和 NVRAM。

六、ROM

ROM 是一种永久性存储器。思科设备使用 ROM 来存储：

- bootstrap 指令；
- 基本诊断软件；
- 精简版 IOS。

ROM 使用的是固件，即内嵌于集成电路中的软件。固件包含一般不需要修改或升级的软件，如启动指令。许多类似功能（包括 ROM 监控软件）将在后续课程讨论。如果路由器断电或重新启动，ROM 中的内容不会丢失。

七、闪存

闪存是非易失性计算机存储器，可以电子的方式存储和擦除。闪存用作操作系统思科 IOS 的永久性存储器。在大多数思科路由器型号中，IOS 是永久性存储在闪存中的，在启动过程中才复制到内存，然后再由 CPU 执行。某些较早的思科路由器型号则直接从闪存运行 IOS。闪存由 SIMM 卡或 PCMCIA 卡担当，可以通过升级这些卡来增加闪存的容量。

如果路由器断电或重新启动，闪存中的内容不会丢失。

八、NVRAM

NVRAM（非易失性 RAM）在电源关闭后不会丢失信息。这与大多数普通内存（如 DRAM）不同，后者需要持续的电源才能保持信息。NVRAM 被思科 IOS 用作存储启动配置文件（startup-config）的永久性存储器。所有配置更改都存储于内存的 running-config 文件中（有几个特例除外），并由 IOS 立即执行。要保存这些更改以防路由器重新启动或断电，必须将 running-config 复制到 NVRAM，并在其中存储为 startup-config 文件。即使路由器重新启动或断电，NVRAM 也不会丢失其内容。

ROM、内存、NVRAM 和闪存将在下面介绍 IOS 和启动过程时讨论。在与 IOS 管理相关的后续课程中也会对它们详细介绍。

对网络工程师而言，相对路由器内部组件的具体位置，更为重要的是要理解路由器主要内部组件的功能。路由器的内部物理体系结构视型号不同而不同。

更多信息 在 http://www.cisco.com/en/US/products/ps5875/index.html 上面可以看到“Cisco 1800 系列多媒体演示”。

1.3.2 互联网操作系统（IOS）

思科路由器采用的操作系统软件称为思科 Internetwork Operating System（IOS）。与计算机上的操作系统一样，思科 IOS 会管理路由器的硬件和软件资源，包括存储器分配、进程、安全性和文件系统。思科 IOS 属于多任务操作系统，集成了路由、交换、Internet 网络及电信等功能。

虽然许多路由器中的思科 IOS 看似相同，但实际却是不同类型的 IOS 映像。IOS 映像是一种包含相应路由器完整 IOS 的文件。思科根据路由器型号和 IOS 内部的功能，创建了许多不同类型的 IOS 映像。通常，IOS 内部的功能越多，IOS 映像就越大，因此就需要越多的闪存和 RAM 来存储和加载 IOS。例如，某些功能包括了运行 IPv6 的能力，或者能让路由器执行 NAT（网络地址转换）。

与其他操作系统一样，思科 IOS 也有自己的用户界面。尽管有些路由器提供图形用户界面（GUI），但命令行界面（CLI）是配置思科路由器的最常用方法。本课程全部使用 CLI。

路由器启动时，NVRAM 中的 startup-config 文件会复制到内存，并存储为 running-config 文件。IOS 接着会执行 running-config 中的配置命令。网络管理员输入的任何更改均存储于 running-config 中，并由 IOS 立即执行。在本章中，我们将讨论配置思科路由器所用到的一些基本 IOS 命令。在后续章节中，我们将学习用于静态路由配置、检验和故障排除的命令，以及各种路由协议，如 RIP、EIGRP 和 OSPF。

注 思科 IOS 和启动过程将在后续课程中详细介绍。

1.3.3 路由器启动过程

像所有计算机一样，路由器使用系统进程进行启动。这其中包括了硬件检测、加载操作系统，以及执行所有的在启动配置文件中保存的配置命令。这些过程的一些细节不包含在本课程里面，在后面学习的课程中有更多的研究。

一、启动过程

图 1-6 显示了启动过程的 6 个主要阶段。

1. POST：检测路由器硬件。
2. 加载 bootstrap（自举）程序。
3. 查找思科 IOS。
4. 加载思科 IOS。
5. 查找配置文件。
6. 加载启动配置文件或者进入***设置模式（setup mode）***。

第一步：执行 POST

加电自检（POST）几乎是每台计算机启动过程中必经的一个过程。POST 过程用于检测路由器硬件。当路由器加电时，ROM 芯片上的软件便会执行 POST。在这种自检过程中，路由器会通过 ROM 执行诊断，主要针对包括 CPU、内存和 NVRAM 在内的几种硬件组件。POST 完成后，路由器将执行 bootstrap 程序。

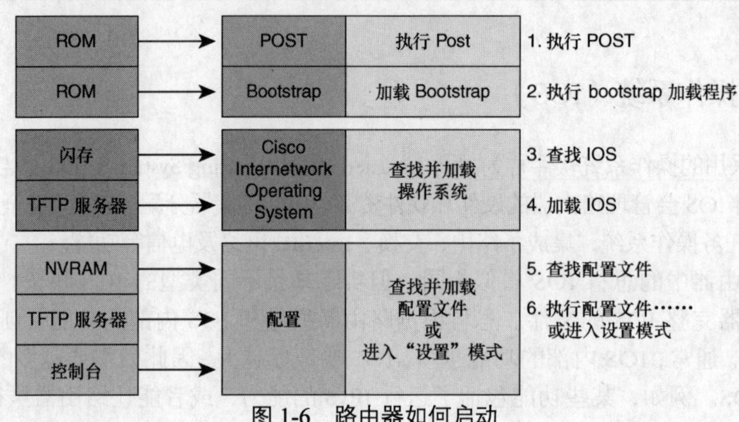

图 1-6　路由器如何启动

第二步：加载 bootstrap 程序

POST 完成后，bootstrap 程序将从 ROM 复制到内存。进入内存后，CPU 会执行 bootstrap 程序中的指令。bootstrap 程序的主要任务是查找思科 IOS 并将其加载到内存。

注意，此时如果有连接到路由器的控制台，您会看到屏幕上开始出现输出内容。

第三步：查找思科 IOS

bootstrap 程序的责任就是查找思科 IOS 并且复制到内存中。IOS 通常存储在闪存中，但也可能存储在其他位置，如 TFTP（简单文件传输协议）服务器上。

如果不能找到完整的 IOS 映像，则会从 ROM 将精简版的 IOS 复制到内存中。这种版本的 IOS 一般用于帮助诊断问题，也可用于将完整版的 IOS 加载到内存。

注　TFTP 服务器通常用作 IOS 的备份服务器，但也可充当存储和加载 IOS 的中心点。IOS 管理和 TFTP 服务器的使用将在后续课程讨论。

第四步：加载思科 IOS

有些较早的思科路由器可直接从闪存运行 IOS，但现今的路由器会将 IOS 复制到内存后由 CPU 执行。一旦 IOS 开始加载，您就可能在映像解压缩过程中看到一串井号（#）。

第五步：查找配置文件

IOS 加载后，bootstrap 程序会搜索 NVRAM 中的启动配置文件（也称为 startup-config）。此文件含有先前保存的配置命令以及参数，其中包括：

- 接口地址；
- 路由信息；
- 口令；
- 网络管理员保存的其他配置。

如果启动配置文件 startup-config 位于 NVRAM，则会将其复制到内存作为运行配置文件 running-config。

注 *如果 NVRAM 中不存在启动配置文件，则路由器可能会搜索 TFTP 服务器。如果路由器检测到有活动链路连接到已配置路由器，则会通过活动链路发送广播，以搜索配置文件。这种情况会导致路由器暂停，但是您最终会看到如下所示的控制台消息：*

```
<router pauses here while it broadcasts for a configuration file across an active link>
%Error opening tftp://255.255.255.255/network-confg(Timed out)
%Error opening tftp://255.255.255.255/cisconet.cfg(Timed out)
```

第六步：加载启动配置文件或者进入设置模式

如果在 NVRAM 中找到启动配置文件，则 IOS 加载它到内存中作为 running-config 文件，同时逐行执行文件中的命令。running-config 命令包含接口地址、启动路由进程、配置路由器口令，以及定义路由器的其他特性。

如果不能找到启动配置文件，路由器会提示用户进入设置模式。设置模式包含一系列问题，提示用户一些基本的配置信息。设置模式不适于复杂的路由器配置，网络管理员一般不会使用该模式。

当启动不含启动配置文件的路由器时，您会在 IOS 加载后看到以下问题：

```
Would you like to enter the initial configuration dialog?[yes/no]:no
```

本课程不会使用设置模式配置路由器。当提示进入设置模式时，请始终回答 **no**。如果回答 **yes** 并进入设置模式，可随时按 **Ctrl-C** 终止设置过程。

不使用设置模式时，IOS 会创建默认的 running-config。默认 running-config 是基本配置文件，其中包括路由器接口、管理接口以及特定的默认信息。默认 running-config 不包含任何接口地址、路由信息、口令或其他特定配置信息。

二、命令行界面

根据平台和 IOS 的不同，路由器可能会在显示提示符前询问以下问题：

```
Would you like to terminate autoinstall?[yes]:<Enter>

Press the Enter key to accept the default answer.

Router>
```

如果找到启动配置文件，则 running-config 还可能包含主机名，提示符处会显示路由器的主机名。

一旦显示提示符，路由器便开始以当前的运行配置文件运行 IOS。而网络管理员也可开始使用此路由器上的 IOS 命令。

注 *启动过程将在后续课程中详细介绍。*

三、检验路由器启动过程

show version 命令有助于检验和排查某些路由器基本硬件组件和软件组件故障。**show version** 命令会显示路由器当前所运行的思科 IOS 软件的版本信息、bootstrap 程序版本信息以及硬件配置信息，包括系统存储器大小。

示例 1-1 命令输出

```
Router# show version

Cisco Internetwork Operating System Software
IOS (tm) C2600 Software (C2600-I-M), Version 12.2(28), RELEASE SOFTWARE (fc5)
Technical Support: http://www.cisco.com/techsupport
Copyright (c) 1986-2005 by cisco Systems, Inc.
Compiled Wed 27-Apr-04 19:01 by miwang
Image text-base: 0x8000808C, data-base: 0x80A1FECC

ROM: System Bootstrap, Version 12.1(3r)T2, RELEASE SOFTWARE (fc1)
Copyright (c) 2000 by cisco Systems, Inc.
ROM: C2600 Software (C2600-I-M), Version 12.2(28), RELEASE SOFTWARE (fc5)

System returned to ROM by reload
System image file is "flash:c2600-i-mz.122-28.bin"

cisco 2621 (MPC860) processor (revision 0x200) with 60416K/5120K bytes of memory.
Processor board ID JAD05190MTZ (4292891495)
M860 processor: part number 0, mask 49
Bridging software.
X.25 software, Version 3.0.0.
2 FastEthernet/IEEE 802.3 interface(s)
2 Low-speed serial(sync/async) network interface(s)
32K bytes of non-volatile configuration memory.
16384K bytes of processor board System flash (Read/Write)

Configuration register is 0x2102
```

show version 命令的输出内容包括：

- IOS 版本；
- ROM bootstrap 程序；
- IOS 位置；
- CPU 和内存大小；
- 接口；
- NVRAM 大小；
- 闪存大小；
- 配置寄存器信息。

本段接下来讨论这些内容的详细信息。

四、IOS 版本

```
Cisco Internetwork Operating System Software
IOS(tm)C2600 Software(C2600-I-M), Version 12.2(28), RELEASE SOFTWARE(fc5)
```

此处便是内存中的思科 IOS 软件版本，也正是路由器所用的软件版本。

五、ROM bootstrap 程序

```
ROM:System Bootstrap, Version 12.1(3r)T2, RELEASE SOFTWARE(fc1)
```

此处显示了存储于 ROM 存储器的系统 bootstrap 软件（最初用于启动路由器）的版本。

六、IOS 位置

```
System image file is "flash:c2600-i-mz.122-28.bin"
```

此处显示了 boostrap 程序在思科 IOS 中加载的位置，以及 IOS 映像的完整文件名。

七、CPU 和内存大小

```
cisco 2621(MPC860)processor(revision 0x200)with 60416K/5120K bytes of memory
```

此行的第一部分显示的是该路由器的 CPU 类型。此行的最后一部分显示的是 DRAM 的大小。某些系列的路由器（如 2600）使用 DRAM 中的一段作为数据包存储器。数据包存储器用于缓冲数据包。

要确定路由器上的总 DRAM 大小，请将两个数字相加。在本例中，思科 2621 路由器有 60416KB（千字节）的可用 DRAM 用于临时存储思科 IOS 和其他系统进程。其余 5120KB 专用作数据包存储器。二者相加之和为 65536KB，即总共 64MB（兆字节）的 DRAM。

升级 IOS 时，可能需要升级内存。

八、接口

```
2 FastEthernet/IEEE 802.3interface(s)
2 Low-speed serial(sync/async)network interface(s)
```

这一段输出显示的是路由器上的物理接口。在本例中，思科 2621 路由器有两个快速以太网接口和两个低速串行接口。

九、NVRAM 大小

```
32K bytes of non-volatile configuration memory.
```

这是路由器上 NVRAM 的大小。NVRAM 用于存储 startup-config 文件。

十、闪存大小

```
16384K bytes of processor board System flash(Read/Write)
```

这是路由器上闪存的大小。闪存用于永久存储思科 IOS。

升级 IOS 时，可能需要升级闪存大小。

十一、配置寄存器

```
Configuration register is 0x2102
```

show version 命令的最后一行显示的是软件配置寄存器的当前配置值（十六进制格式）。如果有括在括号中的第二个值，则该值表示下次重新加载时会使用的配置寄存器值。

配置寄存器有多种用途，例如口令恢复。配置寄存器的出厂默认设置是 0x2102。此值表示路由器会从闪存加载思科 IOS 软件映像，从 NVRAM 加载启动配置文件。

注　配置寄存器将在后续课程中详细介绍。

Packet Tracer
☐ Activity

使用设置模式（1.1.4） 路由器第一次启动时会进入设置模式，以便用户执行基本路由器配置。Packet Tracer 仅支持基本的管理设置，因此您只能配置一个接口来连接到管理系统，从而通过该系统执行其余配置。在本练习中，路由器 R2 是网络已有的路由器。我们将清除其上的所有现有配置，并使用设置模式将它连接到路由器。在练习文档中提供了详细的指导。在本书携带的 CD-ROM 中，你可以使用 e2-114.pka 文件来执行这个 Packet Tracer 练习。

1.3.4 路由器端口和接口

尽管这里没有严格的规则，但是如果术语"*端口（port）*"用在路由器上时，正常情况下它是指用来管理访问的一个管理端口。而术语"*接口（interface）*"一般是指有能力发送和接收用户流量的口。尽管如此，这些术语经常在产业界交替使用，甚至在 IOS 输出时也是如此。

一、管理端口

图 1-7 显示了 2621 路由器的背面板。路由器包含用于管理路由器的物理接口。这些接口也称为管理端口。与以太网接口和串行接口不同，管理端口不用于转发数据包。最常见的管理端口是控制台端口。控制台端口用于连接终端，多数情况是运行终端模拟器软件的 PC，从而在无需通过网络访问路由器的情况下配置路由器。对路由器进行初始配置时，必须使用控制台端口。

另一种管理端口是辅助端口。并非所有路由器都有辅助端口。有时，辅助端口的使用方式与控制台端口类似，此外，此端口也可用于连接调制解调器。本课程不会涉及辅助端口。

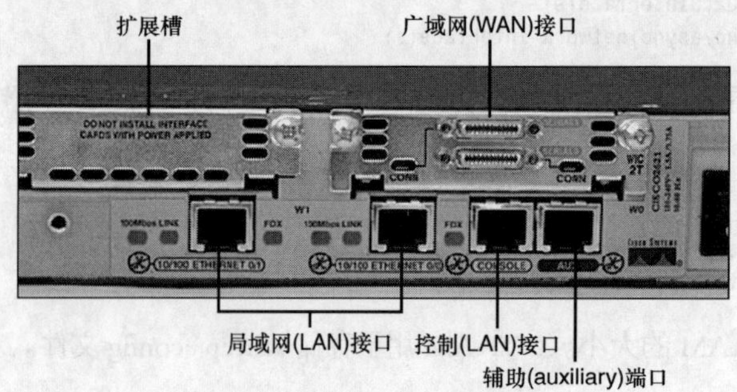

图 1-7 路由器接口：物理表示

二、路由器接口

*接口*一词在思科路由器中表示主要负责接收和转发数据包的路由器物理接口。路由器有多个接口，用于连接多个网络。通常，这些接口连接到多种类型的网络，也就是说需要各种不同类型的介质和接口。路由器一般需要具备不同类型的接口。例如，路由器一般具有快速以太网接口，用于连接不同的 LAN；还具有各种类型的 WAN 接口，用于连接多种串行链路（其中包括 T1、***DSL*** 和 ***ISDN***）。图 1-8 中显示了路由器上的快速以太网接口和串行接口。

与 PC 上的接口一样，路由器的端口和接口也位于路由器的外部。这样的位置对于连接相应的网络***电缆***和接口非常方便。

注　路由器上的一个接口可用于连接多个网络，但此内容已超出本课程范围，我们将在后续课程讨论。

与大多数网络设备一样，思科路由器使用 ***LED*** 指示灯提供状态信息。接口上的 LED 会指示对应接口的活动情况。如果接口为活动状态而且连接正确，但 LED 不亮，则表示该接口可能存在故障。如果接口繁忙，则其 LED 会一直亮起。根据路由器的类型，可能还有其他用途的 LED。

有关 1841 系列路由器上 LED 指示器的详细信息，请参见"思科 1800 系列路由器（模块）"，地址为 http://www.cisco.com/en/US/products/ps5853/products_installation_guide_chapter 09186a00802c36b8.html。

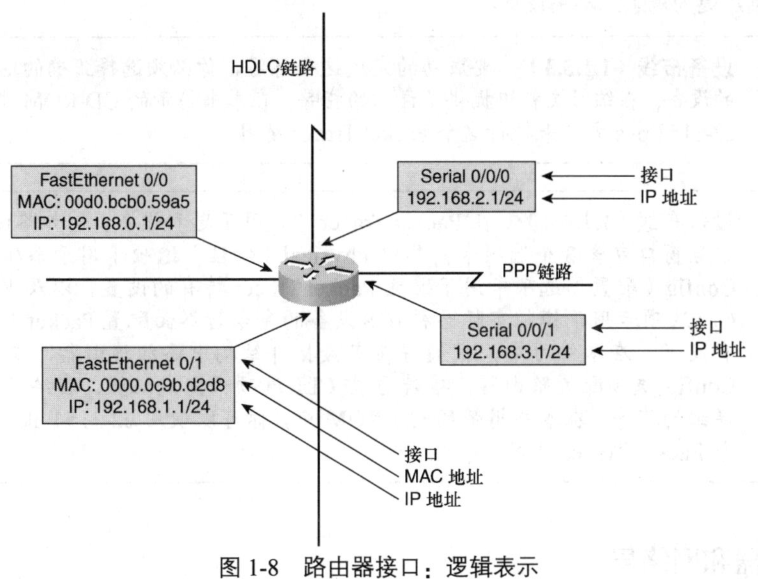

图 1-8 路由器接口：逻辑表示

三、接口分属不同的网络

路由器上的每个接口分属于不同的网络。如图 1-8 所示，路由器上的每个接口都是不同 IP 网络的成员或主机。每个接口必须配置一个 IP 地址以及对应网络的子网掩码。思科 IOS 不允许同一路由器上的两个活动接口属于同一网络。

路由器接口主要可分为两组：

- **LAN 接口**，如以太网接口和快速以太网接口。顾名思义，LAN 接口用于将路由器连接到 LAN，如同 PC 的以太网网卡用于将 PC 连接到以太网 LAN 一样。类似于 PC 以太网网卡（***NIC***），路由器以太网接口也有第 2 层 MAC 地址，且其加入以太网 LAN 的方式与该 LAN 中任何其他***主机***相同。例如，路由器以太网接口会参与该 LAN 的 ARP 过程。路由器会为对应接口提供 ARP 缓存、在需要时发送 ARP 请求，以及根据要求以 ARP 回复作为响应。
  路由器以太网接口通常使用支持非屏蔽双绞线（UTP）网线的 RJ-45 接口。当路由器与交换机连接时，使用直通电缆。当两台路由器直接通过以太网接口连接，或 PC 网卡与路由器以太网接口连接时，使用交叉电缆。
- **WAN 接口**，如串行接口、ISDN 接口和帧中继接口。WAN 接口用于连接路由器与外部网络，这些网络通常分布在距离较为遥远的地方。WAN 接口的第 2 层封装可以是不同的类型，如 PPP、帧中继和 HDLC（高级数据链路控制）。与 LAN 接口一样，每个 WAN 接口都有自己的 IP 地址和子网掩码，这些可将接口标识为特定网络的成员。MAC 地址用在 LAN 接口（如以太网接口）上，而不用在 WAN 接口上。但是，WAN 接口使用自己的第 2 层地址，这要视采用的技术而定。第 2 层 WAN 封装类型和地址将在后续课程介绍。

四、路由器接口举例

图 1-8 所示的路由器有 4 个接口。每个接口都有第 3 层 IP 地址和子网掩码，表示该接口属于特定的网络。以太网接口还会有第 2 层以太网 MAC 地址。

WAN 接口使用多种不同的第 2 层封装。Serial 0/0/0 使用的是 HDLC，而 Serial 0/0/1 使用的是 PPP。将 IP 数据包封装到数据链路帧中时，对于第 2 层目的地址，这两个串行点对点协议都会使用广播地址。

在实验室环境中，可用于实验操作的 LAN 和 WAN 接口数量会受到限制。而在 Packet Tracer 中，则可以灵活地创建更为复杂的网络设计。

Packet Tracer Activity

设备布线（1.1.5.3） 要成功的完成这个练习，你必须选择正确的电缆连接到不同的设备。在练习文档中提供了详细的指导。在本书携带的CD-ROM中，你可以使用e2-1153.pka文件来执行这个Packet Tracer练习。

Packet Tracer Activity

设备布线（1.1.5.4） 在Packet Tracer中，用于思科设备，例如路由器和交换机，配置窗口包含3个选项卡。其中Physical（物理）选项卡用于添加和删除模块。Config（配置）选项卡用于配置Packet Tracer特有的设置，以及少量其他设置。CLI选项卡用于模拟实际思科IOS设备的命令行界面配置Packet Tracer支持的所有设置。在本练习中，我们将在实验拓扑结构中添加路由器、安装模块并使用Config选项配置路由器，接着通过CLI选项卡完成配置。在练习文档中提供了详细的指导。在本书携带的CD-ROM中，你可以使用e2-1154.pka文件来执行这个Packet Tracer练习。

1.3.5 路由器和网络层

要理解路由器在网络中角色，关键的是要理解它作为第3层设备，是用来负责转发数据包的。同时，路由器同样工作在第1层和第2层。

一、路由过程是转发数据包

路由器的主要用途是连接多个网络，并将数据包转发到自身的网络或其他网络。由于路由器的主要转发决定是根据第3层IP数据包（即根据目的IP地址）做出的，因此路由器被视为第3层设备。作出决定的过程称为*路由*。

路由器在收到数据包时会检查其目的IP地址。如果目的IP地址不属于路由器直接相连的任何网络，则路由器会将该数据包转发到另一路由器。在图1-9中，R1会检查数据包的目的IP地址。搜索路由表后，R1将数据包转发到R2。R2收到数据包时会也检查该数据包的目的IP地址。R2在搜索自身的路由表后，将数据包通过与R2直接相连的以太网转发到PC2。

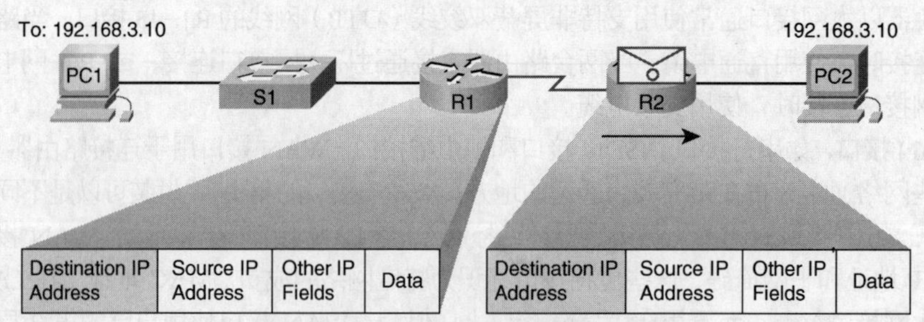

图1-9 数据包转发

每个路由器在收到数据包后，都会搜索自身的路由表，寻找数据包目的IP地址与路由表中网络地址的最佳匹配。如果找到匹配项，就将数据包封装到对应外发接口的第2层数据链路帧中。数据链路封装的类型取决于接口的类型，如以太网接口或HDLC接口。

最后，数据包到达与目的IP地址相匹配的网络中的路由器。在本例中，路由器R2收到来自R1的数据包。然后R2会确定与目的设备PC2处在同一网络的以太网接口，并将数据包从该接口转发出去。

这一系列过程将在本章后续内容中详加说明。

二、路由器工作在第 1、第 2 和第 3 层

路由器在第 3 层做出主要转发决定，但正如我们前面所见，它也参与第 1 和第 2 层的过程。路由器检查完数据包的 IP 地址，并通过查询路由表做出转发决定后，它可以将该数据包从相应接口朝着其目的地转发出去。路由器会将第 3 层 IP 数据包封装到对应送出接口的第 2 层数据链路帧的数据部分。帧的类型可以是以太网、HDLC 或其他第 2 层封装——即对应特定接口上所使用的封装类型。第 2 层帧会编码成第 1 层物理信号，这些信号用于表示物理链路上传输的位。

要更好地理解这一过程，请参阅图 1-10。请注意，PC1 工作在所有 7 个层次，它会封装数据，并把帧作为编码后的比特流发送到默认***网关*** R1。

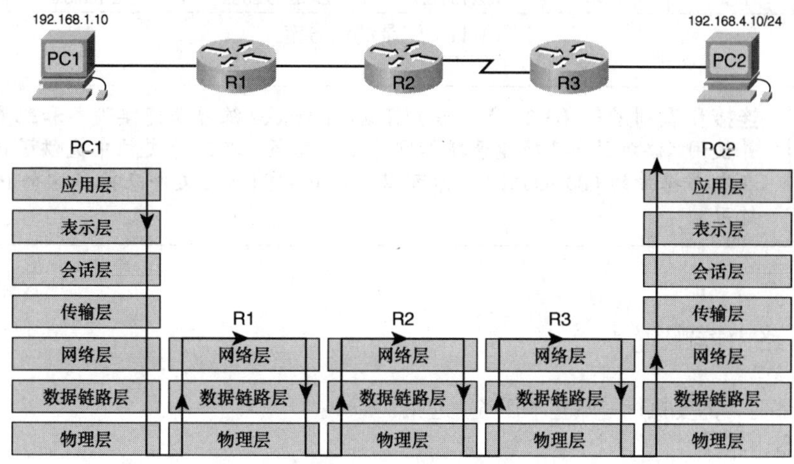

图 1-10 路由器工作在第 1、第 2 和第 3 层

1.4 CLI 配置和编址

基本的编址和思科设备的配置在前面的课程中有所涉及。尽管如此，我们还是要花些时间复习这些主题，为我们更好的准备本课程的动手试验积累经验。

1.4.1 实施基本编址方案

在设计新网络或规划现有网络时，请将网络记录下来。至少要绘制一幅指示物理连接的拓扑图，以及一张列出以下信息的地址表：

- 设备名称；
- 设计中用到的接口；
- IP 地址和子网掩码；
- 终端设备（如 PC）的默认网关地址。

填写地址表

图 1-11 中显示了一个网络拓扑，其中的设备相互连接且配置有 IP 地址。该拓扑下面是一张用于

记录网络的表。表中已填写了部分用于记录网络的数据（设备、IP 地址、子网掩码和接口）。

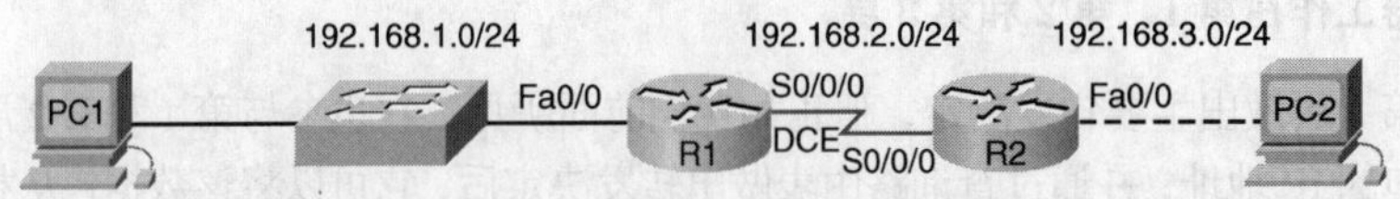

Device	Interface	IP Address	Subnet Mask	Default Gateway
R1	Fa0/0	192.168.1.1	255.255.255.0	N/A
	S0/0/0	192.168.2.1	255.255.255.0	N/A
R2	Fa0/0	192.168.3.1	255.255.255.0	N/A
	S0/0/0	192.168.2.2	255.255.255.0	N/A
PC1	N/A	192.168.1.10	255.255.255.0	192.168.1.1
PC2	N/A	192.168.3.10	255.255.255.0	192.168.3.1

图 1-11 记录编址方案

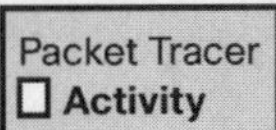

连接和识别设备（1.2.1） 使用 Packet Tracer 练习来连接设备和配置设备名称，并使用“添加注释”功能来增加网络地址标签。在练习文档中提供了详细的指导。在本书携带的 CD-ROM 中，你可以使用 e2-121.pka 文件来执行这个 Packet Tracer 练习。

1.4.2 基本路由器配置

配置路由器时，需要执行一些基本任务，包括：

- 命名路由器；
- 设置口令；
- 配置接口；
- 配置标语；
- 保存路由器更改；
- 检验基本配置和路由器操作。

您应该已经熟悉这些配置命令，不过我们在此仍会进行一些简要回顾。在我们开始回顾之前，假定路由器还不具备现有的 startup-config 文件。

第一个提示符出现在用户模式下：

```
Router>
```

用户模式可让您查看路由器状态，但不能修改其配置。请不要将用户模式中使用的“用户”一词与网络用户相混淆。用户模式中的“用户”是指网络技术人员、操作员和工程师等负责配置网络设备的人员。

enable 命令用于进入***特权执行模式***。在此模式下，用户可以更改路由器的配置。路由器提示符在此模式下将从“>”更改为“#”。

```
Router> enable
Router#
```

一、主机名和口令

表 1-1 中显示了用于配置下面示例中 R1 的基本路由器配置命令语法。您可以打开 Packet Tracer 练习 1.2.2 开始练习，或等到本节结束后再做。

表 1-1 基本路由器配置命令语法

命名路由器	Router（config）# **hostname** *name*
设置口令	Router（config）# **enable secret** *password* Router（config）# **line console 0** Router（config–line）# **password** *password* Router（config–line）# **login** Router（config）# **line vty 0 4** Router（config–line）# **password** *password* Router（config–line）# **login**
配置当天消息标识	Router（config）# **banner motd** # *message* #
配置接口	Router（config）# **interface** *type number* Router（config–if）# **ip address** *address mask* Router（config–if）# **description** *description* Router（config–if）# **no shutdown**
保存路由器更改	Router# **copy running–config startup–config**
检查 **show** 命令的输出	Router# **show running–config** Router# **show ip route** Router# **show ip interface brief** Router# **show interfaces**

首先进入全局配置模式：

```
Router# config t
```

然后为路由器设置唯一的主机名：

```
Router(config)# hostname R1
```

现在配置一个口令，用于稍后进入特权执行模式。在我们的实验室环境中，我们采用口令 **class**。但是在生产环境中，路由器应采用强口令。有关创建和使用强口令的详细信息，请参见本节结尾处的链接。

```
R1(config)# enable secret class
```

然后，将控制台和 ***Telnet*** 的口令配置为 **cisco**。同样，口令 **cisco** 仅在我们的实验室环境中使用。**login** 命令用于对命令行启用口令检查。如果不在控制台命令行中输入 **login** 命令，那么用户无需输入口令即可获得命令行访问权。控制端口命令如下：

```
R1(config)# line console 0
R1(config-line)# password cisco
R1(config-line)# login
```

Telnet 线路使用相类似的命令：

```
R1(config)# line vty 0 4
R1(config-line)# password cisco
R1(config-line)# login
```

二、配置标语

在全局配置模式下，配置当天消息（MOTD）标语。消息的开头和结尾要使用定界符 “#”。定界符可用于配置多行标语，如下所示。

```
R1(config)# banner motd #
Enter TEXT message.End with the character '#'.
******************************************
WARNING!!Unauthorized Access Prohibited!!
******************************************
#
```

好的安全规划应包括对标语的适当配置。至少，标语应针对未授权的访问发出警告。切记不要配置类似于欢迎未授权用户光临之类的标语。

三、路由器接口配置

现在，让我们来配置每个路由器接口的 IP 地址和其他信息。首先指定接口类型和编号以进入接口配置模式。然后配置 IP 地址和子网掩码：

```
R1(config)# interface Serial0/0/0
R1(config-if)# ip address 192.168.2.1 255.255.255.0
```

建议为每个接口配置说明文字，以帮助记录网络信息。说明文字最长不能超过 240 个字符。在生产网络中，可以在说明中提供接口所连接的网络类型，以及该网络中是否还有其他路由器等信息，以利于今后的故障排除工作。如果接口连接到 ISP 或服务运营商，输入第三方连接信息和联系信息也很有用。例如：

```
Router(config-if)# description Ciruit#VBN32696-123 (help desk:1-800-555-1234)
```

在实验室环境中，我们输入有助于故障排除的简单说明。例如：

```
R1(config-if)# description Link to R2
```

IP 地址和说明配置完成后，必须使用 **no shutdown** 命令激活接口。这与接口通电类似。接口还必须连接到另一个设备（集线器、交换机、其他路由器等），才能使物理层处于活动状态。

```
R1(config-if)# no shutdown
```

注　在实验室环境中进行点对点串行链路布线时，电缆的一端标记为 DTE，另一端标记为 DCE。对于串行接口连接到电缆 DCE 端的路由器，其对应的串行接口上需要另外使用 **clock rate** 命令配置。只有在实验环境中才需要此步骤，对此我们将在第 2 章"静态路由"中详加说明。

```
R1(config-if)# clock rate 64000
```

这一步只有在实验室环境中时必须的，它的更详细解释将在第 2 章"静态路由"中说明。

对于需要进行配置的所有其他端口，请重复使用接口配置命令。在我们的拓扑示例中，需要配置快速以太网接口。

```
R1(config)# interface FastEthernet0/0
R1(config-if)# ip address 192.168.1.1 255.255.255.0
R1(config-if)# description R1 LAN
R1(config-if)# no shutdown
```

四、每个接口属于不同的网络

在此请注意，每个接口必须属于不同的网络。尽管 IOS 允许在两个不同的接口上配置来自同一网络的 IP 地址，但路由器不会同时激活两个接口。

例如，如果为 R1 的 FastEthernet 0/1 接口配置 192.168.1.0/24 网络上的 IP 地址，会出现什么情况呢？FastEthernet 0/0 已分配到同一网络上的地址。如果为接口 FastEthernet 0/1 也配置属于这一网络的 IP 地址，则会收到以下消息：

```
R1(config)# interface FastEthernet0/1
R1(config-if)# ip address 192.168.1.2 255.255.255.0
192.168.1.0 overlaps with FastEthernet0/0
```

如果尝试使用 **no shutdown** 命令启用该接口，则会收到以下消息：

```
R1(config-if)# no shutdown

 192.168.1.0 overlaps with FastEthernet0/0
FastEthernet0/1:incorrect IP address assignment
```

在示例 1–2 中，请注意，**show ip interface brief** 命令的输出表明，甚至在使用了 **no shutdown** 命令后，接口 FastEthernet 0/1 仍然为 “down”（关闭）状态。再次说明，这是因为 FastEthernet 0/1 所属的网络 192.168.1.0/24 和先前在 FastEthernet 0/0 上配置的 IP 地址所属的网络是相同的。因此，它仍然会保持在关闭状态，直到它们两个接口当中的一个重新配置了一个不重叠的 IP 地址。

示例 1-2 show ip interface brief 命令输出

```
R1# show ip interface brief

Interface          IP-Address     OK? Method Status                  Protocol
FastEthernet0/0    192.168.1.1    YES manual up                      up
Serial0/0          192.168.2.1    YES manual up                      up
FastEthernet0/1    192.168.1.2    YES manual administratively down down
Serial0/1          unassigned     YES unset administratively down down
```

更多信息 关于使用更强壮口令的讨论，请参阅下面文章：

- “Strong passwords: How to create and use them”at http://www.microsoft.com/athome/security/privacy/password.mspx
- “Simple formula for strong passwords”at http://www.sans.org/reading_room/whitepapers/authentication/1636.php

五、检验基本路由器配置

所有先前的基本路由器配置命令都已输入并立即存储于 R1 的运行配置文件内。running–config 文件存储于 RAM 中，是由 IOS 使用的配置文件。检验时使用 **show running–config** 命令显示运行的配置文件，如示例 1–3 所示。

示例 1-3 show running-config 命令输出

```
R1# show running-config


!
version 12.3
!
hostname R1
!
interface FastEthernet0/0
 description R1 LAN
 ip address 192.168.1.1 255.255.255.0
```

（待续）

```
!
interface Serial0/0
 description Link to R2
 ip address 192.168.2.1 255.255.255.0
 clock rate 64000
!
banner motd ^C
*******************************************
WARNING!! Unauthorized Access Prohibited!!
*******************************************
^ C
!
line con 0
 password cisco
 login
line vty 0 4
 password cisco
 login
!
end
```

既然已经输入基本配置命令，就必须将 running-config 保存到非易失性存储器，即路由器的 NVRAM。这样，路由器在断电或出现意外而重新加载时，才能够以当前配置启动。路由器配置完成并经过测试后，必须将 running-config 保存到 startup-config 作为永久性配置文件。

```
R1# copy running-config startup-config
```

在应用并保存基本配置后，可使用几个命令来检验是否已正确配置路由器。所有这些命令都将在后续章节中详细介绍。现在只需熟悉这些命令的输出。

show running-config 命令会显示存储在内存中的当前运行配置。除几个特例外，所有用到的配置命令都会输入到 running-config，并由 IOS 立即执行。

show startup-config 命令，如示例 1-4 中所示，会显示存储在 NVRAM 中的启动配置文件。此文件中的配置将在路由器下次重新启动时用到。只有将当前的运行配置文件经过 **copy running-config startup-config** 命令保存到 NVRAM 中后，启动配置文件才会发生变化。

示例 1-4 show startup-config 命令输出

```
R1# show startup-config
Using 728 bytes
!
version 12.3
!
hostname R1
!
interface FastEthernet0/0
 description R1 LAN
 ip address 192.168.1.1 255.255.255.0
!
interface Serial0/0
 description Link to R2
 ip address 192.168.2.1 255.255.255.0
 clock rate 64000
!
banner motd ^C
```

（待续）

```
********************************************
WARNING!! Unauthorized Access Prohibited!!
********************************************
^C
line con 0
password cisco
 login
line vty 0 4
 password cisco
 login
!
end
```

请注意，输出的启动配置和运行配置是相同的。它们之所以相同，是因为运行配置自上次保存以来没有发生变更。另外，**show startup-config** 命令还会显示已保存的配置所使用的 NVRAM 字节数：在示例 1-4 中是 728 字节。

show ip route 命令，如示例 1-5 中所示，会显示 IOS 当前在选择到达目的网络的最佳路径时所使用的路由表。此处，R1 只包含经过自身接口到达直接相连网络的路由。

示例 1-5　show ip route 命令输出

```
R1# show ip route

Codes: C - connected, S - static, I - IGRP, R - RIP, M - mobile, B - BGP
       D - EIGRP, EX - EIGRP external, O - OSPF, IA - OSPF inter area
       N1 - OSPF NSSA external type 1, N2 - OSPF NSSA external type 2
       E1 - OSPF external type 1, E2 - OSPF external type 2, E - EGP
       i - IS-IS, L1 - IS-IS level-1, L2 - IS-IS level-2, ia - IS-IS inter area
       * - candidate default, U - per-user static route, o - ODR
       P - periodic downloaded static route

Gateway of last resort is not set

C     192.168.1.0/24 is directly connected, FastEthernet0/0
C     192.168.2.0/24 is directly connected, Serial0/0
```

show interfaces 命令，如示例 1-6 中所示，会显示所有的接口配置参数和统计信息。其中一些信息将在本课程稍后部分中讨论。

示例 1-6　show interfaces 命令输出

```
R1# show interfaces


<some interfaces not shown>
FastEthernet0/0 is up, line protocol is up (connected)
  Hardware is Lance, address is 0007.eca7.1511 (bia 00e0.f7e4.e47e)
  Description: R1 LAN
  Internet address is 192.168.1.1/24
  MTU 1500 bytes, BW 100000 Kbit, DLY 100 usec, rely 255/255, load 1/255
  Encapsulation ARPA, loopback not set
  ARP type: ARPA, ARP Timeout 04:00:00,
  Last input 00:00:08, output 00:00:05, output hang never
  Last clearing of "show interface" counters never
  Queueing strategy: fifo
```

（待续）

```
  Output queue :0/40 (size/max)
  5 minute input rate 0 bits/sec, 0 packets/sec
  5 minute output rate 0 bits/sec, 0 packets/sec
     0 packets input, 0 bytes, 0 no buffer
     Received 0 broadcasts, 0 runts, 0 giants, 0 throttles
     0 input errors, 0 CRC, 0 frame, 0 overrun, 0 ignored, 0 abort
     0 input packets with dribble condition detected
     0 packets output, 0 bytes, 0 underruns
     0 output errors, 0 collisions, 1 interface resets
     0 babbles, 0 late collision, 0 deferred
     0 lost carrier, 0 no carrier
     0 output buffer failures, 0 output buffers swapped out
Serial0/0 is up, line protocol is up (connected)
  Hardware is HD64570
  Description: Link to R2
  Internet address is 192.168.2.1/24
  MTU 1500 bytes, BW 1544 Kbit, DLY 20000 usec, rely 255/255, load 1/255
  Encapsulation HDLC, loopback not set, keepalive set (10 sec)
  Last input never, output never, output hang never
  Last clearing of "show interface" counters never
  Input queue: 0/75/0 (size/max/drops); Total output drops: 0
  Queueing strategy: weighted fair
  Output queue: 0/1000/64/0 (size/max total/threshold/drops)
     Conversations 0/0/256 (active/max active/max total)
     Reserved Conversations 0/0 (allocated/max allocated)
  5 minute input rate 0 bits/sec, 0 packets/sec
  5 minute output rate 0 bits/sec, 0 packets/sec
     0 packets input, 0 bytes, 0 no buffer
     Received 0 broadcasts, 0 runts, 0 giants, 0 throttles
     0 input errors, 0 CRC, 0 frame, 0 overrun, 0 ignored, 0 abort
     0 packets output, 0 bytes, 0 underruns
     0 output errors, 0 collisions, 0 interface resets
     0 output buffer failures, 0 output buffers swapped out
     0 carrier transitions
     DCD=up DSR=up DTR=up RTS=up CTS=up
```

show ip interface brief 命令，如示例 1-7 中所示，会显示简要的接口配置信息，包括 IP 地址和接口状态。此命令是排除故障的实用工具，也可以快速确定所有路由器接口状态。

示例 1-7　show ip interface brief 命令输出

```
R1# show ip interface brief

Interface          IP-Address     OK? Method Status                    Protocol
FastEthernet0/0    192.168.1.1    YES manual up                        up
FastEthernet0/1    unassigned     YES manual administratively down     down
Serial0/0          192.168.2.1    YES manual up                        up
Serial0/1          unassigned     YES manual administratively down        down
Vlan1              unassigned     YES manual administratively down     down
```

Packet Tracer
□ Activity

配置和检验 R1（1.2.2）　在这个练习中，网络中所有的设备已配置好，R1 除外。你需要将 R1 配置好，然后检验该配置。在练习文档中提供了详细的指导。在本书携带的 CD-ROM 中，你可以使用 e2-122.pka 文件来执行这个 Packet Tracer 练习。

1.5 构建路由表

路由器的主要功能是将数据包转发到目的网络，即转发到数据包目的 IP 地址。为此，路由器需要搜索存储在路由表中的路由信息。在下面的部分，你将要学习路由器是如何构建路由表的。然后，你会学习到 3 个基本的路由原理。

1.5.1 路由表简介

路由表是保存在内存中的数据文件，其中存储了与直接相连网络以及远程网络相关的信息。路由表包含网络与下一跳的关联信息。这些关联告知路由器：要以最佳方式到达某一目的地，可以将数据包发送到特定路由器，即在到达最终目的地途中的“下一跳”。*下一跳*也可以关联到通向最终目的地的外发或送出接口。

网络/送出接口关联还可以表示 IP 数据包的目的网络地址。这种关联发生在与路由器直接相连的网络。

*直连网络*就是直接连接到路由器某一接口的网络。当路由器接口配置有 IP 地址和子网掩码时，此接口即成为该相连网络的主机。接口的网络地址和子网掩码以及接口类型和编号都将直接输入路由表，用于表示直接相连网络。路由器若要将数据包转发到某一主机（如 Web 服务器），则该主机所在的网络应该是路由器的直接相连网络。

*远程网络*就是间接连接到路由器的网络。换言之，远程网络就是必须通过将数据包发送到其他路由器才能到达的网络。要将远程网络添加到路由表中，可以使用动态路由协议，也可以通过配置静态路由来实现。动态路由是路由器通过动态路由协议自动获知的远程网络路由。静态路由是网络管理员手动配置的网络路由。

注　　路由表以及与其直接相连网络、静态路由和动态路由将在后续各节介绍，在整个课程中也会穿插详细讨论。

以下比喻可能会有助于您理解直接相连路由、静态路由和动态路由。

- **直连路由**：要拜访您的*邻居*，只需沿着您居住的街道向前走。这一过程与直接相连路由类似，因为通过“相连的接口”（街道）即可直接到达“目的地”。
- **静态路由**：对于指定的路线，火车每次都沿用相同的轨道行进。这一过程与静态路由类似，因为到达目的地的路径总是相同的。
- **动态路由**：驾车时，您可以根据交通、天气或其他状况“动态地”选择不同路线。这一过程与动态路由类似，因为在到达目的地的过程中，您可以在许多不同点选择新的路线。

show ip route 命令

如示例 1–8 中所示，使用 **show ip route** 命令可以显示路由器的路由表。

示例 1-8　路由表中的直连路由

```
R1# show ip route

Codes: C - connected, S - static, I - IGRP, R - RIP, M - mobile, B - BGP
       D - EIGRP, EX - EIGRP external, O - OSPF, IA - OSPF inter area
       N1 - OSPF NSSA external type 1, N2 - OSPF NSSA external type 2
       E1 - OSPF external type 1, E2 - OSPF external type 2, E - EGP
```

（待续）

```
    i - IS-IS, L1 - IS-IS level-1, L2 - IS-IS level-2, ia - IS-IS inter area
    * - candidate default, U - per-user static route, o - ODR
    P - periodic downloaded static route

Gateway of last resort is not set

C 192.168.1.0/24 is directly connected, FastEthernet0/0
C 192.168.2.0/24 is directly connected, Serial0/0/0
```

此时还没有配置任何静态路由，也没有启用任何动态路由协议。因此，R1 的路由表仅显示与该路由器直接相连的网络。对于路由表中列出的每个网络，您均可看到以下信息。

- **C**：此列中的信息指示路由信息的来源是直接相连网络、动态路由还是动态路由协议。C 表示直接相连路由。
- **192.168.1.0/24**：这是直接相连网络或远程网络的网络地址和子网掩码。在本例中，路由表的两个条目 192.168.1.0/24 和 192.168.2.0/24 都是直接相连网络。
- **FastEthernet 0/0**：路由条目末尾的信息，表示送出接口和（或）下一跳路由器的 IP 地址。在本例中，FastEthernet0/0 和 Serial0/0/0 都是用于到达这些网络的送出接口。

当路由表包含远程网络的路由条目时，还会包括额外的信息，如路由***度量***（***metric***）和***管理距离***（***administrative distance***）。路由度量、管理距离和 **show ip route** 命令将在后续章节中详加说明。

PC 也有路由表。在示例 1-9 中，您可以看到 **route print** 命令的输出。此命令会显示所配置或获得的网关、相连网络、回环网络、组播网络和广播网络。

示例 1-9 route print 命令在 Windows 的输出

```
C:\> route print

===========================================================================
Interface List
0x1 ........................... MS TCP Loopback interface
0x2 ...00 11 25 af 40 9b ...... Intel(R) PRO/1000 MT Mobile Connection
===========================================================================
===========================================================================
Active Routes:
Network Destination        Netmask          Gateway       Interface  Metric
          0.0.0.0          0.0.0.0      192.168.1.1    192.168.1.1     10
        127.0.0.0        255.0.0.0        127.0.0.1      127.0.0.1      1
      192.168.1.0    255.255.255.0      192.168.1.1    192.168.1.1     10
     192.168.1.10    255.255.255.0        127.0.0.1    192.168.1.1     10
        224.0.0.0        240.0.0.0     192.168.1.10   192.168.1.10     10
  255.255.255.255  255.255.255.255     192.168.1.10   192.168.1.10      1
Default Gateway: 192.168.1.1
===========================================================================
Persistent Routes:
  None
```

本课程不会分析 **route print** 命令的输出。此处举例的目的是强调所有配置了 IP 的设备都应该有路由表。**route –n** 是在 Linux 操作系统使用的相似的命令。

1.5.2 直连网络

当路由器接口配置有 IP 地址和子网掩码时，此接口即成为该网络上的主机。当 R1 的 FastEthernet0/0 接口配置有 IP 地址 192.168.1.1 和子网掩码 255.255.255.0 时，FastEthernet0/0 接口即成为 192.168.1.0/24 网络的一员。连接到同一 LAN 的主机，如 PC1，也配置有属于 192.168.1.0/24 网络的 IP 地址。

当 PC 配置了主机 IP 地址和子网掩码后，该 PC 使用子网掩码来确定其当前所属的网络。这一过程是由操作系统通过将 IP 地址和子网掩码执行 AND 运算实现的。对于配置了接口的路由器，也是使用相同的逻辑运算来达到这一目的。

PC 通常配置单一的主机 IP 地址，因为它只有一个网络接口（一般是以太网网卡）。路由器则有多个接口，每个接口必须是不同网络的一员。在示例 1-10 中，R1 属于两个不同的网络：192.168.1.0/24 和 192.168.2.0/24。路由器 R2 也属于两个不同网络：192.168.2.0/24 和 192.168.3.0/24。

示例 1-10 R1 路由表中的直连路由

```
R1# show ip route

Codes: C - connected, S - static, I - IGRP, R - RIP, M - mobile, B - BGP
       D - EIGRP, EX - EIGRP external, O - OSPF, IA - OSPF inter area
       N1 - OSPF NSSA external type 1, N2 - OSPF NSSA external type 2
       E1 - OSPF external type 1, E2 - OSPF external type 2, E - EGP
       i - IS-IS, L1 - IS-IS level-1, L2 - IS-IS level-2, ia - IS-IS inter area
       * - candidate default, U - per-user static route, o - ODR
       P - periodic downloaded static route

Gateway of last resort is not set

C 192.168.1.0/24 is directly connected, FastEthernet0/0
C 192.168.2.0/24 is directly connected, Serial0/0/0
```

配置路由器的接口并使用 **no shutdown** 命令将其激活后，该接口必须收到来自其他设备（路由器、交换机、集线器等）的载波信号，其状态才能视为“up”（开启）。一旦接口为“up”（开启）状态，该接口所在的网络就会作为直接相连网络而加入路由表。

在路由器上配置静态或动态路由之前，路由器只知道与自己直接相连的网络。这些网络是在配置静态或动态路由之前唯一显示在路由表中的网络。直接相连网络对于路由决定起着重要作用。如果路由器没有直接相连网络，也就不会有静态和动态路由的存在。如果路由器接口未启用 IP 地址和子网掩码，路由器就不能从该接口将数据包发送出去，正如在以太网接口未配置 IP 地址和子网掩码的情况下，PC 也不能将 IP 数据包从该接口发送出去。

> 注　配置路由器接口以及向路由表添加网络地址的过程将在下章讨论。

Packet Tracer
☐ Activity

直连路由（1.3.2） 这个练习关注与路由表以及它是如何构建的。路由器在自己的接口上配置 IP 地址，来作为增加路由表中网络的第一步。这些网络对于路由器来讲是直连的。这个练习集中在两个路由器 R1 和 R2 上，关注路由器接口配置所支持的网络。开始时，所有接口都配置了正确的 IP 地址，但是接口还是 shut down 状态。在练习文档中提供了详细的指导。在本书携带的 CD-ROM 中，你可以使用 e2-132.pka 文件来执行这个 Packet Tracer 练习。

一、静态路由

通过配置静态路由或启用动态路由协议，可以将远程网络添加至路由表。当 IOS 获知远程网络及用于到达远程网络的接口时，只要送出接口为启用状态，它便会将该路由添加到路由表中。

静态路由包括远程网络的网络地址和子网掩码，以及下一跳路由器或送出接口的 IP 地址。如示例

1-11 中所示，静态路由在路由表中以代码 S 表示。我们将在下一章详细讨论静态路由。

示例 1-11　R1 路由表中的静态路由

```
R1# show ip route

Codes: C - connected, S - static, I - IGRP, R - RIP, M - mobile, B - BGP
    D - EIGRP, EX - EIGRP external, O - OSPF, IA - OSPF inter area
    N1 - OSPF NSSA external type 1, N2 - OSPF NSSA external type 2
    E1 - OSPF external type 1, E2 - OSPF external type 2, E - EGP
    i - IS-IS, L1 - IS-IS level-1, L2 - IS-IS level-2, ia - IS-IS inter area
    * - candidate default, U - per-user static route, o - ODR
    P - periodic downloaded static route

Gateway of last resort is not set

C     192.168.1.0/24 is directly connected, FastEthernet0/0
C     192.168.2.0/24 is directly connected, Serial0/0/0
S     192.168.3.0/24 [1/0] via 192.168.2.2
```

二、何时使用静态路由

在以下情况中应使用静态路由。

- **网络中仅包含几台路由器**：在这种情况下，使用动态路由协议并没有任何实际好处。相反，动态路由可能会增加额外的管理负担。
- **网络仅通过单个 ISP 接入 Internet**：因为该 ISP 就是唯一的 Internet 出口点，所以不需要在此链路间使用动态路由协议。
- **以集中星型拓扑结构配置的大型网络**：***集中星型拓扑*** 结构由一个中央位置（中心点）和多个分支位置（分散点）组成，其中每个分散点仅有一条到中心点的连接。因为每个分支仅有一条路径通过中央位置到达目的地，所以不需要使用动态路由。

通常，大多数路由表中同时含有静态路由和动态路由。但是，如前所述，路由表必须首先包含用于访问远程网络的直接相连网络，然后才能使用任何静态或动态路由。

静态路由（1.3.3）　路由器可以通过静态路由和动态路由学习远程网络。这个练习侧重于如何使用静态路由把远程网络加到路由表中。在练习文档中提供了详细的指导。在本书携带的 CD-ROM 中，你可以使用 e2-133.pka 文件来执行这个 Packet Tracer 练习。

1.5.3　动态路由

使用动态路由协议也可将远程网络添加到路由表中。如示例 1-12 中所示，R1 已经通过动态路由协议 RIP（路由信息协议）从 R2 自动获知 192.168.4.0/24 网络。RIP 是最早的 IP 路由协议之一，我们将在稍后的章节中再详细讨论。

注　示例 1-12 中 R1 的路由表显示，R1 已获知两个远程网络：其中一条路由通过 RIP 动态获得，另一条静态路由为手动配置。此示例显示了路由表是如何同时包含动态获知的路由以及静态配置的路由，但它并不代表这种方法是该网络的最佳配置方法。

示例 1-12 R1 路由表中的动态路由协议

```
R1# show ip route

Codes: C - connected, S - static, I - IGRP, R - RIP, M - mobile, B - BGP
       D - EIGRP, EX - EIGRP external, O - OSPF, IA - OSPF inter area
       N1 - OSPF NSSA external type 1, N2 - OSPF NSSA external type 2
       E1 - OSPF external type 1, E2 - OSPF external type 2, E - EGP
       i - IS-IS, L1 - IS-IS level-1, L2 - IS-IS level-2, ia - IS-IS inter area
       * - candidate default, U - per-user static route, o - ODR
       P - periodic downloaded static route

Gateway of last resort is not set

C    192.168.1.0/24 is directly connected, FastEthernet0/0
C    192.168.2.0/24 is directly connected, Serial0/0/0
S    192.168.3.0/24 [1/0] via 192.168.2.2
R    192.168.4.0/24 [120/1]via 192.168.2.2, 00:00:20, Serial0/0/0
```

路由器使用动态路由协议共享有关远程网络连通性和状态的信息。动态路由协议的功能包括：

- 网络发现；
- 更新和维护路由表。

一、自动网络发现

网络发现是路由协议的一项功能，通过此功能路由器能够与使用相同路由协议的其他路由器共享网络信息。动态路由协议使路由器能够自动地从其他路由器获知远程网络，这样便无需在每台路由器上配置指向这些远程网络的静态路由。这些网络以及到达每个网络的最佳路径，将添加到路由器的路由表中，并被标记为通过特定动态路由协议获知的网络。

二、维护路由表

在初次网络发现后，动态路由协议将更新并维护其路由表中的网络。动态路由协议不仅会确定通往各个网络的最佳路径，同时还会在初始路径不可用（或者拓扑结构发生变化）时确定新的最佳路径。因此，动态路由协议比静态路由更具优势。如果使用动态路由协议，则路由器无需网络管理员的参与，即可自动与其他路由器共享路由信息并对拓扑结构的变化作出反应。

三、IP 路由协议

用于 IP 的动态路由协议有很多种。以下是一些路由 IP 数据包时常用的动态路由协议：

- RIP（路由信息协议）；
- ***IGRP***（内部网关路由协议）；
- EIGRP（增强型内部网关路由协议）；
- OSPF（开放最短路径优先）；
- IS-IS（中间系统到中间系统）；
- ***BGP***（边界网关协议）。

注　本课程将讨论 RIP（版本 1 和版本 2）、EIGRP 和 OSPF。EIGRP、OSPF 以及 IS-IS 和 BGP 将在 CCNP 课程中详细介绍。IGRP 是早期的路由协议，已经被 EIGRP 所取代。IGRP 和 EIGRP 是思科专有的路由协议，此处列出的所有其他路由协议都是标准的非专有协议。

再次强调，在大多数情况下路由器的路由表中同时包含静态路由和动态路由。动态路由协议将在第 3 章“动态路由协议介绍”中详细讨论。

Packet Tracer
☐ Activity

动态路由（1.3.4） 使用 Packet Tracer 练习来学习 IOS 如何安装和删除动态路由。在练习文档中提供了详细的指导。在本书携带的 CD-ROM 中，你可以使用 e2-134.pka 文件来执行这个 Packet Tracer 练习。

1.5.4 路由表原理

在本课程中，您会不时看到有关路由表的 3 大原理。我们引入这些原理的目的是帮助您理解、配置和排查路由问题。这些原理来自于 Alex Zinin 的著作 Cisco IP Routing。

- 每台路由器根据其自身路由表中的信息独立作出决策。
- 一台路由器的路由表中包含某些信息并不表示其他路由器也包含相同的信息。
- 有关两个网络之间路径的路由信息并不能提供反向路径（即返回路径）的路由信息。

这些原理有什么作用？让我们一起观察图 1-12 中的示例。

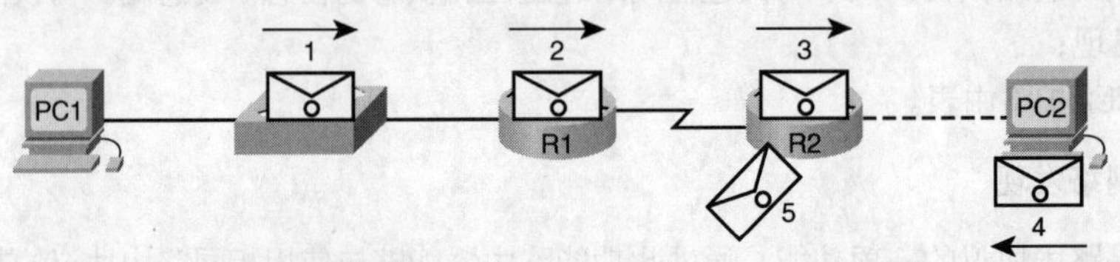

① PC1发送ping到PC2
② R1具有到PC2所在网络的路由
③ R2直连到PC2的网络
④ PC2发送应答ping给PC1
⑤ R2没有到PC1网络的路由，所以丢弃该数据包

图 1-12 路由原理示例

作出路由决定后，路由器 R1 将流向 PC2 的数据包转发至路由器 R2。R1 仅了解其自身路由表中的信息，该信息表明路由器 R2 是下一跳路由器。R1 并不知道 R2 是否确实具有到达目的网络的路由。

网络管理员负责确保其所管理的所有路由器都具备完整准确的路由信息，以便数据包能够在任意两个网络间进行转发。这可通过使用静态路由、动态路由协议或两者的综合运用来实现。

路由器 R2 能够将数据包转发至 PC2 所在的目的网络。但是，从 PC2 到 PC1 的数据包会被 R2 丢弃。尽管 R2 的路由表中包含有关 PC1 所在目的网络的信息，但我们不知道它是否包含返回 PC1 所在网络的路径信息。

非对称路由

因为各个路由器的路由表中保存的信息不尽相同，所以数据包可以沿网络中的一条路径传送，而通过另一条路径返回。这称为***非对称路由***。相对于大多数内部网络，非对称路由在使用 BGP 路由协议的 Internet 中更为常见。

本示例表明当设计和排除网络故障时，网络管理员应检查以下路由信息：

- 从源到目的地的路径是否双向可用？
- 往返路径是否相同？（非对称路由并不罕见，但有时会造成其他问题）

Packet Tracer
☐ Activity

动态路由（1.3.5） 使用 Packet Tracer 试验验来学习 IOS 如何安装和删除动态路由。在试验文档中提供了详细的指导。在本书携带的 CD-ROM 中，你可以使用 e2-134.pka 文件来执行这个 Packet Tracer 试验。

1.6 路由决定和交换功能

下面这一部分我们关注于数据从源到目的这个发送过程中发生的实际细节。首先，本部分复习了数据包字段和帧字段的定义，然后详细讨论了在一跳一跳过程中帧字段是如何变化的，反之，数据包字段并没有变化。

1.6.1 数据包字段和帧字段

如前所述，路由器通过检查数据包的目的 IP 地址来决定主要转发路径。向正确的送出接口发送数据包之前，需要将 IP 数据包封装到第 2 层数据链路帧中。在本节稍后的讨论中，我们将跟随一个 IP 数据包从源到目的地，检查途中每台路由器上的封装和解封过程。但首先，我们将回顾第 3 层 IP 数据包和第 2 层以太网帧的字段格式。

一、Internet 协议（IP）数据包格式

RFC 791 中规定的 Internet 协议定义了 IP 数据包的格式。如图 1-13 所示，IP 数据包报头中包含特定字段，这些字段中包含有关数据包和发送方及接收方主机的信息。

字节 1		字节 2	字节 3		字节 4
版本	IHL	服务类型	数据包长度		
标识			标志	段偏移量	
生存时间		协议	报头校验和		
源地址					
目的地址					
选项					填充

图 1-13 IP 报头字段的定义

以下是 IP 报头中的字段列表和每个字段的简要说明。您应该已经熟悉了目的 IP 地址、源 IP 地址、版本和生存时间（*TTL*）字段。其他字段也很重要，但不在本课程的讨论范围之内。

- **版本**：版本号（4 位）；绝大多数版本为 IP 第 4 版（IPv4）。
- **IP 报头长度（IHL）**：以 32 位字为单位的报头长度（4 位）。
- **服务类型**：数据报的处理方式（8 位）；前 3 位为优先级位（此用法已被差分服务代码点[DSCP]取代，后者使用前 6 位[后 2 位保留]）。
- **数据包长度**：总长度（报头+数据）（16 位）。
- **标识**：唯一的 IP 数据报值（16 位）。
- **标志**：分片控制（3 位）。
- **段偏移量**：支持***数据报***分片，以允许在 Internet 上传输不同的最大传输单位（MTU）（13 位）。
- **生存时间**（TTL）：确定在数据报被丢弃之前能够通过多少台路由器（8 位）。
- **协议**：发送数据报的上层协议（8 位）。
- **报头校验和**：对报头进行完整性检查（16 位）。

- **源 IP 地址**：32 位源 IP 地址（32 位）。
- **目的 IP 地址**：32 位目的 IP 地址（32 位）。
- **IP 选项**：网络测试、调试、安全和其他（0 或 32 位，若有）。

二、MAC 层帧格式

第 2 层数据链路帧通常包括报头信息、数据链路源和目的地址、报尾信息，以及实际传输的数据。数据链路源地址是发送数据链路帧接口的第 2 层地址。数据链路目的地址是目的设备接口的第 2 层地址。源和目的数据链路接口都处于同一个网络当中。当数据包在路由器之间转发时，第 3 层源和目的 IP 地址不会发生变化；但第 2 层源和目的数据链路地址将会发生变化。本节后续内容将更加详细地讨论该过程。

> 注 当使用 ***NAT***（网络地址转换）时，虽然目的 IP 地址不会变化，但该过程与 IP 无关，并且是在公司网络内部执行。我们将在后续课程中讨论使用 NAT 的路由。

第 3 层 IP 数据包封装在与其接口相关的第 2 层数据链路帧中。本例中，我们将展示第 2 层以太网帧。如图 1–14 所示为两种互相兼容的以太网版本。

以太网

以字节为单位的字段长度

8	6	6	2	46-1500	4
前导码	目的地址	源地址	长度	数据	FCS

IEEE 802.3

以字节为单位的字段长度

7	1	6	6	2	46-1500	4
前导码	SOF	目的地址	源地址	长度	802.2 报头和数据	FCS

图 1-14 以太网帧字段格式

下面是以太网帧中的字段列表和每个字段的简要说明。

- 前导码：7 个字节，由交错排列的 1 和 0 组成的序列，用于同步信号。
- 帧首（SOF）定界符：1 个字节，表示帧开始的信号。
- 目的地址：6 个字节，本地网段中发送方设备的 MAC 地址。
- 源地址：6 个字节，本地网段中接收方设备的 MAC 地址。
- 类型/长度：2 个字节，指定上层协议的类型（以太网 II 帧格式）或数据字段的长度（IEEE 802.3 帧格式）。
- 数据和填充位：46 至 1500 个字节的数据，用零填充长度小于 46 个字节的数据包。
- 帧校验序列（FCS）：4 个字节，用于循环冗余校验以确保数据帧未受破坏。

1.6.2 最佳路径和度量

路由器通过评估度量值来决定最佳路径。

一、最佳路径

要确定路由器的最佳路径，就需要对指向相同目的网络的多条路径进行评估，从中选出到达该网络的最优或“最短”路径。当存在到达相同网络的多条路径时，每条路径会使用路由器上的不同送出接口来到达该网络。路由协议根据其用来确定网络距离的值或度量来选择最佳路径。一些路由协议(如 RIP)使用跳数(即路由器与目的网络之间所要经过的路由器个数)作为度量。其他路由协议(如 OSPF)通过检查链路的带宽来决定最短路径，它们会采用路由器与目的网络之间带宽最高的链路。

动态路由协议通常使用自己的规则和度量来建立和更新路由表。度量是用于衡量给定路由距离的量化值。指向网络的路径中，度量最低的路径即为最佳路径。例如，到达同一个目的网络有两条路由，其中一条包含 10 跳，另一条包含 5 跳，那么路由器会将后者视为最佳路径。

路由协议的主要目的是确定每条路由的最佳路径已包含在路由表中。路由算法会为网络中的每条路径生成值或度量。度量可以基于路径的单个特征或多项特征。一些路由协议能够将多个度量组合为单个度量，并根据该度量来进行路由选择。路径的度量值越小，路径越佳。

二、比较跳数和带宽度量

有些动态路由协议使用以下两种度量。

- **跳数**：跳数是指在数据包到达目的地之前必须经过的路由器个数。每台路由器即为一跳。跳数为 4 表明数据包必须经过 4 台路由器才能到达目的地。如果与目的地之间存在多条路径，则路由协议（如 RIP）将选择跳数最少的路径。
- **带宽**：带宽表示链路的数据传输能力，有时也称为链路速度。例如，思科版本的 OSPF 路由协议使用带宽作为度量。与网络之间的最佳路径由具有最高带宽值（最快）的一组链路组成。我们将在第 11 章介绍带宽在 OSPF 中的应用。

> 注　“速度”一词从理论上说并不能准确描述“带宽”的意思，因为所有数据位都以相同的速度在相同的物理介质中传输。“带宽”的准确定义应该是：链路每秒能传输的数据比特量。

当以跳数作为度量时，结果路径可能有时并不是最好的路径。例如，观察如图 1-15 所示的网络。

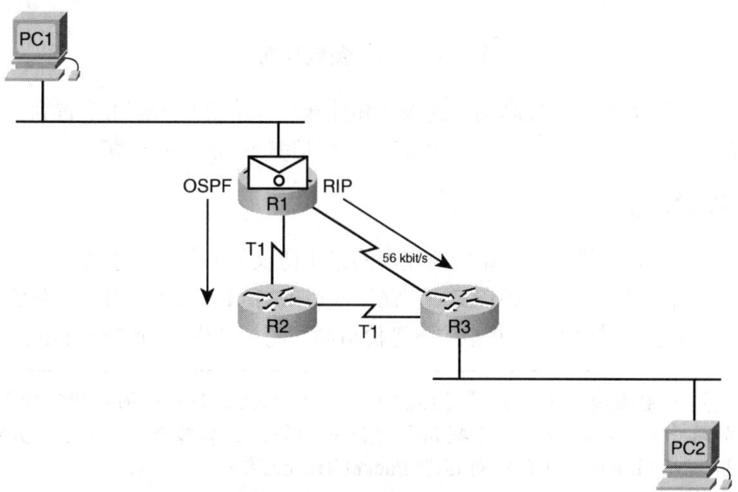

图 1-15　跳数与带宽度量

如果图 1-15 中 3 台路由器使用 RIP 路由协议，则 R1 将选择通过 R3 到达 PC2 的次优路由，因为该路径跳数较少。在此情况下，带宽因素没有考虑进去。然而，如果使用 OSPF 路由协议，则 R1 将根据带宽选择路由。数据包能通过两条更快的 T1 链路更为快速地到达目的地，而不是使用一条较慢的 56kbit/s 链路。

Packet Tracer Activity

观察数据包和帧字段（1.4.2） 使用 Packet Tracer 练习来观察 IP 和帧头的内容。在练习文档中提供了详细的指导。在本书携带的 CD-ROM 中，你可以使用 e2-142.pka 文件来执行这个 Packet Tracer 练习。

1.6.3 等价负载均衡

想象一下，如果路由表中有两条或多条路径到达相同目的网络的度量相等，此时会发生什么情况？当路由器有多条到达目的网络的路径，并且这些路径的度量值（跳数、带宽等）相等时（即所谓的***等开销度量***），路由器将进行***等价负载均衡***，如图 1-16 所示。由于到达目的地的两条路径具有相同度量，R1 将发送第一个数据包到 R2，而第二个数据包到 R4。对于同一个目的网络，路由表将提供多个送出接口，每个出口对应于一条等价路径。路由器将通过路由表中列出的这些送出接口转发数据包。

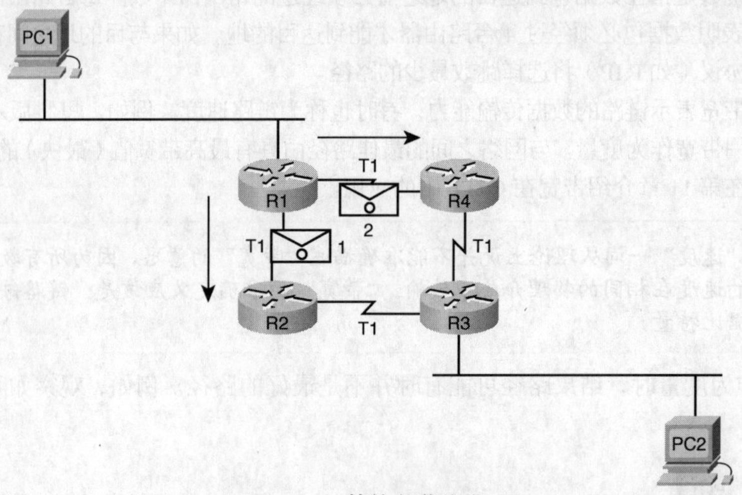

图 1-16 等价负载均衡

如果配置正确，负载均衡能够提高网络的效率和性能。等价负载均衡可配置为使用动态路由协议和静态路由。我们将在第 8 章"深入讨论路由表"中详细讨论等价负载均衡。

等价路径和不等价路径

需说明的是，即使度量不等，如果路由器使用的路由协议具备相应的能力，那么它仍能够通过多个网络发送数据包。我们将此称为***不等价负载均衡***。只有 EIGRP（以及 IGRP）路由协议能够配置为不等价负载均衡。本课程不讨论 EIGRP 中的不等价负载均衡，该内容将在 CCNP 课程中介绍。

使用路由表决定最佳路径（1.4.3） 使用 Packet Tracer 练习研究使用等价负载均衡的路由表。在练习文档中提供了详细的指导。在本书携带的 CD-ROM 中，你可以使用 e2-143.pka 文件来执行这个 Packet Tracer 练习。

1.6.4 路径决定

数据包转发涉及两项操作：

- 路径决定；

■ 交换。

路径决定是指路由器在转发数据包时决定路径的这一过程，如图 1-17 中所示。为决定最佳路径，路由器需要在其路由表中搜索能够匹配数据包目的 IP 地址的网络地址。

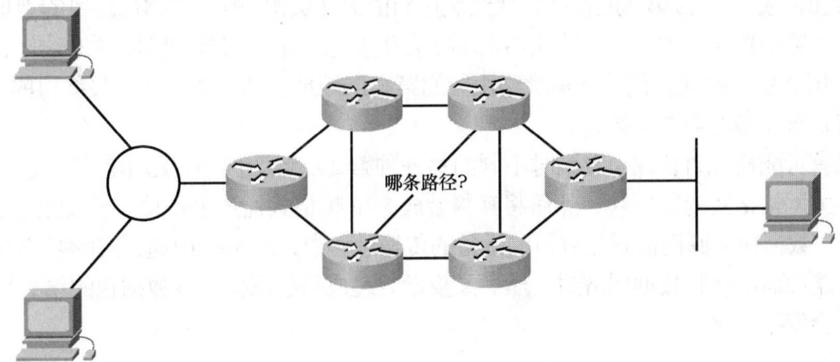

图 1-17 路由决定到目的的最佳路径

通过该搜索过程，可得到以下 3 种路径决定结果中的 1 种。

■ 直接相连网络：如果数据包目的 IP 地址属于与路由器接口直接相连的网络中的设备，则该数据包将直接转发至该设备。这表示数据包的目的 IP 地址是与该路由器接口处于同一网络中的主机地址。

■ 远程网络：如果数据包的目的 IP 地址属于远程网络，则该数据包将转发至另一台路由器。只有将数据包转发至另一台路由器才能到达远程网络。

■ 无法决定路由：如果数据包的目的 IP 地址既不属于直接相连网络也不属于远程网络，并且路由器没有默认路由，则该数据包将被丢弃。路由器会向该数据包的源 IP 地址发送 ICMP 不可达消息。

在前 2 种结果中，路由器将 IP 数据包重新封装成送出接口的第 2 层数据链路帧格式。第 2 层封装的类型由接口类型决定。例如，如果送出接口是快速以太网接口，则数据包将封装成以太网帧。如果送出接口被配置为使用 PPP 的串行接口，则 IP 数据包将封装成 PPP 帧。

下一节将演示该过程。

更多信息 关于路由器如何使用思科 IOS 来进行路由查找的更多信息，请参阅 Cisco Press 出版的《Inside Cisco IOS Software Architecture》一书，作者为 Vijay Bolapragada、Curtis、Murphy 和 Russ White。

1.6.5 交换功能

当路由器通过路径决定功能确定送出接口之后，便需要将数据包封装成送出接口的数据链路帧。

交换功能是指路由器在一个接口接收数据包并将其从另一个接口转发出去的过程。交换功能的重要责任是将数据包封装成适合于传出数据链路的正确数据帧类型。

对于从一个网络传入，以另一个网络为目的地的数据包，路由器会进行哪些处理？路由器主要执行以下 3 个步骤：

1. 通过移除第 2 层帧报头和报尾来解封第 3 层数据包。
2. 检查 IP 数据包的目的 IP 地址以便从路由表中选择最佳路径。
3. 将第 3 层数据包封装成新的第 2 层帧，并将该帧从送出接口转发出去。

在第 3 层 IP 数据包从一台路由器转发到下一台路由器的过程中，除生存时间（TTL）字段发生变化外，该 IP 数据包的其他字段均保持不变。当路由器收到一个 IP 数据包时，它会将该数据包的 TTL 减 1。如果减 1 后得到的 TTL 值为零，则路由器将丢弃该数据包。TTL 用于防止 IP 数据包由于路由环路或网络中其他异常状况而在网络上永无休止地传输。路由环路将在稍后的章节中讨论。

由于 IP 数据包是解封自第 2 层帧并再次封装成新的第 2 层帧，所以数据链路目的地址和源地址将随数据包从一台路由器转发到下一台路由器而不断发生变化。第 2 层数据链路源地址代表送出接口的第 2 层地址。第 2 层目的地址代表下一跳路由器的第 2 层地址。如果下一跳是最终目的设备，则第 2 层目的地址将是该设备的第 2 层地址。

数据包很有可能会被封装成与收到时不同的另一种第 2 层帧。例如，路由器从快速以太网接口上收到封装为以太网帧格式的数据包，然后将其封装成 PPP 帧格式通过串行接口转发出去。

请记住，在数据包从源设备到最终目的设备的传输过程中，第 3 层 IP 地址始终不会发生变化。但是，随着每台路由器不断将数据包解封、然后又重新封装成新数据帧，该数据包的第 2 层数据链路地址在每一跳都会发生变化。

一、路径决定和交换功能详述

您是否能够详细准确地描述在数据包从源到目的地的传输过程中，其第 2 层和第 3 层信息会发生怎样的变化？如果您暂时无法做到，请学习图 1-18 到图 1-23，直至能够以自己的语言准确说明这一过程。

步骤 1：PC1 需要向 PC2 发送一个数据包

参考图 1-18。PC1 将 IP 数据包封装成以太网帧，并将其目的 MAC 地址设为 R1FastEthernet 0/0 接口的 MAC 地址。

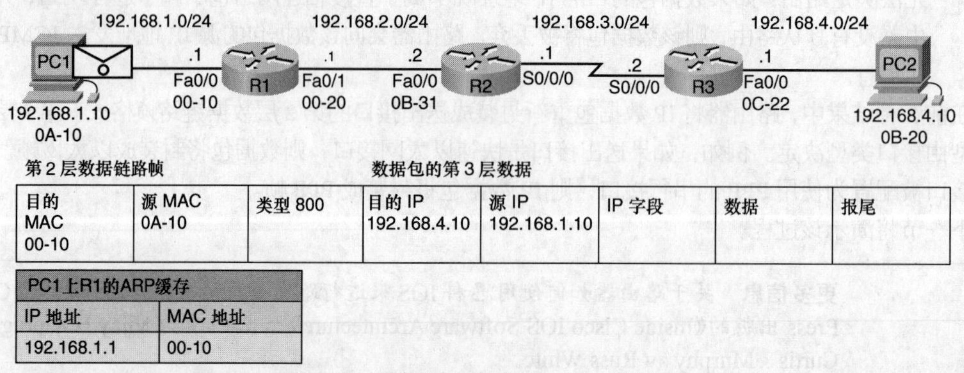

目的 MAC 00-10	源 MAC 0A-10	类型 800	目的 IP 192.168.4.10	源 IP 192.168.1.10	IP 字段	数据	报尾

PC1 上R1的ARP缓存	
IP 地址	MAC 地址
192.168.1.1	00-10

图 1-18 数据包生命中的一天：步骤 1

PC1 是如何确定应该将数据包转发至 R1 而不是直接发往 PC2？这是因为 PC1 发现源 IP 地址和目的 IP 地址位于不同的网络上。

PC1 通过对自己的 IP 地址和子网掩码执行 AND 运算，从而了解自身所在的网络。同样，PC1 也对数据包的目的 IP 地址和自己的子网掩码执行 AND 运算。如果两次运算结果一致，则 PC1 知道目的 IP 地址处于本地网络中，无需将数据包转发到默认网关（路由器）。如果 AND 运算的结果是不同的网络地址，则 PC1 知道目的 IP 地址不在本地网络中，因而需要将数据包转发到默认网关（路由器）。

注　如果数据包目的 IP 地址与 PC1 子网掩码进行 AND 运算后，所得到的结果并非 PC1 计算得出的自己所在的网络地址，该结果也未必就是实际的远程网络地址。在 PC1 看来，只有当掩码和网络地址相同时，目的 IP 地址才属于本地网络。远程网络可能使用不同的掩码。如果目的 IP 地址经过运算后得到的网络地址不同于本地网络地址，则 PC1 无法知道实际的远程网络地址，它只知道该地址不在本地网络上。

PC1 如何确定默认网关（路由器 R1）的 MAC 地址？PC1 会在其 ARP 表中查找默认网关的 IP 地址及其关联的 MAC 地址。

如果该条目不存在于 ARP 表中会发生什么情况？PC1 会发出一个 ARP 请求，然后路由器 R1 作出 ARP 回复。

步骤 2：路由器 R1 收到以太网帧

路由器 R1 检查目的 MAC 地址，在本例中它是接收接口 FastEthernet 0/0 的 MAC 地址。因此，R1 将该帧复制到缓冲区中。

R1 看到“以太网类型”字段的值为 0x800，这表示该以太网帧的数据部分包含 IP 数据包。

R1 解封以太网帧。

由于数据包的目的 IP 地址与路由器 R1 的所有直接相连网络均不匹配，R1 将求助于路由表来确定数据包的路由方式。R1 搜索路由表中的条目，看看其中是否存在网络地址和子网掩码的组合能否构成目的 IP 地址所在的网络。如图 1-19 中，路由表存在目的网络的路由条目。数据包的目的 IP 地址为该网络中的主机 IP 地址。

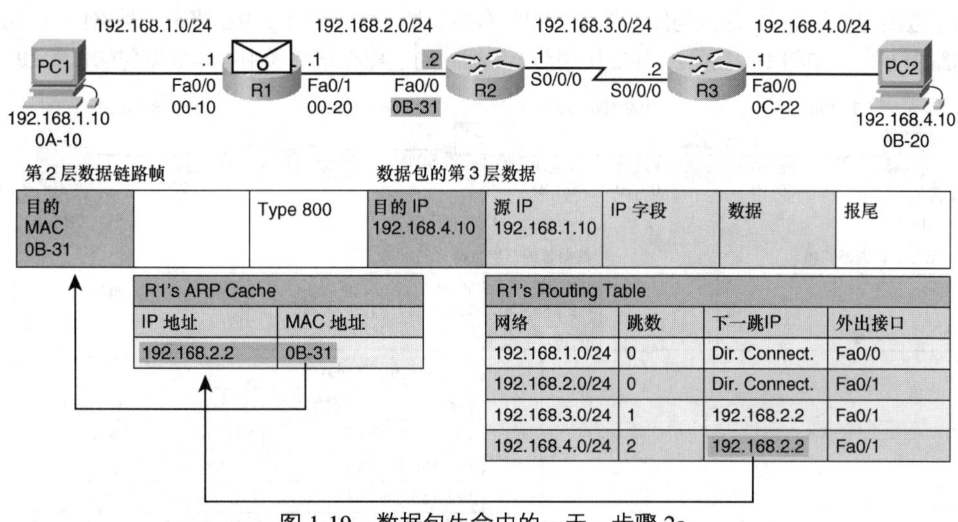

图 1-19 数据包生命中的一天：步骤 2a

在这个例子中，路由表中包含有到 192.168.4.0/24 网络的路由，而数据包中的目的地址 192.168.4.10 属于该网络中的主机地址。R1 到 192.168.4.0/24 网络的路由的下一跳 IP 地址为 192.168.2.2，送出接口为 FastEthernet 0/1。这表示 IP 数据包将封装到一个新的以太网帧中，其目的 MAC 地址为下一跳路由器的 IP 地址对应的 MAC 地址。由于送出接口连接的是以太网，R1 必须将下一跳 IP 地址解析为目的 MAC 地址。

参考图 1-20，R1 在其 FastEthernet 0/1 接口的 ARP 缓冲区中查找下一跳 IP 地址 192.168.2.2。如果该条目不在 ARP 缓冲区中，R1 会从 FastEthernet 0/1 接口发出一个 ARP 请求。R2 以 ARP 回复应答。收到 ARP 回复后，R1 便使用 192.168.2.2 条目及相关 MAC 地址更新其 ARP 缓冲区。

IP 数据包被封装到新的以太网帧中，并从 R1 的 FastEthernet 0/1 接口发出。

步骤 3：数据包到达路由器 R2

路由器 R2 检查目的 MAC 地址，在本例中它是接收接口 FastEthernet 0/0 的 MAC 地址。因此，R1 将该帧复制到缓冲区中。

R2 看到“以太网类型”字段的值为 0x800，这表示该以太网帧的数据部分包含 IP 数据包。

R2 解封以太网帧。

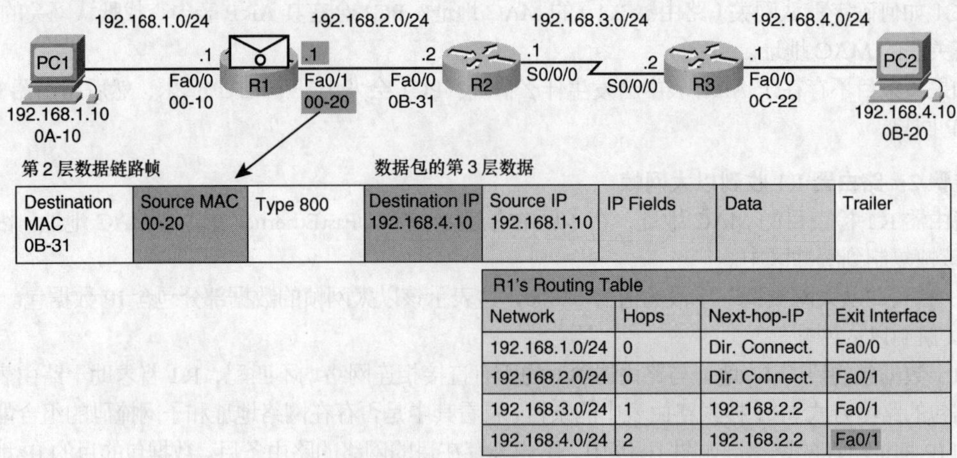

R1's Routing Table			
Network	Hops	Next-hop-IP	Exit Interface
192.168.1.0/24	0	Dir. Connect.	Fa0/0
192.168.2.0/24	0	Dir. Connect.	Fa0/1
192.168.3.0/24	1	192.168.2.2	Fa0/1
192.168.4.0/24	2	192.168.2.2	Fa0/1

图 1-20 数据包生命中的一天：步骤 2b

由于数据包的目的 IP 地址与路由器 R2 的所有接口地址均不匹配，R2 将查询其路由表来确定数据包的路由方式。如图 1-21 所示，R2 使用与 R1 相同的过程在路由表中搜索数据包的目的 IP 地址。

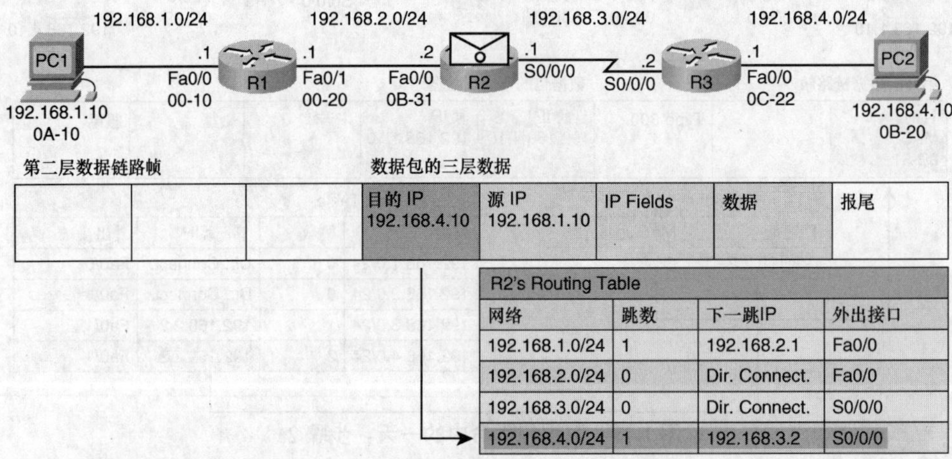

R2's Routing Table			
网络	跳数	下一跳IP	外出接口
192.168.1.0/24	1	192.168.2.1	Fa0/0
192.168.2.0/24	0	Dir. Connect.	Fa0/0
192.168.3.0/24	0	Dir. Connect.	S0/0/0
192.168.4.0/24	1	192.168.3.2	S0/0/0

图 1-21 数据包生命中的一天：步骤 3a

R2 的路由表中有到 192.168.4.0/24 的路由，下一跳 IP 地址为 192.168.3.2 且送出接口为 Serial 0/0/0。因为送出接口不是以太网，所以 R2 不需要将下一跳的 IP 地址解析为目的 MAC 地址。当接口为点对点串行连接时，R2 将 IP 数据包封装成适合送出接口（HDLC、PPP 等）使用的数据链路帧格式。在图 1-22 中，第 2 层封装为 HDLC；因此，数据链路目的地址将设置为 0x8F。请记住，串行接口没有 MAC 地址。

IP 数据包封装成新的数据链路帧（PPP），然后通过 Serial 0/0/0 送出接口发送出去。

步骤 4：数据包到达 R3

R3 接收并将数据链路 HDLC 帧复制到缓冲区中。

R3 解封数据链路 HDLC 帧。

参考图 1-23。R3 在路由表中搜索数据包的目的 IP 地址。路由表的搜索结果显示，该地址所在的网络为 R3 的直接相连网络。这表示该数据包可以直接发往目的设备，不需要将其发往另一台路由器。因为送出接口是直接相连的以太网，所以 R3 需要将数据包的目的 IP 地址解析为目的 MAC 地址。

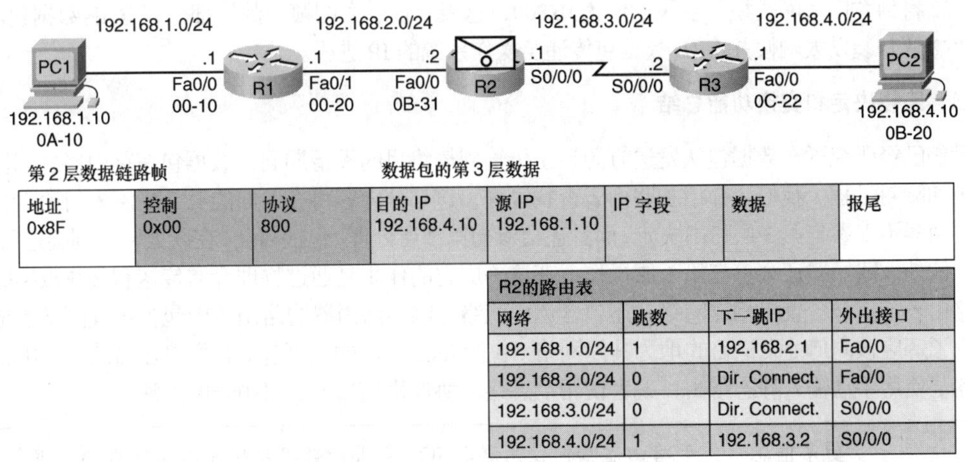

地址 0x8F	控制 0x00	协议 800	目的 IP 192.168.4.10	源 IP 192.168.1.10	IP 字段	数据	报尾

R2的路由表			
网络	跳数	下一跳IP	外出接口
192.168.1.0/24	1	192.168.2.1	Fa0/0
192.168.2.0/24	0	Dir. Connect.	Fa0/0
192.168.3.0/24	0	Dir. Connect.	S0/0/0
192.168.4.0/24	1	192.168.3.2	S0/0/0

图 1-22 数据包生命中的一天：步骤 3b

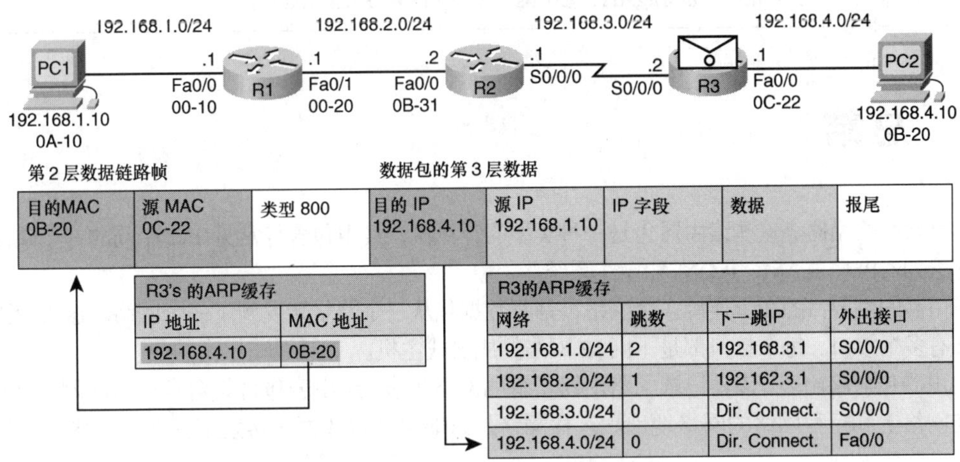

目的MAC 0B-20	源 MAC 0C-22	类型 800	目的 IP 192.168.4.10	源 IP 192.168.1.10	IP 字段	数据	报尾

R3's 的ARP缓存	
IP 地址	MAC 地址
192.168.4.10	0B-20

R3的ARP缓存			
网络	跳数	下一跳IP	外出接口
192.168.1.0/24	2	192.168.3.1	S0/0/0
192.168.2.0/24	1	192.162.3.1	S0/0/0
192.168.3.0/24	0	Dir. Connect.	S0/0/0
192.168.4.0/24	0	Dir. Connect.	Fa0/0

图 1-23 数据包生命中的一天：步骤 4

R3 在其 ARP 缓存中搜索数据包的目的 IP 地址 192.168.4.10。如果该条目不在 ARP 缓冲区中，R3 会从 FastEthernet 0/0 接口发出一个 ARP 请求。PC2 用其自身的 MAC 地址回复 ARP 应答。R3 用条目 192.168.4.10 及 ARP 应答中返回的 MAC 更新其 ARP 缓存。

IP 数据包被封装到新的数据链路（以太网）帧中，并从 R3 的 FastEthernet 0/0 接口发出。

步骤 5：封装有 IP 数据包的以太网帧到达 PC2

参考图 1-24。PC2 检查目的 MAC 地址，发现该地址与接收接口的 MAC 地址（PC2 的以太网网卡）匹配。因此 PC2 将数据帧的剩余部分复制到缓冲区中。

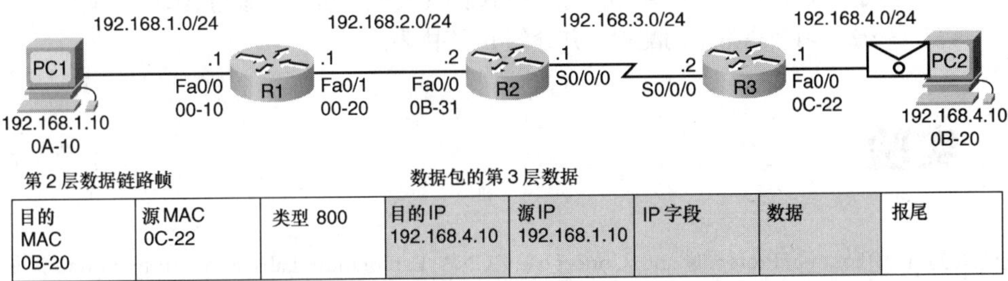

目的 MAC 0B-20	源MAC 0C-22	类型 800	目的IP 192.168.4.10	源IP 192.168.1.10	IP 字段	数据	报尾

图 1-24 数据包生命中的一天：步骤 5

PC2 看到“以太网类型”字段的值为 0x800，这表示该以太网帧的数据部分包含 IP 数据包。

PC2 解封装以太网帧并将 IP 数据包传递至操作系统的 IP 进程。

二、路径决定和交换功能总结

我们已经研究了在数据包从发送方源设备传输到最终目的设备期间，数据包在路由器之间转发时的封装和解封过程。我们还介绍了路由表查找过程，这部分内容将在后面的章节中深入讨论。我们已看到路由器不仅参与第 3 层路由决定，而且还会参与第 2 层处理，包括封装，在以太网上则会进行 ARP 查询。此外，路由器还会参与第 1 层操作，在这一层它的作用是通过物理介质传送和接收数据比特。

路由表不仅包含直接相连网络，还包含远程网络。因为路由器的路由表中包含远程网络的地址，所以它了解应该向何处发送目的地为其他网络（包括 Internet）的数据包。我们将在后续章节中学习在路由器上使用手动输入静态路由，或者使用动态路由协议构建和维护路由表的方法。

更多信息 关于路由器如何使用思科 IOS 来进行数据包转发以及现存的数据包交换机制，请参阅 Cisco Press 出版的《Inside Cisco IOS Software Architecture》一书，作者为 Vijay Bolapragada、Curtis、Murphy 和 Russ White。

1.7 总结

本章介绍路由器。这些路由器也是一种类型的计算机，其中包含与常见 PC 相同的许多硬件和软件组件，如 CPU、RAM、ROM 和操作系统。

路由器的主要目的在于连接多个网络，并将数据包从一个网络转发到下一个网络。这表示路由器通常都有多个接口。每个接口都是不同 IP 网络的成员或主机。

路由器包含路由表，该表记录了路由器了解的网络列表。路由表包含其自身接口的网络地址（直接相连网络）和远程网络的网络地址。远程网络是只能通过将数据包转发至其他路由器才能到达的网络。

远程网络可以采用两种方法添加至路由表：通过网络管理员手动配置静态路由，或者通过动态路由协议实现。静态路由的开销小于动态路由协议，但如果拓扑结构经常发生变化或不稳定，则静态路由将需要更多的维护工作。

动态路由协议能够自动调整以适应网络变化，无需网络管理员干预。动态路由协议要求更多的 CPU 处理工作，并且还需要使用一定量的链路资源用于路由更新和通信。在许多情况中，路由表同时包含静态和动态路由。

路由器主要在第 3 层（网络层）作出转发决定。但是，路由器接口在第 1、第 2 和第 3 层都有参与。第 3 层 IP 数据包会封装成第 2 层数据链路帧并在第 1 层编码为比特。路由器接口会参与相关的第 2 层封装过程。例如，路由器的以太网接口会像 LAN 内的其他主机一样参与 ARP 过程。

我们将在下一章学习静态路由的配置，并介绍 IP 路由表。

1.8 实验

这些实验在《Routing Protocols and Concepts，CCNA Exploration Labs and Study Guide》（ISBN：1-58713-204-4）一书中，提供了本章介绍的下列主题的动手实验。

实验 1-1 网络布线和基本路由器配置（1.5.1）

如果您需要巩固有关设备布线、建立控制台连接和命令行界面（CLI）的基础知识，请完成本实验。如果您已熟练掌握这些技能，则可跳过此实验直接执行实验 1.5.2 基本路由器配置。

实验 1-2 基本路由器配置（1.5.2）

如果您已熟练掌握有关设备布线、建立控制台连接和命令行界面（CLI）的基本技能，请完成本实验。如果需要复习这些技能，可以用实验 1.5.1 网络布线和基本路由器配置代替本实验。

实验 1-3 有挑战性的路由器配置（1.5.2）

本实验考查您的子网划分和配置技能。您需要按照规定的地址空间和网络需求，以双路由器拓扑结构设计并实施一个编址方案。

很多动手实验都包含在 Packet Tracer 的练习中，你可以使用它来进行实验仿真。在《Routing Protocols and Concepts，CCNA Exploration Labs and Study Guide》（ISBN：1-58713-204-4）一书中可以找到这些包含在 Packet Tracer 中动手实验的图标。

1.9 检查你的理解

完成下面所有的复习题来检测一下你对本章中的主题和概念的理解。题目的答案在附录“检查你的理解和挑战性问题的答案”中可以找到。

1. 下面哪些路由器的组成和它的功能是匹配的？

   A. Flash：永久地存储 bootstrap 程序

   B. ROM：永久地存储启动配置文件

   C. NVRAM：永久地存储操作系统镜像

   D. RAM：存储路由表和 ARP 缓存

2. 哪两个命令可以用来检查给路由器串行接口分配的 IP 地址？

   A. **show interfaces**

   B. **show interfaces ip brief**

   C. **show controllers all**

   D. **show ip config**

   E. **show ip interface brief**

3. 下面哪些命令可以设置特权模式口令为“quiz”？

   A. R1（config）# **enable secret quiz**

   B. R1（config）# **password secret quiz**

   C. R1（config）# **enable password secret quiz**

   D. R1（config）# **enable secret password quiz**

4. 哪个路由原理是正确的？

   A. 如果一个路由器在它的路由表中具有确定的信息，那么所有邻接的路由也拥有同样的信息

B. 从一个网络到另外一个网络路径的路由信息意味着存在着反向（或返回）路径的路由信息

C. 每个路由器根据它自己路由表中的信息，独立作出路由判断

D. 每个路由器根据它自己和邻居路由表中的信息，独立作出路由判断

5. 动态路由协议执行哪两个任务？

A. 发现主机

B. 更新和维护路由表

C. 传播主机默认网关

D. 网络发现

E. 分配 IP 地址

6. 网络工程师正在配置一个新的路由器。接口已经配置好了 IP 地址，并且已经激活。但是还没有配置路由协议或静态路由。这时路由表中出现的是什么路由？

A. 默认路由

B. 广播路由

C. 直连路由

D. 没有路由，路由表是空的

7. 下面哪两个对于路由器转发数据包的描述是正确的？

A. 如果数据包是去往远程网络的，那么路由器会向所有到这个网络的下一跳接口发送该数据包

B. 如果数据包是去往直连网络的，那么路由器会向路由表中所指示的外出接口发送

C. 如果数据包是去往远程网络的，那么路由器会根据路由主机表来发送该数据包

D. 如果数据包是去往远程网络的，那么路由器会向路由表中所指示下一跳 IP 发送

E. 如果数据包是去往直连网络的，那么路由器会根据目的 MAC 地址发送该数据包

F. 如果数据包是去往直连网络的，那么路由器会转发数据包到下一跳 VLAN 的交换机

8. 关于路由协议使用的度量的哪个描述是正确的？

A. 度量是路由协议用来检测给定路由的一个测量值

B. 度量是思科专有的用来转换距离到标准单元的方法

C. 度量表示了对于所有路由协议中发生的数据包丢失的数量的一个统计值

D. 路由器使用度量来决定哪些包是错误的和要被丢弃的

9. 网络管理员在路由器上配置了 **ip route 0.0.0.0 0.0.0.0 serial 0/0/0** 命令。假如 Serial 0/0/0 接口是激活的，那么这条路由在路由表中是如何出现的？

A. D 0.0.0.0/0 is directly connected, Serial0/0/0

B. S* 0.0.0.0/0 is directly connected, Serial0/0/0

C. S* 0.0.0.0/0 [1/0] via 192.168.2.2

D. C 0.0.0.0/0 [1/0] via 192.168.2.2

10. 请描述内部和外部路由器组成，并且概述一下它们的目的。

11. 请描述路由器从加电到完成配置的启动过程。

12. 路由器在网络中有什么样的重要特性？

13. 请描述必需的基本路由器配置。

14. 描述路由表的重要性。它主要是做什么用的？

15. 什么是路由器学习网络的 3 种方法？

16. 就本章所学内容，你认为 IP 报头中最重要的字段有哪些？

17. 描述一个数据包从源到目的的封装/解封装过程。

1.10 挑战的问题和实践

这些问题需要对本章的概念有比较深的了解，而且这些题型非常类似于 CCNA 认证考试的题目。你可以在附录“检查你的理解和挑战性问题的答案”中找到答案。

1. 当你考虑PC和路由器的硬件和软件之间有什么不同时，你认为每种设备的优势和弱点是什么？你认为那种设备更强大，为什么？

2. 在你学习、了解和使用思科路由器命令行界面（CLI）时，是否遇到过不需要使用 CLI 来配置路由器和交换机的情况？对于看似不需要 CLI 的网络配置任务，您的观点是怎样的？

3. 如果你能设计自己的路由协议算法路由数据包，那么它具有的主要特性是什么？你的协议如何来决定最佳路径？注意，我们假设有计算机要采用你的算法，因此请详细描述。

4. 尽管互联网协议（IP）是现在被认为的唯一用来进行第 3 层寻址的协议，但并不总是这样。调查并汇报还有哪些第 3 层协议也服务于同样的目的。哪些特性是它们和 IP 协议所共有的？它们的区别又是什么？

1.11 知识拓展

建立一个类似于本章图 1-18 中所示的拓扑，包括几台路由器，每端连接一个 LAN。在一个 LAN 中添加一台客户端主机，并在另一端添加一台 Web 服务器。在每个 LAN 的计算机和路由器之间添加一台交换机。类似于图 1-18，假设每台路由器都有通往每个 LAN 的路由。

当主机向 Web 服务器请求网页时会发生什么情况？查看从用户输入 URL（如 http://www.cisco.com）开始所发生的所有过程和所涉及的协议。

从客户端需要将http://www.cisco.com解析为 IP 地址从而导致客户端向 DNS 服务器发送 ARP 请求开始，看看您是否了解随后所发生的每个过程。从 DNS 请求开始到从 Web 服务器获得第一个包含 http 信息的数据包，此过程中包含的所有协议和过程分别有哪些？

- DNS 是如何参与的？
- ARP 是如何参与的？
- TCP 对客户端和服务器之间的通信有什么影响？Web 服务器从客户端收到的第一个数据包是否是请求网页的数据包？
- 交换机收到以太网帧时会进行哪些工作？交换机如何更新其 MAC 地址表？它如何确定转发帧的方式？
- 路由器收到 IP 数据包时会进行哪些工作？
- 路由器收到和转发每个帧时进行的解封装和封装过程是怎样的？
- Web 服务器是否需要 ARP 过程？它的默认网关（路由器）是什么？

1.12 结束注释

1. Zinin，A. *Cisco IP Routing：Packet Forwarding and Intra-domain Routing Protocols*. Indianapolis，IN：Addison-Wesley；2002.

第 2 章

静态路由

2.1 目标

在学习完本章之后，你应该能够回答下面的问题：

- 在网络中路由器扮演的角色是什么？
- 你能描述路由器接口、直连网络以及路由表之间的关系吗？
- CDP 是如何被使用在直连网络上的？
- 静态路由如何使用送出接口？
- 你能描述总结和默认路由的使用和配置吗？
- 数据包怎样使用静态路由来转发？
- 你用什么命令来管理和排错静态路由？

2.2 关键术语

本章使用如下的关键术语。你可以在书后的术语表中找到解释：

智能串行
邻居
短截网络（Stub network）
短截路由器
递归路由查找
汇总路由
路由汇总
全零路由

路由是所有数据网络的核心所在，它的用途是通过网络将信息从源传送到目的地。路由器是负责将数据包从一个网络传送到另一个网络的设备。

我们在前一章已了解到，路由器获知远程网络的方式有两种：使用路由协议动态获知，或通过配置的静态路由获知。在许多情况下，路由器结合使用动态路由协议和静态路由。本章着重介绍静态路由。

静态路由很常见，所需的处理量和开销低于动态路由协议。

在本章中，我们将通过一个示例网络拓扑来学习静态路由配置，并了解故障排除技术。在此过程中，我们会研究一些关键的 IOS 命令以及这些命令的输出结果。我们还会介绍包含直接相连网络和静态路由的路由表。

在您执行与这些命令相关的 Packet Tracer 练习时，请稍微花些时间来练习这些命令，并观察它们的结果。通过这样的练习，相信您不久便可熟练读取路由表了。

2.3 路由器和网络

路由器在大型网络和 Internet 中总是扮演着重要角色。在过去的这些年，路由器在小型和家庭网络中使用得越来越广泛。这有很多原因，包括需要连接多种设备到 Internet、安全和服务质量等。

2.3.1 路由器的角色

路由器是一种专门用途的计算机，在所有数据网络的运作中都扮演着极为重要的角色。路由器主要负责连接各个网络，它的功能有：

- 确定发送数据包的最佳路径；
- 将数据包转发到目的地。

路由器通过获知远程网络和维护路由信息来进行数据包转发。路由器是多个 IP 网络的汇合点或结合部分。路由器主要依据第 3 层信息，即目的 IP 地址来作出转发决定。

路由器使用路由表来查找数据包的目的 IP 与路由表中网络地址之间的最佳匹配。路由表最后会确定用于转发数据包的送出接口，然后路由器会将数据包封装为适合该送出接口的数据链路帧。

2.3.2 拓扑简介

图 2-1 显示了本章中使用的拓扑结构。该拓扑结构包含 3 台路由器，分别为 R1、R2 和 R3。路由器 R1 和 R2 通过一条 WAN 链路连接在一起，路由器 R2 和 R3 通过另一条 WAN 链路连接在一起。每台路由器都连接到不同的以太局域网，这里我们用一台交换机和一台 PC 表示。表 2-1 显示了这些设备的编址方案。

表 2-1　　本章拓扑编址方案

设　备	接　口	IP 地址	子网掩码	默认网关
R1	Fa0/0	172.16.3.1	255.255.255.0	—
	S0/0/0	172.16.2.1	255.255.255.0	—
R2	Fa0/0	172.16.1.1	255.255.255.0	—
	S0/0/0	172.16.2.2	255.255.255.0	—

续表

设　备	接　口	IP 地址	子 网 掩 码	默 认 网 关
	S0/0/1	192.168.1.2	255.255.255.0	—
R3	Fa0/0	192.168.2.1	255.255.255.0	—
	S0/0/0	192.168.1.1	255.255.255.0	—
PC1	NIC	172.16.3.10	255.255.255.0	172.16.3.1
PC2	NIC	172.16.1.10	255.255.255.0	172.16.1.1
PC3	NIC	192.168.2.10	255.255.255.0	192.168.2.1

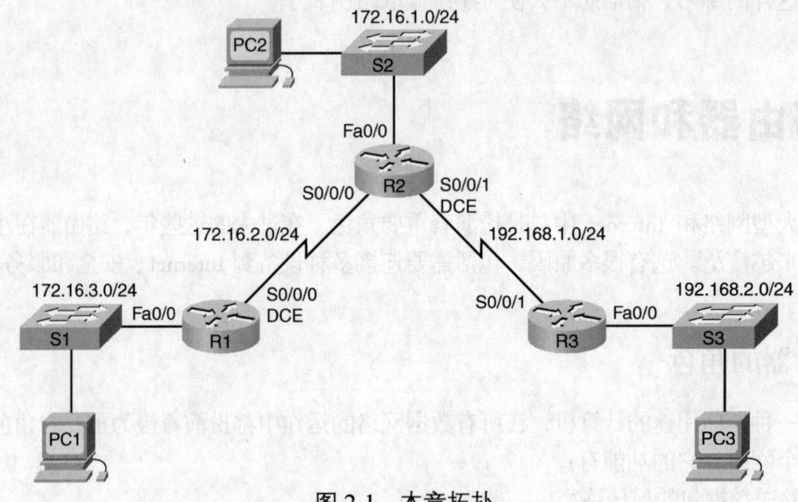

图 2-1　本章拓扑

本例中的每台路由器型号都是思科 1841。思科 1841 路由器带有以下接口。

- 两个快速以太网接口：FastEthernet 0/0 和 FastEthernet 0/1；
- 两个串行接口：Serial 0/0/0 和 Serial 0/0/1。

您所使用的路由器的接口可能与 1841 上的有所不同。在此情况下，只要作细微的调整，您依然能够执行本章中介绍的命令，并完成相关的实验操作。此外，我们还在讨论静态路由的过程中提供了一些 Packet Tracer 练习，以便您练习所学到的技能。实验 2-1“基本静态路由配置（2.8.1）”采用的就是本章所讨论的拓扑结构、配置和命令。

2.3.3　检查路由器连接

不像大多数用户 PC，路由器具有多种网络接口。这些接口包括了多种连接器。

一、路由器连接

要将路由器接入网络，需要将路由器接口与网线连接器连接在一起，如图 2-2 所示。思科路由器支持多种不同类型的连接器。

二、串行连接器

图 2-2 所示为不同的 LAN 和 WAN 连接器。对于 WAN 连接，思科路由器支持 EIA/TIA-232、EIA/TIA-449、V.35、X.21 和 EIA/TIA-530 等串行连接标准，如图 2-2 所示。能否记住这些连接类型并不重要，只要了解路由器的 DB-60 端口可支持 5 种不同的接线标准即可。由于该端口支持 5 种不同

的电缆类型，有时人们也将该端口称为五合一串行端口。串行电缆的另一端接有一个符合上述 5 项标准之一的连接器。

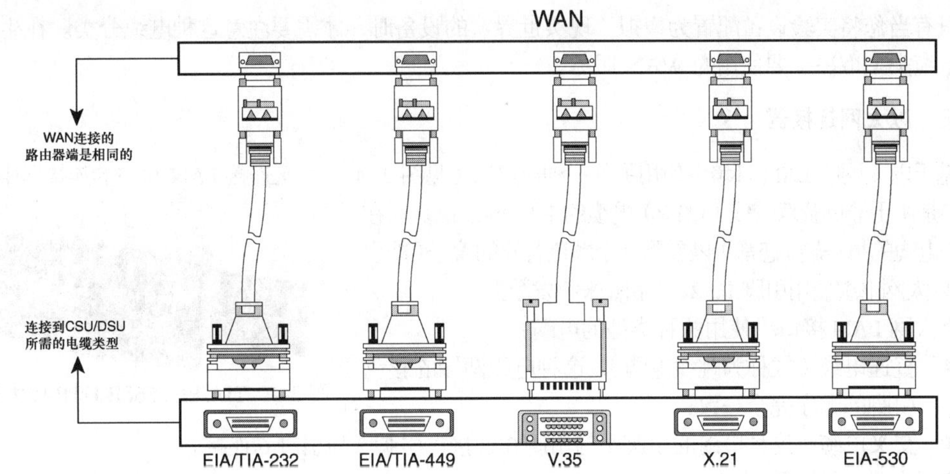

图 2-2 连接和接头

> 注　您要连接的设备的相关文档应有该设备的适用标准说明。

图 2-3 显示了思科路由器串口经常使用的 DB-60 串行连接器的两种类型。

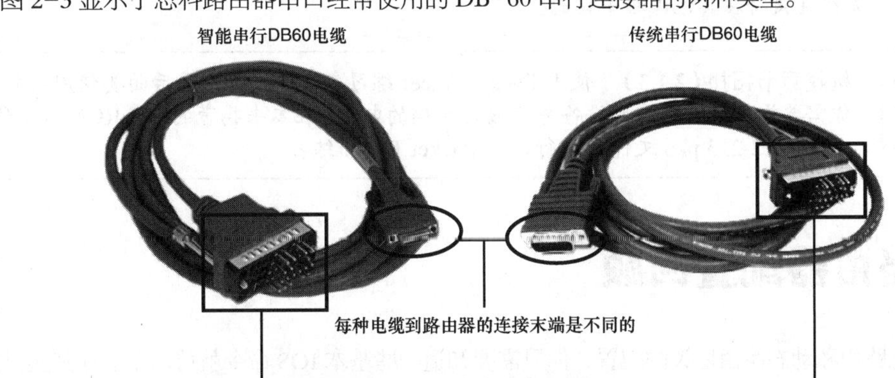

图 2-3 DTE 串行 DB-60 电缆

如果你的实验室里有 2500 系列的路由器，那就需要使用右侧的较大路由器接头的电缆。较新的路由器支持智能*串行*接口，该接口允许使用更少的电缆引脚来传送更多的数据。智能串行电缆的串行端为 26 针接口。该接口的体积远比用于连接五合一串行端口的 DB-60 接口小。这些传输电缆支持同样的 5 项串行标准，DTE 或 DCE 配置中均可使用。

注 有关 DTE 和 DCE 的详细说明，请参见实验 1-1“网络布线和基本路由器配置(1.5.1)”。

只有当您将实验设备配置为模拟“现实世界”的设备时，才需要注意这种电缆分类。在生产设置中，电缆类型取决于要使用的 WAN 服务。

三、以太网连接器

基于以太网的 LAN 环境中使用另外一种连接器（见图 2-4）。用来连接 LAN 接口的连接器中，最为常见的是用于非屏蔽双绞线（UTP）电缆的 RJ-45 水晶头。在 RJ-45 电缆的每一端，您都可以看到 8 个颜色各异的管子（即引脚）。以太网电缆使用引脚 1、2、3 和 6 来收发数据。

图 2-4 TIA/EIA 568B UTP 以太网电缆

以太网 LAN 接口可使用两种类型的电缆：

- 直通电缆（或称为跳线电缆），这种电缆两端的彩色引脚的顺序完全一致；
- 交叉电缆，这种电缆的引脚 1 与引脚 3 连接，引脚 2 与引脚 6 连接。

直通电缆用于下列连接：

- 交换机至路由器；
- 交换机至 PC；
- 集线器至 PC；
- 集线器至服务器。

交叉电缆用于下列连接：

- 交换机至交换机；
- PC 至 PC；
- 交换机至集线器；
- 集线器至集线器；
- 路由器至路由器；
- 路由器至服务器。

注 无线连接将在其他课程中讨论。

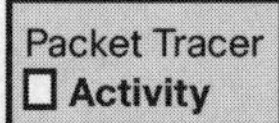

构建章节拓扑（2.1.3） 使用 Packet Tracer 练习来构建一个本章后面要使用的拓扑。你需要添加所有必需的设备并连接好正确的电缆。在本书携带的 CD-ROM 中，你可以使用 e2-213.pka 文件来执行这个 Packet Tracer 练习。

2.4 路由器配置回顾

对于静态路由和动态路由协议的配置，你只需要知道一些基本 IOS 命令就可以了。你其实已经对这些命令很熟悉了。下面一部分我们只是作些回顾。更多的详细解释，请参阅第 1 章“路由和数据包转发介绍”和《思科网络技术学院 CCNA Exploration 网络基础知识》（人民邮电出版社）一书。

2.4.1 检查路由器接口

在第 1 章中，我们了解到 **show ip route** 命令可显示路由表。一开始，如果没有配置任何接口，那么路由表是空的。

请观察示例 2-1 中 R1 的路由表，其中没有任何接口配置了 IP 地址和子网掩码。

示例 2-1 路由表里没有路由

```
R1# show ip route

Codes: C - connected, S - static, I - IGRP, R - RIP, M - mobile, B - BGP
       D - EIGRP, EX - EIGRP external, O - OSPF, IA - OSPF inter area
       N1 - OSPF NSSA external type 1, N2 - OSPF NSSA external type 2
       E1 - OSPF external type 1, E2 - OSPF external type 2, E - EGP
       i - IS-IS, L1 - IS-IS level-1, L2 - IS-IS level-2, ia - IS-IS inter area
       * - candidate default, U - per-user static route, o - ODR
       P - periodic downloaded static route

Gateway of last resort is not set

R1#
```

注　除非在路由器上配置了适当的本地接口（即送出接口），否则路由表中不会有静态路由和动态路由。本章后面的内容将更加详细地讨论该过程。

一、接口及其状态

可使用几个命令来检查每个接口的状态。

示例 2-2 显示了 R1 上的 **show interfaces** 命令。**show interfaces** 命令会显示接口状态，并给出路由器上所有接口的详细说明。

示例 2-2 show interfaces 命令的输出提供了详细的接口信息

```
R1# show interfaces

FastEthernet0/0 is administratively down, line protocol is down
  Hardware is AmdFE, address is 000c.3010.9260 (bia 000c.3010.9260)
  MTU 1500 bytes, BW 100000 Kbit, DLY 100 usec,
     reliability 255/255, txload 1/255, rxload 1/255
  Encapsulation ARPA, loopback not set
  Keepalive set (10 sec)
  Auto-duplex, Auto Speed, 100BaseTX/FX
  ARP type: ARPA, ARP Timeout 04:00:00
  Last input never, output never, output hang never
  Last clearing of "show interface" counters never
  Input queue: 0/75/0/0 (size/max/drops/flushes); Total output drops: 0
  Queueing strategy: fifo
  Output queue :0/40 (size/max)
  5 minute input rate 0 bits/sec, 0 packets/sec
  5 minute output rate 0 bits/sec, 0 packets/sec
     0 packets input, 0 bytes
     Received 0 broadcasts, 0 runts, 0 giants, 0 throttles
     0 input errors, 0 CRC, 0 frame, 0 overrun, 0 ignored
     0 watchdog
     0 input packets with dribble condition detected
     0 packets output, 0 bytes, 0 underruns
     0 output errors, 0 collisions, 0 interface resets
     0 babbles, 0 late collision, 0 deferred
     0 lost carrier, 0 no carrier
     0 output buffer failures, 0 output buffers swapped out
```

（待续）

```
Serial0/0/0 is administratively down, line protocol is down
  Hardware is PowerQUICC Serial
  MTU 1500 bytes, BW 1544 Kbit, DLY 20000 usec,
     reliability 255/255, txload 1/255, rxload 1/255
  Encapsulation HDLC, loopback not set
  Keepalive set (10 sec)
  Last input never, output never, output hang never
  Last clearing of "show interface" counters never
  Input queue: 0/75/0/0 (size/max/drops/flushes); Total output drops: 0
  Queueing strategy: weighted fair
  Output queue: 0/1000/64/0 (size/max total/threshold/drops)
     Conversations 0/0/256 (active/max active/max total)
     Reserved Conversations 0/0 (allocated/max allocated)
     Available Bandwidth 1158 kilobits/sec
  5 minute input rate 0 bits/sec, 0 packets/sec
  5 minute output rate 0 bits/sec, 0 packets/sec
     0 packets input, 0 bytes, 0 no buffer
     Received 0 broadcasts, 0 runts, 0 giants, 0 throttles
     0 input errors, 0 CRC, 0 frame, 0 overrun, 0 ignored, 0 abort
     0 packets output, 0 bytes, 0 underruns
     0 output errors, 0 collisions, 0 interface resets
     0 output buffer failures, 0 output buffers swapped out
     1 carrier transitions
     DCD=down DSR=down DTR=down RTS=down CTS=down
<remaining output omitted for brevity>
R1#
```

这里只显示了前两个接口的信息。如您所见，该命令的输出可能相当长。如果要针对某一特定接口（例如 FastEthernet 0/0）查看这些信息，请使用 **show interfaces** 命令，并带上一个指定接口的参数。例如：

```
R1# show interfaces fastethernet 0/0

FastEthernet0/0 is administratively down, line protocol is down
<remaining output omitted for brevity>
```

注意，该接口为 administratively down（因管理原因关闭），并且 line protocol is down（线路协议已关闭）。管理关闭意味该接口目前处于 shutdown 模式（即已关闭）。线路协议已关闭表示在此情况下，接口不会从交换机或集线器接收载波信号。此外，如果接口处于 shutdown 模式，也可能出现此情况。

您还可看到，**show interfaces** 命令没有显示任何有关 R1 接口的 IP 地址。原因是我们还没有对任何接口配置 IP 地址。

二、用于检查接口状态的其他命令

示例 2-3 显示了 R1 上的 **show ip interface brief** 命令，它可用来以紧缩形式查看部分接口信息。

示例 2-3　show ip interface brief 命令显示接口状态的总结信息

```
R1# show ip interface brief

Interface          IP-Address      OK? Method Status                Protocol
FastEthernet0/0    unassigned      YES manual administratively down down
Serial0/0          unassigned      YES unset  administratively down down
FastEthernet0/1    unassigned      YES unset  administratively down down
Serial0/1          unassigned      YES unset  administratively down down
```

示例 2-4　显示了 R1 上的 show running-config 命令的输出

```
R1# show running-config
!
```

（待续）

```
version 12.3
!
hostname R1
!
!
enable secret 5 $1$.3RO$VLUOdBF2OqNBnOEjQBvR./
!
!
interface FastEthernet0/0
 mac-address 000c.3010.9260
 no ip address
 duplex auto
 speed auto
 shutdown
!
interface FastEthernet0/1
 mac-address 000c.3010.9261
 no ip address
 duplex auto
 speed auto
 shutdown
!
interface Serial0/0/0
 no ip address
 shutdown
!
interface Serial0/0/1
 no ip address
 shutdown
!
interface Vlan1
 no ip address
 shutdown
!
ip classless
!
!
line con 0
 password cisco
 login
line vty 0 4
 password cisco
 login
!
end
```

show running-config 命令显示路由器当前使用的配置文件。配置命令临时存储在运行配置文件内，并由路由器立即实现。此命令也是校验接口（例如 FastEthernet 0/0）状态的另一种方法。

```
R1# show running-config

<some output omitted>
interface FastEthernet0/0
  no ip address
  shutdown
<some output omitted>
```

然而，**show running-config** 并不是校验接口配置的最佳方法。使用 **show ip interface brief** 可快速校验到该接口为 **up** 和 **up** 状态（管理性 **up** 和线路协议 **up** 状态）。

2.4.2 配置以太网接口

很多路由器所共有的一个接口类型就是以太网接口。以太网接口常用作连接企业局域网。

一、配置以太网接口

如前面的示例 2-1 所示，R1 还不具备任何路由。我们现在通过配置接口来添加路由，并研究在启用该接口后会发生什么情况。默认情况下，所有路由器接口都是 shutdown 状态（即已关闭）。要启用接口，使用 **no shutdown** 命令，将接口从 administratively down 更改为 up。

```
R1(config)# interface fastethernet 0/0
R1(config-if)# ip address 172.16.3.1 255.255.255.0
R1(config-if)# no shutdown
```

IOS 会返回以下消息：

```
*Mar 1 01:16:08.212:%LINK-3-UPDOWN:Interface FastEthernet0/0, changed state to up
*Mar 1 01:16:09.214:%LINEPROTO-5-UPDOWN:Line protocol on Interface FastEthernet0/0, changed state to up
```

这两条消息非常重要。第一条 **changed state to up** 消息表示，在物理上而言该连接没有任何问题。如果您没收到该消息，请检查接口是否正确连接到了交换机或集线器。

> 注　除非以太网接口从其他设备（交换机、集线器、PC 或其他路由器）收到了载波信号，否则即便使用了 **no shutdown** 命令，以太网接口仍然不会激活（即变为 up 状态）。

第二条 **changed state to up** 消息表示数据链路层运行正常。在 LAN 接口上，我们一般不需要更改数据链路层参数。然而，实验环境中的 WAN 接口要求链路一端提供时钟信号（参见实验 1-1 “网络布线和基本路由器配置（1.5.1）” 以及后面的章节 “配置串行接口”）。如果没有正确设置时钟频率，则线路协议（数据链路层）将不会更改为 up 状态。

二、来自 IOS 的未经请求消息

示例 2-5 显示了来自 IOS 的未经请求消息。

示例 2-5　命令输入被 IOS 中断

```
R1(config)# int fa0/0
R1(config-if)# ip address 172.16.3.1 255.255.255.0
R1(config-if)# no shutdown
R1(config-if)# descri

*Mar 1 01:16:08.212: %LINK-3-UPDOWN: Interface FastEthernet0/0, changed state to up
*Mar 1 01:16:09.214: %LINEPROTO-5-UPDOWN: Line protocol on Interface
  FastEthernet0/0, changed state to upption
R1(config-if)#
```

IOS 常常会发送一些类似于前文所讨论的 **changed state to up** 消息之类的未经请求消息。如示例 2-5 所示，有时候，当您正在键入接口 **description** 配置命令的中途，这些消息会突然出现。此类 IOS 消息不会对命令造成影响，但会使您找不到之前的键入位置。

为了不让这些未经请求的输出对您的输入造成干扰，进入控制台端口的线路配置模式，然后添加 **logging synchronous** 命令，如示例 2-6 所示。您会发现 IOS 返回的消息不会再干扰您的输入。而改成由 IOS 复制刚才输入的一部分命令到下一个路由器提示符下。这样，用户就可以很容易地完成命令，并且能够很清楚地阅读未经请求的信息。

示例 2-6 同步 IOS 信息和命令输出

```
R1(config)# line console 0
R1(config-line)# logging synchronous
R1(config-if)# descri

*Mar 1 01:28:04.242: %LINK-3-UPDOWN: Interface FastEthernet0/0, changed state to up
*Mar 1 01:28:05.243: %LINEPROTO-5-UPDOWN: Line protocol on Interface
  FastEthernet0/0, changed state to up
R1(config-if)# description
```

三、读取路由表

现在，请观察示例 2-7 所示的路由表。请注意，R1 有一个 FastEthernet 0/0 接口直接连接到新网络。

示例 2-7 直连路由

```
R1# show ip route

Codes: C - connected, S - static, I - IGRP, R - RIP, M - mobile, B - BGP
       D - EIGRP, EX - EIGRP external, O - OSPF, IA - OSPF inter area
       N1 - OSPF NSSA external type 1, N2 - OSPF NSSA external type 2
       E1 - OSPF external type 1, E2 - OSPF external type 2, E - EGP
       i - IS-IS, L1 - IS-IS level-1, L2 - IS-IS level-2, ia - IS-IS inter area
       * - candidate default, U - per-user static route, o - ODR
       P - periodic downloaded static route

Gateway of last resort is not set

     172.16.0.0/24 is subnetted, 1 subnets
C       172.16.3.0 is directly connected, FastEthernet0/0
```

此接口已配置有 IP 地址 172.16.3.1/24，因此属于 172.16.3.0/24 网络。

分析表中的以下输出行：

```
C       172.16.3.0 is directly connected, FastEthernet0/0
```

路由开头部分的 **C** 表示这是一个直接相连网络。也就是说，R1 有一个接口属于该网络。**C** 的含义在路由表顶端的代码列表中进行了定义。

在该路由中，子网掩码/24 显示在实际路由的上一行。

```
  172.16.0.0/24 is subnetted, 1 subnets
C       172.16.3.0 is directly connected, FastEthernet0/0
```

四、路由器通常存储网络地址

除极少的特例外，路由表存储的路由是网络地址，而不是单个主机地址。路由表中的 172.16.3.0/24 路由表示，此路由与目的地址属于该网络的所有数据包匹配。如果使用单一路由代表由主机 IP 地址组成的整个网络，则路由表的大小也会随着路由的减少而缩小，从而使路由表查找更为快速。路由表可存储 172.16.3.0/24 网络中所有的 254 个主机 IP 地址，但这不是存储地址的有效方式。

路由表结构与电话簿非常相似。电话簿中包含大量的姓名和电话号码，这些信息都按照姓氏的字母顺序排序。查找电话号码时，电话簿中的姓名越少便能越快地找到某个特定姓名。搜索一本含有 20 页 2000 个条目的电话簿远比 200 页 20 000 个条目的电话簿轻松。

电话簿针对每个电话号码列出一个条目。例如，Stanford 一家可以列为：

Stanford, Harold, 742 Evergreen Terrace, 555-1234

这便是每个住在该地址并拥有相同电话号码的人员所对应的单一条目。电话簿也可针对每个人员单独列出一个条目，但这无疑会增加电话簿的大小。例如，可以针对 Harold Stanford、Margaret Stanford、

Brad Stanford、Leslie Stanford 和 Maggie Stanford——所有这些拥有相同地址和电话号码的人员分别列出一个条目。如果对每个家庭都采用相同的方式，电话簿将会增大很多，搜索也更费时。

路由表的工作方式与此相同：表中的一个条目代表一个设备“家庭”，其中的所有设备共享相同的网络或地址空间（随着课程的深入，您将更清楚的了解网络与地址空间之间的差别）。路由表中的条目越少，查找过程越快。为了使路由表保持较小的体积，人们用网络地址加子网掩码来取代单一的主机 IP 地址。

> 注　有时，路由表中也会存在有代表单个主机 IP 地址的“主机路由”。它会与设备的主机 IP 地址和子网掩码/32（255.255.255.255）一起列出。主机路由这一主题将在其他课程中讨论。

2.4.3 检验以太网地址

配置完一个接口后，可以使用不同命令来检验。

一、用于检验接口配置的命令

如示例 2-8 中的 **show interfaces fastethernet 0/0** 命令显示，现在接口状态为 up，线路协议状态也是 up。**no shutdown** 命令将接口从 administratively down 更改为 up。请注意，现在您可在输出中看到 IP 地址。

示例 2-8　使用 show interfaces 命令检验接口状态

```
R1# show interfaces fastethernet 0/0

FastEthernet0/0 is up, line protocol is up
  Hardware is AmdFE, address is 000c.3010.9260 (bia 000c.3010.9260)
  Internet address is 172.16.3.1/24
  <output omitted>
```

在示例 2-9 中的 **show ip interface brief** 命令也会显示这一信息。在状态和协议字段下，您可以看到“up”字样。

示例 2-9　使用 show ip interface brief 命令检验接口状态

```
R1# show ip interface brief

Interface          IP-Address      OK? Method Status                 Protocol
FastEthernet0/0    172.16.3.1      YES manual up                     up
Serial0/0/0        unassigned      YES unset  administratively down  down
FastEthernet0/1    unassigned      YES unset  administratively down  down
Serial0/0/1        unassigned      YES unset  administratively down  down
```

下面显示的 **show running-config** 命令中的一部分内容同样可以显示当前接口的配置。当接口被禁用时，**show running-config** 命令会显示 **shutdown**；而当接口为启用（up）时，不会显示 **no shutdown**。

```
R1# show running-config
<省略输出>
interface FastEthernet0/0
ip address 172.16.3.1 255.255.255.0
<省略输出>
```

如第 1 章所介绍，路由器不能有多个接口属于同一 IP 子网。每个接口必须属于不同的子网。例如，如果路由器 FastEthernet 0/0 接口的地址和掩码配置为 172.16.3.1/24，那么其 FastEthernet 0/1 接口就不能配置为 172.16.3.2/24。

如果试图将第二个接口与第一个接口配置为相同的 IP 子网，IOS 会返回以下错误消息：

```
R1(config-if)# int fa0/1
R1(config-if)# ip address 172.16.3.2 255.255.255.0

172.16.3.0 overlaps with FastEthernet0/0
R1(config-if)#
```

通常，路由器的以太网接口或快速以太网接口便是该 LAN 中设备的默认网关 IP 地址。例如，PC1 配置的主机 IP 地址属于 172.16.3.0/24 网络，其默认网关 IP 地址为 172.16.3.1。而 172.16.3.1 正是路由器 R1 上快速以太网的 IP 地址。请注意，路由器的以太网接口或快速以太网接口也会作为以太网络的成员参与 ARP 过程。

二、以太网接口参与 ARP

路由器的以太网接口与 LAN 网络中的其他设备一样，也是该 LAN 网络的一员。也就是说，这些接口有第 2 层 MAC 地址，如示例 2-8 所示。**show interfaces** 命令会显示以太网接口的 MAC 地址。

如第 1 章所演示，以太网接口会参与 ARP 请求和回复，并拥有 ARP 表。如果路由器有一个数据包，其目的地为直接相连以太网络上的设备，则该路由器会查找 ARP 表中具有该目的 IP 地址的条目，从而将该地址映射为 MAC 地址。如果 ARP 表不包含这样的 IP 地址，以太网接口会向外发送 ARP 请求。然后，具有对应目的 IP 地址的设备发回包含 MAC 地址的 ARP 回复。相应的 IP 地址和 MAC 地址信息随后都会添加到该以太网接口的 ARP 表中。现在，路由器便可以将 IP 数据包与 ARP 表中的目的 MAC 地址一起封装到以太网帧中。然后，封装有数据包的以太网帧会通过该以太网接口发送出去。

为主机和路由器上的以太网接口配置 IP（2.2.3） 使用 Packet Tracer 练习来练习配置以太网接口。遵循练习中提供的指导，在仿真模式里检验 ARP 进程。在本书携带的 CD-ROM 中，你可以使用 e2-223.pka 文件来执行这个 Packet Tracer 练习。

2.4.4 配置串行接口

接下来学习配置路由器 R1 上的串行接口 Serial 0/0/0。该接口位于 172.16.2.0/24 网络，其 IP 地址和子网掩码为 172.16.2.1/24。我们配置串行接口 Serial 0/0/0 的过程与先前配置 FastEthernet 0/0 接口的过程类似。

```
R1(config)# interface serial 0/0/0
R1(config-if)# ip address 172.16.2.1 255.255.255.0
R1(config-if)# no shutdown
```

示例 2-10 显示 show interfaces serial 0/0/0 命令的输出

```
R1# show interfaces serial 0/0/0

Serial0/0/0 is down, line protocol is down
  Hardware is PowerQUICC Serial
  Internet address is 172.16.2.1/24
  MTU 1500 bytes, BW 1544 Kbit, DLY 20000 usec,
<output omitted>
```

输入以上示例 2-10 中的命令后，根据 WAN 连接的类型，串行接口的状态可能也会有所不同。此问题将在后面的课程中详加讨论。本课程中，我们探讨两台路由器之间的专用串行点对点连接。只有串行链路另一端经正确配置后，串行接口这一端才会是 up 状态。我们可以使用 **show interfaces serial 0/0/0** 命令来显示串行接口 0/0/0 的当前状态。

```
R2# show interfaces serial 0/0/0
Serial0/0/0 is administratively down, line protocol is down
```

您可以看到，链路仍然为 down 状态。链路为 down 状态的原因是，我们还没有配置和启用串行链路的另一端。

现在，我们将配置该链路的另一端，即路由器 R2 的 Serial 0/0/0 接口。

注 串行链路的两端并不需要使用相同的接口（本例中为 Serial 0/0/0）。但是，由于两者都属于同一个网络，因此都必须拥有属于 172.16.2.0/24 网络的 IP 地址（术语网络和子网在此情况下可以互换使用）。

R2 的接口 Serial 0/0/0 配置的 IP 地址和子网掩码为 172.16.2.2/24：

```
R2(config)# interface serial 0/0/0
R2(config-if)# ip address 172.16.2.2 255.255.255.0
R2(config-if)# no shutdown
```

如果我们现在对以上任一路由器发出 **show interfaces serial 0/0/0** 命令，我们仍会看到链路 up/down 状态。

```
R2# show interfaces serial 0/0/0

Serial0/0/0 is up, line protocol is down
<省略输出>
```

R1 和 R2 之间的物理链路为 up 的原因是，串行链路的两端都已正确配置 IP 地址/掩码，并已通过 **no shutdown** 命令启用。但是，线路协议仍为 down。这是因为接口没有收到时钟信号。所以我们还需要在 DCE 电缆端的路由器上输入一个命令，即 **clock rate** 命令。**clock rate** 命令会为链路设置时钟信号。我们将在下一节讨论如何配置时钟信号。

2.4.5 检验串行接口

串行接口可以用不同的样式，并且可以使用外接的设备，比如通道服务单元/数据服务单元（CSU/DSU）。这种情况下可能要在路由器上使用附加的命令。

一、WAN 接口的物理连接

WAN 物理层描述了数据终端设备（DTE）与数据电路终端设备（DCE）之间的接口。通常，DCE 是服务提供者，DTE 是连接的设备。在这种情况下，为 DTE 提供的服务是通过调制解调器或 CSU/DSU 来实现的。

图 2-5 显示了一台路由器连接到了一台 CSU/DSU。一般情况下，路由器是作为 DTE 设备连接到 CSU/DSU（即 DCE 设备）。CSU/DSU（DCE 设备）用于将来自路由器（DTE 设备）的数据转换为 WAN 服务提供者可接受的格式。CSU/DSU（DCE 设备）还负责将来自 WAN 服务提供者的数据转换为路由器（DTE 设备）可接受的格式。路由器一般通过串行 DTE 电缆连接到 CSU/DSU。

串行接口需要时钟信号来控制通信的时序。在大多数环境中，服务提供者（DCE 设备，例如 CSU/DSU）会提供时钟信号。默认情况下，思科路由器为 DTE 设备。但是在实验室环境中，我们不会采用任何 CSU/DSU，当然也就不会有 WAN 服务提供者。

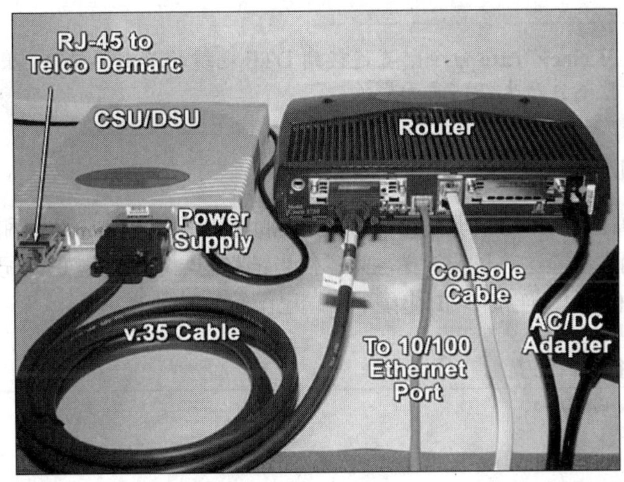

Source: http://www.more.net/technical/netserv/routers/cisco1720/images/dsu-router-connection-w.jpg

图 2-5 使用 DTE 电缆连接 CSU/DSU

二、在实验室环境中配置串行链路

对于直接互连的串行链路（例如在实验室环境中），连接的其中一端必须作为 DCE 并提供时钟信号。尽管默认情况下思科串行接口为 DTE 设备，但也可将它们配置为 DCE 设备。

要将路由器配置为 DCE 设备：

1. 将电缆的 DCE 端连接到串行接口。
2. 使用 **clock rate** 命令配置串行接口上的时钟信号。

实验室中使用的串行电缆通常属于以下两类。

- DTE/DCE 交叉电缆，一端为 DTE，另一端为 DCE；
- 连接到 DCE 电缆的 DTE 电缆。

在我们的实验室拓扑结构中，R1 上的 Serial 0/0/0 接口连接到电缆的 DCE 端，R2 上的 Serial 0/0/0 接口连接到电缆的 DTE 端。电缆上应标记 DTE 或 DCE。

您也可以通过查看两条电缆间的连接器来区分 DTE 和 DCE。DTE 电缆的连接器为插头型，而 DCE 电缆的连接器为插孔型。

如果电缆连接的是两台路由器，可使用 **show controllers** 命令来确定路由器接口连接的是电缆的哪一端。在下面的命令输出中，我们可以看到 R1 的 Serial 0/0/0 连接的是 DCE 电缆端，并且未设置时钟频率。

```
R1# show controllers serial 0/0/0

Interface Serial0/0/0
Hardware is PowerQUICC MPC860
DCE V.35, no clock
<省略输出>
```

连接上电缆后，即可使用 **clock rate** 命令来设置时钟。可用的时钟频率（bit/s）包括 1200、2400、9600、19 200、38 400、56 000、64 000、72 000、125 000、148 000、500 000、800 000、1 000 000、1 300 000、2 000 000 以及 4 000 000。其中，有些比特率在某些串行接口上不受支持。因为 R1 上的 Serial 0/0/0 接口连接的是 DCE 电缆，因此我们需要为该接口配置时钟速率。

```
R1(config)# interface serial 0/0
R1(config-if)# clock rate 64000

01:10:28: %LINEPROTO-5-UPDOWN:Line protocol on Interface Serial0/0, changed state to up
```

注 如果使用 **clock rate** 命令配置连接到 DTE 电缆的路由器接口，则此命令会被 IOS 忽略，同时不会产生任何负面影响。

三、检验串行接口配置

从示例2-11可以看出，线路协议现在为up状态。我们可使用**show interfaces**和**show ip interface brief**命令，在串行链路的两端检验这一情况。请注意，仅当链路的两端都经过正确配置后，串行接口才为up状态。在本实验室环境中，连接DCE电缆的一端已配置了时钟速率。

示例 2-11 检验串行接口配置

```
R1# show interfaces serial 0/0/0

Serial0/0/0 is up, line protocol is up
  Hardware is PowerQUICC Serial
  Internet address is 172.16.2.1/24
<output omitted>

R1# show ip interface brief

Interface          IP-Address    OK? Method Status         Protocol
FastEthernet0/0    172.16.3.1    YES manual up               up
Serial0/0/0        172.16.2.1    YES manual up               up
<output omitted>
```

我们可以 ping 远程接口来进一步确认链路为 up/up 状态，如示例 2-12 中所示。

示例 2-12 使用 ping 命令检验连通性

```
R1# ping 172.16.2.2

Type escape sequence to abort.
Sending 5, 100-byte ICMP Echos to 172.16.2.2, timeout is 2 seconds:
!!!!!
Success rate is 100 percent (5/5), round-trip min/avg/max = 28/28/28 ms
R1#
```

最终，您将看到如示例 2-13 中所示的，172.16.2.0/24 串行网络出现在这两台路由器的路由表中。如果我们在 R1 上发出 **show ip route** 命令，便可看到 172.16.2.0/24 网络的直接相连路由。

示例 2-13 使用 show ip route 命令检验连通性

```
R1# show ip route

Codes: C - connected, S - static, I - IGRP, R - RIP, M - mobile, B - BGP
       D - EIGRP, EX - EIGRP external, O - OSPF, IA - OSPF inter area
       N1 - OSPF NSSA external type 1, N2 - OSPF NSSA external type 2
       E1 - OSPF external type 1, E2 - OSPF external type 2, E - EGP
       i - IS-IS, L1 - IS-IS level-1, L2 - IS-IS level-2, ia - IS-IS inter area
       * - candidate default, U - per-user static route, o - ODR
       P - periodic downloaded static route

Gateway of last resort is not set

     172.16.0.0/24 is subnetted, 2 subnets
C       172.16.2.0 is directly connected, Serial0/0/0
C       172.16.3.0 is directly connected, FastEthernet0/0
```

现在，我们使用 **show running-config** 命令查看一下路由器 R1 的运行配置，如示例 2-14 所示。

示例 2-14 使用 show running-config 检验配置

```
R1# show running-config

Building configuration...

Current configuration : 1130 bytes
!
hostname R1
!
<output omitted>
!
interface FastEthernet0/0
 description R1 LAN
 ip address 172.16.3.1 255.255.255.0
!
interface Serial0/0/0
 description Link to R2
 ip address 172.16.2.1 255.255.255.0
 clockrate 64000
!
<output omitted>
R1#
```

注 尽管 **clock rate** 命令是两个单词，但 IOS 在运行配置文件和启动配置文件中将其拼成一个单词 clockrate。

2.5 探索直连网络

在路由器为远程网络转发数据包之前，它必须具有激活的直连网络。每一个在路由器上的直连网络都处于不同的网络或子网。

2.5.1 检验路由表变化

路由表是路由运行中的重要成分。很多命令可以用来帮助对路由表进行检验和排错。

一、路由表概念

如你在示例 2-15 和示例 2-16 中所看到的，**show ip route** 命令展现了 R1 和 R2 路由表的内容。

示例 2-15 当前 R1 上的路由表

```
R1# show ip route

Codes: C - connected, S - static, I - IGRP, R - RIP, M - mobile, B - BGP
       D - EIGRP, EX - EIGRP external, O - OSPF, IA - OSPF inter area
       N1 - OSPF NSSA external type 1, N2 - OSPF NSSA external type 2
       E1 - OSPF external type 1, E2 - OSPF external type 2, E - EGP
       i - IS-IS, L1 - IS-IS level-1, L2 - IS-IS level-2, ia - IS-IS inter area
       * - candidate default, U - per-user static route, o - ODR
       P - periodic downloaded static route

Gateway of last resort is not set
```

（待续）

```
     172.16.0.0/24 is subnetted, 2 subnets
C       172.16.2.0 is directly connected, Serial0/0/0
C       172.16.3.0 is directly connected, FastEthernet0/0
R1#
```

示例 2-16 当前 R2 上的路由表

```
R2# show ip route

Codes: C - connected, S - static, I - IGRP, R - RIP, M - mobile, B - BGP
       D - EIGRP, EX - EIGRP external, O - OSPF, IA - OSPF inter area
       N1 - OSPF NSSA external type 1, N2 - OSPF NSSA external type 2
       E1 - OSPF external type 1, E2 - OSPF external type 2, E - EGP
       i - IS-IS, L1 - IS-IS level-1, L2 - IS-IS level-2, ia - IS-IS inter area
       * - candidate default, U - per-user static route, o - ODR
       P - periodic downloaded static route

Gateway of last resort is not set

     172.16.0.0/24 is subnetted, 2 subnets
C       172.16.2.0 is directly connected, Serial0/0/0
R2#
```

路由表是一种数据结构，用于存储从其他源获得的路由信息。路由表的主要用途是为路由器提供通往不同目的网络的路径。

路由表包含一组“已知”网络地址——即那些直接相连、静态配置以及动态获知的地址。R1 和 R2 只有直接相连网络的路由。

二、观察路由如何添加到路由表中

现在，我们进一步学习怎样在路由表添加以及删除直接相连路由。相对于 **show** 命令，**debug** 命令可以对路由器操作进行实时监视。使用 **debug ip routing** 命令，我们可以查看当添加或删除路由时路由器发生的变化。接下来，我们将配置 R2 上的接口，并研究这一过程。下面的讨论将围绕示例 2-17。

示例 2-17 使用 debug ip routing 命令发现路由的添加过程

```
R2# debug ip routing

IP routing debugging is on

R2(config)#int fa0/0
R2(config-if)#ip address 172.16.1.1 255.255.255.0
R2(config-if)#no shutdown

%LINK-3-UPDOWN: Interface FastEthernet0/0, changed state to up
%LINEPROTO-5-UPDOWN: Line protocol on Interface FastEthernet0/0, changed state to up

RT: add 172.16.1.0/24 via 0.0.0.0, connected metric [0/0]
RT: interface FastEthernet0/0 added to routing table
```

首先，我们使用 debug ip routing 命令启用调试功能，如此才能在向路由表添加直接相连网络时，观察到这些网络。

下一步我们将配置 R2 上 FastEthernet 0/0 接口的 IP 地址和子网掩码，并运行 **no shutdown** 命令。由于该快速以太网接口连接到 172.16.1.0/24 网络，因此必须为其配置属于该网络的主机 IP 地址。

在示例 2–17 中，注意 IOS 返回的下列信息：

```
02:35:30: %LINK-3-UPDOWN: Interface FastEthernet0/0, changed state to up
02:35:31: %LINEPROTO-5-UPDOWN: Line protocol on Interface FastEthernet0/0, changed state to up
```

输入 **no shutdown** 命令并且路由器判定接口和线路协议为 up 和 up 状态后，**debug** 输出显示 R2 已将该直接相连网络添加到路由表。

```
02:35:30: RT: add 172.16.1.0/24 via 0.0.0.0, connected metric [0/0]

02:35:30: RT: interface FastEthernet0/0 added to routing table
```

现在，路由表会显示直接相连网络 172.16.1.0/24 的路由，如示例 2-18 所示。

示例 2-18 R2 路由表中新路由的添加

```
R2# show ip route

Codes: C - connected, S - static, I - IGRP, R - RIP, M - mobile, B - BGP
       D - EIGRP, EX - EIGRP external, O - OSPF, IA - OSPF inter area
       N1 - OSPF NSSA external type 1, N2 - OSPF NSSA external type 2
       E1 - OSPF external type 1, E2 - OSPF external type 2, E - EGP
       i - IS-IS, L1 - IS-IS level-1, L2 - IS-IS level-2, ia - IS-IS inter area
       * - candidate default, U - per-user static route, o - ODR
       P - periodic downloaded static route

Gateway of last resort is not set

     172.16.0.0/24 is subnetted, 2 subnets
C       172.16.1.0 is directly connected, FastEthernet0/0
C       172.16.2.0 is directly connected, Serial0/0
```

debug ip routing 命令会显示所有路由的路由表过程，无论该路由是直接相连网络、静态路由，还是动态路由。

可以使用 **undebug ip routing** 或 **undebug all** 命令来禁用 **debug ip routing**，如示例 2-19 所示。

示例 2-19 关闭 Debug

```
R2# undebug all

All possible debugging has been turned off
!
or
!
R2# undebug ip routing

IP routing debugging is off
R2#
```

三、更改 IP 地址

要更改接口的 IP 地址或子网掩码，请重新为该接口配置 IP 地址和子网掩码。更改后，会覆盖以前的输入。可以为单个接口配置多个 IP 地址，前提是每个地址要位于不同的子网。此主题将在后面的课程中讨论。

要从路由器中删除直接相连网络，可以使用以下两个命令：**shutdown** 和 **no ip address**，如示例 2-20 所示。**shutdown** 命令用于禁用接口。如果要保留接口上的 IP 地址/掩码配置，但又要暂时将接口关闭，可单独使用此命令。在我们的示例中，此命令会禁用 R2 的快速以太网接口。但是，IP 地址仍会保留在配置文件 running-config 中。

使用 **shutdown** 命令后，您可以删除该接口的 IP 地址和子网掩码。以上两个命令的执行顺序并不重要。

现在我们将删除 R2 上 FastEthernet 0/0 接口的配置，在此期间我们利用 **debug ip routing** 来观察路由表过程。在示例 2-20 中，你可以看到路由表过程删除了直连路由。

示例 2-20 删除接口配置

```
R2# debug ip routing

IP routing debugging is on
R2# config t

Enter configuration commands, one per line. End with CNTL/Z.
R2(config)# int fa0/0
R2(config-if)# shutdown

%LINK-5-CHANGED: Interface FastEthernet0/0, changed state to administratively down
%LINEPROTO-5-UPDOWN: Line protocol on Interface FastEthernet0/0, changed state to
  down

is_up: 0 state: 6 sub state: 1 line: 1
RT: interface FastEthernet0/0 removed from routing table
RT: del 172.16.1.0/24 via 0.0.0.0, connected metric [0/0]
RT: delete subnet route to 172.16.1.0/24

<some ouput omitted>

R2(config-if)# no ip address
R2(config-if)# end

%SYS-5-CONFIG_I: Configured from console by console
R2# undebug all

All possible debugging has been turned off
```

首先，你关闭了该接口。IOS 的输出同样指出了该接口和链路协议现在 down。然后，debugging 的输出显示该路由从路由表中删除。最终，完成删除配置，输入 **no ip address** 和关闭 debugging。

为了检验路由从路由表中删除，使用 **show ip route** 命令。在示例 2-21 中，注意 172.16.1.0/24 的路由已经被删除了。

示例 2-21 R2 路由表中删除的路由

```
R2# show ip route

Codes: C - connected, S - static, I - IGRP, R - RIP, M - mobile, B - BGP
       D - EIGRP, EX - EIGRP external, O - OSPF, IA - OSPF inter area
       N1 - OSPF NSSA external type 1, N2 - OSPF NSSA external type 2
       E1 - OSPF external type 1, E2 - OSPF external type 2, E - EGP
       i - IS-IS, L1 - IS-IS level-1, L2 - IS-IS level-2, ia - IS-IS inter area
       * - candidate default, U - per-user static route, o - ODR
       P - periodic downloaded static route

Gateway of last resort is not set

     172.16.0.0/24 is subnetted, 1 subnets
C       172.16.2.0 is directly connected, Serial0/0/0
```

为继续学习本章接下来的内容，我们假定未删除 FastEthernet 0/0 的地址。要重新配置接口，只需再次输入以下命令：

```
R2(config)# interface fastethernet 0/0
R2(config-if)# ip address 172.16.1.1 255.255.255.0
R2(config-if)# no shutdown
```

警 告 **debug** 命令，尤其是 **debug all** 命令应谨慎使用。这些命令会干扰路由器操作。**debug** 命令在配置网络或排除网络故障时非常有用，但是这些命令也会大量消耗 CPU 和内存资源。建议尽量少用调试过程，并在不需要时立即禁用。由于 **debug** 命令会影响设备性能，因此在生产网络中应小心使用。

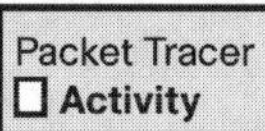

配置串行接口并检验路由表（2.3.1） 使用 Packet Tracer 练习来练习配置串行接口。你将再次使用 **debug ip routing** 命令来观察路由表变化过程。在本书携带的 CD-ROM 中，你可以使用 e2-231.pka 文件来执行这个 Packet Tracer 练习。

2.5.2 直连网络上的设备

在配置静态路由和动态路由协议之前，建议你先检验直连网络上设备的连通性。不同网络上的主机如果没有配置它们自己的默认网关，即本地路由器，那么它们之间将不能通信。

一、访问直接相连网络上的设备

为回到我们在示例拓扑结构中的配置，我们现在假设所有 3 台路由器均已配置好所有的直接相连网络。示例 2-22 中显示了路由器 R2 和 R3 的其余配置。

示例 2-22 R2 和 R3 上剩余接口的配置

```
R2(config)# interface serial 0/0/1
R2(config-if)# ip address 192.168.1.2 255.255.255.0
R2(config-if)# clock rate 64000
R2(config-if)# no shutdown
-----------------------------------------------------------
R3(config)# interface fastethernet 0/0
R3(config-if)# ip address 192.168.2.1 255.255.255.0
R3(config-if)# no shutdown
R3(config-if)# interface serial 0/0/1
R3(config-if)# ip address 192.168.1.1 255.255.255.0
R3(config-if)# no shutdown
```

示例 2-23 中 **show ip interface brief** 命令的输出表明所有已配置的接口均为 up 和 up 状态。

示例 2-23 检验所有接口为 up 和 up

```
R1# show ip interface brief

Interface          IP-Address     OK? Method Status               Protocol
FastEthernet0/0    172.16.3.1     YES manual up                         up
Serial0/0/0        172.16.2.1     YES manual up                         up
FastEthernet0/1    unassigned     YES manual administratively down down
Serial0/0/1        unassigned     YES manual administratively down down
-----------------------------------------------------------
R2# show ip interface brief

Interface          IP-Address     OK? Method Status               Protocol
FastEthernet0/0    172.16.1.1     YES manual up                         up
Serial0/0/0        172.16.2.2     YES manual up                         up
FastEthernet0/1    unassigned     YES manual administratively down down
Serial0/0/1        192.168.1.2    YES manual up                         up
-----------------------------------------------------------
R3# show ip interface brief

Interface          IP-Address     OK? Method Status               Protocol
FastEthernet0/0    192.168.2.1    YES manual up                         up
Serial0/0/0        unassigned     YES manual administratively down down
FastEthernet0/1    unassigned     YES manual administratively down down
Serial0/0/1        192.168.1.1    YES manual up                         up
```

通过回顾示例 2-24 中的路由表，你可以检验所有直连网络已经安装到了路由表中。

示例 2-24 检验直连网络已经安装到路由表中

```
R1# show ip route

<output omitted>
     172.16.0.0/24 is subnetted, 2 subnets
C       172.16.2.0 is directly connected, Serial0/0/0
C       172.16.3.0 is directly connected, FastEthernet0/0
```

```
R2# show ip route

172.16.0.0/24 is subnetted, 2 subnets
C       172.16.1.0 is directly connected, FastEthernet0/0
C       172.16.2.0 is directly connected, Serial0/0/0
C    192.168.1.0/24 is directly connected, Serial0/0/1
```

```
R3# show ip route

C    192.168.1.0/24 is directly connected, Serial0/0/1
C    192.168.2.0/24 is directly connected, FastEthernet0/0
```

配置网络的关键一步是确认所有接口均为 up 和 up 状态，并且路由表完整。无论您最终要配置何种路由方案——静态、动态或两者结合——在进行更为复杂的配置之前，都需要使用 **show ip interface brief** 命令和 **show ip route** 命令确认您的初始网络配置。

如果一台路由器只配置了接口，并且路由表中只含直接相连网络，没有其他路由，则只可以到达那些直接相连网络上的设备。

- R1 可与 172.16.3.0/24 和 172.16.2.0/24 网络上的设备通信。
- R2 可与 172.16.1.0/24、172.16.2.0/24 和 192.168.1.0/24 网络上的设备通信。
- R3 可与 192.168.1.0/24 和 192.168.2.0/24 网络上的设备通信。

由于这些路由器只知道与其直接相连的网络,因此这些路由器只能与直接相连的 LAN 和串行网络上的设备通信。

例如，拓扑结构中的 PC1 配置了 IP 地址 172.16.3.10 和子网掩码 255.255.255.0。PC1 还配置了默认网关 IP 地址 172.16.3.1（这是路由器上 FastEtherent 0/0 接口的 IP 地址）。由于 R1 只知道与其直接相连的网络，因此它可以将来自 PC1 的数据包转发到 172.16.2.0/24 网络上的设备，如 172.16.2.1 和 172.16.2.2。如果来自 PC1 的数据包有其他目的 IP 地址（例如地址为 172.16.1.10 的 PC2），则 R1 会将该数据包丢弃。

让我们一起观察示例 2-24 中 R2 的路由表。R2 只知道 3 个直接相连的网络。想象一下，如果我们 ping 其他某台路由器上的某个快速以太网接口，会发生什么情况。

请注意，在示例 2-25 中，ping 操作均会失败，连续的 5 个请求均超时。

示例 2-25 远程网络不可达

```
R2# ping 172.16.3.1

Type escape sequence to abort.
Sending 5, 100-byte ICMP Echos to 172.16.3.1, timeout is 2 seconds:
.....
Success rate is 0 percent (0/5)
R2#ping 192.168.2.1

Type escape sequence to abort.
Sending 5, 100-byte ICMP Echos to 192.168.2.1, timeout is 2 seconds:
.....
Success rate is 0 percent (0/5)
```

失败的原因是，R2 路由表中没有与 172.16.3.1 或 192.168.2.1（即 ping 数据包的目的 IP 地址）匹配的路由。要使数据包的目的 IP 地址 172.16.3.1 与路由表中的路由相匹配，该地址必须与网络地址最左侧的几个比特（比特数由路由前缀指定）匹配。R2 所有路由的前缀均为/24，因此会检查每条路由最左侧的 24bit。

下面一部分我们将调查究竟发生了什么？

二、从 R2 上 ping 172.16.3.1

图 2-6 显示了不成功的 ping 的输出，以及在路由表中没有匹配路由的现象。

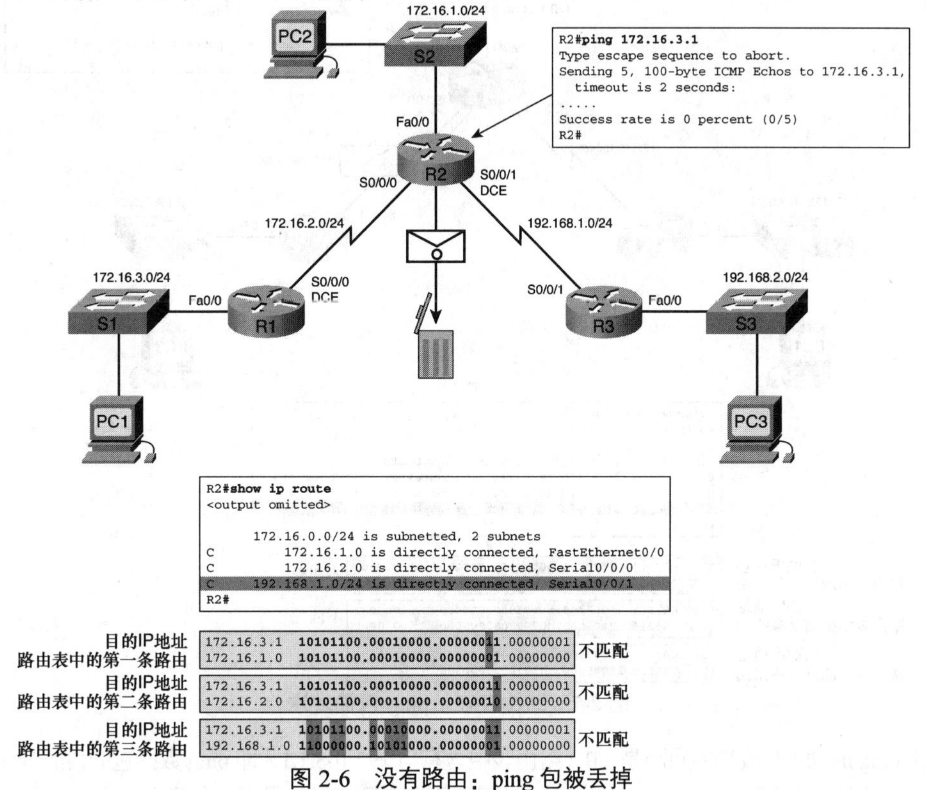

图 2-6　没有路由：ping 包被丢掉

R1 在表中的第一条路由是 172.16.1.0/24：

```
   172.16.0.0/24 is subnetted, 2 subnets
C      172.16.1.0 is directly connected, FastEthernet0/0
```

IOS 路由表过程会检查数据包目的 IP 地址 172.16.3.1 最左侧的 24 比特，判断其是否与 172.16.1.0/24 网络匹配。

如图 2-6 所示，如果将这些地址转换为二进制并进行比较，您会发现这条路由的第 23 比特与目的地址不同，因此这两个地址的前 24 比特不匹配。所以该路由不符合要求。

```
   172.16.0.0/24 is subnetted, 2 subnets
C      172.16.2.0 is directly connected, Serial0/0/0
```

在示例 2-6 中，我们发现第 2 条路由的第 24 位与目的地址不同，因此这两者的前 24 位也不匹配。所以这条路由也不符合要求，路由表过程继续尝试路由表中的下一条路由。

```
C 192.168.1.0/24 is directly connected, Serial0/0/1
```

第三条路由同样不匹配。如图 2-6 所示，前 24 位中有 10 位不匹配。所以该路由不符合要求。由于路由表中已没有其他路由，所以 ping 请求被丢弃。路由器在第 3 层做出转发决定，“尽最大努力”

转发数据包，但不提供任何保证。

三、从 R2 上 ping 192.168.1.1

让我们一起观看图 2-7，看路由器 R2 ping 路由器 R3 上的 192.168.1.1 接口时会发生什么情况。

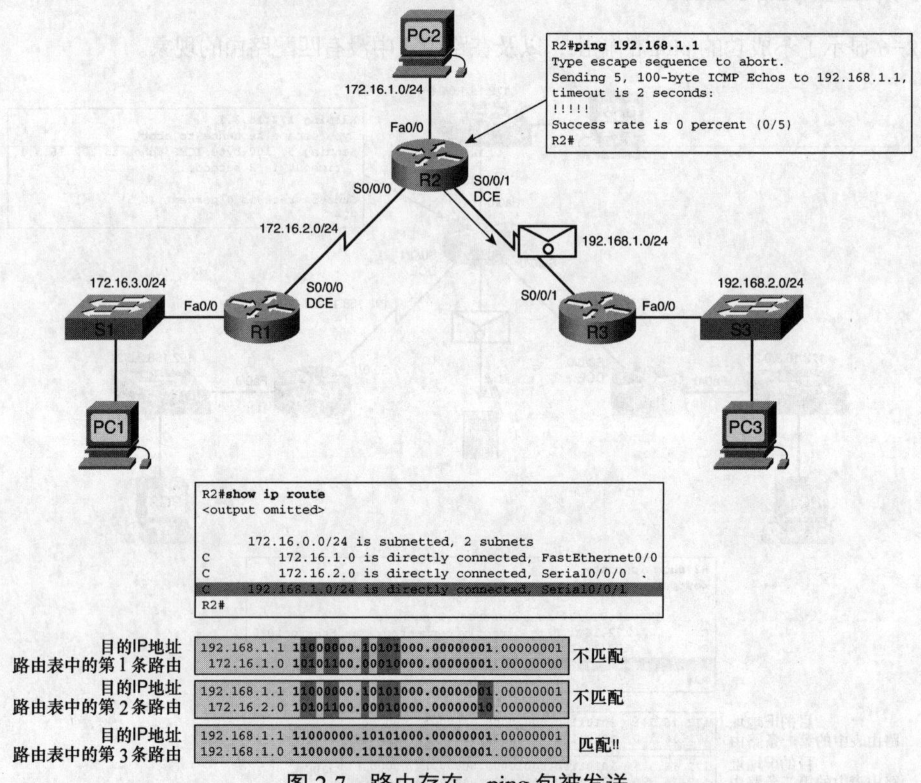

图 2-7 路由存在：ping 包被发送

这次 ping 成功了！成功的原因是，R2 路由表中含有与 192.168.1.1（即 ping 数据包的目的 IP 地址）匹配的路由。前两条路由 172.16.1.0/24 和 172.16.2.0/24 不符合要求。但最后一条路由 192.168.1.0/24 与目的 IP 地址的前 24 位匹配。ping 数据包会以送出接口 Serial 0/0/1 的第 2 层 HDLC 封装，然后通过 Serial 0/0/1 接口转发出去。R2 现已完成对该数据包的转发决定，其他路由器对该数据包做出的决定与 R2 无关。

> **注** 我们将在第 8 章“深入讨论路由表”中详细讨论路由表查找过程。

Packet Tracer Activity

检验直连设备的连通性（2.3.2） 使用 Packet Tracer 练习来检测直连设备间的连通性。在本书携带的 CD-ROM 中，你可以使用 e2-232.pka 文件来执行这个 Packet Tracer 练习。

2.5.3 思科发现协议（CDP）

思科发现协议（CDP）是功能强大的网络监控与故障排除工具。网络管理员使用 CDP 作为信息收集工具，通过它来收集与直接相连的思科设备有关的信息。CDP 是思科专有的一款工具，您可以用它来了解与直接相连的思科设备有关的协议与地址概要信息。

一、使用 CDP 发现网络

默认情况下，每台思科设备会定期向直接相连的思科设备发送消息，如图 2-8 所示。我们将这种消息称为 CDP 通告。这些通告包含特定的信息，如连接设备的类型、设备所连接的路由器接口、用于进行连接的接口以及设备型号等。

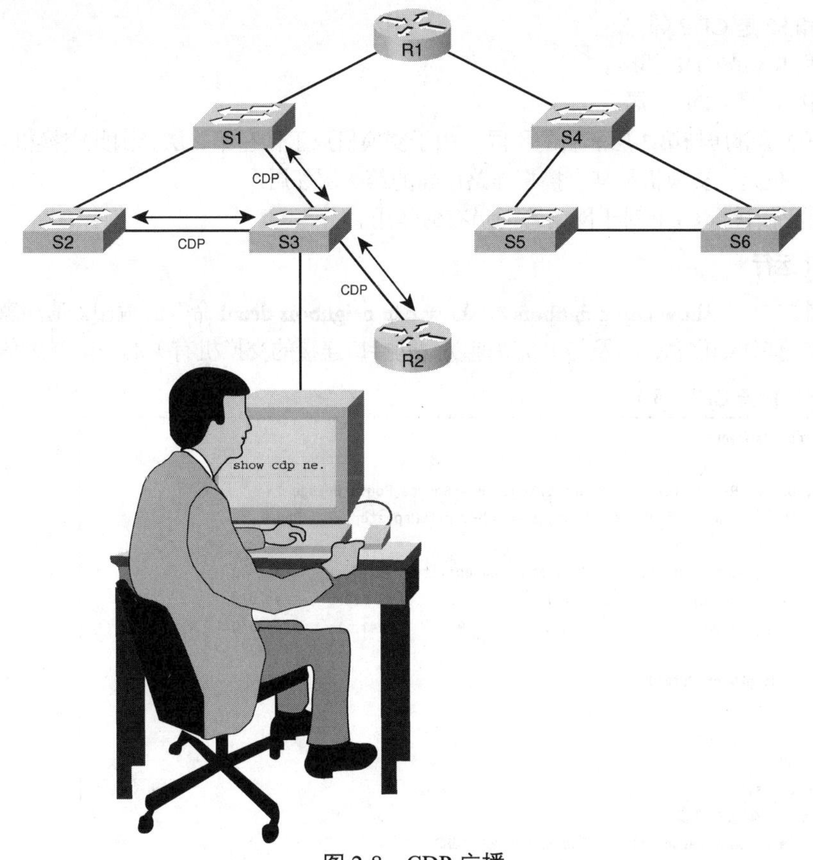

图 2-8 CDP 广播

大多数网络设备本身都不是独立工作的。在网络中，思科设备通常都会有其他*邻居*的思科设备。从其他设备收集到的信息有助于设计网络、排除故障以及调整设备。缺少网络拓扑记录或缺乏详细信息时，您可将 CDP 作为网络发现工具，利用它来构建网络逻辑拓扑结构。

熟悉邻居的一般性概念有助于理解 CDP 以及后面的内容中讨论的动态路由协议。

二、第 3 层邻居

此时，在我们的拓扑配置中，只有直接相连的邻居。在第 3 层，路由协议把共享同一网络地址空间的设备视为邻居。

在本章拓扑的示例中（见图 2-1），R1 和 R2 就是邻居。两者都是 172.16.1.0/24 网络的成员。R2 和 R3 也是邻居，因为它们均共享 192.168.1.0/24 网络。但 R1 和 R3 不是邻居，因为它们不共享任何网络地址空间。如果使用电缆将 R1 与 R3 相连，并为二者配置同一网络中的 IP 地址，则它们也会成为邻居。

三、第 2 层邻居

CDP 只工作在第 2 层。因此，CDP 邻居是指那些物理上直接相连并共享同一数据链路的思科设备。在图 2-8 中，网络管理员登录的是 S3。S3 只会接收来自 S1、S2 和 R2 的 CDP 通告。

假设图中的所有路由器和交换机都是运行 CDP 的思科设备，那么 R1 的邻居有哪些？您能说出每台设备的 CDP 邻居吗？

在本章的拓扑结构（见图 2-1）中，我们可以看到以下 CDP 邻居关系：

- R1和S1是CDP邻居。
- R1和R2是CDP邻居。
- R2和S2是CDP邻居。
- R2和R3是CDP邻居。
- R3和S3是CDP邻居。

请注意第2层邻居与第3层邻居的不同。由于交换机只工作在第2层，因此交换机与路由器在第3层不是邻居。但是，交换机是其直接相连路由器的第2层邻居。

接下来让我们看看CDP对于网络管理员有何作用。

四、CDP运行

观察示例2-26中**show cdp neighbors**和**show cdp neighbors detail**命令的输出。请注意，R3已收集到关于R2的一些详细信息，以及与R3快速以太网接口连接的交换机有关的一些详细信息。

示例2-26　检查CDP邻居

```
R3# show cdp neighbors

Capability Codes: R - Router, T - Trans Bridge, B - Source Route Bridge
                  S - Switch, H - Host, I - IGMP, r - Repeater, P - Phone

Device ID        Local Intrfce     Holdtme    Capability  Platform    Port ID
S3               Fas 0/0            151          S I      WS-C2950    Fas 0/6
R2               Ser 0/0/1          125           R       1841        Ser 0/0/1

R3# show cdp neighbors detail

-------------------------
Device ID: R2
Entry address(es):
  IP address: 192.168.1.2
Platform: Cisco 1841, Capabilities: Router Switch IGMP
Interface: Serial0/0/1, Port ID (outgoing port): Serial0/0/1
Holdtime : 161 sec

Version :
Cisco IOS Software, 1841 Software (C1841-ADVIPSERVICESK9-M), Version 12.4(10b), RELEASE SO
FTWARE (fc3)
Technical Support: http://www.cisco.com/techsupport
Copyright (c) 1986-2007 by Cisco Systems, Inc.
Compiled Fri 19-Jan-07 15:15 by prod_rel_team

advertisement version: 2
VTP Management Domain: ''

-------------------------
Device ID: S3
Entry address(es):
Platform: cisco WS-C2950-24, Capabilities: Switch IGMP
Interface: FastEthernet0/0, Port ID (outgoing port): FastEthernet0/11
Holdtime : 148 sec

Version :
Cisco Internetwork Operating System Software
IOS (tm) C2950 Software (C2950-I6Q4L2-M), Version 12.1(9)EA1, RELEASE SOFTWARE (fc1)
Copyright (c) 1986-2002 by cisco Systems, Inc.
Compiled Wed 24-Apr-02 06:57 by antonino
```

（待续）

```
advertisement version: 2
Protocol Hello: OUI=0x00000C, Protocol ID=0x0112; payload len=27,
  value=00000000FFFFFFFF0
10231FF000000000000000AB769F6C0FF0000
VTP Management Domain:' CCNA3'
Duplex: full
R3#
```

CDP 工作在连接物理介质与上层协议（ULP）的数据链路层。由于 CDP 工作在数据链路层，因此支持不同网络层协议（如 IP 和 Novell IPX）的两台或两台以上的思科网络设备（例如路由器）便可彼此互相了解。

思科设备启动时会默认启动 CDP。CDP 会自动发现运行 CDP 的邻近思科设备，无论这些设备运行的是何种协议或协议簇。CDP 还会与直接相连的 CDP 邻居交换硬件和软件设备信息。

CDP 提供每台 CDP 邻居设备的以下信息。

- **设备标识符**：例如，为交换机配置的主机名；
- **地址列表**：每种支持的协议最多对应一个网络层地址；
- **端口标识符**：本地和远程端口的名称——ASCII 字符格式的字符串，例如 ethernet0；
- **功能列表**：例如，该设备是路由器还是交换机；
- **平台**：设备的硬件平台，例如思科 7200 系列路由器。

Packet Tracer
□ Activity

思科发现协议（CDP）(2.3.3) 使用 Packet Tracer 思科探索思科发现协议（CDP）的特性。练习使用基本的命令在全局和接口上启用和关闭 CDP。体会使用 CDP 发现网络拓扑的强大功能。在本书携带的 CD-ROM 中，你可以使用 e2-233.pka 文件来执行这个 Packet Tracer 练习。

2.5.4 使用 CDP 发现网络

CDP 可以用来发现直连网络的不同信息。CDP 可以作为一个有用的工具来对现有网络进行分析和编写已存在的文档。

一、CDP show 命令

CDP 协议收集到的信息可通过先前介绍的 **show cdp neighbors** 命令来查看，如示例 2-26 所示。对于每个 CDP 邻居，此命令将显示以下信息：

- 邻居设备 ID；
- 本地接口；
- 保持时间（以秒为单位）；
- 邻居设备功能代码；
- 邻居硬件平台；
- 邻居远程端口 ID。

show cdp neighbors detail 命令也会显示邻居设备的 IP 地址。无论是否能 ping 通邻居，CDP 都会显示邻居的 IP 地址。当两台思科路由器无法通过共享的数据链路进行路由时，此命令非常有用。**show cdp neighbors detail** 命令也有助于确定某个 CDP 邻居是否存在 IP 配置错误。

对于网络发现，通常只要知道 CDP 邻居的 IP 地址就能远程登录到该设备。通过所建立的 Telnet 会话，便可收集与邻居直接相连的思科设备有关的信息。按照这种方式，您可以远程登录整个网络，并据此构建逻辑拓扑。在下一个 Packet Tracer 练习中“通过 CDP 和 Telnet 绘制网络拓扑”，我们将进行这方面的练习。

二、禁用 CDP

CDP 会带来安全风险吗？答案是肯定的。在之前的课程中，您可能已在数据包捕获实验中捕获过 CDP 数据包。由于某些 IOS 版本默认情况下会向外发送 CDP 通告，因此必须知道如何禁用 CDP。

如果需要对整台设备彻底禁用 CDP，可使用以下命令：

```
Router(config)# no cdp run
```

如果要使用 CDP 但需要针对特定接口停止 CDP 通告，可使用以下命令：

```
Router(config-if)# no cdp enable
```

Packet Tracer
□ Activity

通过 CDP 和 Telnet 绘制网络拓扑（2.3.4） CDP **show** 命令可用来发现与网络中未知设备有关的信息。CDP **show** 命令会显示与直接相连的思科设备有关的信息，包括可用于到达该设备的 IP 地址。随后您便可远程登录到该设备，然后重复这一过程，直到映射出整个网络为止。

请使用 Packet Tracer 练习来通过 CDP 和 Telnet 发现并映射未知网络。在本书携带的 CD-ROM 中，你可以使用 e2-234.pka 文件来执行这个 Packet Tracer 练习。

2.6 带下一跳地址的静态路由

我们在前面已讨论过，路由器可通过两种方式获知远程网络：

- 手动方式，通过配置的静态路由获知；
- 自动方式，通过动态路由协议获知。

本章接下来的部分将着重讲解静态路由的配置。动态路由协议将在下一章介绍。

2.6.1 ip route 的用途和命令语法

从一个网络路由到短截网络时，一般使用静态路由。***短截网络***是只能通过单条路由访问的网络。请看图 2-9 中的例子。此处，我们可以看到任何连接到 R1 的网络都只能通过一条路径到达其他目的地，无论其目的网络是与 R2 直接相连还是远离 R2。因此网络 172.16.3.0 是一个短截网络，而 R1 是***短截路由器***。

在 R1 和 R2 之间运行路由协议是一种浪费资源的行为，因为 R1 只有一条路径用于发送非本地流量。因此，我们使用静态路由来连接到不与路由器直接相连的远程网络。如图 2-9 所示，我们将在 R2 上配置一条静态路由，用于到达与 R1 相连的 LAN。在本章后面的部分，我们还会学习如何配置从 R1 到 R2 的默认静态路由，以便 R1 将流量发送到远离 R2 的任意目的地。

一、ip route 命令

配置静态路由的命令是 **ip route**。配置静态路由的完整语法是：

```
ip route prefix mask {ip-address | interface-type interface-number [ip-address]} [dhcp][distance] [name
  next-hop-name] [permanent | track number] [tag tag]
```

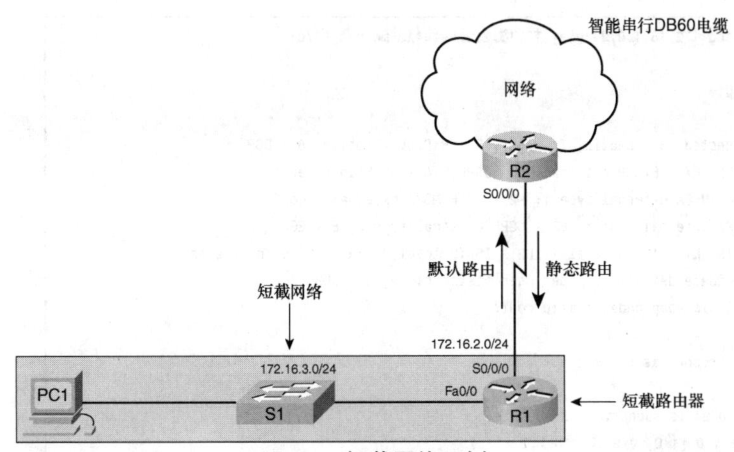

图 2-9 短截网络示例

以上大部分参数都与本章无关，也不属于 CCNA 的学习范畴。我们将使用更为简单的语法版本：

```
Router(config)# ip route network-address subnet-mask {ip-address | exit-interface }
```

此版本中用到了以下参数。

- *network-address*：要加入路由表的远程网络的目的网络地址。
- *subnet-mask*：要加入路由表的远程网络的子网掩码。可对此子网掩码进行修改，以总结一组网络。

此外，还必须使用以下一个或两个参数。

- *ip-address*：一般指下一跳路由器的 IP 地址。（等同于完整语法中的 *ip-address* 命令参数）
- *exit-interface*：将数据包转发到目的网络时使用的送出接口。（等同于完整语法中的 **interface-type** *interface-number* 命令参数）

注　*ip-address* 参数一般指“下一跳”路由器的 IP 地址。该参数通常会使用实际的下一跳路由器的 IP 地址。但是，*ip-address* 参数可以是任意 IP 地址，只要它可以在路由表中解析。这已超出本课程范围，我们在此作特别说明的目的是确保技术准确性。

2.6.2 配置静态路由

请记住，在我们的章节拓扑中，R1 只知道与其直接相连的网络。示例 2-24 中显示了 R1 当前的路由表中包含的路由。R1 现在还不知道的远程网络如下。

- **172.16.1.0/124**：R2 上的 LAN。
- **192.168.1.0/24**：R2 和 R3 之间的串行网络。
- **192.168.2.0/24**：R3 上的 LAN。

使用 **ip route** 命令语法为这些远程网络配置静态路由。示例 2-27 显示了命令语法。

示例 2-27 R1 配置到 R2 的 LAN 的静态路由

```
R1# debug ip routing

<some debug output omitted>
R1# conf t
R1(config)# ip route 172.16.1.0 255.255.255.0 172.16.2.2
```

（待续）

```
00:20:15: RT: add 172.16.1.0/24 via 172.16.2.2, static metric [1/0]

R1# show ip route

Codes: C - connected, S - static, I - IGRP, R - RIP, M - mobile, B - BGP
       D - EIGRP, EX - EIGRP external, O - OSPF, IA - OSPF inter area
       N1 - OSPF NSSA external type 1, N2 - OSPF NSSA external type 2
       E1 - OSPF external type 1, E2 - OSPF external type 2, E - EGP
       i - IS-IS, L1 - IS-IS level-1, L2 - IS-IS level-2, ia - IS-IS inter area
       * - candidate default, U - per-user static route, o - ODR
       P - periodic downloaded static route

Gateway of last resort is not set

     172.16.0.0/24 is subnetted, 3 subnets
S       172.16.1.0 [1/0] via 172.16.2.2
C       172.16.2.0 is directly connected, Serial0/0/0
C       172.16.3.0 is directly connected, FastEthernet0/0
R1#
```

首先，启用 **debug ip routing**，使 IOS 在新路由添加到路由表中时显示相关消息。

然后，使用 **ip route** 命令在 R1 上为每个网络配置静态路由。示例 2-27 显示了第一条路由的配置过程。

以下是此输出中每个元素的说明。

- **ip route**：静态路由命令；
- **172.16.1.0**：远程网络的网络地址；
- **255.255.255.0**：远程网络的子网掩码；
- **172.16.2.2**：R2 上 Serial 0/0/0 接口的 IP 地址，即通往该网络的下一跳。

当该 IP 地址是实际下一跳路由器的 IP 地址时，该 IP 地址就可以通过某个与此路由器直接相连的网络到达。换句话说，下一跳 IP 地址 172.16.2.2 是位于路由器 R1 直接连接的 Serial 0/0/0 的网络 172.16.2.0/24 上。

一、检验静态路由

debug ip routing 命令的输出表明该路由已添加至路由表。

```
00:20:15: RT:add 172.16.1.0/24 via 172.16.2.2, static metric [1/0]
```

当我们在 R1 上输入 **show ip route** 后显示的是新路由表。示例 2-27 中已突出显示了我们新添加的静态路由条目。

让我们来研究一下此输出。

- **S**：路由表中表示静态路由的代码；
- **172.16.1.0**：该路由的网络地址；
- **/24**：该路由的子网掩码；该掩码显示在上一行（即父路由）中。我们将在第 8 章讨论这方面的内容；
- **[1/0]**：该静态路由的管理距离和度量（将在后面的章节中说明）；
- **via 172.16.2.2**：下一跳路由器的 IP 地址，即 R2 上 Serial 0/0/0 接口的 IP 地址；

目的 IP 地址最左侧有 24 位与 172.16.1.0 匹配的所有数据包都将使用此路由。

二、为另外两个远程网络配置路由

示例 2-28 中显示了用于为其他两个远程网络配置路由的命令。debugging 功能被关闭。

示例 2-28 为远程网络配置静态路由

```
R1(config)# ip route 192.168.1.0 255.255.255.0 172.16.2.2
R1(config)# ip route 192.168.2.0 255.255.255.0 172.16.2.2
R1(config)# end
R1# show ip route

Codes: C - connected, S - static, I - IGRP, R - RIP, M - mobile, B - BGP
       D - EIGRP, EX - EIGRP external, O - OSPF, IA - OSPF inter area
       N1 - OSPF NSSA external type 1, N2 - OSPF NSSA external type 2
       E1 - OSPF external type 1, E2 - OSPF external type 2, E - EGP
       i - IS-IS, L1 - IS-IS level-1, L2 - IS-IS level-2, ia - IS-IS inter area
       * - candidate default, U - per-user static route, o - ODR
       P - periodic downloaded static route

Gateway of last resort is not set

     172.16.0.0/24 is subnetted, 3 subnets
S       172.16.1.0 [1/0] via 172.16.2.2
C       172.16.2.0 is directly connected, Serial0/0/0
C       172.16.3.0 is directly connected, FastEthernet0/0
S    192.168.1.0/24 [1/0] via 172.16.2.2
S    192.168.2.0/24 [1/0] via 172.16.2.2
```

请注意，R1 上配置的 3 条静态路由都有相同的下一跳 IP 地址：172.16.2.2。参照本章拓扑图（见图 2-1），我们可以看出这种情况是正确的，因为所有发往远程网络的数据包必须都转发到路由器 R2，即下一跳路由器。

再次使用 **show ip route** 命令检查路由表中添加的新静态路由，如示例 2-28 中所示。

```
S 192.168.1.0/24 [1/0] via 172.16.2.2
S 192.168.2.0/24 [1/0] via 172.16.2.2
```

/24 子网掩码与网络地址位于同一行中。就目前而言，此差别并不重要。我们将在第 8 章“深入讨论路由表”中再进行详细解释。

如示例 2-29 所示，我们也可使用 **show running-config** 命令来检查运行配置，以验证所配置的静态路由。现在最好使用 **copy running-config startup-config** 命令把配置文件保存到 NVRAM 里。

示例 2-29 检验静态路由命令

```
R1# show running-config

Building configuration...

Current configuration : 849 bytes
!
hostname R1
!
<output omitted>
!
ip classless
ip route 172.16.1.0 255.255.255.0 172.16.2.2
ip route 192.168.1.0 255.255.255.0 172.16.2.2
ip route 192.168.2.0 255.255.255.0 172.16.2.2
!
<output omitted>
!
end
```

（待续）

```
R1#copy running-config startup-config
Destination filename [startup-config]?
Building configuration...
[OK]
R1#
```

2.6.3 路由表原理与静态路由

参见本章拓扑（见图 2-1）。现在已经在 R1 上配置好 3 条静态路由，您认为发往这些网络的数据包是否能正确到达目的地？从这些网络返回 R1 的数据包能否到达目的地？

这里我们先介绍 3 条路由表原理，它们摘自 Alex Zinin 的著作 *Cisco IP Routing*。

原理 1：每台路由器根据其自身路由表中的信息独立做出决策。

R1 的路由表中有 3 条静态路由，它根据自己路由表中的信息独立做出转发决定。R1 不会咨询任何其他路由器中的路由表。它也不知道其他路由器是否有到其他网络的路由。网络管理员负责确保每台路由器都能获知远程网络。

原理 2：一台路由器的路由表中包含某些信息并不表示其他路由器也包含相同的信息。

R1 不知道其他路由器的路由表中有哪些信息。例如，R1 有一条通过路由器 R2 到达 192.168.2.0/24 网络的路由。所有与这条路由匹配的数据包均属于 192.168.2.0/24 网络，这些数据包都将转发到路由器 R2。R1 并不知道 R2 是否有到达 192.168.2.0/24 网络的路由。同样，网络管理员负责确保下一跳路由器有到达该网络的路由。

通过原理 2 我们了解到，如果要确保其他路由器（R2 和 R3）有到达这 3 个网络的路由，还需在这些路由器上配置正确的路由。

原理 3：有关两个网络之间路径的路由信息并不能提供反向路径（即返回路径）的路由信息。

网络通信大多数都是双向的。这表示数据包必须在相关终端设备之间进行双向传输。来自 PC1 的数据包可以到达 PC3，因为所有相关的路由器都有指向目的网络 192.168.2.0/24 的路由。但是从 PC3 到 PC1 的返回数据包是否能成功到达，则取决于相关路由器是否包含指向返回路径（PC1 所在的 172.16.3.0/24 网络）的路由。

通过原理 3 我们得知，为了确保其他路由器有返回 172.16.3.0/24 网络的路由，必须在这些路由器上配置正确的静态路由。

应用该原理

学习这些路由表原理后，您现在能正确回答我们提出的有关源自 PC1 的数据包的问题吗？

从 PC1 发出的数据包能到达目的地吗？

在本例中，发往网络 172.16.1.0/24 和 192.168.1.0/24 的数据包能够到达目的地。这是因为路由器 R1 具有通过 R2 到达这些网络的路由。当数据包到达路由器 R2 时，由于这些网络与 R2 直接相连，所以这些数据包会根据 R2 的路由表进行路由。

发往网络 192.168.2.0/24 的数据包将无法到达目的地。尽管 R1 有通过 R2 到达该网络的静态路由，但是，当 R2 收到数据包后，因为 R2 的路由表中不包含到该网络的路由，所以它将丢弃该数据包。

这是否表示从这些网络发往 172.16.3.0/24 网络的任何数据包都能到达其目的地？

如果 R2 或 R3 收到发往 172.16.3.0/24 的数据包，则该数据包无法到达其目的地，因为这两台路由器都没有到达 172.16.3.0/24 网络的路由。

我们在本章拓扑中的 R2 和 R3 上配置完成了相关的静态路由。如示例 2-30 中显示的命令，现在，所有路由器都具有到达所有远程网络的路由。

示例 2-30 配置 R2 和 R3 的静态路由

```
R2(config)# ip route 172.16.3.0 255.255.255.0 172.16.2.1
R2(config)# ip route 192.168.2.0 255.255.255.0 192.168.1.1
R3(config)# ip route 172.16.1.0 255.255.255.0 192.168.1.2
R3(config)# ip route 172.16.2.0 255.255.255.0 192.168.1.2
R3(config)# ip route 172.16.3.0 255.255.255.0 192.168.1.2
```

查看示例 2-31 中的路由表，检查是否全部路由器现在都有到达所有远程网络的路由。

示例 2-31 检查静态路由是否加入路由表

```
R1# show ip route

<output omitted>
     172.16.0.0/24 is subnetted, 3 subnets
S       172.16.1.0 [1/0] via 172.16.2.2
C       172.16.2.0 is directly connected, Serial0/0/0
C       172.16.3.0 is directly connected, FastEthernet0/0
S    192.168.1.0/24 [1/0] via 172.16.2.2
S    192.168.2.0/24 [1/0] via 172.16.2.2
R2# show ip route

<output omitted>
     172.16.0.0/24 is subnetted, 3 subnets
C       172.16.1.0 is directly connected, FastEthernet0/0
C       172.16.2.0 is directly connected, Serial0/0/0
S       172.16.3.0 [1/0] via 172.16.2.1
C    192.168.1.0/24 is directly connected, Serial0/0/1
S    192.168.2.0/24 [1/0] via 192.168.1.1
R3# show ip route

<output omitted>
     172.16.0.0/24 is subnetted, 3 subnets
S       172.16.1.0 [1/0] via 192.168.1.2
S       172.16.2.0 [1/0] via 192.168.1.2
S       172.16.3.0 [1/0] via 192.168.1.2
C    192.168.1.0/24 is directly connected, Serial0/0/1
C    192.168.2.0/24 is directly connected, FastEthernet0/0
```

我们从 R1 上使用 ping 远程路由器接口的方法，来进一步检查连通性，如示例 2-32 所示。

示例 2-32 检验端到端连通性

```
R1# ping 172.16.1.1

Type escape sequence to abort.
Sending 5, 100-byte ICMP Echos to 172.16.1.1, timeout is 2 seconds:
!!!!!
Success rate is 100 percent (5/5), round-trip min/avg/max = 28/28/32 ms
R1# ping 192.168.1.1

Type escape sequence to abort.
Sending 5, 100-byte ICMP Echos to 192.168.1.1, timeout is 2 seconds:
!!!!!
Success rate is 100 percent (5/5), round-trip min/avg/max = 56/56/56 ms
R1# ping 192.168.1.2

Type escape sequence to abort.
Sending 5, 100-byte ICMP Echos to 192.168.1.2, timeout is 2 seconds:
!!!!!
```

（待续）

```
Success rate is 100 percent (5/5), round-trip min/avg/max = 28/29/32 ms
R1# ping 192.168.2.1

Type escape sequence to abort.
Sending 5, 100-byte ICMP Echos to 192.168.2.1, timeout is 2 seconds:
!!!!!
Success rate is 100 percent (5/5), round-trip min/avg/max = 56/56/56 ms
R1#
```

现在，拓扑结构中的所有设备都实现了完全连通。所有 LAN 中的任意一台 PC 都可以访问所有其他 LAN 中的 PC。

2.6.4 通过递归路由查找解析送出接口

在路由器转发任何数据包之前，路由表过程必须确定用于转发数据包的送出接口。我们将此过程称为*路由解析*。下面，我们将以示例 2-31 中的 R1 路由表为例来学习这一过程。R1 有到达远程网络 192.168.2.0/24 的静态路由，该路由会将所有数据包转发至下一跳 IP 地址 172.16.2.2。

```
S      192.168.2.0/24 [1/0] via 172.16.2.2
```

查找路由只是查询过程的第一步。R1 必须确定如何到达下一跳 IP 地址 172.16.2.2。它将进行第二次搜索，以查找与 172.16.2.2 匹配的路由。在本例中，IP 地址 172.16.2.2 与直接相连网络 172.16.2.0/24 的路由相匹配。

```
C      172.16.2.0 is directly connected, Serial0/0/0
```

172.16.2.0 路由是一个直接相连网络，送出接口为 Serial 0/0/0。此次查找告知路由表过程数据包将从此接口转发出去。因此，将任何数据包转发到 192.168.2.0/24 网络实际上经过了两次路由表查找过程。如果路由器在转发数据包前需要执行多次路由表查找，那么它的查找过程就是一种***递归路由查找***。在本例中：

1. 数据包的目的 IP 地址与静态路由 192.168.2.0/24 匹配，下一跳 IP 地址是 172.16.2.2。

2. 静态路由的下一跳 IP 地址（172.16.2.2）与直接相连网络 172.16.2.0/24 匹配，送出接口为 Serial 0/0/0。

对于只具有下一跳 IP 地址而且没有指定送出接口的每一条路由，都必须使用路由表中有送出接口的另一条路由来解析下一跳 IP 地址。

通常，这些路由将解析为路由表中直接相连网络的路由，因为这些条目始终包含送出接口。我们将在下一节学习如何为静态路由配置送出接口。如此一来，便不需要使用另一条路由条目来再次进行解析。

送出接口关闭

让我们考虑一下如果送出接口关闭会发生什么情况。假设 R1 的 Serial 0/0/0 接口关闭，R1 中指向 192.16.2.0/24 的静态路由会发生什么情况？如果静态路由无法解析到送出接口，本例中为 Serial 0/0/0，则该静态路由会从路由表中删除。

如示例 2-33 所示，在 R1 上输入 **debug ip routing**，然后将 Serial 0/0/0 配置为 **shutdown**，观察屏幕输出。

示例 2-33 R1 路由依赖于送出接口

```
R1# debug ip routing

IP routing debugging is on
```

（待续）

```
R1# config t

Enter configuration commands, one per line. End with CNTL/Z.
R1(config)# int s0/0/0
R1(config-if)# shutdown
R1(config-if)# end

is_up: 0 state: 6 sub state: 1 line: 0
RT: interface Serial0/0/0 removed from routing table
RT: del 172.16.2.0/24 via 0.0.0.0, connected metric [0/0]
RT: delete subnet route to 172.16.2.0/24
RT: del 192.168.1.0 via 172.16.2.2, static metric [1/0]
RT: delete network route to 192.168.1.0
RT: del 172.16.1.0/24 via 172.16.2.2, static metric [1/0]
RT: delete subnet route to 172.16.1.0/24
R1# show ip route

<output omitted>
Gateway of last resort is not set
      172.16.0.0/24 is subnetted, 1 subnets
C        172.16.3.0 is directly connected, FastEthernet0/0
```

从第 1 章可以知道，Serial 0/0/0 接口上的网络会从路由表中删除。但是，请注意，从 debug 命令的输出可以看出，所有 3 条静态路由都被删除，因为所有 3 条静态路由都被解析到 Serial 0/0/0。现在 R1 的路由表中只有 1 条路由。

但是，这些静态路由仍保留在 R1 的运行配置内。如果该接口重新开启（通过 **no shutdown** 再次启用），则 IOS 路由表过程将把这些静态路由重新安装到路由表中。

2.7 带送出接口的静态路由

在上一部分，你可以看到如何使用下一跳地址来配置静态路由。使用下一跳地址是正确地配置静态路由的方法。可是，在某些环境下，可以使用送出接口来表示，这样可以进行更加有效的路由查找。

在这里再重复一次简单的 **ip route** 命令的语法作为参考：

```
Router(config)# ip route network-address subnet-mask {ip-address | exit-interface}
```

2.7.1 配置带送出接口的静态路由

我们现在使用另外一种方法来配置这些静态路由。目前，R1 到 192.168.2.0/24 网络的静态路由配置的下一跳 IP 地址为 172.16.2.2。在运行配置内，请注意以下行：

```
ip route 192.168.2.0 255.255.255.0 172.16.2.2
```

上一节我们已介绍过，此静态路由需要再进行一次路由表查找才能将下一跳 IP 地址 172.16.2.2 解析到送出接口。但是，大多数静态路由都可以配置送出接口，这使得路由表可以在一次搜索中解析出送出接口，而不用进行两次搜索。

静态路由和送出接口

现在我们重新配置该静态路由，使用送出接口来取代下一跳 IP 地址。首先删除当前的静态路由，可以通过 **no ip route** 命令完成这一操作，如示例 2-34 所示。

示例 2-34 带送出接口的静态路由

```
R1(config)# no ip route 192.168.2.0 255.255.255.0 172.16.2.2
R1(config)# ip route 192.168.2.0 255.255.255.0 serial 0/0/0
R1(config)# end
R1# show ip route

Codes: C - connected, S - static, I - IGRP, R - RIP, M - mobile, B - BGP
       D - EIGRP, EX - EIGRP external, O - OSPF, IA - OSPF inter area
       N1 - OSPF NSSA external type 1, N2 - OSPF NSSA external type 2
       E1 - OSPF external type 1, E2 - OSPF external type 2, E - EGP
       i - IS-IS, L1 - IS-IS level-1, L2 - IS-IS level-2, ia - IS-IS inter area
       * - candidate default, U - per-user static route, o - ODR
       P - periodic downloaded static route

Gateway of last resort is not set
     172.16.0.0/24 is subnetted, 3 subnets
S       172.16.1.0 [1/0] via 172.16.2.2
C       172.16.2.0 is directly connected, Serial0/0/0
C       172.16.3.0 is directly connected, FastEthernet0/0
S    192.168.1.0/24 [1/0] via 172.16.2.2
S    192.168.2.0/24 is directly connected, Serial0/0/0
R1#
```

接下来，为 R1 配置指向 192.168.2.0/24 的静态路由，将送出接口配置为 Serial 0/0/0。

然后，使用 **show ip route** 命令检查路由表的变化。您将看到路由表中的这一条目不再使用下一跳 IP 地址，而是直接指向送出接口。此送出接口与该静态路由使用下一跳 IP 地址时最终解析出的送出接口相同。

```
S   192.168.2.0/24 is directly connected, Serial0/0/0
```

现在，当路由表过程发现数据包与该静态路由匹配时，它查找一次便能将路由解析到送出接口。从路由表中可以看出，另外两条静态路由仍然必须经过两步处理才能解析到相同的 Serial 0/0/0 接口。

注　该静态路由条目中，此路由显示为直接相连。您必须记住，这并不表示该路由是直接相连网络或直接相连路由。该路由仍是静态路由。我们将在下一章讨论管理距离时进一步阐述这一点的重要性。我们将了解到这种类型的静态路由的管理距离为 1。现在，只需要注意该路由仍然是管理距离为 1 的静态路由，而不是直接相连网络。

2.7.2 静态路由和点对点网络

使用送出接口而不是下一跳 IP 地址配置的静态路由是大多数串行点对点网络的理想选择。使用如 HDLC 和 PPP 之类协议的点对点网络在数据包转发过程中不使用下一跳 IP 地址。路由后的 IP 数据包被封装成目的地址为第 2 层广播地址的 HDLC 第 2 层帧。

这种类型的点对点串行链路类似于管道。管道只有两个端点。从一端进入的数据只有一个目的地，即管道的另一端。同样，任何通过 R1 的 Serial 0/0/0 接口发送的数据包都只能到达一个目的地：R2 的 Serial 0/0/0 接口。R2 的串行接口 IP 地址恰好为 172.16.2.2。

注　在某些特定情况下，网络管理员希望在静态路由中使用下一跳 IP 地址，而不是送出接口。这类情况已超出本课程范围，但仍需注意。

2.7.3 修改静态路由

出现以下情况时，我们需要对以前配置的静态路由进行修改：

- 目的网络不再存在，此时应删除相应的静态路由；
- 拓扑发生变化，所以中间地址或送出接口必须相应进行修改。

现有的静态路由无法修改。必须将现有的静态路由删除，然后重新配置一条。

要删除静态路由，只需在用于添加静态路由的 **ip route** 命令前添加 **no** 即可。

比如，在前面的章节中，我们已经配置了一条静态路由：

```
ip route 192.168.2.0 255.255.255.0 172.16.2.2
```

我们可以使用 **no ip route** 命令删除这条静态路由：

```
no ip route 192.168.2.0 255.255.255.0 172.16.2.2
```

不要忘记，我们删除现有静态路由的目的是将其更改为使用送出接口，而不是下一跳 IP 地址。我们使用送出接口配置新的静态路由：

```
R1(config)# ip route 192.168.2.0 255.255.255.0 serial 0/0/0
```

带送出接口的静态路由可提高路由表的查找效率，至少对于串行点对点出站网络是如此。现在我们将 R1、R2 和 R3 上其余的静态路由也重新配置为使用送出接口，如示例 2-35 所示。

示例 2-35 把所有静态路由转为送出接口

```
R1(config)# no ip route 172.16.1.0 255.255.255.0 172.16.2.2
R1(config)# ip route 172.16.1.0 255.255.255.0 serial 0/0/0
R1(config)# no ip route 192.168.1.0 255.255.255.0 172.16.2.2
R1(config)# ip route 192.168.1.0 255.255.255.0 serial 0/0/0
R2(config)# no ip route 172.16.3.0 255.255.255.0 172.16.2.1
R2(config)# ip route 172.16.3.0 255.255.255.0 serial 0/0/0
R2(config)# no ip route 192.168.2.0 255.255.255.0 192.168.1.1
R2(config)# ip route 192.168.2.0 255.255.255.0 serial 0/0/1
R3(config)# no ip route 172.16.1.0 255.255.255.0 192.168.1.2
R3(config)# ip route 172.16.1.0 255.255.255.0 serial 0/0/1
R3(config)# no ip route 172.16.2.0 255.255.255.0 192.168.1.2
R3(config)# ip route 172.16.2.0 255.255.255.0 serial 0/0/1
R3(config)# no ip route 172.16.3.0 255.255.255.0 192.168.1.2
R3(config)# ip route 172.16.3.0 255.255.255.0 serial 0/0/1
```

如你所见，每删除一条路由，我们便使用送出接口配置一条到达相同网络的新路由。

2.7.4 检验静态路由配置

无论对静态路由或网络的其他方面进行了何种修改，都需要进行检查，以确保更改生效而且最终结果与您预期的一致。

检验静态路由更改

在前面的章节中，我们删除并重新配置了所有 3 台路由器的静态路由，可以通过 **show running-config** 命令进行检验，如示例 2-36 所示。

示例 2-36　通过 show running-config 命令检验静态路由配置

```
R1# show running-config

<output omitted>
ip route 172.16.1.0 255.255.255.0 Serial0/0/0
ip route 192.168.1.0 255.255.255.0 Serial0/0/0
ip route 192.168.2.0 255.255.255.0 Serial0/0/0
<output omitted>
R2# show running-config

<output omitted>
ip route 172.16.3.0 255.255.255.0 Serial0/0/0
ip route 192.168.2.0 255.255.255.0 Serial0/0/1
<output omitted>
R3# show running-config

<output omitted>
ip route 172.16.1.0 255.255.255.0 Serial0/0/1
ip route 172.16.2.0 255.255.255.0 Serial0/0/1
ip route 172.16.3.0 255.255.255.0 Serial0/0/1
<output omitted>
```

请记住，运行配置包含当前的路由器配置——即路由器当前正在使用的命令和参数。您可以通过检查运行配置来校验您所作的更改。示例 2-36 显示了每台路由器的部分运行配置，该部分信息显示了路由器的当前静态路由。

示例 2-37 会显示所有 3 台路由器的路由表。从示例中可以看出，之前的带下一跳地址的静态路由已从表中删除，而带送出接口的静态路由已添加到路由器表中。

示例 2-37　检验新路由已被加入到路由表中

```
R1# show ip route

<output omitted>
     172.16.0.0/24 is subnetted, 3 subnets
S       172.16.1.0 is directly connected, Serial0/0/0
C       172.16.2.0 is directly connected, Serial0/0/0
C       172.16.3.0 is directly connected, FastEthernet0/0
S    192.168.1.0/24 is directly connected, Serial0/0/0
S    192.168.2.0/24 is directly connected, Serial0/0/0
R2# show ip route

<output omitted>
     172.16.0.0/24 is subnetted, 3 subnets
C       172.16.1.0 is directly connected, FastEthernet0/0
C       172.16.2.0 is directly connected, Serial0/0/0
S       172.16.3.0 is directly connected, Serial0/0/0
C    192.168.1.0/24 is directly connected, Serial0/0/1
S    192.168.2.0/24 is directly connected, Serial0/0/1
R3# show ip route

<output omitted>
     172.16.0.0/24 is subnetted, 3 subnets
S       172.16.1.0 is directly connected, Serial0/0/1
S       172.16.2.0 is directly connected, Serial0/0/1
S       172.16.3.0 is directly connected, Serial0/0/1
C    192.168.1.0/24 is directly connected, Serial0/0/1
C    192.168.2.0/24 is directly connected, FastEthernet0/0
```

最终测试是尝试将数据包从源路由到目的地，如示例 2-38 所示。

示例 2-38 使用 ping 命令检验端到端连通性

```
R1# ping 192.168.2.1

Type escape sequence to abort.
Sending 5, 100-byte ICMP Echos to 172.16.3.1, timeout is 2 seconds:
!!!!!
Success rate is 100 percent (5/5), round-trip min/avg/max = 28/28/32 ms
```

```
R2# ping 172.16.3.1

Type escape sequence to abort.
Sending 5, 100-byte ICMP Echos to 172.16.1.1, timeout is 2 seconds:
!!!!!
Success rate is 100 percent (5/5), round-trip min/avg/max = 28/29/32 ms
R2#ping 192.168.2.1

Type escape sequence to abort.
Sending 5, 100-byte ICMP Echos to 192.168.2.1, timeout is 2 seconds:
!!!!!
Success rate is 100 percent (5/5), round-trip min/avg/max = 56/56/60 ms
```

```
R3# ping 172.16.3.1

Type escape sequence to abort.
Sending 5, 100-byte ICMP Echos to 172.16.1.1, timeout is 2 seconds:
!!!!!
Success rate is 100 percent (5/5), round-trip min/avg/max = 28/29/32 ms
```

使用 **ping** 命令后，我们发现从每台路由器发出的数据包都能够到达其目的地，而且返回路径也工作正常。示例 2-38 显示了成功的 ping 输出。

现在是练习和检验静态路由配置的时候了。

删除和配置静态路由（2.5.3） 请使用 Packet Tracer 练习来练习删除静态路由，并使用送出接口参数重新配置静态路由。然后检验新配置并测试连通性。在本书携带的 CD-ROM 中，你可以使用 e2-253.pka 文件来执行这个 Packet Tracer 练习。

2.7.5 带以太网接口的静态路由

有时送出接口为以太网络接口。路由器的以太网接口要参与和以太网上其他主机同样的进程，包括 ARP。

一、以太网接口和 ARP

为了这个讨论，你需要改变本章拓扑为图 2-10 所示。

假设 R1 和 R2 之间的网络链路为以太网链路，并且 R1 和 R2 的 FastEthernet 0/1 接口连接到该网络。我们可以使用以下命令设置一条到 192.168.2.0/24 网络的静态路由，该路由使用下一跳 IP 地址：

```
R1(config)# ip route 192.168.2.0 255.255.255.0 172.16.2.2
```

我们在之前的章节“配置以太网接口”中已介绍过，IP 数据包必须封装成带以太网目的 MAC 地址的以太网帧。如果数据包应该发送到下一跳路由器，则目的 MAC 地址将是下一跳路由器的以太网接口地址。在此情况下，以太网目的 MAC 地址必须与下一跳 IP 地址 172.16.2.2 匹配。R1 会在自己的 FastEthernet 0/1 ARP 表中查找 172.16.2.2，并据此获得相应的 MAC 地址。

二、发送 ARP 请求

如果该条目不在 ARP 表中，R1 会通过 FastEthernet 0/1 接口发出一个 ARP 请求。第 2 层广播请求IP地址为172.16.2.2的设备告知其MAC地址。因为R2的FastEthernet 0/1接口的IP地址为172.16.2.2，所以它会发送包含该接口 MAC 地址的 ARP 应答。

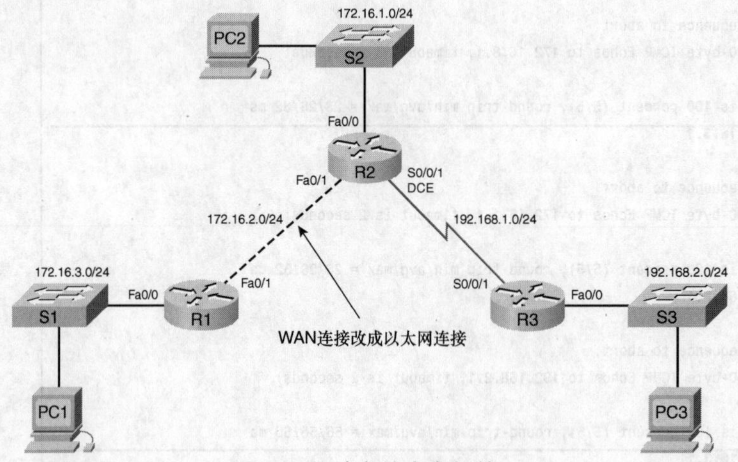

图 2-10 改变的本章拓扑

R1 收到该 ARP 应答，随后将 IP 地址 172.16.2.2 及其关联的 MAC 地址添加到自身的 ARP 表中。接着，R1 使用 ARP 表中找到的目的 MAC 地址将 IP 数据包封装成以太网帧。封装有数据包的以太网帧随后从 FastEthernet 0/1 接口发送到路由器 R2。

三、静态路由和以太网送出接口

在本节中，我们将把静态路由配置为使用以太网送出接口，而不是下一跳 IP 地址。使用以下命令将 192.168.2.0/24 的静态路由更改为使用送出接口：

```
R1(config)# ip route 192.168.2.0 255.255.255.0 fastethernet 0/1
```

以太网络和点对点串行网络之间的区别在于，点对点网络只有一台其他设备位于网络中，即链路另一端的路由器。而对于以太网络，可能会有许多不同的设备共享相同的多路访问网络，包括主机甚至多台路由器。如果仅仅在静态路由中指定以太网送出接口，路由器就没有充足的信息来决定哪台设备是下一跳设备。

R1 知道数据包需要封装成以太网帧并从 FastEthernet 0/1 接口发送出去。但是，R1 不知道下一跳的 IP 地址，因此它无法决定该以太网帧的目的 MAC 地址。

根据拓扑结构和其他路由器上的配置，该静态路由或许能正常工作，也或许不能。这里我们不再深入讨论，但建议当送出接口是以太网络时，不要在静态路由中仅使用送出接口。

也许有人会问：是否能够在以太网中配置这样一条静态路由，使它不必通过递归查找获得下一跳 IP 地址？可以，这可通过在静态路由中同时包含送出接口和下一跳 IP 地址来实现。

如图 2-10 所示，送出接口应该是 FastEthernet 0/1，而下一跳 IP 地址应该是 172.16.2.2。

```
R1(config)# ip route 192.168.2.0 255.255.255.0 fastethernet 0/1 172.16.2.2
```

该路由的路由表条目应该是：

```
S     192.168.2.0/24 [1/0] via 172.16.2.2 FastEthernet0/1
```

路由表过程仅需要执行一次查找就可以同时获得送出接口和下一跳 IP 地址。

四、在静态路由中使用送出接口的好处

对于串行点对点网络和以太网出站网络来说，在静态路由中使用送出接口都比较有利。路由表过

程只需要执行一次查找就可以找到送出接口，不必为了解析下一跳地址再次进行查找。

对于使用出站点对点串行网络的静态路由，最好只配置送出接口。对于点对点串行接口，数据包传送程序从不使用路由表中的下一跳地址，因此不需要配置该地址。

对于使用出站以太网络的静态路由，最好同时使用下一跳地址和送出接口来配置。

> 注　对于仅使用以太网或 FastEthernet 送出接口配置的静态路由，有关可能发生的问题的详细信息，请参见 Alex Zinin 的所作的 Cisco IP Routing。

2.8 汇总静态路由和默认静态路由

在路由器的路由表中可能会有一种针对目的网络或能成为减少了的特定路由表项的一部分的相同网络的特殊路由。这种减少了的特定路由表项可以是汇总路由或默认路由。

2.8.1 汇总静态路由

*汇总路由*是一条可以用来表示多条路由的单独的路由。汇总路由一般是具有相同的送出接口或下一跳 IP 地址的连续网络的集合。

> 注　网络表示为汇总路由并不一定非要连续。这一点在后面的第 8 章中有相应解释。

一、汇总路由用以缩减路由表的大小

较小的路由表可以使路由表查找过程更加有效率，因为需要搜索的路由条数更少。如果可以使用一条静态路由代替多条静态路由，则可减小路由表。在许多情况中，一条静态路由可用于代表数十、数百、甚至数千条路由。

我们可以使用一个网络地址代表多个子网。例如，10.0.0.0/16、10.1.0.0/16、10.2.0.0/16、10.3.0.0/16、10.4.0.0/16、10.5.0.0/16，直到 10.255.0.0/16，所有这些网络都可以用一个网络地址代表：10.0.0.0/8。

二、路由汇总

多条静态路由可以汇总成一条静态路由，前提是符合以下条件：

- 目的网络可以汇总成一个网络地址；
- 多条静态路由都使用相同的送出接口或下一跳 IP 地址。

这称为路由汇总。

在本章拓扑中（见图 2-1），R3 有 3 条静态路由。所有 3 条路由都通过相同的 Serial 0/0/1 接口转发流量。R3 上的这 3 条静态路由分别是：

```
ip route 172.16.1.0 255.255.255.0 Serial0/0/1
ip route 172.16.2.0 255.255.255.0 Serial0/0/1
ip route 172.16.3.0 255.255.255.0 Serial0/0/1
```

如果可能，我们希望将所有这些路由汇总成一条静态路由。172.16.1.0/24、172.16.2.0/24 和 172.16.3.0/24 可以汇总成 172.16.0.0/22 网络。因为所有 3 条路由使用相同的送出接口，而且它们可以汇总成一个 172.16.0.0 255.255.252.0 网络，所以我们可以创建一条汇总路由。

三、计算汇总路由

以下为创建汇总路由 172.16.1.0/22 的过程，如图 2-11 所示。

步骤 1 以二进制格式写出您想要汇总的网络。

步骤 2 找出用于汇总的子网掩码,从最左侧的位开始。

步骤 3 从左向右，找出所有连续匹配的位。

步骤 4 当发现有位不匹配时，立即停止。您当前所在的位即为汇总边界。

步骤 5 现在，计算从最左侧开始的匹配位数，本例中为 22。该数字即为汇总路由的子网掩码，本例中为/22 或 255.255.252.0。

步骤 6 找出用于汇总的网络地址，方法是复制匹配的 22 位并在其后用 0 补足 32 位。

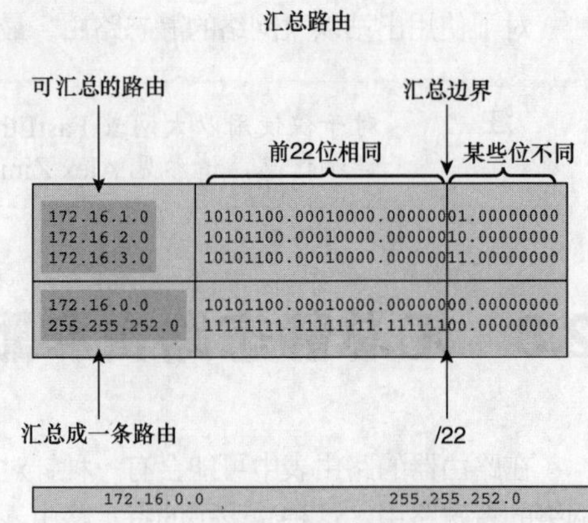

图 2-11 汇总路由

通过上述步骤，我们便可将 R3 上的 3 条静态路由汇总成 1 条静态路由，该路由使用汇总网络地址 172.16.0.0 255.255.252.0：

```
ip route 172.16.0.0 255.255.252.0 Serial0/0/1
```

四、配置汇总路由

要使用汇总路由，我们必须首先删除当前的 3 条静态路由：

```
R3(config)# no ip route 172.16.1.0 255.255.255.0 serial0/0/1
R3(config)# no ip route 172.16.2.0 255.255.255.0 serial0/0/1
R3(config)# no ip route 172.16.3.0 255.255.255.0 serial0/0/1
```

接下来，我们将配置汇总静态路由：

```
R3(config)# ip route 172.16.0.0 255.255.252.0 serial0/0/1
```

示例 2-39 显示了现在使用 1 条汇总静态路由来表示原来 3 条静态路由的路由表变化。要校验新的静态路由，使用 **show ip route** 命令检查 R3 的路由表，如示例 2-39 所示。

示例 2-39 3 条静态路由汇总成 1 条汇总路由

```
R3# show ip route

<output omitted>

Gateway of last resort is not set

  172.16.0.0/24 is subnetted, 3 subnets
S       172.16.1.0 is directly connected, Serial0/0/1
S       172.16.2.0 is directly connected, Serial0/0/1
S       172.16.3.0 is directly connected, Serial0/0/1
C    192.168.1.0/24 is directly connected, Serial0/0/1
C    192.168.2.0/24 is directly connected, FastEthernet0/0

R3# show ip route

<output omitted>

Gateway of last resort is not set
```

（待续）

```
     172.16.0.0/22 is subnetted, 1 subnets
S        172.16.0.0 is directly connected, Serial0/0/1
C     192.168.1.0/24 is directly connected, Serial0/1
C     192.168.2.0/24 is directly connected, FastEthernet0/0
```

通过这条汇总路由，数据包的目的 IP 地址仅需要与 172.16.0.0 网络地址最左侧的 22 位匹配。目的 IP 地址属于 172.16.1.0/24、172.16.2.0/24 或 172.16.3.0/24 网络的所有数据包都与这条汇总路由匹配。

如示例 2-40 所示，我们可以使用 **ping** 命令测试新配置。通过检验我们发现整个网络连通性正常。

示例 2-40 通过 ping 命令检验汇总路由

```
R3# ping 172.16.1.1

Type escape sequence to abort.
Sending 5, 100-byte ICMP Echos to 172.16.1.1, timeout is 2 seconds:
!!!!!
Success rate is 100 percent (5/5), round-trip min/avg/max = 28/29/32 ms
R3#ping 172.16.2.1

Type escape sequence to abort.
Sending 5, 100-byte ICMP Echos to 172.16.2.1, timeout is 2 seconds:
!!!!!
Success rate is 100 percent (5/5), round-trip min/avg/max = 56/56/60 ms
R3#ping 172.16.3.1

Type escape sequence to abort.
Sending 5, 100-byte ICMP Echos to 172.16.3.1, timeout is 2 seconds:
!!!!!
Success rate is 100 percent (5/5), round-trip min/avg/max = 56/56/60 ms
R3#
```

注　截至 2007 年 3 月，Internet 核心路由器上的路由条数已超过 200000 条，其中大多数为汇总路由。

2.8.2 默认静态路由

默认路由使用零或者没有比特匹配的方法来表示全部路由。换言之，如果没有一条具体路由被匹配，那么默认路由就将被匹配。在下面一部分将要讨论默认静态路由。默认路由将一直被讨论并贯穿本书。

一、最精确匹配

数据包的目的 IP 地址可能会与路由表中的多条路由匹配。例如，假设路由表中有以下两条静态路由：

```
     172.16.0.0/24 is subnetted, 3 subnets
S       172.16.1.0 is directly connected, Serial0/0/0
S       172.16.0.0/16 is directly connected, Serial0/0/1
```

考虑目的 IP 地址为 172.16.1.10 的数据包。该 IP 地址同时与这两条路由匹配。路由表查找过程将使用最精确匹配。因为 172.16.1.0/24 路由有 24 位匹配，而 172.16.0.0/16 路由仅有 16 位匹配，所以将使用有 24 位匹配的静态路由，即最长匹配。随后，数据包被封装成第 2 层帧并通过 Serial 0/0/0 接口发送出去。请记住，路由条目中的子网掩码决定数据包的目的 IP 地址必须有多少位匹配才能使用这条路由。

注 此过程对于路由表中的所有路由（包括静态路由、通过路由协议获知的路由以及直接相连网络）均相同。我们将在后面的章节中更加详细地解释路由表查找过程。

默认静态路由是与所有数据包都匹配的路由。出现以下情况时，便会用到默认静态路由：

- 把外面的网络注入到自己的路由域时，比如，连接到 ISP 网络的边缘路由器上往往会配置默认静态路由。
- 路由表中没有其他路由与数据包的目的 IP 地址匹配。也就是说，路由表中不存在更为精确的匹配。
- 如果一台路由器仅有另外一台路由器与之相连，该路由器即称为*末节路由器*。

在后面章节中讨论动态路由协议时，这些特点就更加明显。

二、配置默认静态路由

配置默认静态路由的语法类似于配置其他静态路由，但网络地址和子网掩码均为 0.0.0.0：

```
Router(config)# ip route 0.0.0.0 0.0.0.0 [exit-interface | ip-address ]
```

0.0.0.0 0.0.0.0 网络地址和掩码也称为*全零路由*。

返回看图 2-9。记住在这个拓扑中，R1 是短截路由器，它仅连接到 R2。尽管本章拓扑（见图 2-1）中显示了 R3 路由器，但 R1 并不需要到达 R3 网络的特定路由信息。目前 R1 有 3 条静态路由，这些路由用于到达我们拓扑结构中的所有远程网络。所有 3 条静态路由的送出接口都是 Serial 0/0/0，并且都将数据包转发至下一跳路由器 R2。

作为回顾，R1 上的 3 条静态路由分别是：

```
ip route 172.16.1.0 255.255.255.0 serial 0/0/0
ip route 192.168.1.0 255.255.255.0 serial 0/0/0
ip route 192.168.2.0 255.255.255.0 serial 0/0/0
```

如图 2-9 中所示，R1 非常适合进行路由汇总，在 R1 上我们可以用 1 条默认路由来取代所有静态路由。首先，删除 3 条静态路由：

```
R1(config)#no ip route 172.16.1.0 255.255.255.0 serial 0/0/0
R1(config)#no ip route 192.168.1.0 255.255.255.0 serial 0/0/0
R1(config)#no ip route 192.168.2.0 255.255.255.0 serial 0/0/0
```

接下来，使用与之前 3 条静态路由相同的送出接口 Serial 0/0/0 配置 1 条默认静态路由：

```
R1(config)# ip route 0.0.0.0 0.0.0.0 serial 0/0/0
```

三、检验默认静态路由

使用 **show ip route** 命令检验路由表的更改，示例 2-41 所示为默认路由配置前的路由表。

示例 2-41 配置默认路由之前的 R1 上的路由表

```
R1# show ip route

<output omitted>

Gateway of last resort is not set

 172.16.0.0/24 is subnetted, 3 subnets
S       172.16.1.0 is directly connected, Serial0/0/0
C       172.16.2.0 is directly connected, Serial0/0/0
```

（待续）

```
C       172.16.3.0 is directly connected, FastEthernet0/0
S   192.168.1.0/24 is directly connected, Serial0/0/0
S   192.168.2.0/24 is directly connected, Serial0/0/0
```

示例 2-42 显示了配置默认路由后的路由表。

示例 2-42 配置默认路由之后的 R1 上的路由表

```
R1# show ip route

<some codes omitted>
       * - candidate default, U - per-user static route, o - ODR
       P - periodic downloaded static route

Gateway of last resort is 0.0.0.0 to network 0.0.0.0
     172.16.0.0/24 is subnetted, 2 subnets
C       172.16.2.0 is directly connected, Serial0/0/0
C       172.16.3.0 is directly connected, FastEthernet0/0
S*    0.0.0.0/0 is directly connected, Serial0/0/0
```

请注意 S 旁边的*（星号）。从示例 2-42 中可以看到，星号表明该静态路由是一条默认路由，这就是它被称为“默认静态”路由的原因。我们将在后面的章节中学到“默认”路由不一定必须是“静态”路由。

该配置的关键之处在于/0 掩码。我们以前说过，路由表中的子网掩码决定着数据包的目的 IP 地址与路由表中的路由之间必须有多少位匹配。/0 掩码表明只需要有零位匹配（即无需匹配）。只要不存在更加精确的匹配，则默认静态路由将与所有数据包匹配。

默认路由在路由器上十分常见。这样，路由器便不需要存储通往 Internet 中所有网络的路由，而可以存储一条默认路由来代表不在路由表中的任何网络。在第 3 章“动态路由协议介绍”中，我们会更加详细地讨论这个主题。

现在你需要练习配置和检验默认静态路由。

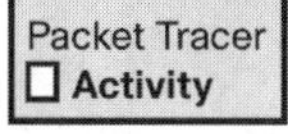

配置默认路由（2.6.2） 请使用 Packet Tracer 练习来练习配置汇总路由和默认路由。然后通过连通性的测试来检验新配置。在本书携带的 CD-ROM 中，你可以使用 e2-262.pka 文件来执行这个 Packet Tracer 练习。

2.9 对静态路由进行管理和排错

对静态路由进行正确的管理和排错是非常重要的。当一个静态路由不再需要的时候，该路由必须要从运行和启动配置文件中删除。

2.9.1 静态路由和数据包转发

现在我们在拓扑中的所有 3 台路由器上都配置了静态路由，你需要了解数据包通过这些路由器转发的过程。

静态路由和数据包转发

图 2-12 和下列的步骤揭示了通过静态路由的数据包转发过程。在这个例子中，R1、R2、R3 是 PC1 和 PC3 之间的路由流量。这里只显示 PC1 到 PC3 的流量转发过程。当然，PC3 返回到 PC1 的流

量过程是一样的。

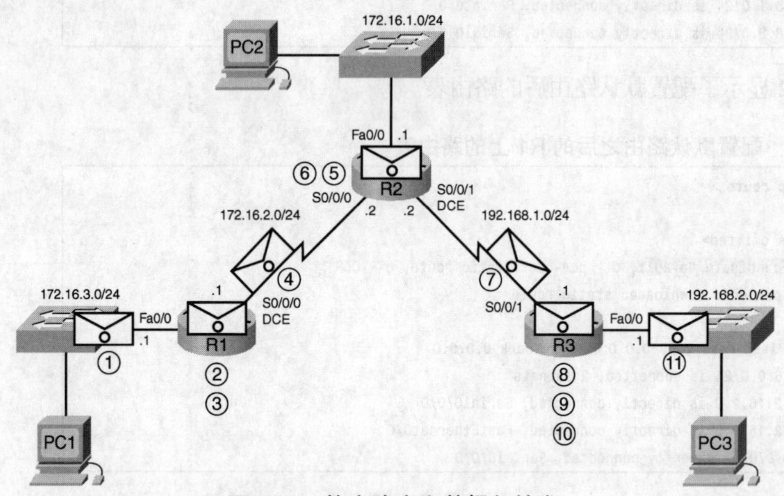

图2-12 静态路由和数据包转发

从R1到R3的数据包转发过程如下：

1. 数据包到达R1的FastEthernet 0/0接口。

2. R1没有一条具体的路由通往目的网络192.168.2.0/24，因此R1使用默认静态路由。

3. R1将数据包封装成新的帧。因为到R2的链路为点到点链路，所以R1添加了“全1”的地址作为第2层目的地址。

4. 帧从Serial 0/0/0接口转发出去。数据包到达R2的Serial 0/0/0接口。

5. R2将帧解封装并查找通往目的地的路由。R2有一条静态路由可以通过Serial 0/0/1到达192.168.2.0/24。

6. R2将数据包封装成新的帧。因为到R3的链路为点到点链路，所以R2添加了“全1”的地址作为第2层目的地址。

7. 帧从Serial 0/0/1接口转发出去。数据包到达R3的Serial 0/0/1接口。

8. R3将帧解封装并查找通往目的地的路由。R3有一条直接相连路由可以通过FastEthernet 0/1到达192.168.2.0/24。

9. R3在ARP表中查找与192.168.2.10匹配的条目，目的是找出PC3的第2层MAC地址。

a. 如果相应条目不存在，则R3从FastEthernet 0/0广播ARP请求。

b. PC3发送ARP应答，其中包含PC3的MAC地址。

10. R3将数据包封装成新的帧。在该帧中，接口FastEthernet 0/0的MAC地址为第2层源地址，PC3的MAC地址为目的MAC地址。

11. 帧从FastEthernet 0/0接口转发出去。数据包到达PC3的网卡接口。

此过程与第1章中演示的过程完全相同。如第1章所述，您必须能够详细地描述整个过程。要想深入学习所有路由课程，必须了解路由器是如何执行其两项基本功能——路径决定和数据包转发。在实验2-1：基本静态路由配置（2.8.1）中，您将有机会运用您所学到的路径决定和数据包转发过程的知识。

2.9.2 路由缺失故障排除

排错是一个是你获得更过经验的技能。最好的方法总是要先寻找最明显和最简单的问题，比如接口还处于 shutdown 模式或者接口的 IP 地址错误。在这些问题被找到之后，再开始查找更复杂的可能存在的问题，比如静态路由配置中的错误。

路由缺失故障排除

由于以下多种不同的因素，导致网络状况经常会发生变化：

- 接口故障。
- 服务提供商断开连接。
- 链路出现过饱和状态。
- 管理员输入了错误的配置。

当网络发生变化时，连接可能会中断。作为网络管理员，您的责任是查明并解决这些问题。您可以采取哪些措施？

目前为止，我们已介绍了数种可帮助您排查路由问题的工具。如图中所列，这些工具包括：

- **ping**；
- **traceroute**；
- **show ip route**。

尽管在本课程中我们尚未用到 **traceroute**，但从以前的学习中，您应该已经非常熟悉该工具的作用。我们曾学过，**traceroute** 命令可以找出从源到目的地的路径上的中断点。

随着课程的深入，您还将学到更多的工具。例如，**show ip interface brief** 能够快速为您提供接口状态概要信息。借助 **show cdp neighbors detail** 命令，您能通过 CDP 获得有关直接相连思科设备的 IP 配置信息。

2.9.3 解决路由缺失问题

下面是一个解决路由缺失的例子，我们使用图 2-1 中的网络拓扑。

如果能够正确使用恰当的工具，那找出缺失（或配置错误）的路由将变得相对简单。

请考虑以下问题：PC1 无法 ping 通 PC3。traceroute 表明 R2 作出了响应，但 R3 无响应。调出如示例 2-43 所示的 R2 的路由表后，我们发现 172.16.3.0/24 网络配置错误。

示例 2-43 配置错误的静态路由

```
R2# show ip route

<output omitted>

Gateway of last resort is not set

     172.16.0.0/24 is subnetted, 3 subnets
C       172.16.1.0 is directly connected, FastEthernet0/0
C       172.16.2.0 is directly connected, Serial0/0/0
S       172.16.3.0 is directly connected, Serial0/0/1
C     192.168.1.0/24 is directly connected, Serial0/1
S*    0.0.0.0/0 is directly connected, Serial0/0/1
```

送出接口被配置为发送数据包到 R3。很明显，从拓扑结构可以看出 R1 具有 172.16.3.0/24 网络的路由。因此，R2 必须使用 Serial 0/0/0 作为送出接口，而不是 Serial0/0/1。

要纠正此问题，可删除错误的路由，并为网络 172.16.3.0/24 添加一条送出接口为 Serial 0/0/0 的路由。

```
R2(config)# no ip route 172.16.3.0 255.255.255.0 serial0/0/1
R2(config)# ip route 172.16.3.0 255.255.255.0 serial 0/0/0
```

提 示 永远要删除不正确的静态路由。因为配置正确的静态路由不会删除原来错误的命令。

在本章最后的Packet Tracer试验中，你将发现和静态路由相关的其他问题。你将会看到，在使用静态路由的网络中，由于配置的疏忽，有可能会导致环路。

Packet Tracer Activity

解决路由缺失（2.7.3） 请使用Packet Tracer练习查看本节中的环路是如何发生的。在模拟模式下，观察R2和R3是如何循环转发目的地为172.16.3.10的数据包，直到TTL字段变为零为止的。解决该问题并测试PC1和PC3之间的连通性。在本书携带的CD-ROM中，你可以使用e2-273.pka文件来执行这个Packet Tracer练习。

2.10 总结

在本章中，我们学习了如何使用静态路由连接远程网络。远程网络是指只有通过将数据包转发至另一台路由器才能到达的网络。静态路由配置很简单，但是，在大型网络中，这种手动操作可能会造成很大的麻烦。在后面的章节中，我们将看到即使在已经使用动态路由协议的情况下，静态路由仍在继续使用。

静态路由可以配置为使用下一跳IP地址，通常是下一跳路由器的IP地址。当使用下一跳IP地址时，路由表过程必须将该地址解析到送出接口。在点对点串行链路上，使用送出接口来配置静态路由通常更有效。在类似以太网之类的多路访问网络中，可以同时为静态路由配置下一跳IP地址和送出接口。

静态路由的默认管理距离为1。该管理距离同样适用于同时配置有下一跳地址和送出接口的静态路由。

只有当静态路由中的下一跳IP地址能够解析到送出接口时，该路由才能输入到路由表中。无论使用下一跳IP地址还是送出接口配置静态路由，如果用于转发数据包的送出接口不在路由表中，则路由表不会包含该静态路由。

在许多情况下，多条静态路由可以汇总为一条静态路由。这意味着路由表中的条目数量会随之减少，路由表查找过程也因此变得更快。覆盖面最广的汇总路由是默认路由，此路由的网络地址和子网掩码均为0.0.0.0。如果路由表中没有更加精确的匹配条目，路由表将使用默认路由将数据包转发到另一台路由器。

注 路由表查找过程将在第8章“深入讨论路由表:”中详细介绍。

2.11 实验

这些实验在《Routing Protocols and Concepts *CCNA Exploration* Labs and Study Guide》（ISBN1：-58713-204-4）一书中，提供了本章中介绍的下列主题的动手实验。

实验2-1 基本静态路由配置（2.8.1）

在本次实验中，您将创建一个类似本章中所使用的网络。您将进行网络布线，并执行网络通畅所需的初始路由器配置。完成基本配置之后，您将测试网络设备之间的连通性。随后您将配置主机之间通信所需的静态路由。

实验 2-2 有挑战性的静态路由配置（2.8.2）

在本次实验中，您将得到一个网络地址，您必须对其进行子网划分以便完成网络编址。连接到 ISP 路由器的 LAN 编址和 HQ 与 ISP 路由器之间的链路已经完成。但还需要配置静态路由以便非直接相连网络中的主机能够彼此通信。

实验 2-3 静态路由排错（2.8.3）

在本实验中，首先您将在每台路由器上加载损坏的配置脚本。这些脚本含有错误，会阻止网络中的端到端通信。您需要排除每台路由器的故障，找出配置错误并随后使用适当的命令纠正配置。当您纠正了所有的配置错误之后，网络中的所有主机就应该能够彼此通信了。

很多动手实验都包含在 Packet Tracer 的练习中，你可以使用它来进行实验仿真。

2.12 检查你的理解

完成下面所有的复习题来检测一下你对本章中的主题和概念的理解。题目的答案在附录“检查你的理解和挑战性问题的答案”中可以找到。

1. 参照图 2–13。如果允许 192.168.1.0/24 和 10.0.0.0/8 的网络之间通信，必须要配置的两条命令是什么？

图 2-13 问题 1 的拓扑

A. A(config)# **ip route 10.0.0.0 255.0.0.0 172.16.40.2**

B. A(config)# **ip route 10.0.0.0 255.0.0.0 s0/0/0**

C. A(config)# **ip route 10.0.0.0 255.0.0.0 10.0.0.1**

D. B(config)# **ip route 192.168.1.0 255.255.255.0 172.16.40.1**

E. B(config)# **ip route 192.168.1.0 255.255.255.0 172.16.40.2**

F. B# **ip route 192.168.1.0 255.255.255.0 192.168.1.1**

2. 关于使用下一跳地址配置静态路由，下列哪个描述是正确的？

A. 路由器不能使用多于一条的带下一跳地址的静态路由

B. 当路由器在路由表中找到了数据包目的网络的带下一跳地址的路由，那么路由器不用进一步信息，而立即转发该数据包

C. 路由器配置使用下一跳地址配置静态路由，必须在该条路由中列出送出接口；或者路由表中具有一条其他路由，该路由可以到达下一跳地址所在网络，并有相关的送出接口

D. 配置下一跳地址的路由比使用送出接口更加有效率

3. 参考下列命令输出。网络管理员必须删除到 10.0.0.0 的网络？什么命令可以完成这个任务？

```
R1# show ip route

<output omitted>

Gateway of last resort is not set
```

```
S       10.0.0.0/8 [1/0] via 172.16.40.2
        64.0.0.0/16 is subnetted, 1 subnets
C          64.100.0.0 is directly connected, Serial0/1
C       128.107.0.0/16 is directly connected, Loopback2
        172.16.0.0/24 is subnetted, 1 subnets
S          172.16.40.0 is directly connected, Serial0/0
C       192.168.1.0/24 is directly connected, FastEhternet0/0
C       192.168.2.0/24 [1/0] via 172.16.40.2
C       198.133.219.0/24 is directly connected, Loopback0
```

A. **no ip address 10.0.0.1 255.255.255.0 172.16.40.2**

B. **no static-route 10.0.0.0 255.0.0.0**

C. **no ip route 10.0.0.0 255.0.0.0 172.16.40.2**

D. **no ip route 10.0.0.1 255.255.255.0**

4. 参考图 2-14，图中显示的输出是在路由器 R1 上使用的什么命令产生的？

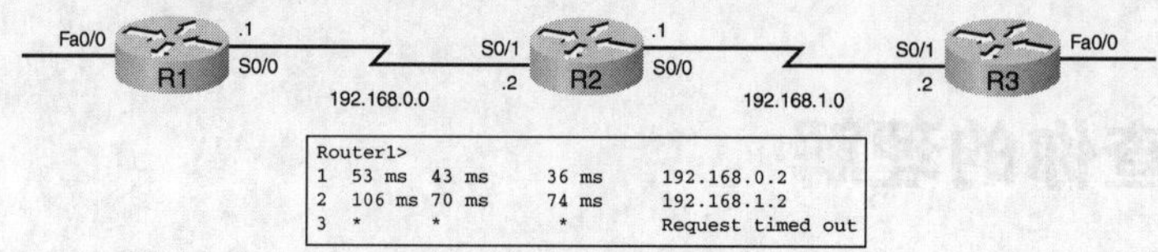

图 2-14 问题 4 拓扑

A. **traceroute**

B. **extented ping**

C. **show ip route**

D. **show cdp neighbor detail**

5. 参照图 2-15。哪个命令能在 R1 上配置正确的静态默认路由？

A. R1(config-if)# **ip route 0.0.0.0 0.0.0.0 s0**

B. R1(config)# **ip route 0.0.0.0 0.0.0.0 s1**

C. R1(config-if)# **ip route 0.0.0.0 0.0.0.0 2.1.1.2**

D. R1(config)# **ip route 0.0.0.0 0.0.0.0 2.1.1.2**

E. R1(config-router)# **default-information originate**

6. 下面哪 3 个是静态路由的特性？

A. 降低路由器的内存和处理负担

B. 确保路径总是可用的

C. 用来动态地寻找到达目标网络的最佳路径

D. 用来在路由器上连接末节网络

E. 在到目标网络只有一条路由时使用

F. 减少配置时间

7. 下面哪些是 IOS 命令 **show cdp neighbors** 的功能？

A. 它显示了邻居思科路由器的端口类型和平台

B. 它显示了所有非思科路由器的设备功能代码

C. 它显示了网络中所有设备的平台信息

D. 它显示了邻居路由器使用的协议封装

8. 参见图 2-16，在图中展示的什么连接器类型？

A. 1600 和 2500 系列路由器使用的串行电缆的 DB-60 DTE 电缆

B. 较新路由器使用的智能串行 DTE 电缆

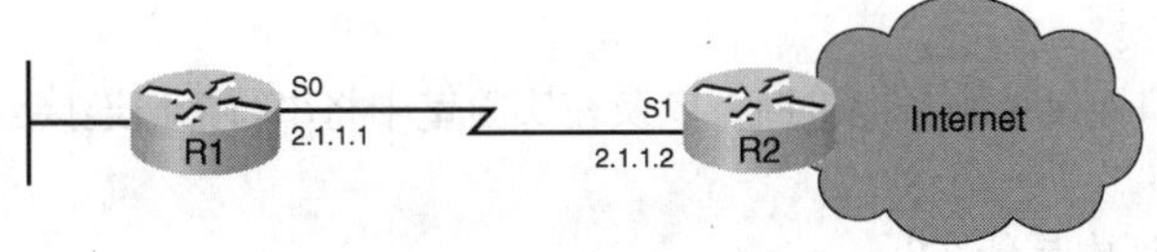

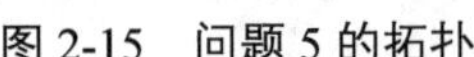
图 2-15 问题 5 的拓扑

图 2-16 问题 8 的图

C. 插到 CSU/DSU 里的 EIA/TIA−530 DCE 串行电缆
D. 插到 CSU/DSU 里的 V.35 DCE 串行电缆
E. 插到 CSU/DSU 里的 EIA/TIA−232 DCE 串行电缆
F. 插到 CSU/DSU 里的 EIA/TIA−449 DCE 串行电缆

9. 下面关于直连路由的描述哪些是正确的?
A. 只要电缆连接到路由器上它就会出现在路由表中
B. 当 IP 地址在接口上配好后它就会出现在路由表中
C. 当在路由器接口模式下输入 **no shutdown** 命令后它就会出现在路由表中

10. 为下面每一个配置任务选择正确的命令。
配置任务:
进入全局配置模式
进入接口配置模式
配置 IP 地址
激活接口
命令:
A. **interface fastethernet 0/0**
B. **ip address 192.168.35.11 255.255.255.0**
C. **ip address 192.168.35.11/24**
D. **config terminal**
E. **ip 192.168.35.11 255.255.255.0**
F. **ip 192.168.35.11/24**
G. **no shutdown**
H. **show interfaces fastethernet 0/0**

11. 匹配 **show/debug** 命令的正确输出。
show ip route:
show ip interface brief:
show interfaces:
show controllers:
debug ip routing:
show cdp neighbors:
输出:
A. 显示所有知道的网络
B. 显示详细的端口信息
C. 显示路由排错信息
D. 显示基本的端口信息
E. 显示直连的路由器
F. 显示 DTE/DCE 信息

12. 请描述用于将设备连接到以太网 LAN 的电缆。

13. 列出3条显示接口信息的命令。

14. 对于在生产环境中将串行接口连接至服务提供商，以及在实验室中将串行接口连接至另一台路由器，两者的区别是什么？

15. 什么是CDP，选择禁用它的理由是什么？

16. **ip route** 较为简单的语法格式是什么？

17. 什么是递归路由查找？何时会发生路由递归查找？

18. 为什么在修改静态路由配置前必须从配置中删除该静态路由？

19. 阐述汇总路由和默认路由的意义所在。

20. 列出用于测试和用于对网络排错的命令。

2.13 挑战的问题和实践

这些问题需要对于本章的概念有比较深的了解，而且这些题型非常类似于 CCNA 认证考试的题目。你可以在附录“检查你的理解和挑战性问题的答案”中找到答案。

1. 在某些新型计算机上，使用直通电缆还是交叉电缆连接设备无关紧要，计算机都可以成功地连接其他设备，这是为什么？

2. 所有网络接口都为 up 和 up 状态。PC1、PC2 和 PC3 实现了完全连通。从 R1 能够成功 ping 通 R2 和 R3。但是，尽管从 R3 能够成功 ping 通 R2，但 R3 无法 ping 通 R1 的地址。使用图 2-17 以及下面的命令输出，找出问题，解释 ping 失败的原因并提出建议的解决方案。

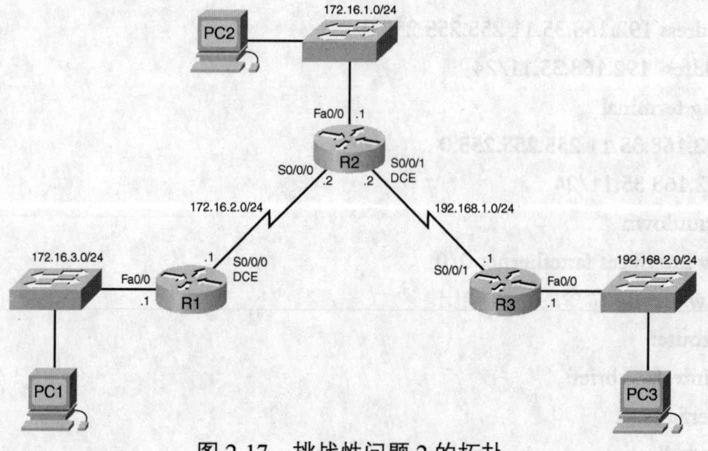

图 2-17　挑战性问题 2 的拓扑

```
R1# show ip interface brief

Interface            IP-Address      OK? Method Status                Protocol
FastEthernet0/0      172.16.3.1      YES manual up                    up
Serial0/0/0          172.16.2.1      YES manual up                    up
FastEthernet0/1      unassigned      YES manual administratively down down
Serial0/0/1          unassigned      YES manual administratively down down
```

```
R2# show ip interface brief

Interface            IP-Address      OK? Method Status                Protocol
FastEthernet0/0      172.16.1.1      YES manual up                    up
Serial0/0/0          172.16.2.2      YES manual up                    up
FastEthernet0/1      unassigned      YES manual administratively down down
Serial0/0/1          192.168.1.1     YES manual up                    up
```

```
R3# show ip interface brief

Interface         IP-Address      OK? Method Status                Protocol
FastEthernet0/0   192.168.2.1     YES manual up                    up
Serial0/0/0       unassigned      YES manual administratively down down
FastEthernet0/1   unassigned      YES manual administratively down down
Serial0/0/1       192.168.1.1     YES manual up                    up
```

3. 观察 **show cdp neighbors** 命令的输出，在纸上绘出该输出表示的拓扑结构。标明设备之间的连接并标记接口。所有设备都是唯一的，比如，只有一个 EAST 路由器和一个 S1 交换机。

```
HQ# show cdp neighbors

Capability Codes: R - Router, T - Trans Bridge, B - Source Route Bridge
                  S - Switch, H - Host, I - IGMP, r- Repeater, P - Phone
Device ID    Local Interfce    Holdtme    Capability   Platform   Port ID
S4           FastEthernet0/0   151            S        WS-C2960    Fas 0/16
EAST         Serial0/0         163            R        C1841       Ser 0/1
WEST         Serial0/1         169            R        C1841       Ser 0/0
```

```
EAST# show cdp neighbors

Capability Codes: R - Router, T - Trans Bridge, B - Source Route Bridge
                  S - Switch, H - Host, I - IGMP, r - Repeater, P - Phone
Device ID    Local Intrfce     Holdtme    Capability   Platform    Port ID
S1           FastEthernet0/1   177            S        WS-C2960     Fas 0/3
HQ           Seria10/1         128            R        C1841        Ser 0/0
S2           FastEthernet0/0   133            S        WS-C2960     Fas 0/3
```

```
WEST# show cdp neighbors

Capability Codes: R - Router, T - Trans Bridge, B - Source Route Bridge
                  S - Switch, H - Host, I - IGMP, r- Repeater, P - Phone
Device ID    Local Intrfce     Holdtme    Capability   Platform     Port ID
S1           FastEthernet0/0   176            S        WS-C2960     Fas 0/4
HQ           Serial0/0         126            R        C1841        Ser 0/1
S3           FastEthernet0/1   156            S        WS-C2960     Fas 0/12
```

4. 如图 2-18，所有的分支路由器都需要配置到达 RegionA 的默认路由。RegionA 需要到达 HQ

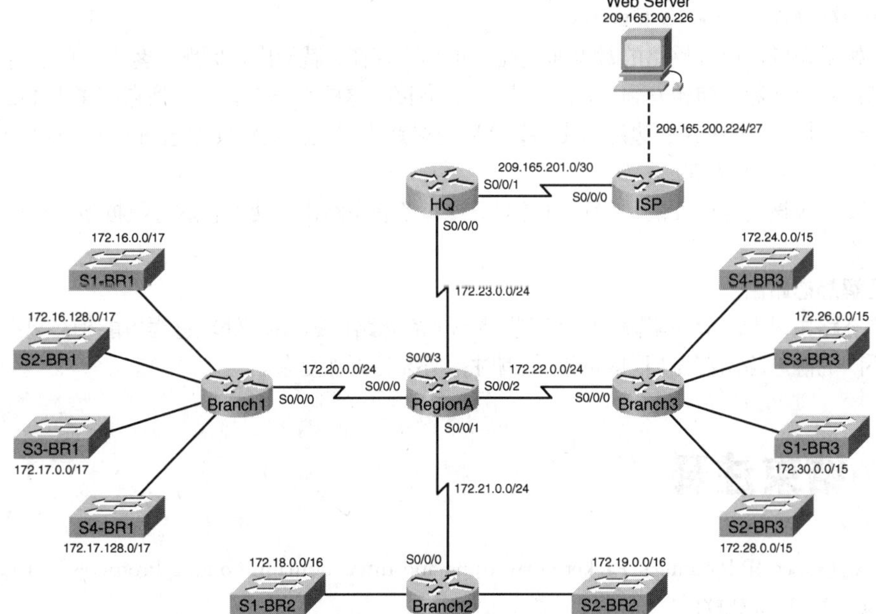

图 2-18 挑战性问题 4 的拓扑

的默认路由，该 HQ 需要到达 ISP 的默认路由。RegionA 可将每台分支路由器连接的 LAN 总结成一条静态路由，该路由可到达每台分支路由器。HQ 和 ISP 可以通过一条静态路由总结所有的 LAN。每一台分支路由器、RegionA 和 HQ 的静态默认路由分别是什么？在 RegionA、HQ 和 ISP 上配置的总结静态路由分别是什么？请在 Packet Tracer 中构建拓扑结构，并测试静态和默认路由命令。Web 服务器应该能 ping 通每台路由器上的接口。

2.14 知识拓展

除了你在本章所看到的，静态路由还有其他应用。其他常见的静态路由包括浮动静态路由和丢弃路由。

浮动静态路由

浮动静态路由是一条路由的备用路由，它可以是动态路由，也可以是静态路由。静态路由的默认管理距离为 1。请尝试使用不同的送出接口或下一跳 IP 地址创建一条静态路由，使该路由仅在主静态路由失败时添加到路由表。

> 提 示 请记住，如果路由器包含两条到达相同目的网络的路由，但它们的管理距离值不同，那么路由器会添加管理距离较小的路由。如果某条静态路由的送出接口或下一跳 IP 地址不可用，路由表将删除该静态路由。

丢弃路由

在许多网络中，边缘路由器上往往会配置一条转发数据包到 ISP 的静态默认路由。ISP 路由器则会配置一条指向客户网络的静态路由。

例如，客户 A 的网络地址为 172.16.0.0/16，该网络被划分为几个/24 子网。客户 A 的边缘路由器配置了静态默认路由，该路由会将所有其他流量转发到 ISP 路由器：

```
ip route 0.0.0.0 0.0.0.0 serial 0/0/0
```

ISP 路由器配置了一条静态默认路由，它将转发流量到客户 A 的网络：

```
ip route 172.16.0.0 255.255.0.0 serial 0/0/1
```

此时，如果来自客户 A 网络的数据包发往的子网不存在，就会出现问题。客户 A 的边缘路由器将使用默认路由将这些数据包转发到 ISP。ISP 路由器会接收这些数据包，考虑到它们属于 172.16.0.0/16 网络，ISP 会将其发回客户 A 的边缘路由器，然后边缘路由器又再次将其发送到 ISP。这样数据包将不断循环，直到其 TTL 变为零。

因此，我们应该在客户 A 的边缘路由器上配置一条静态路由，使之将这些数据包丢弃而不是转发到 ISP 路由器。

深入理解静态路由

尽管静态路由易于理解和配置，但在某些情况下静态路由的 IOS 处理过程可能相当复杂。特别是当有多条不同的静态路由覆盖相同的网络范围时，情况将更加复杂。

2.15 结束注释

Zinin, A.《Cisco IP Routing：Packet Forwarding and Intra-domain Routing Protocols》. Indianapolis，IN：Addison-Wesley；2002.

第 3 章

动态路由协议介绍

3.1 目标

在学习完本章之后，你应该能够回答下面的问题：

- 描述动态路由协议的作用，以及这些协议在现代网络涉及中的应用。
- 路由协议分类的几种方式是什么？
- 路由协议如何使用度量，动态路由协议使用的度量类型有哪些？
- 如何确定路由的管理距离，管理距离在路由过程的意义是什么？
- 路由表中的各种元素是什么？
- 在给定的实际限制条件下，你能设计和实施子网划分方案吗？

3.2 关键术语

本章使用如下的关键术语。你可以在书后的术语表中找到解释。

扩展
算法
自治系统
路由域
内部网关协议
外部网关协议
路径矢量协议
距离矢量
矢量
链路状态
链路状态路由器
已收敛的
有类路由协议
VLSM
不连续
无类路由协议
收敛
管理距离

我们在日常的学习、娱乐和工作中会用到各种数据网络，它们既可以是本地小型网络，也可以是全球互联的大型网际网络。在家里，可能会有一台路由器和多台计算机。而在公司，则可能有多台路由器和交换机，以满足数百甚至数千台计算机的数据通信需求。

在第1章和第2章中，您已经了解路由器如何转发数据包，以及如何通过静态路由和动态路由协议获知远程网络的信息。此外，您还了解到如何使用静态路由手动配置通往远程网络的路由。

本章将介绍动态路由协议，包括路由协议的分类、路由协议用来确定最佳路径的度量，以及使用动态路由协议的好处。

在大型网络中通常采用动态路由协议，与仅使用静态路由相比，动态路由协议可以减少管理和运行方面的成本。一般情况下，网络会同时使用动态路由协议和静态路由。在大多数网络中，通常只使用一种动态路由协议，不过，也存在网络的不同部分使用不同路由协议的情况。

从20世纪80年代初期至今，出现了许多不同的动态路由协议。在本章中，我们将初步讨论这些路由协议的一些特点和差异。在后续的章节中，当我们具体讨论其中的几种路由协议时，这些特点和差异就会更明显地体现出来。

尽管许多网络只使用一种路由协议，或只使用静态路由，但对于网络工程师而言，了解所有不同路由协议的概念和运行过程是必要的。对于在何种情况下使用动态路由协议，使用何种路由协议等问题，网络工程师必须能够作出合理的判断。

3.3　动态路由协议简介

在现在的网络里，动态路由协议扮演着重要的角色。下面一部分介绍了动态路由协议提供的许多重要优点。在许多网络中，动态路由协议经常和静态路由协同使用。

3.3.1　前景和背景知识

动态路由协议这些年的发展，不断迎合着网络发展的需求。尽管很多组织越来越多地使用更现代的协议，如增强的内部网关路由协议（EIGRP）和开放最短路径优先（OSPF），但是许多早期的路由协议，比如路由信息协议（RIP），现在还在使用。

一、动态路由协议的发展

动态路由协议自20世纪80年代初期开始应用于网络。1982年第一版RIP协议问世，不过，其中的一些基本算法早在1969年就已应用到ARPANET中。

随着网络技术的不断发展网络的愈趋复杂，新的路由协议不断涌现。图3-1显示了路由协议的分类情况。

图3-1以图表方式显示了IP路由协议的时间线，图表有助于分清不同协议的分类。本书中将会多次参考此图表。

作为最早的路由协议之一，RIP（路由信息协议）目前已经演变到RIPv2。但新版的RIP协议仍旧不具有***扩展性***，无法用于较大型的网络。为了满足大型网络的需要，两种高级路由协议——OSPF（开放最短路径优先）协议和IS-IS（中间系统到中间系统）协议应运而生。思科也推出了面向大型网络的IGRP（内部网关路由协议）和EIGRP（增强型IGRP）协议。

此外，不同网际网络之间的互联也提出对网间路由的需求。现在，各ISP之间以及ISP与其大型专有客户之间采用BGP（边界网关路由）协议来交换路由信息。

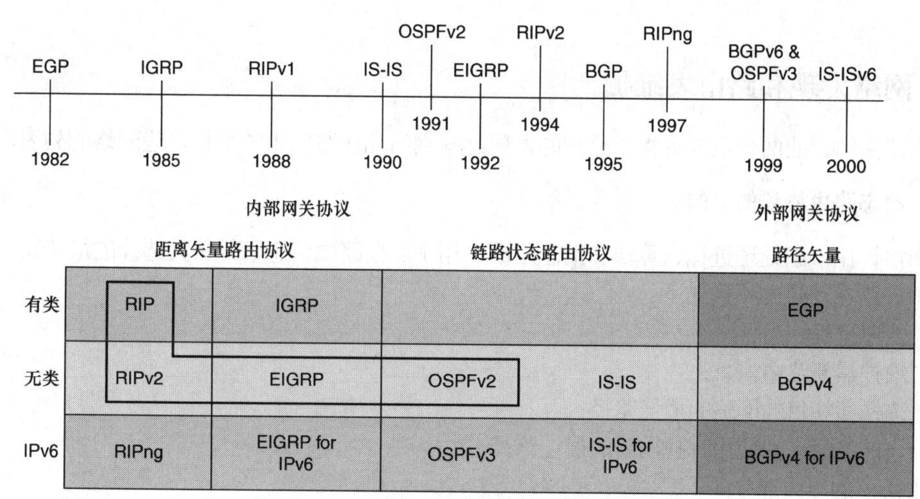

图 3-1 路由协议的发展和分类

目前越来越多的用户设备使用 IP 地址，IPv4 寻址空间已近乎耗尽，IPv6 随之出现。为支持基于 IPv6 的通信，新的 IP 路由协议诞生（参见图 3-1 中 IPv6 一行）。

注 释 本章将对各种动态路由协议作总体介绍。有关 RIP、EIGRP 和 OSPF 路由协议的详细内容，将在后面的章节中讨论。IS-IS 和 BGP 路由协议将在 CCNP 课程中进行介绍。IGRP 是 EIGRP 的前身，现在已不再使用。

二、动态路由协议的角色

什么是动态路由协议呢？路由协议是用于路由器之间交换路由信息的协议。通过路由协议，路由器可以动态共享有关远程网络的信息，并自动将信息添加到各自的路由表中，如图 3-2 所示。

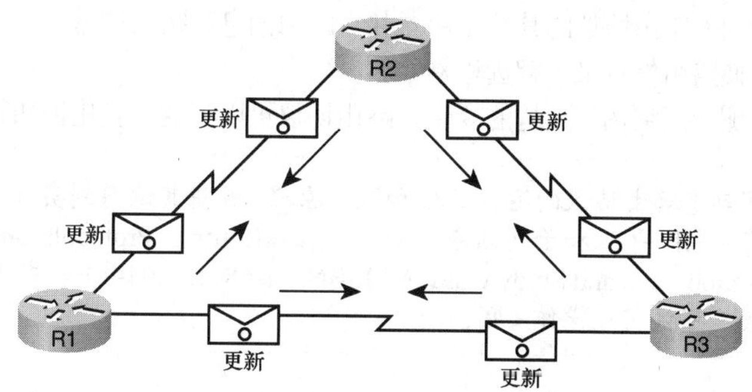

图 3-2 路由器动态传递更新信息

路由协议可以确定到达各个网络的最佳路径，然后将路径添加到路由表中。使用动态路由协议的一个主要的好处是，只要网络拓扑结构发生了变化，路由器就会相互交换路由信息。通过这种信息交换，路由器不仅能够自动获知新增加的网络，还可以在当前网络连接失败时找出备用路径。

与静态路由相比，动态路由协议需要的管理开销较少。不过，运行动态路由协议需要占用一部分路由器资源，包括 CPU 时间和网络链路带宽。尽管动态路由有诸多好处，但静态路由仍有其用武之地。有的情况下适合使用静态路由，而有的情况下则适合使用动态路由。通常，中等复杂程度的网络会同时使用这两种路由方式。在本章中，我们将讨论静态路由和动态路由的优点和缺点。

3.3.2 网络发现和路由表维护

动态路由协议的两个重要进程是最初的发现远程网络和在路由表中维护这些网络的列表。

一、动态路由协议的目的

路由协议由一组处理进程、算法和消息组成，用于交换路由信息，并将其选择的最佳路径添加到路由表中。路由协议的用途如下：

- 发现远程网络；
- 维护最新路由信息；
- 选择通往目的网络的最佳路径；
- 当前路径无法使用时找出新的最佳路径。

路由协议的组成部分如下：

- **数据结构**——某些路由协议使用路由表和/或数据库来完成路由过程。此类信息保存在内存中。
- **算法**——*算法*是指用于完成某个任务的一定数量的步骤。路由协议使用算法来路由信息并确定最佳路径。
- **路由协议消息**——路由协议使用各种消息找出邻近的路由器，交换路由信息，并通过其他一些任务来获取和维护准确的网络信息。

二、动态路由协议的运行

所有路由协议都有着相同的用途：获取远程网络的信息，并在网络拓扑结构发生变化时快速作出调整。所用的方式由该协议所使用的算法及其运行特点决定。动态路由协议的运行过程由路由协议类型及协议本身所决定。RIP、EIGRP 和 OSPF 的运行细节我们在后面的章节中来研究。一般来说，动态路由协议的运行过程如下。

1. 路由器通过其接口发送和接收路由消息。
2. 路由器与使用同一路由协议的其他路由器共享路由消息和路由信息。
3. 路由器通过交换路由信息来了解远程网络。
4. 如果路由器检测到网络拓扑结构的变化，路由协议可以将这一变化告知其他路由器。

注　要理解动态路由协议的运行过程和概念原理，并将其运用到实际网络中，需要扎实地掌握有关 IP 寻址和子网划分的知识。在《Routing Protocols and Concepts，CCNA Exploration Labs and Study Guide》（ISBN：1-58713-204-4）一书中提供了 3 个子网划分场景，可供实践操作之用。

3.3.3 动态路由协议的优点

动态路由协议提供了很多优点，我们将在本节中讨论。在很多情况下，网络拓扑的复杂程度、网络数量，以及网络的需求，都会使动态路由协议自动地调节，来适应变化的需求。

在了解动态路由协议的好处之前，我们需要了解为什么要使用静态路由。动态路由确实在很多方面优于静态路由，不过，现今的网络仍会用到静态路由。而实际上，网络通常是将静态路由和动态路由结合使用。

表 3-1 比较了动态和静态路由的特性。从这些比较里面，你可以列出每个路由方法的优点。一种方法的优点通常是另外一种的缺点。

表 3-1 动态路由与静态路由

特　性	动 态 路 由	静 态 路 由
配置的复杂性	通常不受网络规模限制	随着网络规模增加而越复杂
管理员所需知识	需要掌握高级的知识和技能	不需要额外的专业知识
拓扑结构变化	自动根据拓扑结构变化调整	需要管理员参与
可扩展性	简单拓扑和复杂拓扑均适合	适合简单的网络拓扑
安全性	不够安全	更安全
资源占用	占用 CPU、内存和链路带宽	不需要额外的资源
可预测性	根据当前网络拓扑结构确定路径	总是通过一条路径到达目的网络

一、静态路由的使用，优点和缺点

静态路由主要有以下几种用途。

- 在不会显著增长的小型网络中，使用静态路由便于维护路由表。
- 静态路由可以路由到末节网络，或者从末节网络路由到外部（请参阅第 2 章）。
- 使用单一默认路由。如果某个网络在路由表中找不到更匹配的路由条目，则可使用默认路由作为通往该网络的路径。

静态路由的优点如下。

- 占用的 CPU 处理时间少。
- 便于管理员了解路由。
- 易于配置。

静态路由的缺点如下。

- 配置和维护耗费时间。
- 配置容易出错，尤其对于大型网络。
- 需要管理员维护变化的路由信息。
- 不能随着网络的增长而扩展；维护会越来越麻烦。
- 需要完全了解整个网络的情况才能进行操作。

二、动态路由的优点和缺点

动态路由的优点如下。

- 增加或删除网络时，管理员维护路由配置的工作量较少。
- 网络拓扑结构发生变化时，协议可以自动作出调整。
- 配置不容易出错。
- 扩展性好，网络增长时不会出现问题。

动态路由的缺点如下。

- 需要占用路由器资源（CPU 周期、内存和链路带宽）。
- 管理员需要掌握更多的网络知识才能进行配置、验证和故障排除工作。

3.4 动态路由协议的分类

图 3-1 显示了路由协议可以根据不同的特性来分类。本章将向你介绍这些术语，在后面的章节中

将有更详细的讨论。

这一节给出了最常见的 IP 路由协议的概览。这些协议的大多数在本书中都会有研究。现在，我们将给出每个协议的概括性的介绍。

路由协议可以根据它们的特性分为不同的组。

- IGP 或 EGP。
- 距离矢量或链路状态。
- 有类或无类。

本节接下来会更具体的讨论这些分类。

最常使用的路由协议如下。

- **RIP**：一种距离矢量内部路由协议。
- **IGRP**：思科开发的距离矢量内部路由协议（IOS 12.2 及后续版本已不再使用）。
- **OSPF**：一种链路状态内部路由协议。
- **IS-IS**：一种链路状态内部路由协议。
- **EIGRP**：思科开发的高级距离矢量内部路由协议。
- **BGP**：一种路径矢量外部路由协议。

注 IS-IS 和 BGP 的内容不在本课程范围内。

3.4.1 IGP 和 EGP

自治系统（AS）——也称为***路由域***，是指一个共同管理区域内的一组路由器。例如公司的内部网络和 Internet 服务提供商的网络。由于 Internet 基于自治系统，因此既需要使用内部路由协议，也需要使用外部路由协议。这两类协议如下。

- ***内部网关协议（IGP）***：用于在自治系统内部路由；
- ***外部网关协议（EGP）***：用于在自治系统之间路由。

图 3-3 简单对比了 IGP 与 EGP 的区别。本章后面将详细介绍自治系统的概念。尽管这是非常简单化的，但是现在，我们可以把 ISP 当作是一个自治系统。

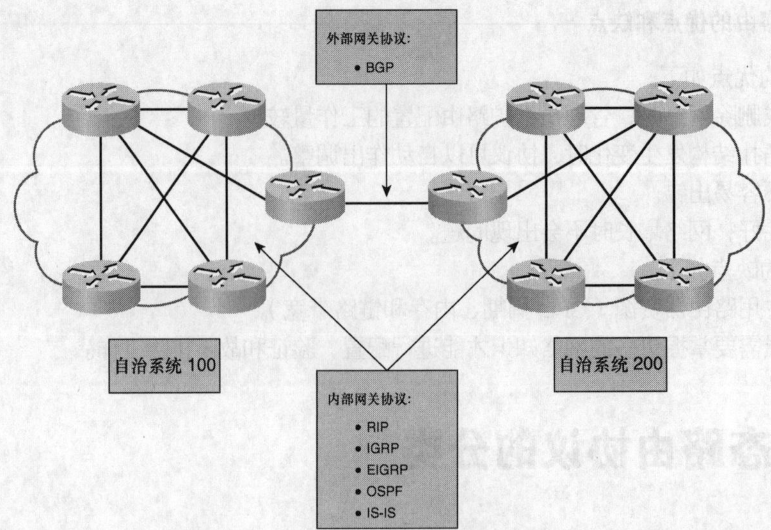

图 3-3 IGP 路由协议和 EGP 路由协议

IGP 用于在路由域的内部进行路由，此类网络由单个公司或组织进行管理。自治系统通常由许多属于公司、学校或其他机构的独立网络组成。IGP 用于在自治系统内部路由，同时也用于在独立网络内部路由。例如，CENIC 网络是一个由加利福尼亚各个学校、院校和大学组成的自治系统。CENIC 在其自治系统内部使用 IGP 路由来实现所有这些机构的互联。同时，CENIC 的各个教育机构网络也使用自己选择的 IGP 协议实现各自网络的路由。如同 CENIC 使用 IGP 来确定自治系统内部的最佳路由路径一样，各个教育机构也通过 IGP 来确定其各自路由域内部的最佳路径。适用于 IP 协议的 IGP 包括 RIP、IGRP、EIGRP、OSPF 和 IS-IS。

路由协议（更具体地说是路由协议所使用的算法）使用度量来确定到达某个网络的最佳路径。RIP 路由协议使用的度量是*跳数*，即一个数据包在到达另一个网络过程中必须经过的路由器数量。OSPF 使用*带宽*来确定最短路径。

与 IGP 不同，EGP 用于不同机构管控下的不同自治系统之间的路由。BGP 是目前唯一使用的一种 EGP 协议，也是 Internet 所使用的路由协议。BGP 属于***路径矢量协议***，可以使用多种不同的属性来测量路径。对于 ISP 而言，除了选择最快的路径之外，还有许多更为重要的问题需要考虑。BGP 通常用于 ISP 之间的路由，有时也用于公司和 ISP 之间的路由。BGP 不属于本课程（或 CCNA）的内容，将会在 CCNP 中进行讲述。

Packet Tracer
☐ Activity

IGP 和 EGP 路由协议的特性（3.2.2）　在本练习中，已在自治系统内部配置好了网络。您将配置从 AS2 和 AS3（两个不同的公司）到 ISP（AS1）的默认路由，来模拟从这两个公司到它们的 ISP 的外部网关路由。然后，您将配置从 ISP（AS1）到 AS2 和 AS3 的静态路由，来模拟从 ISP 到它的两个客户 AS2 和 AS3 的外部网关路由。在添加静态路由和默认路由之前，以及在添加之后，请查看路由表，观察路由表的变化。在本书携带的 CD-ROM 中，你可以使用 e2-322.pka 文件来执行这个 Packet Tracer 练习。

3.4.2　距离矢量和链路状态路由协议

内部网关协议（IGP）可以划分为两类：

- 距离矢量路由协议；
- 链路状态路由协议。

一、距离矢量路由协议的运行

距离矢量是指以距离和方向构成的***矢量***来通告路由信息。距离按跳数等度量来定义，方向则是下一跳的路由器或送出接口。距离矢量协议通常使用贝尔曼—福特（Bellman–Ford）算法来确定最佳路径。

某些距离矢量协议会定期向所有邻近的路由器发送完整的路由表。在大型网络中，这些路由更新的数据量会愈趋庞大，因而会在链路中产生大规模的通信流量。

尽管贝尔曼—福特算法最终可以累积足够的信息来维护可到达网络的数据库，但路由器无法通过该算法了解网际网络的确切拓扑结构。路由器仅了解从邻近路由器接收到的路由信息。

距离矢量协议将路由器作为通往最终目的地的路径上的路标。路由器唯一了解的远程网络信息就是到该网络的距离（即度量）以及可通过哪条路径或哪个接口到达该网络。距离矢量路由协议并不了解确切的网络拓扑图。

距离矢量协议适用于以下情形：

- 网络结构简单、扁平，不需要特殊的分层设计。
- 管理员没有足够的知识来配置链路状态协议和排查故障。

- 特定类型的网络拓扑结构，如集中星型（Hub-and-Spoke）拓扑网络。
- 无需关注网络最差情况下的收敛时间。

有关距离矢量路由协议的功能和运行过程，将在第 4 章“距离矢量路由协议”中介绍。届时，您还将了解到距离矢量路由协议 RIP 和 EIGRP 的运行过程和配置操作。

二、链路状态路由协议的运行

与距离矢量路由协议的运行过程不同，配置了***链路状态***路由协议的路由器可以获取所有其他路由器的信息来创建网络的“完整视图”，即拓扑结构。我们继续拿路标来作类比，使用链路状态路由协议就好比是拥有一张完整的网络拓扑图。从源到目的网络的路途中并不需要路标，因为所有***链路状态路由器***都使用相同的“网络地图”。链路状态路由器使用链路状态信息来创建拓扑图，并在拓扑结构中选择到达所有目的网络的最佳路径。

对于某些距离矢量路由协议，路由器会定期向邻近的路由器发送路由更新信息。但链路状态路由协议不采用这种定期更新机制。在网络完成收敛之后，只在网络拓扑结构发生变化时才发送链路状态更新信息。

链路状态协议适用于以下情形：

- 网络进行了分层设计，大型网络通常如此。
- 管理员对网络中采用的链路状态路由协议非常熟悉。
- 网络对收敛速度的要求极高。

有关链路状态路由协议的功能和运行过程，将在后面的章节中介绍。届时，您还将在第 11 章“OSPF”中了解到链路状态路由协议 OSPF 的运行过程和配置操作。

3.4.3 有类和无类路由协议

所有的路由协议可以被分为以下两种之一：

- 有类路由协议。
- 无类路由协议。

一、有类路由协议

有类路由协议在路由信息更新过程中不发送子网掩码信息。最早出现的路由协议（如 RIP）都属于有类路由协议。那时，网络地址是按类来分配的：A 类、B 类或 C 类。路由协议的路由信息更新中不需要包括子网掩码，因为子网掩码可以根据网络地址的第一组二进制八位数来确定。

尽管直至现在，某些网络仍在使用有类路由协议，但由于有类协议不包括子网掩码，因此并不适用于所有的网络环境。如果网络使用多个子网掩码划分子网，那么就不能使用有类路由协议。也就是说，有类路由协议不支持可变长子网掩码（***VLSM***）。

图 3-4 显示了使用相同主网地址的所有子网使用相同子网掩码的一个网络示例。在这个环境中，不管有类还是无类路由协议都可以使用。

有类路由协议的使用还有其他一些限制，比如，不支持***不连续***网络。有关有类路由协议、不连续网络和 VLSM 的内容，将在后面的章节中讨论。

有类路由协议包括 RIPv1 和 IGRP。

二、无类路由协议

在***无类路由协议***的路由信息更新中，同时包括网络地址和子网掩码。如今的网络已不再按照类来分配地址，子网掩码也就无法根据网络地址的第一个二进制八位数来确定。如今的大部分网络都需要使用无类路由协议，因为无类路由协议支持 VLSM、非连续网络以及后面章节中将会讨论到的其他一些功能。

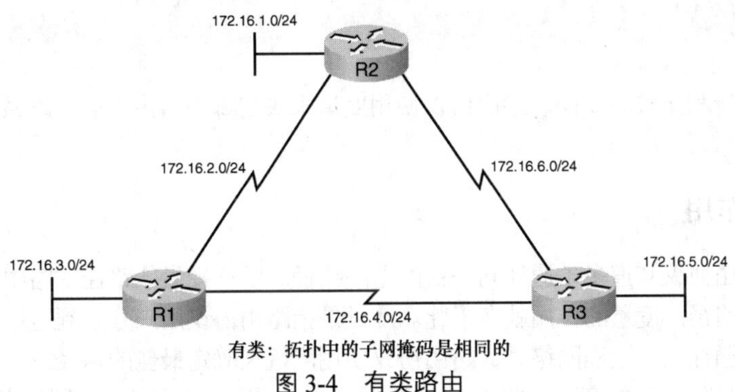

图 3-4 有类路由

在图 3-5 中，注意网络的无类版本在相同的拓扑中使用了/30 和/27 两个子网掩码。同时注意，这个拓扑使用了不连续设计。

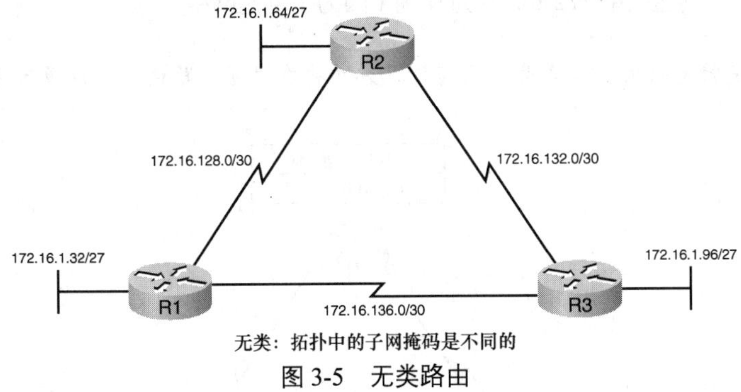

图 3-5 无类路由

无类路由协议包括 RIPv2、EIGRP、OSPF、IS-IS 和 BGP 等。

3.4.4 动态路由协议和收敛

路由协议的重要特征之一，就是当拓扑发生变化时如何能快速的收敛。

收敛是指所有路由器的路由表达到一致的过程。当所有路由器都获取到完整而准确的网络信息时，网络即完成收敛。收敛时间是指路由器共享网络信息、计算最佳路径并更新路由表所花费的时间。网络在完成收敛后才可以正常运行，因此，大部分网络都需要在很短的时间内完成收敛。

收敛过程既具协作性，又具独立性。路由器之间既需要共享路由信息，各个路由器也必须独立计算拓扑结构变化对各自路由过程所产生的影响。由于路由器独立更新网络信息以与拓扑结构保持一致，所以，也可以说路由器通过收敛来达成一致。

收敛的有关属性包括路由信息的传播速度以及最佳路径的计算方法。可以根据收敛速度来评估路由协议。收敛速度越快，路由协议的性能就越好。通常，RIP 和 IGRP 收敛较慢，而 EIGRP、OSPF 和 IS-IS 收敛较快。

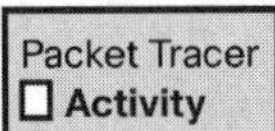

收敛（3.2.5） 在本练习中，网络配置有两台路由器、两台交换机和两台主机。随后会新增一个局域网，您需要观察网络的收敛过程。在本书携带的 CD-ROM 中，你可以使用 e2-325.pka 文件来执行这个 Packet Tracer 练习。

3.5 度量

度量是用来测量和比较的途径。路由协议使用度量来决定哪条路由是最佳路径。

3.5.1 度量的作用

有的时候，路由协议知道多条通往同一目的地的路径。要选择最佳路径，路由协议必须能够评估和区分所有可用的路径。度量的作用就在于此。度量是指路由协议用来分配到达远程网络的路由开销的值。有多条路径通往同一远程网络时，路由协议使用度量来确定最佳的路径。

每一种路由协议都有自己的度量。例如，RIP 使用跳数，EIGRP 使用带宽和延迟，思科版本的 OSPF 使用的是带宽。可以想象，跳数是最简单的度量。*跳数*是指数据包到达目的网络必须通过的路由器的数量。

在图 3-6 所示的 R3 上，到达网络 172.16.3.0 是 2 跳，或者两个路由器。对于 R2，到达网络 172.16.3.0 是 1 跳，而对于 R1，到达网络 172.16.3.0 为 0 跳（因为是直连网络）。

注 *有关特定路由协议的度量及其计算方式将在讲述该路由协议的章节中讨论。*

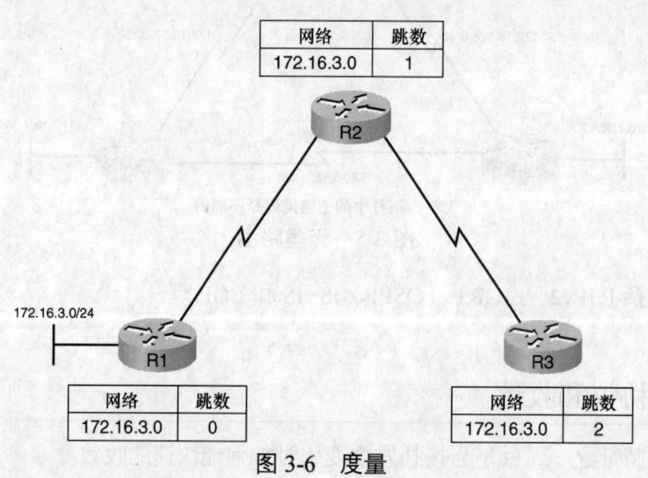

图 3-6 度量

3.5.2 度量和路由协议

不同的路由协议使用不同的度量。一个协议使用的度量和另一个协议使用的度量没有可比性。

一、度量参数

由于使用的度量不同，两种不同的路由协议对于同一目的网络可能会选择不同的路径。

图 3-7 显示了 R1 如何到达网络 172.16.1.0/24。RIP 会选择最少跳数的路径，即经过 R2。而 OSPF 会选择最高带宽的路径，即经过 R3。

路由协议中使用的度量如下。

- **跳数**：一种简单的度量，计算的是数据包所必须经过的路由器数量。
- **带宽**：通过优先考虑最高带宽的路径来做出选择。

- **负载**：考虑特定链路的通信量使用率。
- **延迟**：考虑数据包经过某个路径所花费的时间。
- **可靠性**：通过接口错误计数或以往的链路故障次数来估计出现链路故障的可能性。
- **开销**：由 IOS 或网络管理员确定的值，表示优先选择某个路由。开销既可以表示一个度量，也可以表示多个度量的组合，还可以表示路由策略。

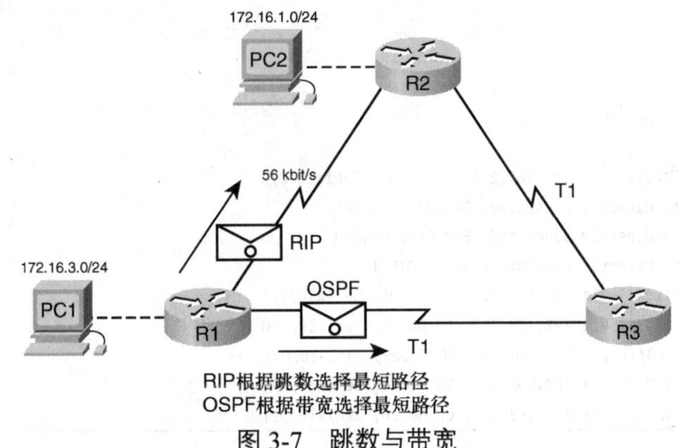

图 3-7 跳数与带宽

> 注 在本章中，您不需要完全理解这些度量，我们将在后面的章节中详细介绍。

二、路由表中的度量字段

路由表会显示每种动态和静态路由的度量。记住第 2 章介绍的静态路由的度量值永远是 0。

各路由协议定义的度量如下。

- **RIP**：**跳数**。选择跳数最少的路由作为最佳路径。
- **IGRP 和 EIGRP**：**带宽、延迟、可靠性和负载**。通过这些参数计算综合度量值，选择综合度量值最小的路由作为最佳路径。默认情况下，仅使用带宽和延迟。
- **IS-IS 和 OSPF**：**开销**。选择开销最低的路由作为最佳路径。思科采用的 OSPF 使用的是带宽。IS-IS 将在 CCNP 中讨论。

路由协议根据度量值最低的路由来选择最佳路径。

在图 3-8 中，所有的路由器都是用 RIP 路由协议。

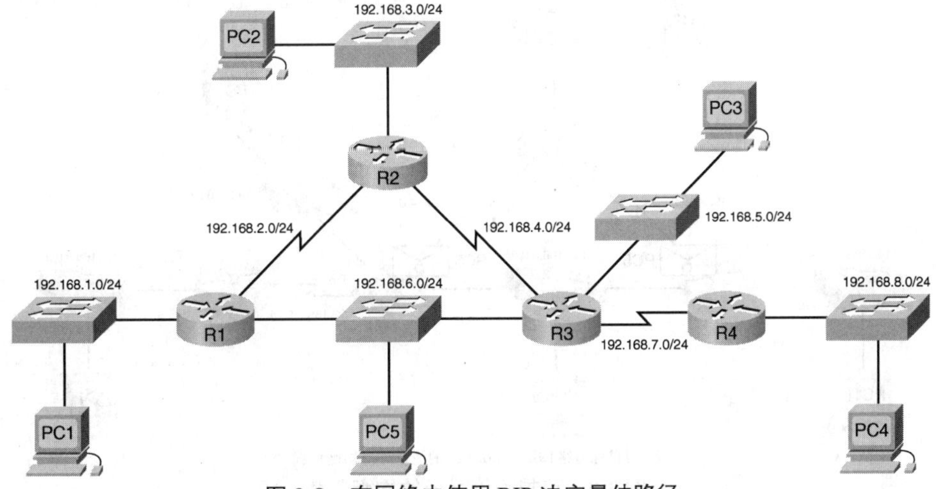

图 3-8 在网络中使用 RIP 决定最佳路径

通过命令 **show ip route** 可以查看与特定路由关联的度量值。对于路由表条目，括号中的第二个值即为度量值。在示例 3-1 中，R2 到网络 192.168.8.0/24 的路由距离为 2 跳。在命令输出中高亮度的 **2** 即为路由的度量值。

示例 3-1 R2 的路由表

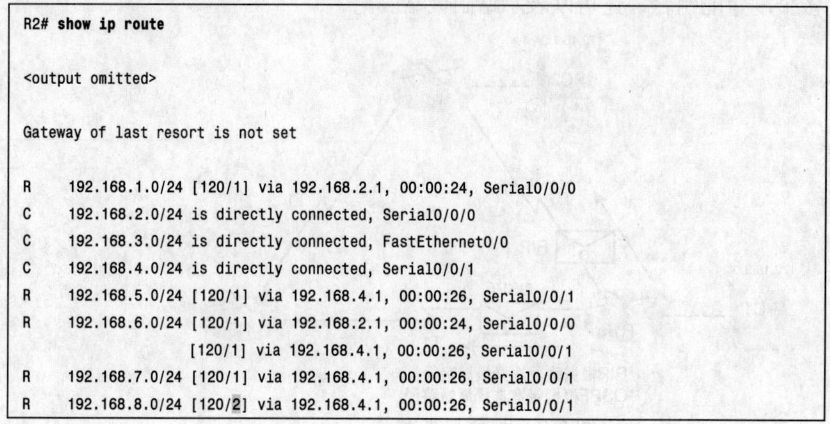

```
R2# show ip route

<output omitted>

Gateway of last resort is not set

R     192.168.1.0/24 [120/1] via 192.168.2.1, 00:00:24, Serial0/0/0
C     192.168.2.0/24 is directly connected, Serial0/0/0
C     192.168.3.0/24 is directly connected, FastEthernet0/0
C     192.168.4.0/24 is directly connected, Serial0/0/1
R     192.168.5.0/24 [120/1] via 192.168.4.1, 00:00:26, Serial0/0/1
R     192.168.6.0/24 [120/1] via 192.168.2.1, 00:00:24, Serial0/0/0
                     [120/1] via 192.168.4.1, 00:00:26, Serial0/0/1
R     192.168.7.0/24 [120/1] via 192.168.4.1, 00:00:26, Serial0/0/1
R     192.168.8.0/24 [120/2] via 192.168.4.1, 00:00:26, Serial0/0/1
```

3.5.3 负载均衡

我们前面说过，各个路由协议使用度量来确定到达远程网络的最佳路由。但是，如果通往同一目的网络的多条路由具有相同的度量值，那该如何处理？路由器如何确定使用哪一条路径来转发数据分组？在这种情况下，路由器不只是选择一条路由。它会在这些开销相同的路径之间进行*负载均衡*，数据分组会使用所有路由开销相同的路径转发出去。

要查看负载均衡是否起作用，可检查路由表。如果路由表中有多个路由条目与同一目的网络关联，则负载均衡正在起作用。

> **注** 负载均衡既可以根据数据包实施，也可以根据目的网络实施。至于路由器在开销相同的路径间如何对数据分组进行负载均衡，这由交换过程来控制。交换过程将在后面的章节中详细讨论。

图 3-9 显示了负载均衡的例子，R2 使用两条开销相同的路径对通往 PC5 的流量进行负载均衡。

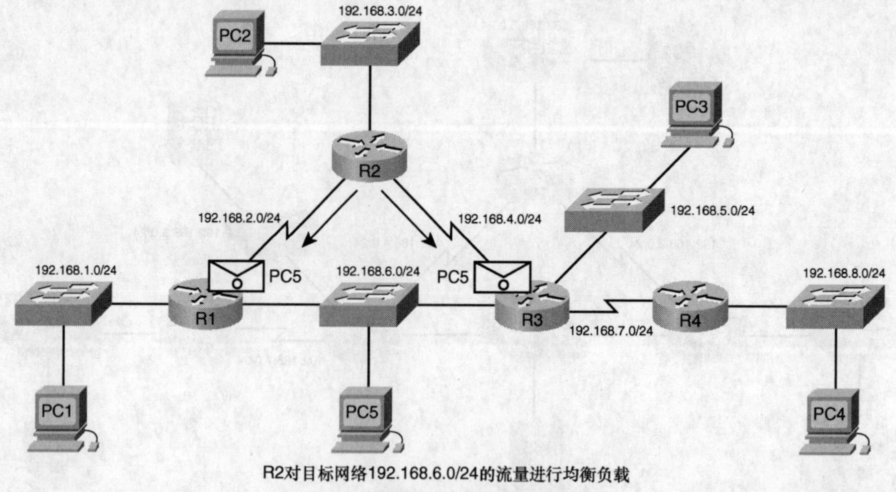

R2对目标网络192.168.6.0/24的流量进行均衡负载

图 3-9 跨越等价路径的均衡负载

在示例 3-1 运行 **show ip route** 命令后可以看到，可以通过 192.168.2.1（Serial 0/0/0）和 192.168.4.1（Serial 0/0/1）到达目的网络 192.168.6.0。

再看一下等价路由：

```
R2# show ip route

<output omitted>

R 192.168.6.0/24 [120/1] via 192.168.2.1, 00:00:24, Serial0/0/0
                 [120/1] via 192.168.4.1, 00:00:26, Serial0/0/1
```

对于本课程中讨论的所有路由协议，默认情况下，最多只能自动在 4 条开销相同的路由上实施负载均衡。EIGRP 还可以在多条路由开销不相同的路径上进行负载均衡，此功能将在 CCNP 中讨论。

3.6 管理距离

本节介绍管理距离的概念。管理距离在每种路由协议的章节中，都会作为重点来讨论。

本章接下来的部分将着重讲解静态路由的配置。动态路由协议将在下一章介绍。

3.6.1 管理距离的作用

在路由进程决定使用哪条路由来转发数据包之前，它必须先决定哪条路由放到路由表中。路由器经常会学到多于一条的对于目标网络的路由来源。路由进程将要决定使用哪个路由来源。***管理距离***就用作此目的。

一、多个路由来源

你知道，路由器通过静态路由和动态路由协议来了解与其直接相连的邻近网络以及远程网络的信息。实际上，路由器可能会从多个来源获悉通往同一网络的路由。例如，为某一网络/子网掩码配置静态路由后，动态路由协议（如 RIP）又动态了解到该网络/子网掩码。路由器需要选择在路由表中添加哪条路由。

注　您可能想知道有关等价路径的内容。只有当通往同一网络的多条路由都来自相同的路由来源，它们才能同时添加到路由表中。例如，等价路由必须都是静态路由，或者都是 RIP 路由，才能添加到路由表中。

在同一网络中可以部署多个动态路由协议，不过这种情况很少见。在某些情况下，有必要使用多个路由协议（如 RIP 和 OSPF）来路由同一网络地址。由于不同的路由协议使用不同的度量——RIP 使用跳数，而 OSPF 使用带宽——因此，不能通过比较度量值来确定最佳路径。

那么，当路由器从多个路由来源获取到同一网络的路由信息时，将如何确定在路由表中添加哪条路由？路由器根据路由来源的管理距离作出判断。

二、管理距离的用途

管理距离（AD）定义路由来源的优先级别。对于每个路由来源（包括特定路由协议、静态路由又或是直接相连的网络），使用管理距离值按从高到低的优选顺序来排定优先级。如果从多个不同的路由来源获取到同一目的网络的路由信息，思科路由器会使用 AD 功能来选择最佳路径。

管理距离是从 0 到 255 的整数值。值越低表示路由来源的优先级别越高。管理距离值为 0 表示优先级别最高。只有直接相连的网络的管理距离为 0，而且这个值不能更改。

> 注 可以修改静态路由和动态路由协议的管理距离。相关内容将在 CCNP 中讨论

管理距离值为 255 表示路由器不信任该路由来源，并且不会将其添加到路由表中。

> 注 在定义管理距离时，通常使用*可信度*这个术语。管理距离值越低，路由的可信度越高。

图 3-10 显示了 R2 同时运行 EIGRP 和 RIP 的拓扑。R2 和 R1 运行 EIGRP。R2 和 R3 运行 RIP。

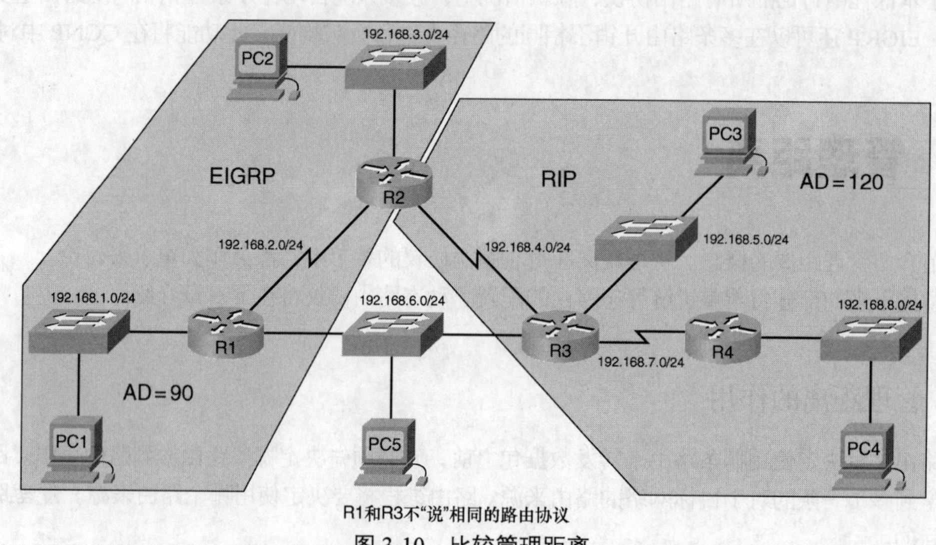

图 3-10 比较管理距离

示例 3-2 显示了 R2 上 **show ip route** 命令的输出。

示例 3-2 R2 的路由表

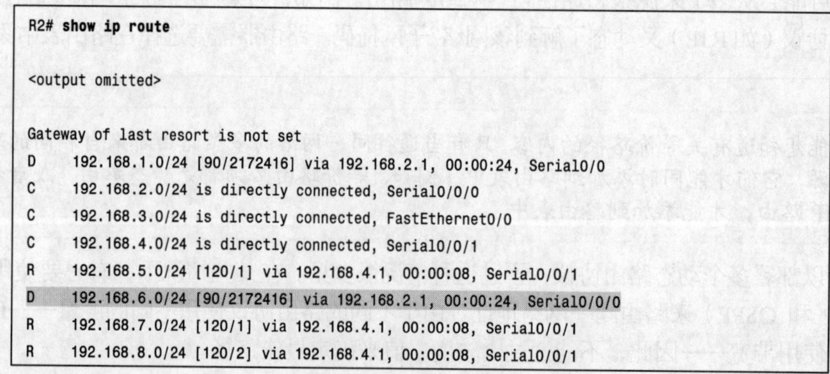

```
R2# show ip route
<output omitted>

Gateway of last resort is not set
D     192.168.1.0/24 [90/2172416] via 192.168.2.1, 00:00:24, Serial0/0
C     192.168.2.0/24 is directly connected, Serial0/0/0
C     192.168.3.0/24 is directly connected, FastEthernet0/0
C     192.168.4.0/24 is directly connected, Serial0/0/1
R     192.168.5.0/24 [120/1] via 192.168.4.1, 00:00:08, Serial0/0/1
D     192.168.6.0/24 [90/2172416] via 192.168.2.1, 00:00:24, Serial0/0/0
R     192.168.7.0/24 [120/1] via 192.168.4.1, 00:00:08, Serial0/0/1
R     192.168.8.0/24 [120/2] via 192.168.4.1, 00:00:08, Serial0/0/1
```

对于路由表条目，括号中的第一个值即为 AD 值。可以看到，R2 有一条通往 192.168.6.0/24 网络的路由，其 AD 值为 90。

```
D     192.168.6.0/24 [90/2172416] via 192.168.2.1, 00:00:24, Serial0/0/0
```

R2 当前同时使用 RIP 和 EIGRP 路由协议。请记住：通常情况下，路由器很少会使用多个动态路由协议，此处只是为了说明管理距离的工作原理。R2 使用 EIGRP 从 R1 获悉通往 192.168.6.0/24 的路

由，同时，也使用RIP从R3获悉了该路由。RIP的管理距离值为120，而EIGRP的管理距离值相对较低，为90。这样，R2会将EIGRP所获悉的路由添加到路由表中，并且将发往192.168.6.0/24网络的所有数据包转发到路由器R1。

如果到R1的链路无法使用，会发生什么情况？如果是这样，R2似乎就没有到192.168.6.0网络的路由了。而实际上，R2在RIP数据库中仍旧保存了有关 192.168.6.0网络的RIP路由信息。这可以通过 **show ip rip database** 命令来查看，如示例3-3所示。

示例3-3 检验RIP路由应用

```
R2# show ip rip database

192.168.3.0/24 directly connected, FastEthernet0/0
192.168.4.0/24 directly connected, Serial0/0/1
192.168.5.0/24
    [1] via 192.168.4.1, Serial0/0/1
192.168.6.0/24
    [1] via 192.168.4.1, Serial0/0/1
192.168.7.0/24
    [1] via 192.168.4.1, Serial0/0/1
192.168.8.0/24
    [2] via 192.168.4.1, Serial0/0/1
```

show ip rip database 命令可以显示R2了解到的所有RIP路由，包括添加在路由表中的RIP路由和没有添加的RIP路由。现在你可以回答，在通过EIGRP学到的192.168.6.0的网络不能用的时候，将会发生什么。即RIP含有的这条路由将添加进路由表。如果过后EIGRP路由又恢复正常了，则RIP路由将被删除，EIGRP路由重新进入路由表，只是因为它有更好的管理距离。

3.6.2 动态路由协议和管理距离

您已经知道了可以使用命令 **show ip route** 来查看这些AD值，就像前面示例3-2中显示的那样。

也可以使用命令 **show ip protocols** 来查看AD值。此命令可显示路由器当前运行的各种路由协议的全部相关信息。

示例3-4 使用show ip protocols检验管理距离

```
R2# show ip protocols

Routing Protocol is "eigrp 100 "
  Outgoing update filter list for all interfaces is not set
  Incoming update filter list for all interfaces is not set
  Default networks flagged in outgoing updates
  Default networks accepted from incoming updates
  EIGRP metric weight K1=1, K2=0, K3=1, K4=0, K5=0
  EIGRP maximum hopcount 100
  EIGRP maximum metric variance 1
  Redistributing: eigrp 100
  Automatic network summarization is in effect
  Automatic address summarization:
  Maximum path: 4
  Routing for Networks:
     192.168.2.0
     192.168.3.0
     192.168.4.0
  Routing Information Sources:
```

（待续）

```
  Gateway         Distance     Last Update
  192.168.2.1     90           2366569
  Distance: internal 90 external 170

Routing Protocol is "rip"
  Sending updates every 30 seconds, next due in 12 seconds
  Invalid after 180 seconds, hold down 180, flushed after 240
  Outgoing update filter list for all interfaces is not set
  Incoming update filter list for all interfaces is not set
  Redistributing: rip
  Default version control: send version 1, receive any version
    Interface Send Recv Triggered RIP Key-chain
    Serial0/0/1 1 2 1
    FastEthernet0/0 1 2 1
  Automatic network summarization is in effect
  Maximum path: 4
  Routing for Networks:
    192.168.3.0
    192.168.4.0
Passive Interface(s):
Routing Information Sources:
  Gateway         Distance Last Update
  192.168.4.1          120
Distance: (default is 120)
```

在本课程后面的部分，我们会详细讲述 **show ip protocols** 命令。请注意该命令输出中突出显示的部分：此处列出了 R2 使用的两个路由协议，并且 AD 值称为 Distance（距离）。

表 3-2 显示了各种路由协议的不同管理距离值。

表 3-2　　默认管理距离

路由来源	管理距离	路由来源	管理距离
直连	0	OSPF	110
静态	1	IS-IS	115
EIGRP 汇总路由	5	RIP	120
外部 BGP	20	外部 EIGRP	170
内部 EIGRP	90	内部 BGP	200
IGRP	100		

3.6.3 静态路由和管理距离

您在第 2 章已了解到，管理员可以通过输入静态路由来配置到达目的网络的最佳路径。因此，静态路由的默认 AD 值为 1。也就是说，除了直接相连的网络（默认 AD 值为 0），静态路由是优先级别最高的路由来源。

有时，管理员配置的静态路由与使用动态路由协议到达的目的网络相同，但使用不同的路径。静态路由所配置的 AD 值将大于路由协议的 AD 值。如果动态路由协议所使用的路径出现链路故障，该路由协议添加的路由将会从路由表中删除。管理员指定的静态路由便成为唯一的路由来源，并会自动添加到路由表中。这种方式称为浮动静态路由，将在 CCNP 中讨论。

无论是使用下一跳 IP 地址的静态路由，还是使用送出接口的静态路由，其默认 AD 值均为 1。不过，如果使用特定的送出接口来配置静态路由，运行 **show ip route** 命令后不会列出其 AD 值。并且命令输出中会将目的网络显示为通过该接口直接相连的网络。

使用图 3-11 中所示拓扑，并且在 R2 上使用示例 3-5 所示的 **show ip route** 命令，你可以检验静态路由的两种类型。

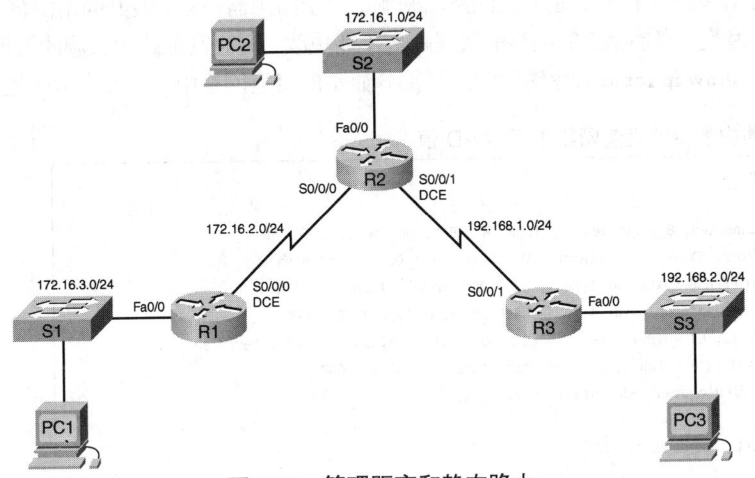

图 3-11 管理距离和静态路由

示例 3-5 R2 的路由表

```
R2# show ip route

<output omitted>

Gateway of last resort is not set
      172.16.0.0/24 is subnetted, 3 subnets
C        172.16.1.0 is directly connected, FastEthernet0/0
C        172.16.2.0 is directly connected, Serial0/0/0
S        172.16.3.0 is directly connected, Serial0/0/0
C     192.168.1.0/24 is directly connected, Serial0/0/1
S     192.168.2.0/24 [1/0] via 192.168.1.1
```

到 172.16.3.0 的静态路由显示为 directly connected（直连），但没有列出 AD 值信息。这常常会给人造成误解，认为此路由的 AD 值一定是 0，因为它确实显示为 "directly connected"。但这种推论是错误的。任何静态路由，包括使用送出接口配置的静态路由，其默认 AD 值均为 1。请记住，只有直接相连的网络的 AD 值才可以为 0。这可以通过使用带[*route*]参数的 **show ip route** 命令来验证。在该命令中指定[*route*]参数，可以显示路由的详细信息，包括距离，即 AD 值。

通过示例 3-6 中的 **show ip route 172.16.3.0** 命令可以看到，实际的静态路由的管理距离为 1，哪怕表示为外出接口。

示例 3-6 带[*route*]参数的 show ip route 命令

```
R2# show ip route 172.16.3.0

Routing entry for 172.16.3.0/24
Known via "static", distance 1, metric 0 (connected)
  Routing Descriptor Blocks:
  * directly connected, via Serial0/0/0
      Route metric is 0, traffic share count is 1
```

3.6.4 直连网络和管理距离

在接口上配置 IP 地址并启用之后，路由表中就会显示相应的直接相连网络。直接相连的网络的 AD 值为 0，表示该网络是优先级别最高的路由来源。对于路由器而言，最好的路由莫过于与其接口直接相连的网络。因此，直接相连的网络的管理距离不能更改，并且其他路由来源的管理距离不能为 0。

示例 3-7 中 **show ip route** 命令输出的高亮部分显示的直连网络中，并没有 AD 值的信息。

示例 3-7　路由表中的直连网络不显示 AD 值

```
R2# show ip route

Codes: C - connected, S - static, I - IGRP, R - RIP, M - mobile, B - BGP
       D - EIGRP, EX - EIGRP external, O - OSPF, IA - OSPF inter area
       N1 - OSPF NSSA external type 1, N2 - OSPF NSSA external type 2
       E1 - OSPF external type 1, E2 - OSPF external type 2, E - EGP
       i - IS-IS, L1 - IS-IS level-1, L2 - IS-IS level-2, ia - IS-IS inter area
       * - candidate default, U - per-user static route, o - ODR
       P - periodic downloaded static route

Gateway of last resort is not set

     172.16.0.0/24 is subnetted, 3 subnets
C       172.16.1.0 is directly connected, FastEthernet0/0
C       172.16.2.0 is directly connected, Serial0/0/0
S       172.16.3.0 is directly connected, Serial0/0/0
C    192.168.1.0/24 is directly connected, Serial0/0/1
S    192.168.2.0/24 [1/0] via 192.168.1.1
```

该输出与指向送出接口的静态路由输出类似。唯一的区别是，该路由条目的开头有一个字母 C，表示这是直接相连的网络。

要查看直接相连的网络的 AD 值，请使用示例 3-8 中所示的[*route*]参数。

示例 3-8　带有 AD 值的直连路由

```
R2# show ip route 172.16.3.0

Routing entry for 172.16.1.0/24
Known via "connected", distance 0, metric 0 (connected, via interface)
  Routing Descriptor Blocks:
  * directly connected, via FastEthernet0/0
      Route metric is 0, traffic share count is 1
```

show ip route 172.16.1.0 命令显示，这个直接相连路由的管理距离值为 0。

检验路由表信息——show ip route（3.4.4）　在本练习中，你要使用 **show ip route** 命令来观察路由表条目的详细信息。在本书携带的 CD-ROM 中，你可以使用 e2-344.pka 文件来执行这个 Packet Tracer 练习。

3.7 总结

路由器可以使用动态路由协议自动从其他路由器处了解有关远程网络的信息。本章向您介绍了几种不同的动态路由协议。

我们学习了下列的路由协议的分类：

- 可以划分为有类协议和无类协议。
- 可以划分为距离矢量、链路状态和路径矢量协议。
- 可以划分为内部网关协议和外部网关协议。

在后面的章节中，随着对路由原理和协议了解的逐渐深入，您会对这些分类有更清晰的认识。

路由协议的作用除了发现远程网络之外，还要维护准确的网络信息。当网络拓扑结构发生变化时，路由协议会将此变化告知其他路由器。

在路由域内传播这一变化信息时，某些路由协议可能比其他路由协议的传播速度快。所有路由表达到一致的过程称为收敛。当同一路由域内的所有路由器都获取到完整而准确的网络信息时，网络即完成收敛。

路由协议使用度量来确定到达目的网络的最佳路径（即最短路径）。不同的路由协议可能会使用不同的度量。通常，度量值越低表示路径越佳。比如，就到达某个网络的路径而言，有 5 跳的路径就要优于有 10 跳的路径。

有时，路由器会同时通过静态路由和动态路由协议获取到达到同一目的网络的多个路由。如果路由器从多个路由来源获取到目的网络信息，思科路由器会使用管理距离值来确定使用哪一个路由来源的信息。每个动态路由协议都有唯一的管理距离值，静态路由和直接相连的网络也不例外。管理距离值越低，路由来源的优先级别越高。直接相连的网络始终是优先选用的路由来源，其次是静态路由，然后是各种动态路由协议。

本课程后面的章节中将对本章涉及的所有这些类别和概念进行深入的讨论。学完本课程后，您可能需要复习一下本章节，回顾和总结所讲述的内容。

3.8 检查你的理解

完成下面所有的复习题来检测一下你对于本章中的主题和概念的理解。题目的答案在附录“检查你的理解和挑战性问题的答案”中可以找到。

1. 静态路由和动态路由相比的两个优点是什么？

   A. 不容易配置错误

   B. 静态路由更安全，因为路由器不广播路由

   C. 网络成长时通常不会出现问题

   D. 不存在计算的负担

   E. 管理员配置的维护工作较少

2. 匹配下列描述到正确的路由协议。

RIP

IGRP

OSPF

EIGRP

BGP

描述：

   A. 路径矢量外部路由协议

   B. 思科高级的内部路由协议

C. 链路状态路由协议

D. 距离矢量内部路由协议

E. 思科距离矢量内部路由协议

3. 哪段话是对网络收敛最好的描述?

A. 路由器共享管理配置改变所需要的时间，比如口令改变，从网络的一端到另一端

B. 当发生拓扑改变以后，网络中的路由器更新它的路由表所需的时间

C. 一个自治系统内的路由器学习到目的地为另外一个自治系统的路由所需要的时间

D. 路由器运行不同的路由协议来更新路由表所需的时间

4. 下列哪些参数用来计算度量?(选择2项)

A. 跳数

B. 更新时间

C. 带宽

D. 收敛时间

E. 管理距离

5. 参照图2-15。哪个命令是在R1上配置的正确的静态默认路由?

A. EIGRP内部路由

B. IS-IS

C. OSPF

D. RIPv1

E. RIPv2

6. 默认情况下，动态路由协议用来进行负载均衡的等价路径是几条?

A. 2

B. 3

C. 4

D. 6

7. 哪些命令显示路由的管理距离?

A. R1# **show interfaces**

B. R1# **show ip route**

C. R1# **show ip interfaces**

D. R1# **debug ip routing**

8. 什么时候直连路由出现在路由表中?

A. 当它们包含在静态路由中

B. 当它们使用一个送出接口

C. 一旦当它们配有地址并且运行在第2层

D. 一旦当它们配有地址并且运行在第3层

E. 当 **no shutdown** 命令一经使用

9. 路由器R1使用RIRv2路由协议并且发现多条到目的网络的非等价路径。路由器R1如何判断到目的网络的最佳路径?

A. 最低的度量

B. 最高的度量

C. 最低的管理距离

D. 最高的管理距离

E. 它将以最多4条路径均衡负载

10. 为每个路由协议输入正确的管理距离。
    A. eBGP
    B. EIGRP（内部）
    C. EIGRP（外部）
    D. IS-IS
    E. OSPF
    F. RIP
11. 指出下列特性是属于有类路由协议还是无类路由协议？
    A. 不支持非连续网络
    B. EIGRP、OSPF 和 BGP
    C. 在路由更新中发送子网掩码
    D. 支持非连续网络
    E. RIPv1 和 IGRP
    F. 在路由更新中不发送子网掩码
12. 请解释为什么相对于动态路由会优先选用静态路由。
13. 请列举 4 种动态路由协议的分类方式。
14. IP 动态路由协议中最常用的度量有哪些？
15. 什么是管理距离，它的重要性如何？

3.9 挑战的问题和实践

这些问题需要对于本章的概念有比较深的了解，而且这些题型非常类似于 CCNA 认证考试的题目。你可以在附录“检查你的理解和挑战性问题的答案”中找到答案。

1. 可以说每一台路由器都会拥有至少一条静态路由。请解释为什么这种说法是正确的？

2. 刚接触到路由的同学有时可能会认为，同为度量指标，带宽要优于跳数。请指出这个想法的错误之处。

3.10 知识拓展

边界网关协议（BGP）是自治系统间的路由协议，即 Internet 路由协议。虽然本课程只是对 BGP 作了简单的介绍（详细内容将在 CCNP 中讲述），但您不妨查看一些 Internet 主干路由器的路由表，这对您的学习会有所帮助。

路由服务器用于查看 Internet 上的 BGP 路由。您可以通过许多网站访问这些路由服务器，例如 http://www.traceroute.org。在特定自治系统中选择了某个路由服务器后，您便可以开始与该路由服务器进行 Telnet 会话。该服务器担当某个 Internet 核心服务器（通常是思科路由器）的镜像。

随后，您可以使用 **show ip route** 命令查看某个 Internet 路由器的实际路由表。使用 **show ip route** 命令，在后面加上您的学校的公网地址（即全局网络地址），例如 **show ip route 207.62.187.0**。

对于命令输出的内容，您可能并不完全了解，但通过使用这些命令，您会对 Internet 核心路由器的路由表的容量有一种感性的认识。

第 4 章

距离矢量路由协议

4.1 目标

在学习完本章之后，你应该能够回答下面的问题：

- 你能识别距离矢量路由协议的特性吗？
- 使用路由信息协议（RIP）的距离矢量路由协议的网络发现过程是什么？
- 距离矢量路由协议用来维护准确路由表的过程是什么？
- 什么条件会导致路由环路，解释路由环路对路由器的影响是什么？
- 目前使用的距离矢量路由协议的类型是什么？

4.2 关键术语

本章使用如下的关键术语。你可以在书后的术语表中找到解释。

扩散更新算法（DUAL）
水平分割
限定更新
触发更新
计数到无穷大
路由毒化
毒性反转
拓扑表
IPX

本课程的动态路由章节着重介绍内部网关协议（IGP）。在第 3 章中我们已学过，IGP 可分为距离矢量路由协议和链路状态路由协议两种。

图 4-1 显示了当前最常使用的 IP 路由协议的表格。里面的突出部分为本书讨论的内容。

	内部网关协议				外部网关协议
	距离矢量路由协议		链路状态路由协议		路径矢量
有类	RIP	IGRP			EGP
无类	RIPv2	EIGRP	OSPFv2	IS-IS	BGPv4
IPv6	RIPng	EIGRP for IPv6	OSPFv3	IS-IS for IPv6	BGPv4 for IPv6

图 4-1　动态路由协议

本章介绍距离矢量路由协议的特性、运作方式和功能。每种类型的路由协议都有着自己特有的优点和缺点。本章将一一说明影响距离矢量协议运作的条件和距离矢量路由的缺陷，并提供用于克服这些缺陷的解决措施。理解距离矢量路由的运作过程是启用、检验和维护这些协议的关键。

4.3 距离矢量路由协议简介

区分路由协议的一种方法就是根据它们用来构建和维护路由表的路由算法类型。依据此方法，路由协议可以被分为距离矢量、链路状态，或者路径矢量路由协议。本章将介绍距离矢量路由协议的特性。第 10 章“链路状态路由协议”，将介绍链路状态路由协议。路径矢量路由协议超出了本书的范围，将在 CCNP 中讨论。

图 4-2 显示了一个路由器和链路都为中等数量的网络。

动态路由协议可以将网络管理员从耗时而又费力的静态路由配置和维护工作中解脱出来。您可以想象一下维护如图 4-2 所示 28 台路由器的静态路由配置会是怎样一种情况？当某条链路断开时将会发生什么情况？您如何确保冗余路径切实可用？在像图 4-2 这样的大型网络中，大多数情况下人们会选择采用动态路由。

距离矢量路由协议包括以下几项。

- RIP：路由信息协议（RIP）最初在 RFC 1058 中定义。主要有以下特点：
  - 使用跳数作为选择路径的度量。
  - 如果某网络的跳数超过 15，RIP 便无法提供到达该网络的路由。
  - 默认情况下，每 30s 通过广播或组播发送一次路由更新。
- IGRP：内部网关路由协议（IGRP）是由思科开发的专有协议。IGRP 的主要设计特点如下：
  - 使用基于带宽、延迟、负载和可靠性的复合度量。
  - 默认情况下，每 90s 通过广播发送一次路由更新。
  - IGRP 是 EIGRP 的前身，现在已不再使用。
- EIGRP：增强型 IGRP（EIGRP）是思科专用的距离矢量路由协议。EIGRP 主要具有以下特点：
  - 能够执行不等价负载均衡。
  - 使用***扩散更新算法（DUAL）***计算最短路径。

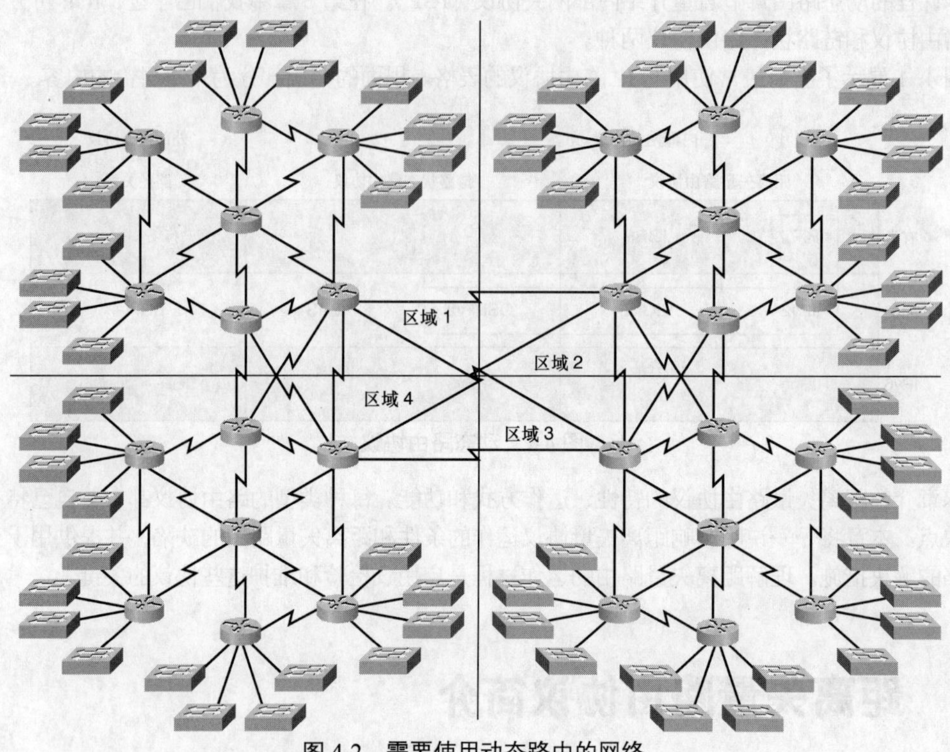

图 4-2　需要使用动态路由的网络

- 不需要像 RIP 和 IGRP 一样进行定期更新。只有当拓扑结构发生变化时才会发送路由更新。

注　没有对于 IGRP 和 EIGRP 的 RFC，因为思科从来没有向 Internet 工程任务组（IETF）提交这些路由协议的注解文档。

RIP 和 EIGRP 更多的内容将在后面的章节中讨论。IGRP 将不会讨论，因为它已经过时了。IGRP 只会用做对比的目的了。

4.3.1　距离矢量技术

距离矢量技术是根据用来构建和维护路由表的路由算法类型来分类的一种方法。其他两种方法是链路状态和路径矢量。

一、距离矢量的含义

顾名思义，距离矢量意味着用距离和方向矢量通告路由。距离使用诸如跳数这样的度量确定，而方向则是下一跳路由器或送出接口。

使用距离矢量路由协议的路由器并不了解到达目的网络的整条路径。该路由器只知道

- 应该往哪个方向或使用哪个接口转发数据包；
- 自身与目的网络之间的距离。

例如，在图 4-3 中，R1 知道到达网络 172.16.3.0/24 的距离是 1 跳，方向是从接口 S0/0/0 到 R2。

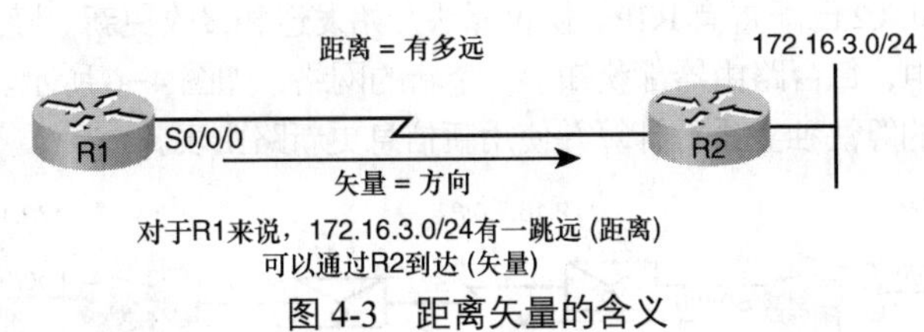

图 4-3 距离矢量的含义

二、距离矢量路由协议的运行

一些距离矢量路由协议需要路由器定期向各个邻居广播整个路由表。这种方法效率很低，因为这些路由更新不仅消耗带宽，而且处理起来也会消耗路由器的 CPU 资源。

距离矢量路由协议有一些共同特征。按照一定的时间间隔发送定期更新（RIP 的间隔为 30s，IGRP 的间隔为 90s）。即使拓扑结构数天都未发生变化，定期更新仍然会不断地发送到所有邻居那里。

图 4–4 显示了周期更新的例子。每台路由器的路由协议维护本地计时器。当时间一到，就发送路由更新。在图 4–4 中，R1 上的计时器时间已到。当其他路由器上的计时器到 0，它们也会各自发送路由更新。这些周期更新包含了全部或部分的路由表。在第 5 章“RIPv1”中将更进一步研究。

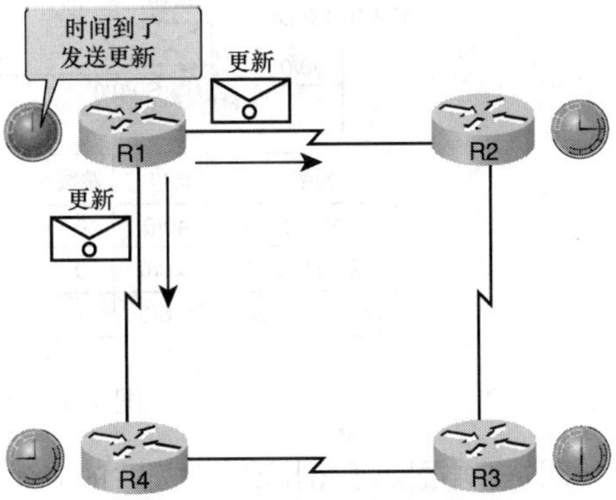

邻居是指使用同一链路并配置了相同路由协议的其他路由器。路由器只了解自身接口的网络地址以及能够通过其邻居到达的远程网络地址，对于网络拓扑结构的其他部分则一无所知。使用距离矢量路由的路由器不了解网络拓扑结构。

图 4-4 距离矢量周期更新

广播更新均发送到 255.255.255.255。配置了相同路由协议的相邻路由器将处理此类更新。所有其他设备也会处理此类更新到第 3 层，然后将其丢弃。一些距离矢量路由协议使用组播地址而不是广播地址。

定期向所有邻居发送整个路由表更新（但其中也有一些特例，我们将在稍后讨论）。接收这些更新的邻居必须处理整个更新，从中找出有用的信息，并丢弃其余的无用信息。某些距离矢量路由协议，如 EIGRP，不会定期发送路由表更新。

4.3.2 路由协议算法

算法对于问题的解决来说是一个规则或者进程。在网络中，算法通常用来决定转发到指定目的地的最佳路径。特定路由协议使用的算法负责构建和维护路由器上的路由表。

距离矢量协议的核心是算法。算法用于计算最佳路径并将该信息发送给邻居。

算法是用于完成特定任务的步骤，开始于给定的初始状态并终止于定义好的结束状态。不同的路由协议使用不同的算法将路由添加到路由表中，将更新发送给邻居以及确定路径。

用于路由协议的算法定义了以下过程：

- 发送和接收路由信息的机制。
- 计算最佳路径并将路由添加到路由表的机制。
- 检测并响应拓扑结构变化的机制。

在图 4-5 中，R1 和 R2 已配置有 RIP。协议算法开始发送和接收更新。随后 R1 和 R2 从更新中获得新的信息。在本例中，每台路由器都获知了一个新的网络，如图 4-6 所示。在图中高亮表示的是新网络。每台路由器上的算法独立进行计算并使用新信息更新路由表。

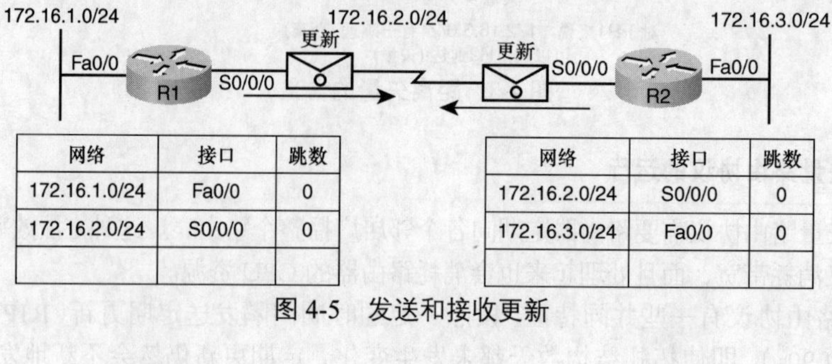

网络	接口	跳数
172.16.1.0/24	Fa0/0	0
172.16.2.0/24	S0/0/0	0

网络	接口	跳数
172.16.2.0/24	S0/0/0	0
172.16.3.0/24	Fa0/0	0

图 4-5　发送和接收更新

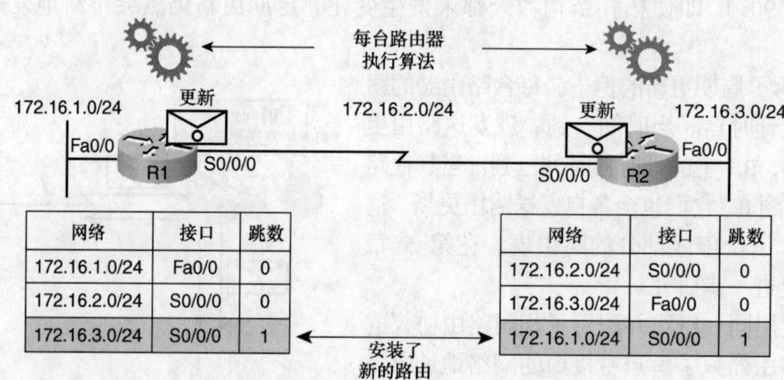

网络	接口	跳数
172.16.1.0/24	Fa0/0	0
172.16.2.0/24	S0/0/0	0
172.16.3.0/24	S0/0/0	1

网络	接口	跳数
172.16.2.0/24	S0/0/0	0
172.16.3.0/24	Fa0/0	0
172.16.1.0/24	S0/0/0	1

图 4-6　计算最佳路径并添加路由

图 4-7 中显示了拓扑改变时发生的情况。当 R2 上的 LAN 断开时，算法构建一个"触发"更新并将其发送到 R1。R1 随即从路由表中删除该网络。触发更新将在本章后面的内容中讨论。

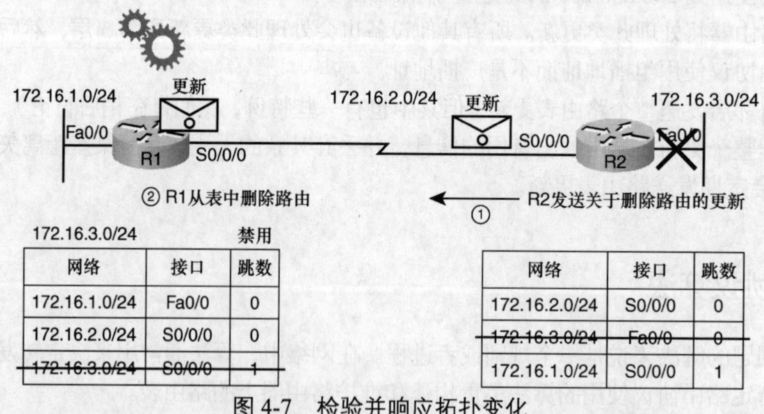

网络	接口	跳数
172.16.1.0/24	Fa0/0	0
172.16.2.0/24	S0/0/0	0
~~172.16.3.0/24~~	~~S0/0/0~~	~~1~~

网络	接口	跳数
172.16.2.0/24	S0/0/0	0
~~172.16.3.0/24~~	~~Fa0/0~~	~~0~~
172.16.1.0/24	S0/0/0	1

图 4-7　检验并响应拓扑变化

4.3.3　路由协议特性

有很多方法来区分路由协议。在图 4-1 的表中显示了路由协议分类的方法。其他的一些用来比较路由协议的方法，是使用诸如收敛时间和扩展性等。

可以根据以下特征来比较路由协议。

- **收敛时间**：收敛时间是指网络拓扑结构中的路由器共享路由信息并使各台路由器掌握的网络情况达到一致所需的时间。收敛速度越快，协议的性能越好。在发生了改变的网络中，收敛速度缓慢会导致不一致的路由表无法及时得到更新，从而可能造成路由环路。
- **可扩展性**：可扩展性表示根据一个网络所部署的路由协议，该网络能达到的规模。网络规模越大，路由协议需要具备的可扩展性越强。
- **无类（使用 VLSM）或有类**：无类路由协议在更新中会提供子网掩码。此功能支持使用可变长子网掩码（VLSM），汇总路由的效果也更好。有类路由协议不包含子网掩码且不支持 VLSM。
- **资源使用率**：资源使用率包括路由协议的要求（如内存空间）、CPU 利用率和链路带宽利用率。资源要求越高，对硬件的要求越高，如此才能对路由协议工作和数据包转发过程提供有力支持。
- **实现和维护**：实现和维护体现了对于所部署的路由协议，网络管理员实现和维护网络时必须要具备的知识级别。

表 4-1 中列出了距离矢量路由协议的优缺点。

表 4-1　距离矢量路由协议的优缺点

优　点	缺　点
实施和维护简单。对于使用距离矢量协议构建的网络而言，部署和后期维护所需的知识水平要求不高。	收敛速度慢。使用定期更新可能会导致收敛速度减慢。甚至在使用了一些先进技术后，如后面将讨论的触发更新，总体收敛速度仍然比链路状态路由协议慢。
资源要求低。距离矢量协议通常不需要大量内存来存储信息，也不需要强大的 CPU。	可扩展性有限。收敛速度慢会对网络的规模产生限制，因为大型网络需要较长的时间来传播路由信息。
根据所应用的网络规模和 IP 地址分配方式，它们通常也不需要较高的链路带宽来发送路由更新。然而，如果在大型网络中部署距离矢量协议，则可能出现问题。	路由环路。在发生了改变的拓扑中，收敛速度缓慢会导致不一致的路由表无法及时得到更新，从而可能造成路由环路。

动态协议特性的比较

针对上一节所介绍的路由协议特征，我们对本课程中讨论的所有路由协议进行了比较，请参见表 4-2。尽管 IOS 不再支持 IGRP，但此处仍将其列出以便与其增强版本进行比较。同样，尽管 IS-IS 路由协议在 CCNP 课程中才会介绍，但考虑到它是常用的内部网关协议，此处仍将其列出。

表 4-2　路由协议特性的比较

	距 离 矢 量				链 路 状 态	
	RIPv1	RIPv2	IGRP	EIGRP	OSPF	IS-IS
收敛速度	慢	慢	慢	快	快	快
可扩展性—网络规模	小	小	小	大	大	大
使用 VLSM	不	要	不	要	要	要
资源使用率	低	低	低	中	高	高
实施和维护	简单	简单	简单	复杂	复杂	复杂

4.4 网络发现

网络发现是路由协议算法进程的一部分，用来使路由器能先学习到远程网络。

4.4.1 冷启动

当路由器冷启动或通电开机时，它完全不了解网络拓扑结构。它甚至不知道在其链路的另一端是否存在其他设备。路由器唯一了解的信息来自自身 NVRAM 中存储的配置文件中的信息。当路由器成功启动后，它将应用所保存的配置。如第 1 章和第 2 章所述，如果正确配置了 IP 地址，则路由器将首先发现与其自身直接相连的网络。

当路由器冷启动后，在开始交换路由信息之前，路由器将首先发现与其自身直接相连的网络以及子网掩码。如图 4-8 所示，以下信息会添加到路由器的路由表中。

- R1:
  - 10.1.0.0 available through interface FastEthernet 0/0
  - 10.2.0.0 available through interface Serial 0/0/0
- R2:
  - 10.2.0.0 available through interface Serial 0/0/0
  - 10.3.0.0 available through interface Serial 0/0/1
- R3:
  - 10.3.0.0 available through interface Serial 0/0/0
  - 10.4.0.0 available through interface FastEthernet 0/0

网络	接口	跳数
10.1.0.0	Fa0/0	0
10.2.0.0	S0/0/0	0

网络	接口	跳数
10.2.0.0	S0/0/0	0
10.3.0.0	S0/0/1	0

网络	接口	跳数
10.3.0.0	S0/0/1	0
10.4.0.0	Fa0/0	0

图 4-8　网络发现：冷启动

有了这些初始信息，路由器就会开始交换路由信息。

4.4.2 初次路由信息交换

配置路由协议后，路由器就会开始交换路由更新，如图 4-9 所示。一开始，这些更新仅包含有关其直接相连网络的信息。收到更新后，路由器会检查更新，从中找出新信息。任何当前路由表中没有的路由都将被添加到路由表中。

图 4-9 所示为 R1、R2 和 R3 开始初次交换的过程。所有 3 台路由器都向其邻居发送各自的路由表，此时路由表仅包含直接相连网络。

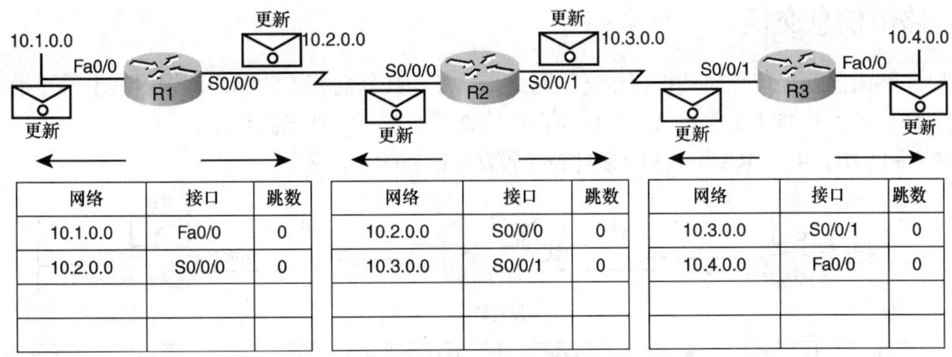

网络	接口	跳数
10.1.0.0	Fa0/0	0
10.2.0.0	S0/0/0	0

网络	接口	跳数
10.2.0.0	S0/0/0	0
10.3.0.0	S0/0/1	0

网络	接口	跳数
10.3.0.0	S0/0/1	0
10.4.0.0	Fa0/0	0

图 4-9 网络发现：初次路由信息交换

每台路由器处理更新的方式如下。

- **R1**：
  - 将有关网络 10.1.0.0 的更新从 Serial 0/0/0 接口发送出去。
  - 将有关网络 10.2.0.0 的更新从 FastEthernet 0/0 接口发送出去。
  - 从 Serial 0/0/0 接口接收来自 R2 的有关网络 10.3.0.0 且度量为 1 的更新。
  - 在路由表中存储网络 10.3.0.0，度量为 1。
- **R2**：
  - 将有关网络 10.3.0.0 的更新从 Serial 0/0/0 接口发送出去。
  - 将有关网络 10.2.0.0 的更新从 Serial 0/0/1 接口发送出去。
  - 从 Serial 0/0/0 接口接收来自 R1 的有关网络 10.1.0.0 且度量为 1 的更新。
  - 在路由表中存储网络 10.1.0.0，度量为 1。
  - 接收来自 R3 的有关网络 10.4.0.0 且度量为 1 的更新。
  - 在路由表中存储网络 10.4.0.0，度量为 1。
- **R3**：
  - 将有关网络 10.4.0.0 的更新从 Serial 0/0/0 接口发送出去。
  - 将有关网络 10.4.0.0 的更新从 FastEthernet0/0 发送出去。
  - 从 Serial 0/0/1 接口接收来自 R2 的有关网络 10.2.0.0 且度量为 1 的更新。
  - 在路由表中存储网络 10.2.0.0，度量为 1。

如图 4-10 所示，经过第一轮更新交换后，每台路由器都能获知其直连邻居的相连网络。

网络	接口	跳数
10.1.0.0	Fa0/0	0
10.2.0.0	S0/0/0	0
10.3.0.0	S0/0/0	1

网络	接口	跳数
10.2.0.0	S0/0/0	0
10.3.0.0	S0/0/1	0
10.1.0.0	S0/0/0	1
10.4.0.0	S0/0/1	1

网络	接口	跳数
10.3.0.0	S0/0/1	0
10.4.0.0	Fa0/0	0
10.2.0.0	S0/0/1	1

图 4-10 网络发现：初次交换后的更新表

但是，您是否注意到 R1 尚不知道 10.4.0.0，而且 R3 也不知道 10.1.0.0？因此，还需要经过一次路由信息交换，网络才能达到完全收敛。

4.4.3　路由信息交换

此时，路由器已经获知与其直接相连的网络，以及与其邻居相连的网络。接着路由器开始交换下一轮的定期更新，并继续收敛。每台路由器再次检查更新并从中找出新信息。

在图 4-11 中，R1、R2 和 R3 向各自的邻居发送最新的路由表。

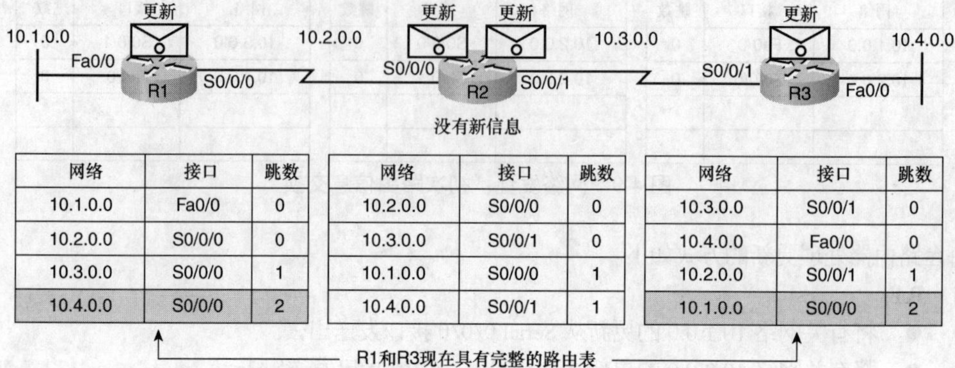

图 4-11　网络发现——下一次更新

每台路由器处理更新的方式如下。

- **R1**:
  - 将有关网络 10.1.0.0 的更新从 Serial 0/0/0 接口发送出去。
  - 将有关网络 10.2.0.0 和 10.3.0.0 的更新从 FastEthernet 0/0 接口发送出去。
  - 从 Serial 0/0/0 接口接收来自 R2 的有关网络 10.4.0.0 且度量为 2 的更新。
  - 在路由表中存储网络 10.4.0.0，度量为 2。
  - 从 Serial 0/0/0 接口接收到的来自 R2 的同一个更新包含有关网络 10.3.0.0 且度量为 1 的信息。因为网络没有发生变化，所以该路由信息保持不变。
- **R2**:
  - 将有关网络 10.3.0.0 和 10.4.0.0 的更新从 Serial 0/0/0 接口发送出去。
  - 将有关网络 10.1.0.0 和 10.2.0.0 的更新从 Serial 0/0/1 接口发送出去。
  - 从 Serial 0/0/0 接口接收来自 R1 的有关网络 10.1.0.0 的更新。因为网络没有发生变化，所以该路由信息保留不变。
  - 从 Serial 0/0/1 接口接收来自 R3 的有关网络 10.4.0.0 的更新。因为网络没有发生变化，所以该路由信息保留不变。
- **R3**:
  - 将有关网络 10.4.0.0 的更新从 Serial 0/0/0 接口发送出去。
  - 将有关网络 10.2.0.0 和 10.3.0.0 的更新从 FastEthernet0/0 接口发送出去。
  - 从 Serial 0/0/1 接口接收来自 R2 的有关网络 10.1.0.0 且度量为 2 的更新。
  - 在路由表中存储网络 10.1.0.0，度量为 2。
  - 从 Serial 0/0/1 接口接收到的来自 R2 的同一个更新包含有关网络 10.2.0.0 且度量为 1 的信息。因为网络没有发生变化，所以该路由信息保留不变。

注　距离矢量路由协议通常会采用一种称为“*水平分割*”的技术。水平分割可防止将信息从接收该信息的接口发送出去。例如，R2 不会从 Serial 0/0/0 发出包含网络 10.1.0.0 的更新，因为 R2 正是通过 Serial 0/0/0 获知该网络的。此机制将在本章后面的部分详细介绍。

4.4.4 收敛

网络收敛所需的时间与网络的规模成直接比例。在图 4-12 中，区域 4 的分支路由器（B2-R4）正在冷启动并且会把它的 4 个直连 LAN 信息更新出去。

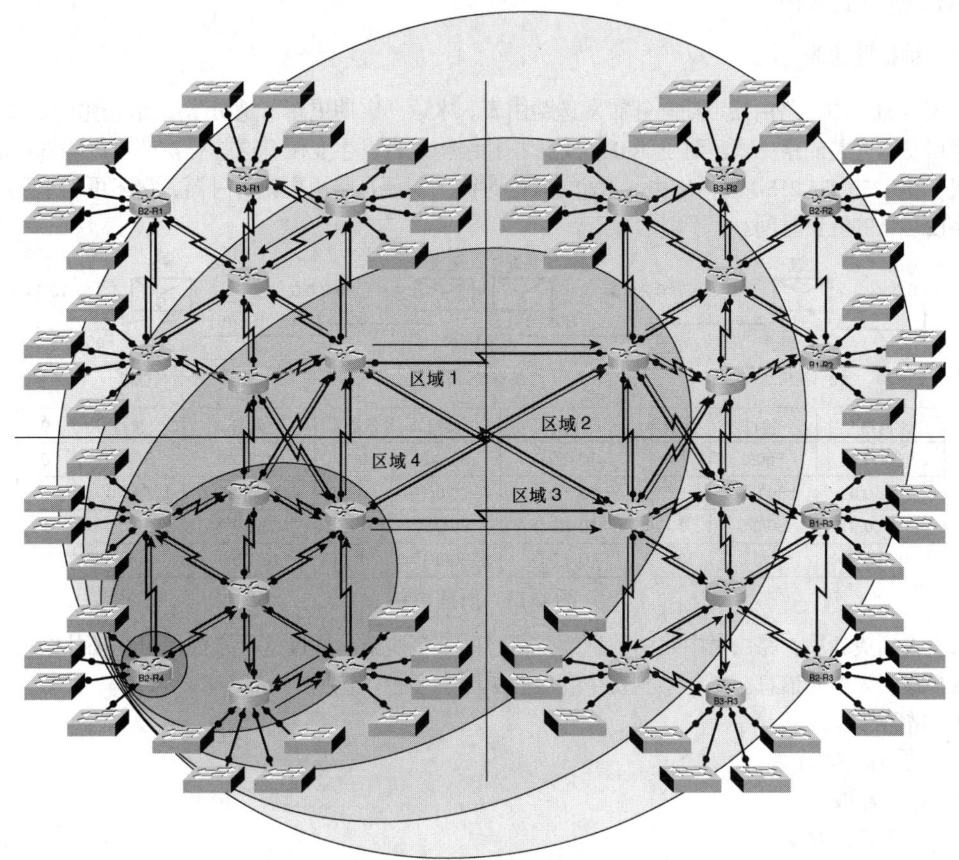

图 4-12 收敛时间

从图 4-12 中可以看出，新的路由信息随着相邻路由器之间传播的更新信息而不断扩散。通过 5 轮定期更新后，区域 1、2 和 3 内的大多数分支路由器都已获知由 B2-R4 通告的新路由。我们可以根据路由协议传播此类信息的速度——即收敛速度来比较路由协议的性能。

达到收敛的速度包含两个方面：

- 路由器在路由更新中向其邻居传播拓扑结构变化的速度。
- 使用收集到的新路由信息计算最佳路径路由的速度。

网络在达到收敛前无法完全正常工作，因此，网络管理员更喜欢使用收敛时间较短的路由协议。

4.5 路由表维护

在路由器初始学习远程网络后，路由协议必须来维护路由表，已让它保持最新的路由信息。路由协议如何维护路由表要取决于路由协议的类型（距离矢量、链路状态或路径矢量），以及具体的路由协议本身（RIP、EIGRP 等）。

4.5.1 周期更新

许多距离矢量协议采用定期更新与其邻居交换路由信息，并在路由表中维护最新的路由信息。RIP 和 IGRP 均属于此类协议。

一、维护路由表

在图 4-13 中，路由器定期向邻居发送路由表。术语“定期更新”是指路由器以预定义的时间间隔向邻居发送完整的路由表。对于 RIP，无论拓扑结构是否发生变化，这些更新都将每隔 30s 以广播的形式（255.255.255.255）发送出去。这个 30s 的时间间隔便是路由更新计时器，它还可用于跟踪路由表中路由信息的驻留时间。

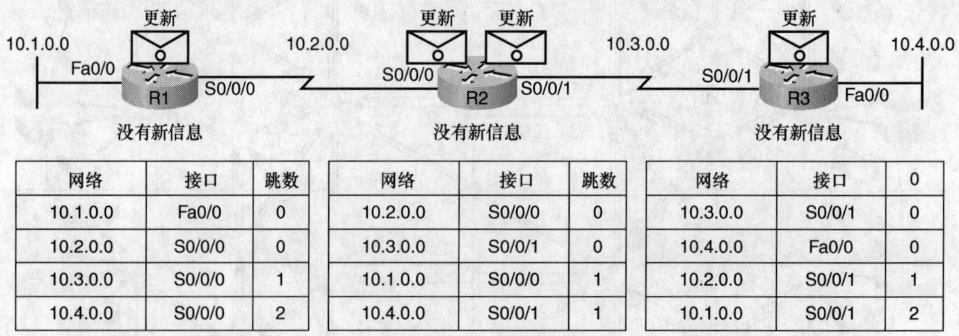

网络	接口	跳数
10.1.0.0	Fa0/0	0
10.2.0.0	S0/0/0	0
10.3.0.0	S0/0/0	1
10.4.0.0	S0/0/0	2

网络	接口	跳数
10.2.0.0	S0/0/0	0
10.3.0.0	S0/0/1	0
10.1.0.0	S0/0/0	1
10.4.0.0	S0/0/1	1

网络	接口	0
10.3.0.0	S0/0/1	0
10.4.0.0	Fa0/0	0
10.2.0.0	S0/0/1	1
10.1.0.0	S0/0/1	2

图 4-13 周期更新

每次收到更新后，路由表中路由信息的驻留时间都会刷新。通过这种方法便可在拓扑结构发生改变时维护路由表中的信息。拓扑结构发生变化的原因有多种，包括

- 链路故障；
- 增加新链路；
- 路由器故障；
- 链路参数改变。

二、RIP 计时器

除更新计时器外，IOS 还针对 RIP 设置了另外 3 种计时器。

- **无效计时器（Invalid**：如果 180s（默认值）后还未收到可刷新现有路由的更新，则将该路由的度量设置为 16，从而将其标记为无效路由。在清除计时器超时以前，该路由仍将保留在路由表中。
- **刷新计时器（Flush）**：默认情况下，清除计时器设置为 240s，比无效计时器长 60s。当刷新计时器超时后，该路由将从路由表中删除。
- **抑制计时器（Hold-down）**：该计时器用于稳定路由信息，并有助于在拓扑结构根据新信息收敛的过程中防止路由环路。在某条路由被标记为不可达后，它处于抑制状态的时间必须足够长，以便拓扑结构中所有路由器能在此期间获知该不可达网络。默认情况下，抑制计时器设置为 180s。本章后面的部分将更加详细地讨论抑制计时器。

图 4-14 显示了用来演示路由协议更新的三路由器拓扑。

图 4-14 三路由器拓扑

示例 4-1 和示例 4-2 显示出，计时器的值可以通过两条命令来检验：**show ip route** 和 **show ip protocols**。

示例 4-1　通过 show ip route 命令输出的 RIP 计时器

```
R1# show ip route

<output omitted>

Gateway of last resort is not set

     10.0.0.0/16 is subnetted, 4 subnets
C       10.2.0.0 is directly connected, Serial0/0/0
R       10.3.0.0 [120/1] via 10.2.0.2, 00:00:04, Serial0/0/0
C       10.1.0.0 is directly connected, FastEthernet0/0
R       10.4.0.0 [120/2] via 10.2.0.2, 00:00:04, Serial0/0/0
```

注意，在 **show ip route** 的输出中，通过 RIP 获知的每条路由都会显示出自上次更新以来经过的时间，以秒为单位。

示例 4-2　通过 show ip protocols 命令输出的 RIP 计时器

```
R1# show ip protocols

Routing Protocol is "rip"
  Sending updates every 30 seconds, next due in 13 seconds
  Invalid after 180 seconds, hold down 180, flushed after 240
  <output omitted>
  Routing for Networks:
    10.0.0.0
  Routing Information Sources:
    Gateway         Distance      Last Update
    10.3.0.1             120      00:00:27
  Distance: (default is 120)
```

该信息也会显示在 **show ip protocols** 输出中标题 Last Update 的下方。**show ip protocols** 命令详细列出了该路由器（R1）发送下一轮更新的时间。它还列出了无效、抑制和清除计时器的默认值。

4.5.2 限定更新

与其他距离矢量路由协议不同，EIGRP 不发送定期更新，而是在路径改变或路由的度量改变时发送***限定更新***。当出现新路由或现有路由需要删除时，EIGRP 只会发送有关该网络的信息，而不是整个路由表。该信息只会发往确实需要此信息的那些路由器。

EIGRP 使用的更新具有以下特点：

- 不定期，因为此类信息不是按固定时间间隔发送。
- 仅当拓扑结构发生影响路由信息的改变时才发送相关部分的更新。
- 限定范围，这表示部分更新的传播受到自动限制，只有需要该更新信息的路由器才会收到更新。

注　　我们将在第 9 章详细讨论 EIGRP 的工作原理。

4.5.3 触发更新

当拓扑结构发生改变时，为了加速收敛，RIP 将使用***触发更新***。触发更新是一种路由表更新方式，此类更新会在路由发生改变后立即发送出去。触发更新不需要等待更新计时器超时。检测到拓扑结构变化的路由器会立即向相邻路由器发送更新消息。接收到这一消息的路由器将依次生成触发更新，以通知邻居拓扑结构发生了改变。

当发生以下情况之一时，就会发出触发更新：

- 接口状态改变（开启或关闭）。
- 某条路由进入（或退出）“不可达”状态。
- 路由表中增加了一条路由。

如果能够保证更新能立即到达每台路由器，那么仅使用触发更新就已足够。然而，触发更新存在两个问题：

- 包含更新信息的数据包可能会丢失。
- 包含更新信息的数据包可能在网络的某些链路上损坏。

触发更新并不能在瞬间完成。尚未收到触发更新的路由器有可能在错误的时间发送常规定期更新，从而导致错误的路由重新插入已经收到触发更新的邻居的路由表中。

图 4-15 显示了网络拓扑结构的变化是如何使用触发更新通过网络传播的。

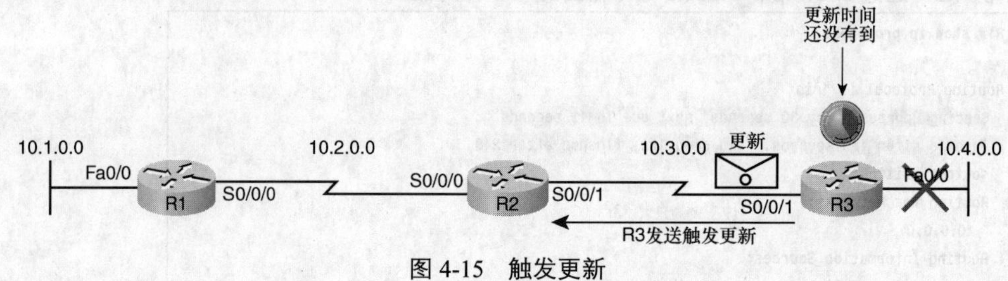

图 4-15 触发更新

当网络 10.4.0.0 变为不可达后，R3 一旦检测到该变化，它就会向其邻居发送相关信息。该信息随后通过网络传播开来。

4.5.4 随机抖动

当多路访问 LAN 网段上的多台路由器同时发送路由更新时，更新数据包可能会发生冲突，从而导致延迟或消耗过多带宽。

注 只有集线器才会发生此类冲突，交换机不存在此问题。

同时发送更新也被称为*同步*更新。因为距离矢量路由协议使用定期更新机制，因此对于此类协议，同步可能会造成问题。随着同步的路由器计时器越来越多，网络中出现的更新冲突和延迟也会越来越多。最初，路由器更新是不同步的。但经过一段时间之后，网络上的各个计时器将逐渐变得同步。

为防止路由器之间同步进行更新，思科 IOS 引入了称为 RIP_JITTER 的随机变量，此变量会为网络中每台路由器的更新时间间隔减去一段可变时间量。此随机抖动（即可变时间量）的范围是指定更新时间间隔的 0 到 15%。在这种方式下，默认 30s 的更新间隔实际会在 25.5s 到 30s 之间随机变化。

4.6 路由环路

路由环路可能会导致对网络性能的一系列影响。下面一节讨论了距离矢量路由协议中的路由环路的产生和解决办法。

4.6.1 什么是路由环路

路由环路是指数据包在一系列路由器之间不断传输却始终无法到达其预期目的网络的一种现象。当两台或多台路由器的路由信息中存在错误地指向不可达目的网络的有效路径时，就可能发生路由环路。

造成环路的可能原因有

- 静态路由配置错误；
- 路由重分布配置错误（*重分布*表示将来自一种路由协议的路由信息转给另一种路由协议的过程，将在 CCNP 级别的课程中介绍）；
- 发生改变的网络的收敛速度缓慢，不一致的路由表未能得到更新。

距离矢量路由协议的工作方式比较简单。其简单性导致它容易存在诸如路由环路之类的缺陷。在链路状态路由协议中，路由环路较为少见，但在某些情况下也会发生。

> **注** IP 协议自身包含防止数据包在网络中无休止传输的机制。IP 设置了生存时间（TTL）字段，每经过一台路由器，该值都会减 1。如果 TTL 变为零，则路由器将丢弃该数据包。TTL 值由初始数据包的主机操作系统来设置。TTL 值通常比跳数限制的 15 跳要大，最大值为 255。

4.6.2 路由环路的影响

路由环路会对网络造成严重影响，导致网络性能降低，甚至使网络瘫痪。

路由环路可能造成以下后果：

- 环路内的路由器占用链路带宽来反复收发流量。
- 路由器的 CPU 承担了无用的数据包转发工作，从而影响到网络收敛。
- 路由更新可能会丢失或无法得到及时处理。这些状况可能会导致更多的路由环路，使情况进一步恶化。
- 数据包可能丢失在“黑洞”中。

图 4-16 显示了在没有机制来预防路由环路的情况下，路由环路是如何发生的。

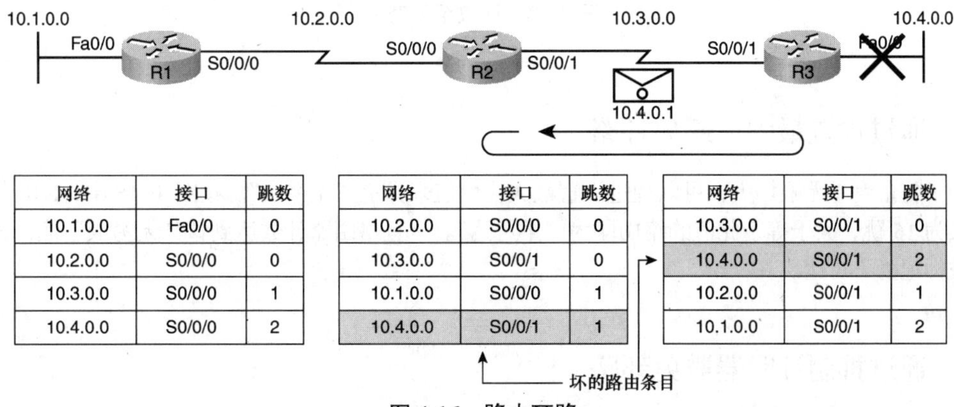

网络	接口	跳数
10.1.0.0	Fa0/0	0
10.2.0.0	S0/0/0	0
10.3.0.0	S0/0/0	1
10.4.0.0	S0/0/0	2

网络	接口	跳数
10.2.0.0	S0/0/0	0
10.3.0.0	S0/0/1	0
10.1.0.0	S0/0/0	1
10.4.0.0	S0/0/1	1

网络	接口	跳数
10.3.0.0	S0/0/1	0
10.4.0.0	S0/0/1	2
10.2.0.0	S0/0/1	1
10.1.0.0	S0/0/1	2

图 4-16 路由环路

这个例子中，在 R3 将要通知 R2，网络 10.4.0.0 被禁用之前，R2 发送 10.4.0.0 的路由到 R3（R2

并不知道 10.4.0.0 已经没有了）R3 添加新的 10.4.0.0 的路由，并且指向 R2，距离为 2 跳。R2 和 R3 现在都相信对方为 10.4.0.0 流量的下一跳。这种失效路由的结果会导致目的地为 10.4.0.0 的网络流量会在 R2 和 R3 之间循环，直到路由器丢弃该数据包（TTL 超时）。

如您所见，路由环路不仅会耗尽带宽，而且会耗尽路由器资源，导致网络缓慢甚至瘫痪。

路由环路一般是由距离矢量路由协议引发的，目前有多种机制可以消除路由环路。这些机制包括：

- 定义最大度量以防止计数至无穷大；
- 抑制计时器；
- 水平分割；
- 路由毒化或毒性反转；
- 触发更新。

触发更新在前面的章节中已讨论过。其他避免环路的机制将在本章后面的部分中进行讨论。

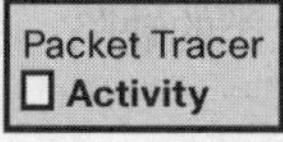

路由环路（4.4.1） 使用 Packet Tracer 练习来了解错误配置的静态路由是如何导致路由环路的。在本书携带的 CD-ROM 中，你可以使用 e2-441.pka 文件来执行这个 Packet Tracer 练习。

4.6.3 计数至无穷大

当不正确的路由更新无休止地增加不再可达的网络的度量值时，就会出现“***计数至无穷大***”。在图 4-17 中，了解当所有 3 台路由器不断相互发送关于失效网络 10.4.0.0 的不准确更新时，路由表会发生什么情况。路由器将不断地增加度量直到协议所规定的无穷大值。每个协议定义的无穷大值是不同的。

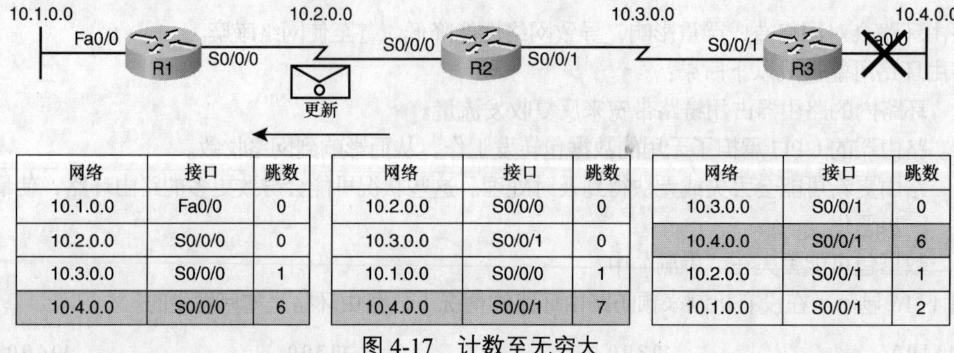

网络	接口	跳数
10.1.0.0	Fa0/0	0
10.2.0.0	S0/0/0	0
10.3.0.0	S0/0/0	1
10.4.0.0	S0/0/0	6

网络	接口	跳数
10.2.0.0	S0/0/0	0
10.3.0.0	S0/0/1	0
10.1.0.0	S0/0/0	1
10.4.0.0	S0/0/1	7

网络	接口	跳数
10.3.0.0	S0/0/1	0
10.4.0.0	S0/0/1	6
10.2.0.0	S0/0/1	1
10.1.0.0	S0/0/1	2

图 4-17 计数至无穷大

4.6.4 通过设置最大值避免环路

为了防止度量无限增大，可以通过设置最大度量值来界定“无穷大”。在图 4-18 中，RIP 将无穷大定义为 16 跳，大于等于此值的路由即为“不可达”。一旦路由器计数达到该“无穷大”值，该路由就会被标记为不可达。

4.6.5 通过抑制计时器避免环路

之前我们已介绍过，距离矢量协议采用触发更新来加速收敛过程。请记住，除触发更新外，使用距离矢量路由协议的路由器还会发送定期更新。假设现在存在一个不稳定的网络，在很短的时间内，接口被重置为

up，然后是 down，接着再重置为 up。该路由将发生摆动。使用触发更新时，路由器可能会反应过快，从而在不知情的情况下造成路由环路。此外，路由器在不稳定期间发送的定期更新也可能导致路由环路。抑制计时器可以防止在上述情况中出现路由环路。抑制计时器还有助于防止计数至无穷大情况的出现。

网络	接口	跳数
10.1.0.0	Fa0/0	0
10.2.0.0	S0/0/0	0
10.3.0.0	S0/0/0	1
10.4.0.0	S0/0/0	16

网络	接口	跳数
10.2.0.0	S0/0/0	0
10.3.0.0	S0/0/1	0
10.1.0.0	S0/0/0	1
10.4.0.0	S0/0/1	16

网络	接口	跳数
10.3.0.0	S0/0/1	0
10.4.0.0	S0/0/1	16
10.2.0.0	S0/0/1	1
10.1.0.0	S0/0/1	2

图 4-18　10.4.0.0 不可达——跳数为 16

抑制计时器可用来防止定期更新消息错误地恢复某条可能已经发生故障的路由。抑制计时器指示路由器将那些可能会影响路由的更改保持一段特定的时间。如果确定某条路由为 down（不可用）或 possibly down（可能不可用），则在规定的时间段内，任何包含相同状态或更差状态的有关该路由的信息都将被忽略。这表示路由器将在一段足够长的时间内将路由标记为 unreachable（不可达），以便路由更新能够传递带有最新信息的路由表。

图 4-19～图 4-23，以及下面步骤的讨论，揭示了抑制计时器是如何工作的。

1. 连接到 R3 的网络 10.4.0.0 失效了。R3 发送触发更新（见图 4-19）。

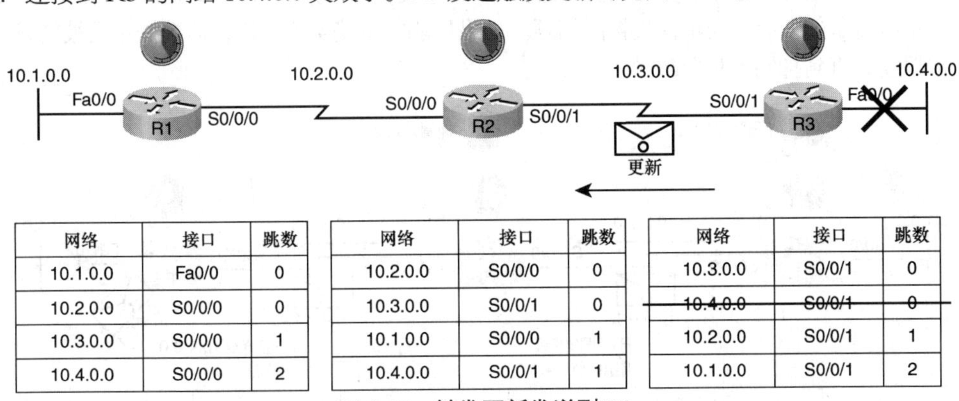

网络	接口	跳数
10.1.0.0	Fa0/0	0
10.2.0.0	S0/0/0	0
10.3.0.0	S0/0/0	1
10.4.0.0	S0/0/0	2

网络	接口	跳数
10.2.0.0	S0/0/0	0
10.3.0.0	S0/0/1	0
10.1.0.0	S0/0/0	1
10.4.0.0	S0/0/1	1

网络	接口	跳数
10.3.0.0	S0/0/1	0
~~10.4.0.0~~	~~S0/0/1~~	~~0~~
10.2.0.0	S0/0/1	1
10.1.0.0	S0/0/1	2

图 4-19　触发更新发送到 R2

2. R2 从 R3 处接收到更新，指出网络 10.4.0.0 已不可访问。R2 将该网络标记为 possibly down 并启动抑制计时器（见图 4-20）。

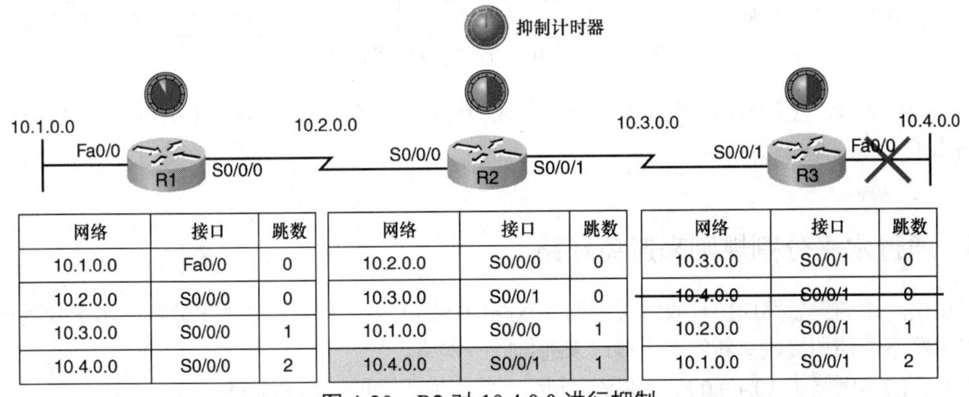

网络	接口	跳数
10.1.0.0	Fa0/0	0
10.2.0.0	S0/0/0	0
10.3.0.0	S0/0/0	1
10.4.0.0	S0/0/0	2

网络	接口	跳数
10.2.0.0	S0/0/0	0
10.3.0.0	S0/0/1	0
10.1.0.0	S0/0/0	1
10.4.0.0	S0/0/1	1

网络	接口	跳数
10.3.0.0	S0/0/1	0
~~10.4.0.0~~	~~S0/0/1~~	~~0~~
10.2.0.0	S0/0/1	1
10.1.0.0	S0/0/1	2

图 4-20　R2 对 10.4.0.0 进行抑制

3. 如果在抑制期间从任何相邻路由器接收到含有更好度量的有关该网络的更新，则R2恢复该网络并删除抑制计时器。

4. 如果在抑制期间从相邻路由器收到的更新包含的度量与之前相同或更差，则该更新将被忽略（见图4-21）。如此一来，更改信息便可以继续在网络中传播一段时间。

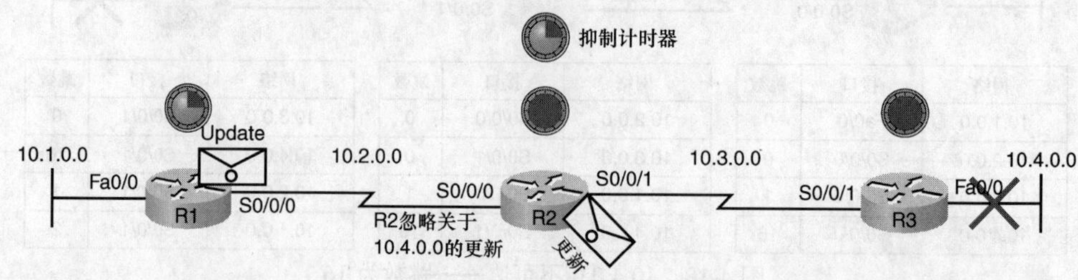

网络	接口	跳数
10.1.0.0	Fa0/0	0
10.2.0.0	S0/0/0	0
10.3.0.0	S0/0/0	1
10.4.0.0	S0/0/0	2

网络	接口	跳数
10.2.0.0	S0/0/0	0
10.3.0.0	S0/0/1	0
10.1.0.0	S0/0/0	1
10.4.0.0	S0/0/1	1

网络	接口	跳数
10.3.0.0	S0/0/1	0
~~10.4.0.0~~	~~S0/0/1~~	~~0~~
10.2.0.0	S0/0/1	1
10.1.0.0	S0/0/1	2

图4-21 R2忽略来自R1的更新

5. R1和R2仍然转发到10.4.0.0的数据包，尽管它被表标示为possibly down（见图4-22）。这样可以让路由器克服任何有关间歇性连接的问题。如果目的网络确实不可用，而数据包又被转发，则黑洞路由被建立，直到抑制计时器超时。

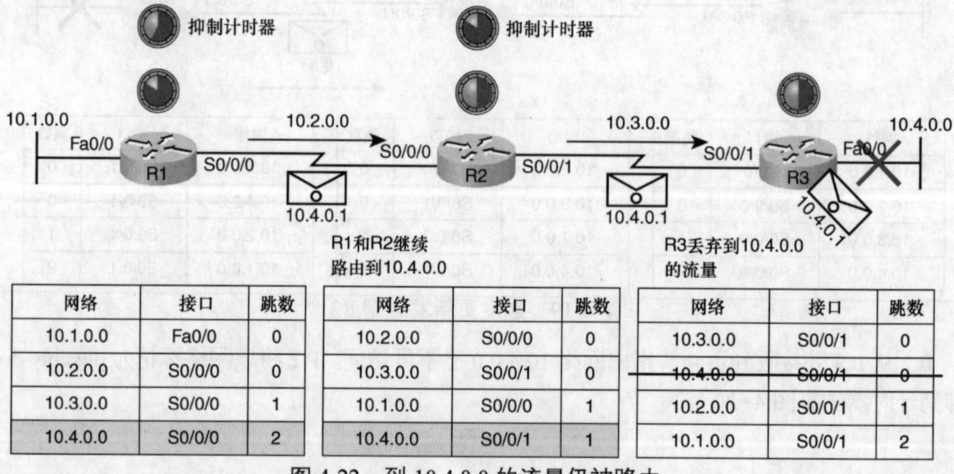

网络	接口	跳数
10.1.0.0	Fa0/0	0
10.2.0.0	S0/0/0	0
10.3.0.0	S0/0/0	1
10.4.0.0	S0/0/0	2

网络	接口	跳数
10.2.0.0	S0/0/0	0
10.3.0.0	S0/0/1	0
10.1.0.0	S0/0/0	1
10.4.0.0	S0/0/1	1

网络	接口	跳数
10.3.0.0	S0/0/1	0
~~10.4.0.0~~	~~S0/0/1~~	~~0~~
10.2.0.0	S0/0/1	1
10.1.0.0	S0/0/1	2

图4-22 到10.4.0.0的流量仍被路由

6. 当R1和R2上的抑制计时器超时后，10.4.0.0就会从路由表中删除，不会再对10.4.0.0的流量进行路由了（见图4-23）。

4.6.6 通过水平分割规则来避免环路

防止由于距离矢量路由协议收敛缓慢而导致路由环路的另一种方法是水平分割。水平分割规则规定，路由器不能使用接收更新的同一接口来通告同一网络。

对前面的示例路由10.4.0.0应用水平分割后，将引发下面的一系列活动：

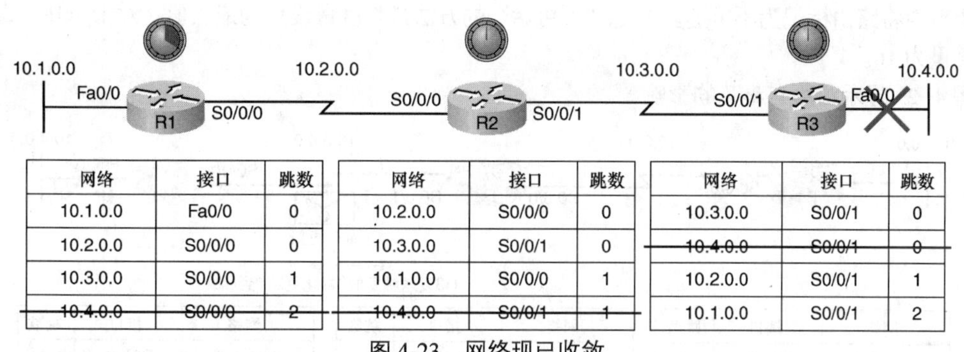

网络	接口	跳数
10.1.0.0	Fa0/0	0
10.2.0.0	S0/0/0	0
10.3.0.0	S0/0/0	1
~~10.4.0.0~~	~~S0/0/0~~	~~2~~

网络	接口	跳数
10.2.0.0	S0/0/0	0
10.3.0.0	S0/0/1	0
10.1.0.0	S0/0/0	1
~~10.4.0.0~~	~~S0/0/1~~	~~1~~

网络	接口	跳数
10.3.0.0	S0/0/1	0
~~10.4.0.0~~	~~S0/0/1~~	~~0~~
10.2.0.0	S0/0/1	1
10.1.0.0	S0/0/1	2

图 4-23　网络现已收敛

1. R3 将 10.4.0.0 网络通告给 R2。
2. R2 接收该信息并更新其路由表。
3. R2 随后通过 S0/0/0 将 10.4.0.0 网络通告给 R1。R2 不会通过 S0/0/1 将 10.4.0.0 通告给 R3，因为该路由正是从该接口获得。
4. R1 接收该信息并更新其路由表。
5. 因为使用了水平分割，所以 R1 也不会将关于网络 10.4.0.0 的信息通告给 R2。

通过上述活动，路由器相互交换了完整的路由更新（违反水平分割规则的路由除外）。结果如下：

- R2 将网络 10.3.0.0 和 10.4.0.0 通告给 R1。
- R2 将网络 10.1.0.0 和 10.2.0.0 通告给 R3。
- R1 将网络 10.1.0.0 通告给 R2。
- R3 将网络 10.4.0.0 通告给 R2。

图 4-24 展示了水平分割规则的例子。请注意，R2 发送到 R1 和 R3 的路由更新是不同的。同时要注意在发送更新前每台路由器要增加跳数值。

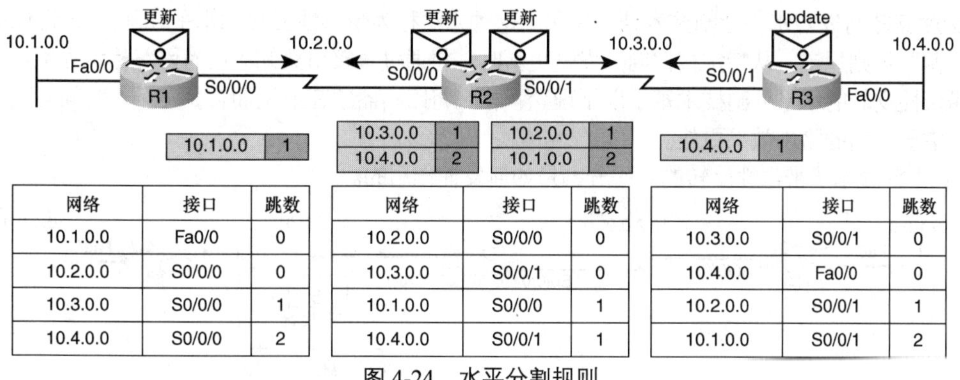

网络	接口	跳数
10.1.0.0	Fa0/0	0
10.2.0.0	S0/0/0	0
10.3.0.0	S0/0/0	1
10.4.0.0	S0/0/0	2

网络	接口	跳数
10.2.0.0	S0/0/0	0
10.3.0.0	S0/0/1	0
10.1.0.0	S0/0/0	1
10.4.0.0	S0/0/1	1

网络	接口	跳数
10.3.0.0	S0/0/1	0
10.4.0.0	Fa0/0	0
10.2.0.0	S0/0/1	1
10.1.0.0	S0/0/1	2

图 4-24　水平分割规则

注　管理员可以禁用水平分割。在特定情况下，为获得正确的路由必须禁用水平分割。我们将在后面的课程中讨论此类情况。

水平分割可以和路由毒化或毒性反转一起，来为标识为不可达的指定路由工作，这是接下来的一节描述的内容。

一、路由毒化

路由毒化是距离矢量路由协议用来防止路由环路的一种方法。路由毒化用于在发往其他路由器的

路由更新中将路由标记为不可达。标记“不可达”的方法是将度量设置为最大值。对于 RIP，毒化路由的度量为 16。

图 4-25 显示了路有毒花的影响。

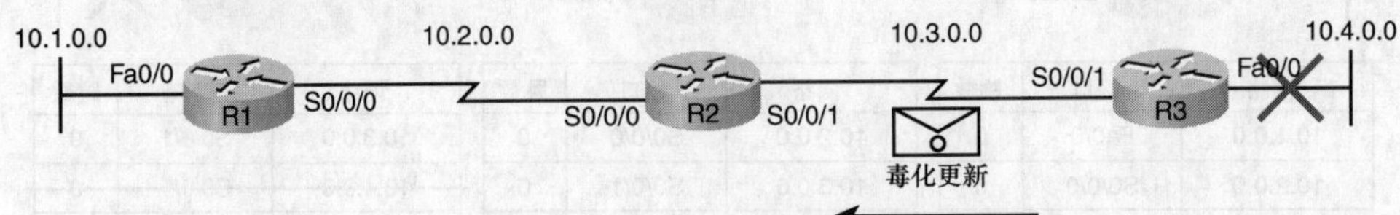

网络	接口	跳数
10.1.0.0	Fa0/0	0
10.2.0.0	S0/0/0	0
10.3.0.0	S0/0/0	1
10.4.0.0	S0/0/0	2

网络	接口	跳数
10.2.0.0	S0/0/0	0
10.3.0.0	S0/0/1	0
10.1.0.0	S0/0/0	1
10.4.0.0	S0/0/1	1

网络	接口	跳数
10.3.0.0	S0/0/1	0
10.4.0.0	Fa0/0	16
10.2.0.0	S0/0/1	1
10.1.0.0	S0/0/1	2

图 4-25 路由毒化

将发生以下过程：

1. 网络 10.4.0.0 由于链路故障而变得不可用。
2. R3 通过将度量值设置为 16 使该路由毒化，然后发送触发更新指明 10.4.0.0 不可达。
3. R2 处理该更新。由于度量为 16，所以 R2 在其路由表中将该路由条目标记为无效。
4. R2 随后将毒性更新发送给 R1，更新中的度量值被再次设置为 16，以此表明该路由不可用。
5. R1 处理该更新并将其路由表中的 10.4.0.0 条目标记为无效。

通过这种方法，在网络上传播有关 10.4.0.0 的信息比等待跳数达到“无穷大”更加迅速，因此路由毒化可加速收敛过程。

二、带毒性反转的水平分割

毒性反转可以与水平分割技术结合使用。这种方法称为带毒性反转的水平分割。“带毒性反转的水平分割”规则规定，从特定接口向外发送更新时，将通过该接口获知的所有网络标识为不可达。

带毒性反转的水平分割技术基于以下理念：相比将路由器蒙在鼓里而言，在第一时间明确告诉该路由器需要忽略的路由效果更佳。

图 4-26 显示了带毒性反转的水平分割是如何发挥作用的。

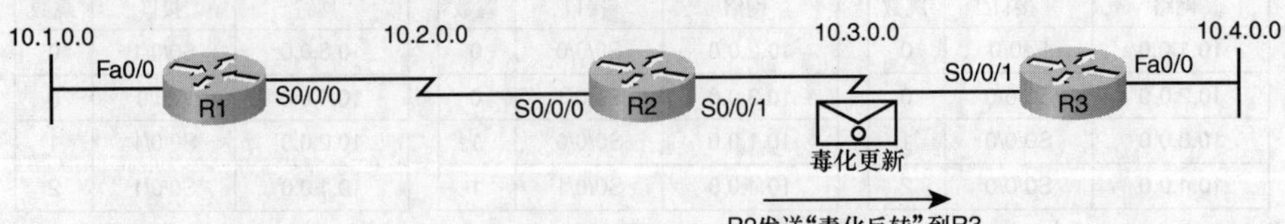

网络	接口	跳数
10.1.0.0	Fa0/0	0
10.2.0.0	S0/0/0	0
10.3.0.0	S0/0/0	1
10.4.0.0	S0/0/0	2

网络	接口	跳数
10.2.0.0	S0/0/0	0
10.3.0.0	S0/0/1	0
10.1.0.0	S0/0/0	1
10.4.0.0	S0/0/1	1

网络	接口	跳数
10.3.0.0	S0/0/1	0
10.4.0.0	Fa0/0	0
10.2.0.0	S0/0/1	1
10.1.0.0	S0/0/1	2

图 4-26 毒性反转

将发生以下过程：

1. R3 发送含有网络 10.4.0.0 的周期更新到 R2 并且度量值为 1（RIP 跳数）。
2. 当 R2 发送周期更新时，发给 R3 的 10.4.0.0 的更新被标识为不可达，即度量为 16（RIP 跳数）。

这个毒性反转更新明确地告诉 R3，网络 10.4.0.0 不能通过 R2 到达。

3. R3 处理从 R2 收到的毒性反转更新，保持对 10.4.0.0 网络的更好路由表项，度量为 0。

毒性反转非常特殊，它会使路由器忽略水平分割规则的要求。它的作用在于确保 R3 不会轻易受到有关网络 10.4.0.0 的错误更新的影响。

注　水平分割功能是默认启用的功能。然而，并非所有 IOS 实现都默认启用了带毒性反转的水平分割。

4.6.7 通过 IP 的 TTL 避免环路

生存时间（TTL）是 IP 报头中的 8 位字段，它限制了数据包在被丢弃之前能够在网络中传输的跳数。设置 TTL 字段的目的是防止无法投递的数据包无休止地在网络中来回传输。数据包的源设备会对 8 位的 TTL 字段设置一个值。在到达目的地的过程中，每经过一台路由器，TTL 的值就会减 1。如果在到达目的地之前 TTL 字段的值减为零，则路由器将丢弃该数据包并向该 IP 数据包的源地址发送 Internet 控制消息协议（ICMP）错误消息。

在图 4-27 中，显示了在路由表中没有准确的关于 10.4.0.0 网络失效的信息。即使在发生路由环路的情况下，数据包也不会在网络中无休止地传输。TTL 的值最终会减为 0，然后被路由器丢弃。

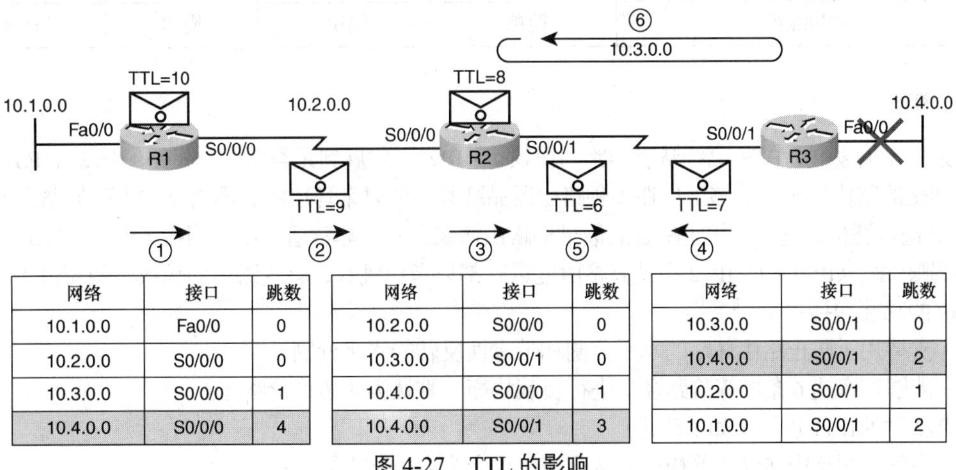

网络	接口	跳数
10.1.0.0	Fa0/0	0
10.2.0.0	S0/0/0	0
10.3.0.0	S0/0/0	1
10.4.0.0	S0/0/0	4

网络	接口	跳数
10.2.0.0	S0/0/0	0
10.3.0.0	S0/0/1	0
10.4.0.0	S0/0/0	1
10.4.0.0	S0/0/1	3

网络	接口	跳数
10.3.0.0	S0/0/1	0
10.4.0.0	S0/0/1	2
10.2.0.0	S0/0/1	1
10.1.0.0	S0/0/1	2

图 4-27　TTL 的影响

图 4-27 中描述的事件顺序如下：

1. R1 接收 TTL 值为 10 的数据包；
2. R1 减少 TTL 值到 9 然后发送数据包到 R2；
3. R2 减少 TTL 值到 8 然后发送数据包到 R3；
4. R3 减少 TTL 值到 7 然后发送数据包返回到 R2；
5. R2 减少 TTL 值到 6 然后发送数据包返回到 R3；
6. 数据包在 R2 和 R3 之间循环，直到 TTL 为 0。然后数据包被丢掉。

4.7 距离矢量路由协议现状

在本书的后面，你将学习到链路状态路由协议。尽管链路状态路由协议比距离矢量路由协议具有更多优点，距离矢量路由协议在今天仍然还在使用。在第9章里，你将学习到作为“增强的”距离矢量路由协议的EIGRP。这些增强使得EIGRP在很多环境下，能够成为可行的路由协议。

RIP和EIGRP

对于距离矢量路由协议，人们实际上只有两个选择：要么使用RIP，要么使用EIGRP。在实际环境中到底使用哪一种协议取决于多种因素，包括：

- 网络规模；
- 路由器型号之间的兼容性；
- 所需的管理知识。

表4-3　对距离矢量路由协议的特性进行了比较

	RIPv1	RIPv2	IGRP	EIGRP
收敛速度	慢	慢	慢	快
可扩展性-网络规模	小	小	小	大
使用VLSM	否	是	否	是
资源使用率	低	低	低	中等
实施和维护	简单	简单	简单	复杂

一、RIP

经过多年的发展，RIP已经从有类路由协议（RIPv1）发展到无类路由协议（RIPv2）。RIPv2是一种标准化的路由协议，能够工作在多种路由器品牌共存的复杂环境中。不同公司生产的路由器可以通过RIP进行通信。它是可用于配置的最早期路由协议之一，非常适合小型网络。但是，RIPv2仍有自身的局限性。RIPv1和RIPv2在计算路由度量时都只考虑跳数，有效路由的跳数不能超过15跳。

RIP的功能包括：

- 支持用于防止路由环路的水平分割和带毒性反转的水平分割。
- 能够在多达6条的等价路径上进行负载均衡。默认为4条等价路径。

RIPv2对RIPv1进行了如下改进：

- 在路由更新中包含子网掩码，从而使协议变为无类路由协议；
- 增加验证机制以确保路由表更新的安全性；
- 支持可变长子网掩码（VLSM）；
- 使用组播地址代替广播地址；
- 支持手动路由汇总。

二、EIGRP

EIGRP（增强型IGRP）是在IGRP的基础上开发而来，是另一种距离矢量协议。EIGRP具备某些链路状态路由协议功能，是一种无类距离矢量路由协议。与RIP或OSPF不同的是，EIGRP是由思科开发的专有协议，仅在思科路由器上运行。

EIGRP的功能包括：

- 触发更新（EIGRP没有定期更新）。
- 使用***拓扑表***维护从邻居处收到的所有路由（不仅是最佳路径）。
- 使用EIGRP Hello协议与相邻路由器建立邻接关系。

- 支持 VLSM 和手动路由汇总。这些功能使得 EIGRP 有能力创建具有层次结构的大型网络。

EIGRP 的优点：

- 尽管路由以距离矢量方式传播，但度量是根据最小带宽和路径的累积延迟进行计算，而不是根据跳数得出；
- 采用扩散更新算法（DUAL）进行路由计算，收敛速度更快。DUAL 允许向 EIGRP 拓扑表插入备用路由，当主路由失败时备用路由便可派上用场。由于这一过程在本地实现，所以可以立即切换到备用路由，不需要其他路由器进行任何操作；
- 使用限定更新，因此 EIGRP 使用的带宽更少，特别是在包含许多路由的大型网络中这一点更为明显；
- EIGRP 具有协议相关模块，可支持多种网络层协议，包括 IP、*IPX* 和 AppleTalk。

4.8 总结

对路由协议进行分类的一种方法是：根据协议用来确定与目的网络之间最佳路径的算法类型进行分类。路由协议可以分类为距离矢量、链路状态或路径矢量。距离矢量是指将路由作为距离和方向的矢量进行通告。距离使用诸如跳数这样的度量确定，而方向则是下一跳路由器或送出接口。

距离矢量路由协议包括：

- RIPv1；
- RIPv2；
- IGRP；
- EIGRP。

使用距离矢量路由协议的路由器根据从邻居获知的信息决定到达远程网络的最佳路径。如果路由器 X 获知两条到达相同网络的路径，其中一条跳数为 7 的路径从路由器 Y 获知，另一条跳数为 10 的路径从路由器 Z 获知，则路由器 X 会选择较短的那条路径，路由器 Y 将成为其下一跳路由器。路由器 X 不了解除路由器 Y 和 Z 之外的网络情况，所以它只能根据从这两台路由器发来的信息决定最佳路径。距离矢量路由协议不会像链路状态路由协议一样维护一张拓扑图。

网络发现是所有路由协议的重要功能之一。一些距离矢量路由协议（如 RIP）是逐步从其邻居那里获知网络并与邻居共享路由信息。当从某个邻居获知路由后，路由器会增加路由度量并将此信息传递给其他邻居。

路由协议还需要维护其路由表以确保路由信息最新而且准确。RIP 每 30 秒与邻居交换一次路由表信息。另一种距离矢量路由协议 EIGRP 则不需要发送此类定期更新。只有当拓扑结构发生变化时，EIGRP 才会向那些需要更新信息的路由器发送“限定”更新。EIGRP 将在后面的章节中讨论。

RIP 还使用计时器决定何时相邻路由器不再可用，或者何时某些路由器可能不包含当前路由信息。发生这种情况通常是因为拓扑结构最近发生变化而网络尚未收敛。距离矢量路由协议还使用触发更新来帮助缩短收敛时间。

距离矢量路由协议的一个缺点是有可能导致路由环路。当网络处于未收敛状态时可能会发生路由环路。距离矢量路由协议使用抑制计时器的目的是：在所有路由器有足够时间获知拓扑结构发生的变化之前，防止路由器使用另一条到最近出现故障的网络的路由。

路由器还使用水平分割和带毒性反转的水平分割来帮助防止路由环路。水平分割规则规定路由器不应使用获知路由的接口来通告相同的路由。带毒性反转的水平分割则是基于这样一种理念：最好明确告知此路由器没有到达该网络的路由（方法是使用表示路由不可达的度量使路由毒化）。

距离矢量路由协议有时也称作“传闻路由”，虽然这么说有点用词不当。许多网络管理员都喜欢使用距离矢量路由协议，因为这类协议通常易于理解且实施简便。这并不是说链路状态路由协议更为复杂或难于配置。

但不幸的是，链路状态路由协议已在某种程度上给人们留下这样的印象。我们将在后面的章节中了解到，其实链路状态路由协议也像距离矢量路由协议一样易于理解和配置。

4.9 检查你的理解

完成下面所有的复习题来检测一下你对于本章中的主题和概念的理解。题目的答案在附录“检查你的理解和挑战性问题的答案”中可以找到。

1. 下面哪 4 段话对距离矢量路由协议的描述是正确的?
   A. 跳数可以用作路径选择
   B. 它们的扩展性很好
   C. 路由更新是周期广播的
   D. EIGRP 可以支持非等价均衡负载
   E. RIPv1 使用组播更新它的路由
   F. RIP 发送全部的路由表到直连的邻居（除了受水平分割影响的路由）
2. 什么条件会导致距离矢量路由协议协议发送路由表更新?
   A. 当抑制计时器超时
   B. 当网络拓扑发生了改变
   C. 当更新周期到时
   D. 当从其他路由器收到触发更新
   E. 当收到一个目的地为未知网络的数据包
   F. 当 30 分钟内路由表没有改变的时候
3. EIGRP 更新的两个特点是什么?
   A. 包含所有 EIGRP 路由
   B. 包括全部路由表
   C. 独立体系
   D. 只对路由拓扑变化进行触发
   E. 使用广播到邻居
   F. 限定只向需要的路由器发送更新
4. RIP 中附加了什么特性来帮助解决同步错误?
   A. 抑制计时器
   B. RIP—JITTER
   C. RIP—DELAY
   D. 抖动控制
5. 下面哪两个是 RIP 使用的计时器?
   A. Invalid
   B. Refresh
   C. Flush
   D. Deadlink

E. Hello

6. 有关距离矢量协议的优点哪些说法是正确的?

A. 周期更新加速收敛

B. 收敛时间可以防止路由环路

C. 执行容易导致配置简单

D. 在复杂网络中能够工作得很好

E. 它的收敛时间比链路状态路由协议还要快

7. 下面哪些机制可以避免计数到无穷大的环路?

A. 水平分割

B. 路由毒化

C. 抑制计时器

D. 触发更新

E. 带毒性反转的水平分割

8. 参考图 4-28。网络中运行 RIP 路由协议。什么机制将阻止 R4 向 R5 发送关于 10.0.0.0 网络的更新?

A. 水平分割

B. 毒性反转

C. 路由毒化

D. 抑制计时器

E. 最大跳数

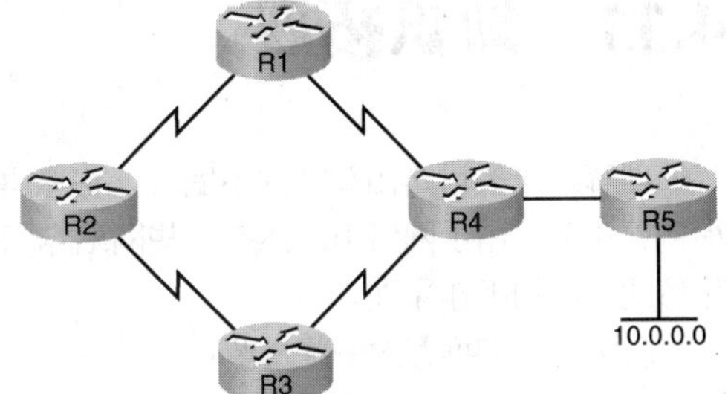

图 4-28 检查你的理解，问题 8

9. 什么机制通过通知度量为无穷大来使 RIP 避免环路?

A. 水平分割

B. 路由毒化

C. 抑制计时器

D. 最大跳数

E. IP 头中的生存时间（TTL）字段

10. IP 头中的哪个字段保证数据包在网络中不会无限循环?

A. CRC

B. TOS

C. TTL

D. Checksum

11. 映射防止环路的机制到它的相应功能。

防止环路机制:

水平分割:

路由毒化:

抑制计时器:

触发更新:

功能:

A. 通过一个接口学习到的路由不会再向该接口发送通告

B. 通过一个接口学习到的路由向相同的接口返回通告不可达信息

C. 拓扑一改变就立即发送给邻居路由器

D. 它允许通过全网传递拓扑改变的时间

4.10 挑战的问题和实践

这些问题需要对于本章的概念有比较深的了解，而且这些题型非常类似于 CCNA 认证考试的题目。你可以在附录“检查你的理解和挑战性问题的答案”中找到答案。

1. 简要的阐述 RIP 和 IGRP 的基本运行。
2. 解释为什么收敛是极其重要的。
3. 什么是 RIP 使用的 4 个主要计时器？每个计时器的时间是多少？每个计时器的目的是什么？
4. 哪 5 种技术是距离矢量路由协议用来防止环路的？

4.11 知识拓展

理解距离矢量路由算法并不困难。许多书籍和在线资源都介绍了如何将这些算法（例如贝尔曼-福特算法）应用于网络中。还有一些网站专门说明这些算法的工作原理。请自行查找一些相关资源，熟悉此算法的工作原理。

以下是我们推荐的一些资源：

- Radia Perlman 的《Interconnections, Bridges, Routers, Switches, and Internetworking Protocols》。
- Alex Zinin 的《Cisco IP Routing》。
- Christian Huitema 的《Routing the Internet》。

第 5 章 RIPv1

5.1 目标

在学习完本章之后，你应该能够回答下面的问题：

- RIPv1 协议的功能、特性及运行是怎样的?
- 你能为一个设备配置 RIPv1 吗?
- 你能否检验 RIPv1 的正确运行?
- RIPv1 如何执行自动汇总?
- 你能对使用 RIPv1 的路由网络中传播的默认路由进行配置、检验和排错吗?
- 哪些推荐使用的技术来解决与 RIPv1 相关的问题?

5.2 关键术语

本章使用如下的关键术语。你可以在书后的术语表中找到解释。

XNS	*边界路由器*
自动汇总	*不连续网络*

多年来，随着网络复杂性的不断增加，路由协议也随之发生着相应的改变。人们最早使用的协议是RIP（路由信息协议）。即使在今天，RIP仍然凭借其简单性和广泛使用而深受欢迎。

图5-1所示的图表显示了当前最常使用的IP路由协议。里面的突出部分为本书讨论的内容。注意在表中RIP协议（RIPv1）是有类的距离矢量路由协议。

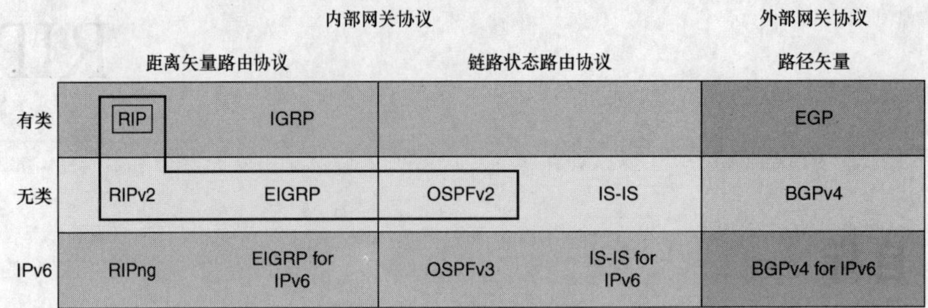

图5-1 路由协议图表

理解RIP对您的网络学习非常重要，原因有两个：

- RIP直到今天仍然在使用。您可能会遇到一些规模大到需要使用路由协议、而结构却又简单到使用RIP即可有效工作的网络。
- 熟悉许多有关RIP的基本概念可以帮助您比较RIP与其他协议。理解RIP的工作原理及其实施有助于学习其他路由协议。

本章详细介绍了RIPv1，包括其历史、RIPv1的特性、工作方式、配置、检验和故障排除。学完整个章节后，您可以使用Packet Tracer试验来实践您所学的知识。《Routing Protocols and Concepts, CCNA Exploration Labs and Study Guide》和在线课程向我们提供了3个实验操作和Packet Tracer综合技巧练习，帮助您将RIPv1融入您所学的网络知识和技能当中。

5.3 RIPv1：距离矢量，有类路由协议

RIPv1是IPv4使用的距离矢量路由协议。RIPv1同时是有类路由协议。本章开始研究有类路由协议的限制。第6章“VLSM和CIDR”和第7章“RIPv2”将讨论无类路由协议，并对它们进行比较。

5.3.1 背景和概述

RIP是最早的距离矢量路由协议。尽管RIP缺少许多更为高级的路由协议所具备的复杂功能，但其简单性和使用的广泛性使其具有很强的生命力。RIP不是“即将被淘汰”的协议。实际上，现在已经出现了一种支持IPv6的RIP，称为RIPng（ng是next generation的缩写，意为“下一代”）。

图5-2将RIP与网络协议这些年来的发展进行对比。

RIP从Xerox开发的早期协议，叫做网关信息协议（GWINFO）演变而来。随着Xerox网络系统（XNS）的发展，GWINFO逐渐演变成RIP。此后，由于Berkeley软件分发（BSD）的routed（读作“route-dee”,而不是“rout-ed”）守护程序中采用了RIP，RIP因而得以广泛流行。其他厂商也相继开发出了大同小异的自有RIP版本。由于意识到需要对该协议进行标准化，所以Charles Hedrick在1988年编写了RFC 1058，他在该文档中记录了现有协议并进行了一些改进。自那时起，RIP不断完善，1994

年出现 RIPv2，1997 年出现 RIPng。

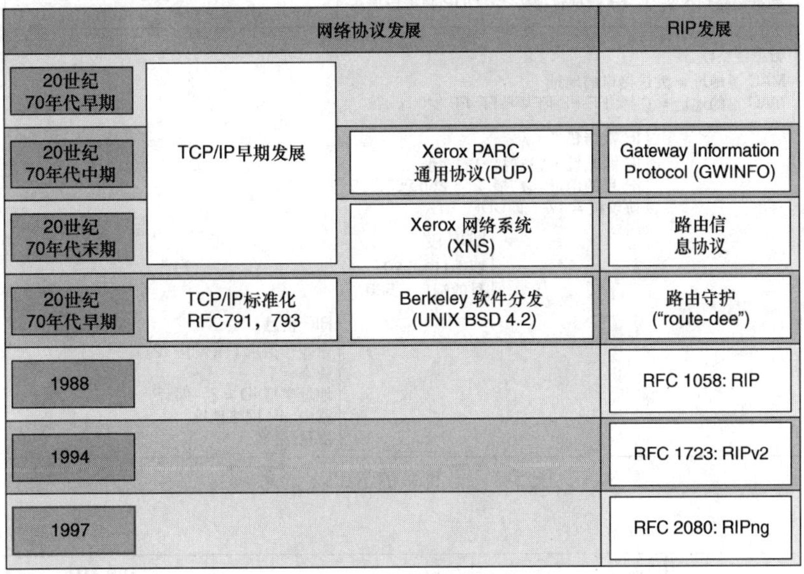

	网络协议发展		RIP发展
20世纪70年代早期	TCP/IP早期发展		
20世纪70年代中期		Xerox PARC 通用协议(PUP)	Gateway Information Protocol (GWINFO)
20世纪70年代末期		Xerox 网络系统 (XNS)	路由信息协议
20世纪70年代早期	TCP/IP标准化 RFC791，793	Berkeley 软件分发 (UNIX BSD 4.2)	路由守护 (“route-dee”)
1988			RFC 1058: RIP
1994			RFC 1723: RIPv2
1997			RFC 2080: RIPng

图 5-2　历史影响概述

注　RIP 的第一个版本通常被称为 RIPv1，以便与 RIPv2 相区别。然而，两个版本都具有许多相同的功能。当讨论两个版本共有的功能时，我们将使用 RIP 指代这两个版本。当讨论各个版本独有的功能时，我们将使用 RIPv1 和 RIPv2 分别指代两个版本。我们将在后面的章节里讨论 RIPv2。

5.3.2 RIPv1 的特征和消息格式

RIPv1 是一个路由协议，像其他协议一样，具有特殊信息字段的格式。例如，IP 协议包含像源 IP 地址和目的 IP 地址的信息。路由协议同样具有包含信息的字段。RIPv1 路由协议的一个字段就是 IP 地址段，包含的是 IP 网络地址。路由器使用这些字段中的信息来共享路由信息。研究这些字段对更深一步了解协议以及它的运行有很大帮助。

一、RIP 特征

第 4 章“距离矢量路由协议”中我们已学习过，RIP 主要有以下特征：

- RIP 是一种距离矢量路由协议。
- RIP 使用跳数作为路径选择的唯一度量。
- 将跳数超过 15 的路由通告为不可达。
- 每 30s 广播一次消息。

图 5-3 显示了已封装的 RIPv1 消息。

RIP 消息的数据部分封装在 UDP 数据段内，其源端口号和目的端口号都被设为 520。在消息从所有配置了 RIP 的接口发送出去之前，IP 报头和数据链路报头会加入广播地址作为目的地址。

二、RIP 消息格式：RIP 报头

图 5-4 显示了 RIPv1 消息的细节。表 5-1 列出并描述了消息的主要字段。

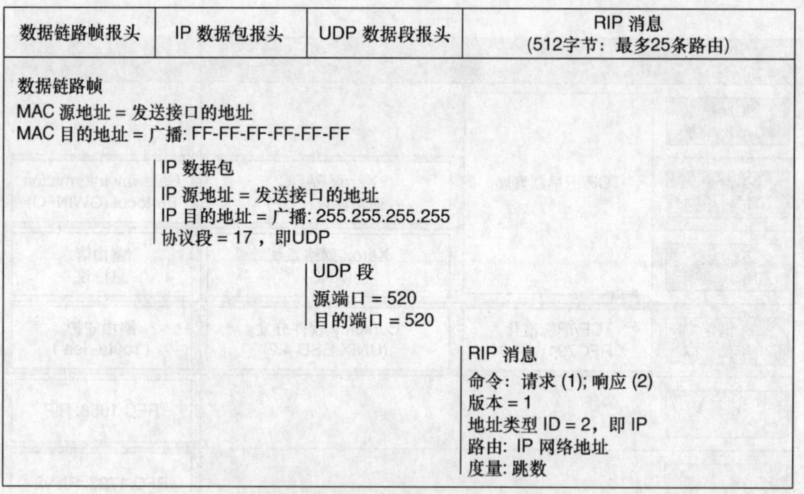

图 5-3 已封装的 RIPv1 消息

图 5-4 RIPv1 消息格式

表 5-1 RIPv1 消息字段描述

字 段	描 述
命令	1 表示请求，2 表示应答
版本	1 表示 RIPv1，2 表示 RIPv2
地址类型标识符	2 表示 IP，如果请求完整的路由表则设置为 0
IP 地址	目的路由的地址，可以是网络、子网或主机地址
度量	1 到 16 之间的跳数。在发出消息前发送方路由器会增加度量

RIP 报头长度为 4 个字节，这 4 个字节被划分为 3 个字段，如图中黄色区域所示。命令字段指定了消息类型，我们将在下一节详细讨论这一话题。版本字段设置为 1，表示为 RIPv1。第 3 个字段被标记为必须为零。“必须为零”字段为协议将来的扩展预留空间。

三、RIP 消息格式：路由条目

消息的路由条目部分包含 3 个字段，其内容分别是：

- 地址类型标识符（设置为 2 代表 IP 地址，但在路由器请求完整的路由表时设置为 0）；
- IP 地址；
- 度量。

路由条目部分代表一个目的路由及与其关联的度量。一个 RIP 更新最多可包含 25 个路由条目。数据报最大可以是 512 个字节，不包括 IP 或 UDP 报头。

四、为什么很多字段都设置为零？

RIP 开发得比 IP 更早，以前是用于其他网络协议（如 XNS）。BSD 也对其产生一定影响。最初添加额外的空间是为了今后支持更大的地址空间。我们将在第 7 章中看到，RIPv2 目前已经使用了这些空字段的绝大部分。

5.3.3 RIP 运行

下面一节介绍了 RIPv1 的基本运行。后面的章节中将讨论这些运行的更详细部分。

一、RIP 请求/响应过程

RIP 使用两种类型的消息（在“命令”字段中指定）：请求消息和响应消息。

图 5−5 显示了 RIPv1 的请求/响应过程。

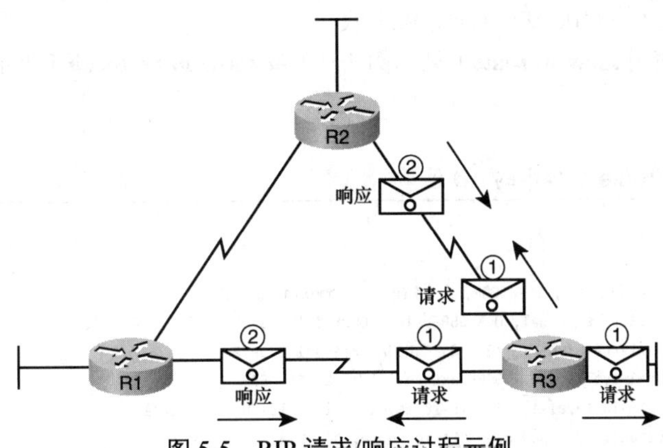

图 5-5 RIP 请求/响应过程示例

每个配置了 RIP 的接口在启动时都会发送请求消息，要求所有 RIP 邻居发送完整的路由表。启用 RIP 的邻居随后传回响应消息。当请求方路由器收到响应时，它将评估每个路由条目。如果路由条目是新的，接收方路由器便将该路由添加到路由表中。如果该路由已经包含在路由表中，则当新条目比现有条目的跳数少时，新条目将替换现有条目。启动路由器随后从所有启用了 RIP 的接口发出包含其自身路由表的触发更新，以便 RIP 邻居能够获知所有新路由。

二、IP 地址类和有类路由

通过以前的学习，我们已了解到分配给主机的 IP 地址分为 3 类：A 类、B 类和 C 类，每一类地址都分配了默认的子网掩码，如图 5-6 所示。了解每一类地址的默认子网掩码对理解 RIP 的工作方式非常重要。

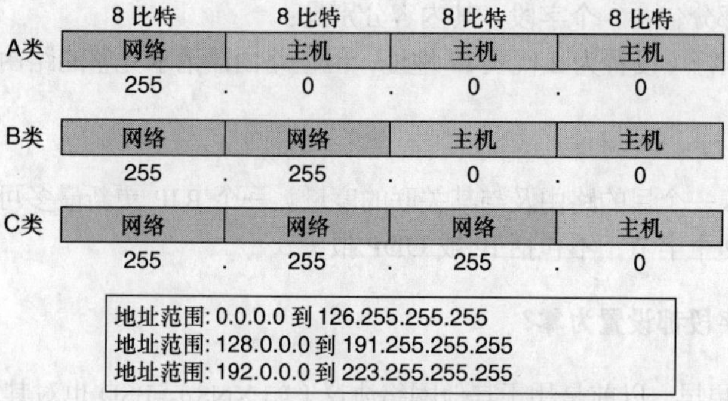

	8 比特	8 比特	8 比特	8 比特
A类	网络	主机	主机	主机
	255 .	0 .	0 .	0
B类	网络	网络	主机	主机
	255 .	255 .	0 .	0
C类	网络	网络	网络	主机
	255 .	255 .	255 .	0

地址范围: 0.0.0.0 到 126.255.255.255
地址范围: 128.0.0.0 到 191.255.255.255
地址范围: 192.0.0.0 到 223.255.255.255

图 5-6 地址类的默认子网掩码

RIP 是有类路由协议。您可能已经从前面的消息格式讨论中发现 RIPv1 不会在更新中发送子网掩码信息。因此，路由器将使用本地接口配置的子网掩码，或者根据地址类应用默认子网掩码。受此限制，RIPv1 网络不能为不连续网络，也不能使用 VLSM。

我们将在第 6 章中进一步讨论 IP 编址。

5.3.4 管理距离

第 3 章“动态路由协议介绍”中已介绍过，“管理距离”（AD）代表路由来源的可信度（或优先程度）。RIP 的默认管理距离为 120。与其他内部网关协议相比，RIP 路由协议的优先级最低。IS-IS、OSPF、IGRP 和 EIGRP 的默认 AD 值都比 RIP 低。

请记住，您可以使用 **show ip route**（见示例 5-1）或 **show ip protocols**（见示例 5-2）命令查看管理距离。

示例 5-1 show ip route 命令中的 AD 值

```
R3# show ip route

Codes: C - connected, S - static, I - IGRP, R - RIP, M - mobile, B - BGP
       D - EIGRP, EX - EIGRP external, O - OSPF, IA - OSPF inter area
       N1 - OSPF NSSA external type 1, N2 - OSPF NSSA external type 2
       E1 - OSPF external type 1, E2 - OSPF external type 2, E - EGP
       i - IS-IS, L1 - IS-IS level-1, L2 - IS-IS level-2, ia - IS-IS inter area
       * - candidate default, U - per-user static route, o - ODR
       P - periodic downloaded static route

Gateway of last resort is not set

R    192.168.1.0/24 [120/1] via 192.168.6.2, 00:00:05, Serial0/0/0
R    192.168.2.0/24 [120/1] via 192.168.6.2, 00:00:05, Serial0/0/0
                    [120/1] via 192.168.4.2, 00:00:05, Serial0/0/1
R    192.168.3.0/24 [120/1] via 192.168.4.2, 00:00:05, Serial0/0/1
C    192.168.4.0/24 is directly connected, Serial0/0/1
C    192.168.5.0/24 is directly connected, FastEthernet0/0
C    192.168.6.0/24 is directly connected, Serial0/0/0
```

示例 5-2 show ip protocols 命令中的 AD 值

```
R3# show ip protocols

Routing Protocol is "rip"
  Sending updates every 30 seconds, next due in 22 seconds
  Invalid after 180 seconds, hold down 180, flushed after 240
  Outgoing update filter list for all interfaces is
  Incoming update filter list for all interfaces is
  Redistributing: rip
  Default version control: send version 1, receive any version
    Interface             Send  Recv Triggered RIP Key-chain
    FastEthernet0/0       1     1 2
    Serial0/0/0           1     1 2
    Serial0/0/1           1     1 2
  Automatic network summarization is in effect
  Routing for Networks:
    192.168.4.0
    192.168.5.0
    192.168.6.0
  Routing Information Sources:
    Gateway Distance Last Update
    192.168.6.2 120 00:00:10
    192.168.4.2 120 00:00:18
  Distance: (default is 120)
```

5.4 基本 RIPv1 配置

下面一节将介绍本章使用的 3 个拓扑中的第一个。

5.4.1 RIPv1 场景 A

图 5-7 显示了我们在第 2 章“静态路由”中使用的 3 种路由器拓扑结构。表面上看，我们只去掉了连接到 LAN 的 PC，其余拓扑结构完全相同。但实际上编址方案也有所不同。我们现在使用了 5 个 C 类网络地址。

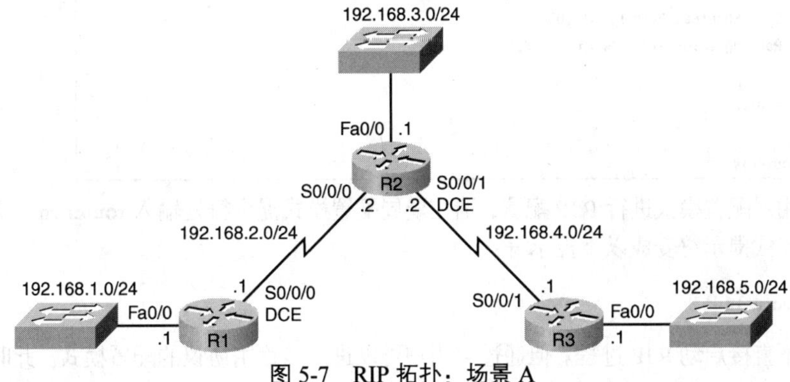

图 5-7 RIP 拓扑：场景 A

表 5-2 显示了每个路由器的接口地址。

表 5-2 地址表：场景 A

设　备	接　口	IP 地址	子网掩码
R1	Fa0/0	192.168.1.1	255.255.255.0
	S0/0/0	192.168.2.1	255.255.255.0
R2	Fa0/0	192.168.3.1	255.255.255.0
	S0/0/0	192.168.2.2	255.255.255.0
	S0/0/1	192.168.4.2	255.255.255.0
R3	Fa0/0	192.168.5.1	255.255.255.0
	S0/0/1	192.168.4.1	255.255.255.0

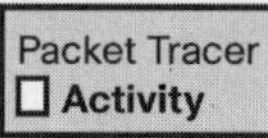

配置路由器接口的 IP 地址（5.2.1） 使用 Packet Tracer 练习为 RIP 拓扑结构配置和激活所有接口：场景 A。练习中提供了详细说明。在本书携带的 CD-ROM 中，你可以使用 e2-521.pka 文件来执行这个 Packet Tracer 练习。

5.4.2 启用 RIP：router rip 命令

要启用动态路由协议，请进入全局配置模式并使用 router 命令，如示例 5-3 所示。如果在空格后键入问号，屏幕上将显示 IOS 所支持的所有可用路由协议列表。

示例 5-3 RIP 路由器配置模式

```
R1# conf t

Enter configuration commands, one per line. End with CNTL/Z.
R1(config)# router ?


  bgp       Border Gateway Protocol (BGP)
  egp       Exterior Gateway Protocol (EGP)
  eigrp     Enhanced Interior Gateway Routing Protocol (EIGRP)
  igrp      Interior Gateway Routing Protocol (IGRP)
  isis      ISO IS-IS
  iso-igrp  IGRP for OSI networks
  mobile    Mobile routes
  odr       On Demand stub Routes
  ospf      Open Shortest Path First (OSPF)
  rip       Routing Information Protocol (RIP)

R1(config)# router rip


R1(config-router)#
```

要进入路由器配置模式进行 RIP 配置，请在全局配置模式提示符处输入 **router rip**。请注意提示符将从全局配置模式提示符变成以下提示符：

```
R1(config-router)#
```

该命令并不直接启动 RIP 过程。但通过它用户可以进入该路由协议的配置模式。此时不会发送路由更新。

如果您需要从设备上彻底删除 RIP 路由过程，请使用相反的命令 **no router rip**。该命令会停止 RIP 过程并清除所有现有的 RIP 配置。

5.4.3 指定网络

进入 RIP 路由器配置模式后，路由器便按照指示开始运行 RIP。但路由器还需了解应该使用哪个本地接口与其他路由器通信，以及需要向其他路由器通告哪些本地连接的网络。要为网络启用 RIP 路由，请在路由器配置模式下使用 **network** 命令，并输入每个直接相连网络的有类网络地址。

```
Router(config-router)# network directly-connected-classful-network-address
```

network 命令的作用如下：

- 在属于某个指定网络的所有接口上启用 RIP。相关接口将开始发送和接收 RIP 更新。
- 在每 30s 一次的 RIP 路由更新中向其他路由器通告该指定网络。

注　如果您输入子网地址，IOS 会自动将其转换到有类网络地址。例如，如果您输入命令 **network 192.168.1.32**，路由器将把它转换为 **network 192.168.1.0**。

示例 5-4 显示了使用 **network** 命令配置所有 3 台路由器的直接相连网络。注意只能输入有类网络。

示例 5-4　使用 network 命令启动 RIP

```
R1(config)# router rip
R1(config-router)# network 192.168.1.0
R1(config-router)# network 192.168.2.0

R2(config)# router rip
R2(config-router)# network 192.168.2.0
R2(config-router)# network 192.168.3.0
R2(config-router)# network 192.168.4.0

R3(config)# router rip
R3(config-router)# network 192.168.4.0
R3(config-router)# network 192.168.5.0
```

当使用 **network** 命令进行 RIP 配置时，如果您输入了子网地址或接口的 IP 地址而不是有类网络地址，会发生什么情况？

```
R3(config)# router rip
R3(config-router)# network 192.168.4.0
R3(config-router)# network 192.168.5.1
```

在本例中，我们输入了接口 IP 地址而不是有类网络地址。您会发现 IOS 并没有给出错误消息。相反，IOS 自动更正了输入，将其变为有类网络地址。这可以通过下面的命令输出得到验证。

```
R3# show running-config

!
router rip
 network 192.168.4.0
 network 192.168.5.0
!
```

Packet Tracer Activity

在网络上配置 RIP 路由（5.2.3） 使用 Packet Tracer 练习在拓扑结构中所有 3 台路由器上练习 RIP 路由的配置。练习中提供了详细说明。在本书携带的 CD-ROM 中，你可以使用 e2-523.pka 文件来执行这个 Packet Tracer 练习。

5.5 检验和排错

能够对你配置的路由进行检验和排错是非常重要的。配置完成后立即检验路由的运行对于解决日后可能出现的问题很有帮助。

要检验路由和排除路由故障，请首先使用 **show ip route** 和 **show ip protocols**。如果使用这两条命令不能找出问题，那么请使用 **debug ip rip** 命令查看详细情况。我们将按照检验路由和排除路由故障时这 3 条命令的建议使用顺序来分别讨论它们。请记住，在配置任何路由（无论静态或动态）时，请使用 **show ip interface brief** 命令确保所有必需的接口都处于 up 和 up 状态。

5.5.1 检验 RIP：show ip route 命令

检验路由表是查看执行了哪种路由协议以及命令是否配置正确的简单方法。确定你所期望的所有路由在路由表中能够找到，并且任何不期望的路由不要出现。

示例 5-5 显示了使用 **show ip route** 命令看到的 R1、R2 和 R3 的路由表。

示例 5-5 使用 show ip route 命令检验 RIP 收敛

```
R1# show ip route

Codes: C - connected, S - static, I - IGRP, R - RIP, M - mobile, B - BGP
<output omitted>

Gateway of last resort is not set

R     192.168.4.0/24 [120/1] via 192.168.2.2, 00:00:02, Serial0/0/0
R     192.168.5.0/24 [120/2] via 192.168.2.2, 00:00:02, Serial0/0/0
C     192.168.1.0/24 is directly connected, FastEthernet0/0
C     192.168.2.0/24 is directly connected, Serial0/0/0
R     192.168.3.0/24 [120/1] via 192.168.2.2, 00:00:02, Serial0/0/0
```

```
R2# show ip route

Codes: C - connected, S - static, I - IGRP, R - RIP, M - mobile, B - BGP
<output omitted>

Gateway of last resort is not set

C     192.168.4.0/24 is directly connected, Serial0/0/1
R     192.168.5.0/24 [120/1] via 192.168.4.1, 00:00:12, Serial0/0/1
R     192.168.1.0/24 [120/1] via 192.168.2.1, 00:00:24, Serial0/0/0
C     192.168.2.0/24 is directly connected, Serial0/0/0
C     192.168.3.0/24 is directly connected, FastEthernet0/0
```

```
R3# show ip route
```

（待续）

```
Codes: C - connected, S - static, I - IGRP, R - RIP, M - mobile, B - BGP
<output omitted>

Gateway of last resort is not set

C      192.168.4.0/24 is directly connected, Serial0/0/1
C      192.168.5.0/24 is directly connected, FastEthernet0/0
R      192.168.1.0/24 [120/2] via 192.168.4.2, 00:00:08, Serial0/0/1
R      192.168.2.0/24 [120/1] via 192.168.4.2, 00:00:08, Serial0/0/1
R      192.168.3.0/24 [120/1] via 192.168.4.2, 00:00:08, Serial0/0/1
```

show ip route 命令检验从 RIP 邻居处接收的路由是否已添加到路由表中。输出中的 **R** 表示 RIP 路由。因为该命令将显示整个路由表（包括直接连接路由和静态路由），所以在检查收敛情况时，一般首先使用此命令。因为网络收敛需要一定时间，所以当您执行该命令时，路由可能不会立即显示出来。但是，一旦所有路由器上的路由都得到正确配置，则 **show ip route** 命令将反映出每台路由器都有完整的路由表，其中包含到达拓扑结构中每个网络的路由。

如图 5-7 所示，拓扑结构中有 5 个网络。每台路由器的路由表中也列出了 5 个网络；因此，我们可以说所有 3 台路由器都已收敛，因为每台路由器都包含到达拓扑结构中每个网络的路由。

为了更好的理解 **show ip route** 命令的输出，我们以 R1 获知的一条 RIP 路由为例来解读路由表中显示的输出。

```
R    192.168.5.0/24 [120/2] via 192.168.2.2, 00:00:23, Serial0/0/0
```

通过检查路由列表中是否存在带 R 代码的路由，我们可快速得知路由器上是否确实运行着 RIP。如果没有配置 RIP，您将不会看到任何 RIP 路由。

接下来，是远程网络地址和子网掩码（**192.168.5.0/24**）。

AD 值（RIP 为 **120**）和到该网络的距离（**2** 跳）显示在括号中。

此外，输出中还列出了通告路由器的下一跳 IP 地址（地址为 **192.168.2.2** 的 R2）和自上次更新以来已经过了多少秒（本例中为 **00:00:23**）。

最后列出的是路由器用来向该远程网络转发数据的送出接口（**Serial 0/0/0**）。

表 5-3　　列出了每一部分的输出和描述

输　出	描　述
R	标识路由来源为 RIP
192.168.5.0	指明远程网络的地址
/24	该网络的子网掩码
[120/2]	管理距离（120）和度量（2 跳）
Via 192.168.2.2	指定下一跳路由器（R2）的地址以便向远程网络发送数据
00：00：23	指出路由上次更新以来的时间量（此处为 23 秒）。下一次更新应该在 7 秒后开始
Serial0/0/0	指出能够到达远程网络的本地接口

5.5.2 检验 RIP：show ip protocols 命令

另外一个经常用到的检验 RIP 或其他路由协议的命令是 **show ip protocols**。如果路由表中缺少某个网络，可以使用 **show ip protocols** 命令来检查路由配置。

show ip protocols 命令会显示路由器当前配置的路由协议。其输出可用于检验大多数 RIP 参数，从而确认：

- 是否已配置 RIP 路由；
- 发送和接收 RIP 更新的接口是否正确；
- 路由器通告的网络是否正确；
- RIP 邻居是否发送了更新。

此命令对于检验其他路由协议的工作情况也非常有用，后面讨论 EIGRP 和 OSPF 时也会用到它。

图 5-8 显示了 show ip protocols 命令的输出，以及每部分输出的编号。下面描述了图 5-8 中编号相对应的意义。

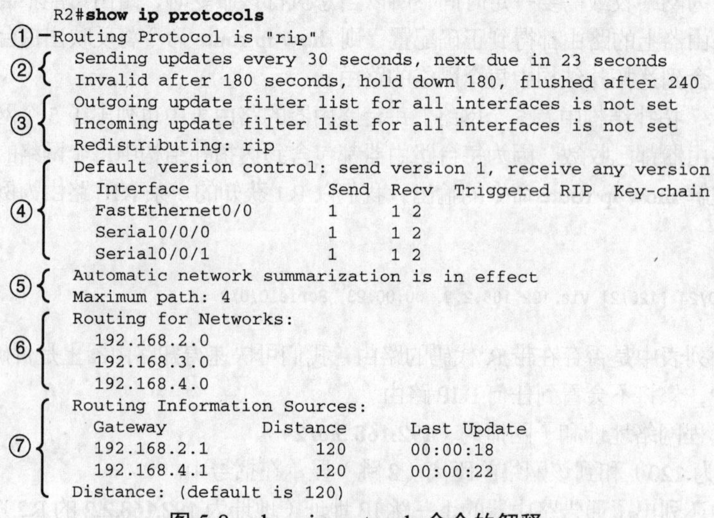

```
R2#show ip protocols
①-Routing Protocol is "rip"
②{ Sending updates every 30 seconds, next due in 23 seconds
   Invalid after 180 seconds, hold down 180, flushed after 240
③{ Outgoing update filter list for all interfaces is not set
   Incoming update filter list for all interfaces is not set
   Redistributing: rip
④{ Default version control: send version 1, receive any version
     Interface          Send  Recv  Triggered RIP  Key-chain
     FastEthernet0/0    1     1 2
     Serial0/0/0        1     1 2
     Serial0/0/1        1     1 2
⑤{ Automatic network summarization is in effect
   Maximum path: 4
⑥{ Routing for Networks:
     192.168.2.0
     192.168.3.0
     192.168.4.0
⑦{ Routing Information Sources:
     Gateway         Distance      Last Update
     192.168.2.1          120      00:00:18
     192.168.4.1          120      00:00:22
   Distance: (default is 120)
```

图 5-8 show ip protocols 命令的解释

1. 输出的第一行表示 RIP 路由已配置并正在路由器 R2 上运行。我们在上一节的“基本 RIPv1 配置”中学习过，在 RIP 路由开始运行之前，需要至少一个运行了相关 **network** 命令的活动接口。

2. 图中突出显示的部分是一些计时器，其中显示了该路由器发送下一轮更新的时间——在本例中为从现在起 23s 后。

3. 此部分信息与过滤更新和重分布路由有关（前提是路由器配置有这些功能）。过滤和重分布都将在 CCNP 级别的主题中讨论。

4. 这块输出包含与当前配置的 RIP 版本和参与 RIP 更新的接口相关的信息。

5. 这部分输出显示出路由器 R2 当前正在有类网络边界上汇总，并且默认情况下将使用最多 4 条等价路由执行流量负载均衡。

6. 此时会列出使用 **network** 命令配置的有类网络。R2 会在其 RIP 更新中包含这些网络。

7. 向下滚动鼠标，查看其余输出。此处，RIP 邻居将作为 Routing Information Sources 列出。Gateway 是向 R2 发送更新的邻居的下一跳 IP 地址。Distance 是 R2 对该邻居所发送的更新使用的 AD。Last Update 是自上次收到该邻居的更新以来经过的秒数。

5.5.3 检验 RIP：debug ip rip 命令

debug 命令是一个用来诊断和发现网络问题的有用的工具，提供了实时和持续的信息。因为在 CPU 中 debugging 的输出被分配有很高的优先级，所以它可能导致系统瘫痪。基于这个原因，只有在对某个特定问题排错时才使用 **debug** 命令。此外，最好在网络流量比较低，以及用户数比较少的时候使用 **debug** 命令。

大多数 RIP 配置错误都涉及 **network** 语句配置错误、缺少 **network** 语句配置，或在有类环境中配置了不连续的子网。对于这种情况，可使用一个很有效的命令 **debug ip rip** 找出 RIP 更新中存在的问题，如图 5-9 所示。

```
    R2#debug ip rip
    RIP protocol debugging is on
①{ RIP: received v1 update from 192.168.2.1 on Serial0/0/0
          192.168.1.0 in 1 hops
②{ RIP: received v1 update from 192.168.4.1 on Serial0/0/1
          192.168.5.0 in 1 hops
③{ RIP: sending  v1 update to 255.255.255.255 via FastEthernet0/0
          (192.168.3.1)
    RIP: build update entries
          network 192.168.1.0 metric 2
          network 192.168.2.0 metric 1
          network 192.168.4.0 metric 1
          network 192.168.5.0 metric 2
④{ RIP: sending  v1 update to 255.255.255.255 via Serial0/0/1
          (192.168.4.2)
    RIP: build update entries
          network 192.168.1.0 metric 2
          network 192.168.2.0 metric 1
          network 192.168.3.0 metric 1
⑤{ RIP: sending  v1 update to 255.255.255.255 via Serial0/0/0
          (192.168.2.2)
    RIP: build update entries
          network 192.168.3.0 metric 1
          network 192.168.4.0 metric 1
          network 192.168.5.0 metric 2
⑥{ R2#undebug all
    All possible debugging has been turned off
```

图 5-9 debug ip rip 命令的解释

该命令将在发送和接收 RIP 路由更新时显示这些更新信息。因为更新是定期发送的，所以您需要等到下一轮更新开始才能看到命令输出。

下面列出了图 5-9 中响应的编号。

1. 首先你会到一条来自 R1 Serial0/0/0 接口的更新。请注意 R1 只向网络 192.168.1.0 发送了一条路由。R1 不会再发送其他路由，否则便违反了水平分割规则。所以 R1 不能将 R2 以前发送给 R1 的网络通告给 R2。

2. 下一个更新接收自 R3。同理，由于水平分割规则，R3 仅发送了一条路由，即 192.168.5.0 网络。

3. R2 发送自己的更新。首先，R2 创建一个要从 FastEthernet 0/0 接口发出的更新。该更新包括除网络 192.168.3.0（此网络连接在接口 FastEthernet 0/0 上）外的整个路由表。

4. 接着，R2 创建要发往 R3 的更新。其中包含 3 条路由。R2 不会通告 R2 和 R3 共有的网络，同时由于水平分割规则的作用，它也不会通告 192.168.5.0 网络。

5. 最后，R2 创建要发往 R1 的更新。其中包含 3 条路由。R2 不会通告 R2 和 R1 共有的网络，同时由于水平分割规则的作用，它也不会通告 192.168.1.0 网络。

注　如果再等待 30 秒，您将发现图 5-9 中所示的所有调试输出重复出现，这是因为 RIP 每 30 秒就会发送定期更新。

---

6. 要停止监控 R2 上的 RIP 更新，请输入 **no debug ip rip** 命令或简单地输入 **undebug all**，如图 5-9 中所示。

通过检查此调试输出，我们可以确认 R2 上的 RIP 路由工作完全正常。但是，您是否从中发现了能够优化 R2 上 RIP 路由的方法？R2 是否需要从 FastEthernet 0/0 发送更新？我们将在下一个主题中学习如何阻止不必要的更新。

5.5.4 被动接口

有些路由器含有一些不和其他路由器连接的接口；因此，没有必要从这些接口向外发送路由更新。你可以在 RIP 配置中使用 **passive-interface** 命令，不让该接口发送这些更新。

一、不必要的 RIP 更新会影响网络性能

您在前面的示例中可以看到，尽管 R2 FastEthernet 0/0 接口连接的 LAN 上并没有 RIP 设备，R2 仍然会从该接口发送更新。R2 无法得知该 LAN 上是否有 RIP 设备，因此每 30 秒就会发送一次更新。在 LAN 上发送不需要的更新会在以下 3 个方面对网络造成影响：

- 带宽浪费在传输不必要的更新上。因为 RIP 更新是广播，所以交换机将向所有端口转发更新。
- LAN 上的所有设备都必须逐层处理更新，直到传输层后接收设备才会丢弃更新。
- 在广播网络上通告更新会带来严重的风险。RIP 更新可能会被数据包嗅探软件中途截取。路由更新可能会被修改并重新发回该路由器，从而导致路由表根据错误度量误导流量。

二、停止不需要的 RIP 更新

您可能会想到使用 **no network 192.168.3.0** 命令从配置中删除 192.168.3.0 网络，从而停止该更新，但这样做的后果是 R2 将不会在发往 R1 和 R3 的更新中通告该 LAN。正确的解决方法是使用 **passive-interface** 命令，该命令可以阻止路由更新通过某个路由器接口传输，但仍然允许向其他路由器通告该网络。在路由器配置模式下输入 **passive-interface** 命令。

```
Router(config-router)# passive-interface interface-type interface-number
```

该命令会停止从指定接口发送路由更新。但是，从其他接口发出的路由更新中仍将通告指定接口所属的网络。

如示例 5-6 中所示，我们首先使用 **passive-interface** 命令配置 R2，以阻止 FastEthernet 0/0 上的路由更新，因为该 LAN 没有 RIP 邻居。然后使用 **show ip protocols** 命令检验被动接口。

示例 5-6 使用 passive-interface 命令禁用更新

```
R2(config)# router rip
R2(config-router)# passive-interface FastEthernet 0/0
R2(config-router)# end
R2# show ip protocols

Routing Protocol is "rip"
  Sending updates every 30 seconds, next due in 14 seconds
  Invalid after 180 seconds, hold down 180, flushed after 240
  Outgoing update filter list for all interfaces is
  Incoming update filter list for all interfaces is
  Redistributing: rip
  Default version control: send version 1, receive any version
    Interface             Send Recv Triggered RIP Key-chain
    Serial0/0/0           1    1 2
    Serial0/0/1           1    1 2
    Automatic network summarization is in effect
    Routing for Networks:
```

（待续）

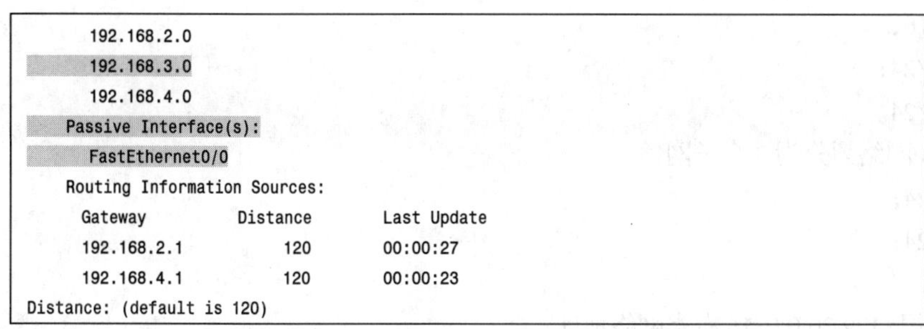

```
        192.168.2.0
        192.168.3.0
        192.168.4.0
      Passive Interface(s):
        FastEthernet0/0
      Routing Information Sources:
        Gateway         Distance      Last Update
        192.168.2.1          120      00:00:27
        192.168.4.1          120      00:00:23
Distance: (default is 120)
```

请注意，该接口将不再 **Interface** 下列出，而是列在一个新的部分，叫做 **Passive Interface(s)**下。还请注意，网络 192.168.3.0 仍然列在 **Routing for Networks** 之下，这表示该网络仍然作为路由条目包含在发送到 R1 和 R3 的 RIP 更新中。

所有的路由协议都支持 **passive-interface** 命令。进行常规路由配置时，您应在适当的时候使用 **passive-interface** 命令。

在 RIP 中配置被动接口（5.3.4） 使用 Packet Tracer 练习检验 RIP 路由，并使用 **passive-interface** 命令停止 RIP 更新。练习中提供了详细说明。在本书携带的 CD-ROM 中，你可以使用 e2-534.pka 文件来执行这个 Packet Tracer 练习。

5.6 自动汇总

在路由表中路由越少就意味着能够更快地定位转发数据包的路由。汇总多条路由到一条就是我们所知道的*路由汇总*或*路由聚合*。一些路由协议，比如 RIP，能够在某些路由器上自动的汇总。下面一节将讨论 RIP 如何执行*自动汇总*。

5.6.1 修改后的拓扑：场景 B

为了方便讨论自动汇总，我们对 RIP 拓扑结构进行了以下修改，参见图 5-10，场景 B。

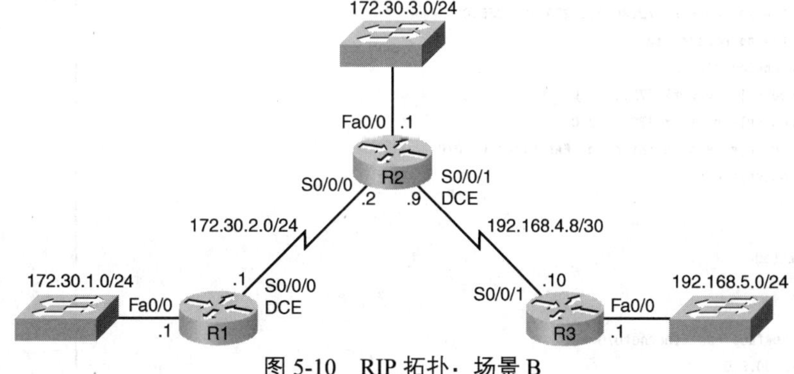

图 5-10 RIP 拓扑：场景 B

场景 B 对场景 A 作了如下修改。

使用 3 个有类网络：

■ 172.30.0.0/16；

■ 192.168.4.0/24；

■ 192.168.5.0/24。

将 172.30.0.0/16 网络划分为 3 个子网：

■ 172.30.1.0/24；

■ 172.30.2.0/24；

■ 172.30.3.0/24。

下列设备地址属于 172.30.0.0/16 有类网络地址：

■ R1 上的所有接口；

■ R2 上的 S0/0/0 和 Fa0/0。

将 192.168.4.0/24 网络划分为单个子网 192.168.4.8/30。

表 5-4 显示了这个修改后的拓扑的地址分配表。

表 5-4　　　　地址表：场景 B

设　备	接　口	IP 地址	子 网 掩 码
R1	Fa0/0	172.30.1.1	255.255.255.0
	S0/0/0	172.30.2.1	255.255.255.0
R2	Fa0/0	172.30.3.1	255.255.255.0
	S0/0/0	172.30.2.2	255.255.255.0
	S0/0/1	192.168.4.9	255.255.255.252
R3	Fa0/0	192.168.5.1	255.255.255.0
	S0/0/1	192.168.4.10	255.255.255.252

示例 5-7、5-8 和 5-9 分别显示了对场景 A 中路由器 R1、R2、R3 的配置修改。

示例 5-7　对 R1 的配置修改

```
R1(config)# interface fa0/0
R1(config-if)# ip address 172.30.1.1 255.255.255.0
R1(config-if)# interface S0/0/0
R1(config-if)# ip address 172.30.2.1 255.255.255.0
R1(config-if)# no router rip
R1(config)# router rip
R1(config-router)# network 172.30.1.0
R1(config-router)# network 172.30.2.0
R1(config-router)# passive-interface FastEthernet 0/0
R1(config-router)# end
R1# show run

<output omitted>
!
router rip
 passive-interface FastEthernet0/0
 network 172.30.0.0
 !
<output omitted>
```

请注意，不需要使用 **no shutdown** 和 **clock rate** 命令，因为在场景 A 中已经配置了这些命令。但由于添加了新网络，所以再次启用 RIP 路由过程之前需要使用 **no router rip** 命令将之前的 RIP 路由过程全部清除。

示例 5-8　对 R2 的配置修改

```
R2(config)# interface S0/0/0
R2(config-if)# ip address 172.30.2.2 255.255.255.0
R2(config-if)# interface fa0/0
R2(config-if)# ip address 172.30.3.1 255.255.255.0
R2(config-if)# interface S0/0/1
R2(config-if)# ip address 192.168.4.9 255.255.255.252
R2(config-if)# no router rip
R2(config)# router rip
R2(config-router)# network 172.30.0.0
R2(config-router)# network 192.168.4.8
R2(config-router)# passive-interface FastEthernet 0/0
R2(config-router)# end
R2# show run

<output omitted>
!
router rip
 passive-interface FastEthernet0/0
 network 172.30.0.0
 network 192.168.4.0
!
<output omitted>
```

示例 5-9　对 R3 的配置修改

```
R3(config)# interface fa0/0
R3(config-if)# ip address 192.168.5.1 255.255.255.0
R3(config-if)# interface S0/0/1
R3(config-if)# ip address 192.168.4.10 255.255.255.252
R3(config-if)# no router rip
R3(config)# router rip
R3(config-router)# network 192.168.4.0
R3(config-router)# network 192.168.5.0
R3(config-router)# passive-interface FastEthernet 0/0
R3(config-router)# end
R3# show run

<output omitted>
!
router rip
 passive-interface FastEthernet0/0
 network 192.168.4.0
 network 192.168.5.0
!
<output omitted>
```

在 R1 的配置中（见示例 5-7），请注意两个子网都是使用 **network** 命令配置的。该配置从技术上讲是错误的，因为 RIPv1 在其更新中发送有类网络地址而不是子网。因此，IOS 将把该配置改正为正确的有类配置（参见 **show run** 命令的输出）。

在 R2 的配置中（见示例 5-8），请注意子网 192.168.4.8 是使用 **network** 命令配置的。同理，该配置从技术上说也是错误的，IOS 将在运行配置里将其更改为 192.168.4.0。

R3 的路由配置是正确的（见示例 5-9）。运行配置与在路由器配置模式中输入的配置相同。

注　在评估和认证考试中，在 **network** 命令中输入子网地址（而不是有类网络地址）将被判错。

5.6.2 边界路由器和自动汇总

如您所知，RIP 是一种有类路由协议，它能够在主要的网络边界间自动汇总有类网络。在图 5-11 中，您可以看到 R2 在一个以上的有类主网中都有接口。这使得 R2 成为 RIP 中的***边界路由器***。R2 上的 Serial 0/0/0 和 FastEthernet 0/0 接口都位于 172.30.0.0 边界内。Serial 0/0/1 接口位于 192.168.4.0 边界内。

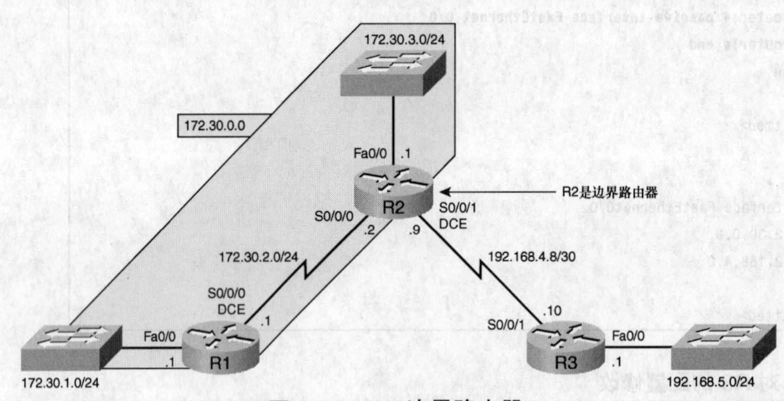

图 5-11　RIP 边界路由器

因为边界路由器汇总从一个主网到另一个主网的 RIP 子网，所以当从 R2 的 Serial 0/0/1 接口发送更新时，有关 172.30.1.0、172.30.2.0 和 172.30.3.0 网络的更新将自动汇总到 172.30.0.0。

我们将在接下来的两节中介绍边界路由器如何执行此类汇总。

5.6.3 处理 RIP 更新

像 RIPv1 这样的有类路由协议在路由更新中不包含子网掩码。但是，在 RIPv1 路由表中网络地址和子网掩码都要有。那么运行 RIPv1 的路由如何来判断添加到路由表中的路由的子网掩码呢？下面一节将解释这一过程。

一、处理 RIPv1 更新的规则

以下两条规则控制着 RIPv1 更新：

- 如果某条路由更新及其接收接口属于相同的主网，则在路由更新中对该网络应用该接口的子网掩码。
- 如果某条路由更新及其接收接口属于不同的主网，则在路由更新中对该网络应用网络的有类子网掩码。

二、RIPv1 处理更新的示例

在示例 5-10 中，R2 从 R1 接收到一个更新并将该网络输入到路由表中。

示例 5-10 边界路由器接收 RIP 更新

```
R2# debug ip rip

RIP protocol debugging is on
RIP: received v1 update from 172.30.2.1 on Serial0/0/0
      172.30.1.0 in 1 hops
<output omitted>
R2# undebug all

All possible debugging has been turned off
R2# show ip route

<output omitted>
Gateway of last resort is not set

       172.30.0.0/24 is subnetted, 3 subnets
R         172.30.1.0 [120/1] via 172.30.2.1, 00:00:18, Serial0/0/0
C         172.30.2.0 is directly connected, Serial0/0/0
C         172.30.3.0 is directly connected, FastEthernet0/0
       192.168.4.0/30 is subnetted, 1 subnets
C         192.168.4.8 is directly connected, Serial0/0/1
R      192.168.5.0/24 [120/1] via 192.168.4.10, 00:00:16, Serial0/0/1
```

R2 如何得知该子网的子网掩码为/24（255.255.255.0）？原因如下：

- R2 在属于有类网络（172.30.0.0）的接口上收到该信息，而该有类网络与传入的 172.30.1.0 更新所属的网络相同。
- R2 接收"**172.30.1.0 in 1 hops**"消息的接口为 Serial 0/0/0，而该接口的 IP 地址为 172.30.2.2，子网掩码为 255.255.255.0（/24）。
- R2 在该接口上使用其自己的子网掩码，并将其应用于该子网和从该接口收到的所有其他 172.30.0.0 子网——本例中为 172.30.1.0。
- 172.30.1.0 /24 子网将添加到路由表中。

运行 RIPv1 的路由器只能对属于相同有类网络的所有子网使用相同的子网掩码。

您将会在后面的章节中学习到，像 RIPv2 这样的的无类路由协议允许相同的主要（有类）网络在不同的子网上使用不同的子网掩码，即大家熟知的*可变长子网掩码*（VLSM）。

5.6.4 发送 RIP 更新：使用 debug 查看自动汇总

为了检验路由器发送和接收的网络地址，你可以使用 **debug ip rip** 命令。然后通过研究路由表，你可以看到路由器添加到路由表中的 RIPv1 的子网掩码。

当发送更新时，边界路由器 R2 会在更新中包含网络地址和相关度量。对于更新中的路由条目而言，如果发往的主网与其所属的主网不同，则路由条目中的网络地址将汇总为有类网络地址（或称主网地址）。这正是本例中 R2 对 192.168.4.0 和 192.168.5.0 所执行的操作。R2 会将这些有类网络发送到 R1。

R2 中还包含子网 172.30.1.0/24、172.30.2.0/24 和 172.30.3.0/24 的路由。在 R2 通过 Serial0/0/1 发往 R3 的路由更新中，R2 只会发送汇总为有类网络地址 172.30.0.0 的路由。

对于更新中的路由条目，如果更新在主网中传递，则使用送出接口的子网掩码来确定要通告的网络地址。R2 将 172.30.3.0 子网发送到 R1，使用 Serial0/0/0 的子网掩码确定要通告的子网地址。

R1 在 Serial0/0/0 接口上接收 172.30.3.0 更新，接口地址为 172.30.2.1/24。由于路由更新和接口属于同一个主网，所以R1将其/24掩码应用于172.30.3.0路由。

示例5-11 R2的debug输出

```
R2# debug ip rip

RIP protocol debugging is on
RIP: sending v1 update to 255.255.255.255 via Serial0/0/0 (172.30.2.2)
RIP: build update entries
       network 172.30.3.0 metric 1
       network 192.168.4.0 metric 1
       network 192.168.5.0 metric 2
RIP: sending v1 update to 255.255.255.255 via Serial0/0/1 (192.168.4.9)
RIP: build update entries
        network 172.30.0.0 metric 1
R2# undebug all

All possible debugging has been turned off
```

在示例5−12和5−13中对R1和R3的路由表作一个比较。

示例5-12 R1的路由表

```
R1# show ip route

<output omitted>

Gateway of last resort is not set
      172.30.0.0/24 is subnetted, 3 subnets
C        172.30.1.0 is directly connected, FastEthernet0/0
C        172.30.2.0 is directly connected, Serial0/0/0
R        172.30.3.0 [120/1] via 172.30.2.2, 00:00:17, Serial0/0/0
R     192.168.4.0/24 [120/1] via 172.30.2.2, 00:00:17, Serial0/0/0
R     192.168.5.0/24 [120/2] via 172.30.2.2, 00:00:17, Serial0/0/0
```

示例5-13 R3的路由表

```
R3# show ip route

<output omitted>

Gateway of last resort is not set

R      172.30.0.0/16 [120/1] via 192.168.4.9, 00:00:15, Serial0/0/1
       192.168.4.0/30 is subnetted, 1 subnets
C         192.168.4.8 is directly connected, Serial0/0/1
C      192.168.5.0/24 is directly connected, FastEthernet0/0
```

请注意R1中包含3条属于172.30.0.0主网的路由，该网络按子网掩码/24（即255.255.255.0）划分了子网。R3只有一条通往172.30.0.0网络的路由，并且该网络未划分子网。R3的路由表中包含主网。不过，以此认定R3没有完全连通是错误的。R3将把所有目的网络为172.30.1.0/24、172.30.2.0/24和172.30.3.0/24的数据包发送到R2，因为这3个网络都属于172.30.0.0/16并可通过R2到达。

5.6.5 自动汇总的优缺点

自动汇总既有优点也有缺点。有类路由协议，如RIPv1，不允许你改变这一行为。但是，无类路由协议，比如RIPv2，允许关闭自动汇总。现在，我们来研究一下自动汇总的优缺点。

一、自动汇总的优点

在示例 5-11 中我们看到，RIP 会自动汇总有类网络间的更新。因为 172.30.0.0 更新是从属于不同有类网络（192.168.4.0）的接口（Serial 0/0/1）发出的，所以 RIP 只发送一个代表整个有类网络的更新，而不是为每个不同的子网各发送一个更新。该过程与将多条静态路由汇总成单条静态路由的过程相似。什么是自动汇总的优点？如下所示：

- 可以使发送和接收的路由更新较小，从而使 R2 和 R3 之间的路由更新占用较少的带宽。
- R3 只有一条有关 172.30.0.0/16 网络的路由，而不管该网络有多少个子网或如何划分子网。使用单条路由可加快 R3 路由表的查找过程。

自动汇总有没有缺点？是的，当在拓扑中配置了不连续网络时。

二、自动汇总的缺点

图 5-12 显示了不连续网络的拓扑。不连续网络我们一会儿解释。

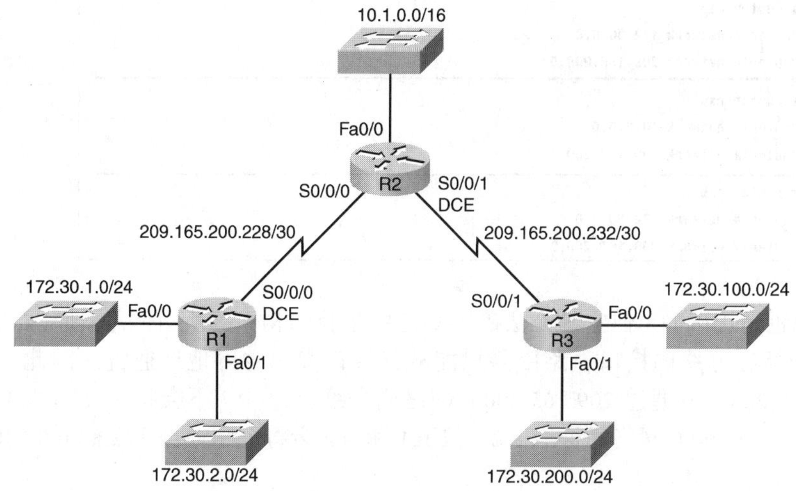

图 5-12　不连续拓扑

如你在表 5-5 中所看到的，地址分配作了改变。

表 5-5　不连续拓扑的地址分配

设　备	接　口	IP 地址	子网掩码
R1	Fa0/0	172.30.1.1	255.255.255.0
	Fa0/1	172.30.2.1	255.255.255.0
	S0/0/0	209.165.200.229	255.255.255.252
R2	Fa0/0	10.1.0.1	255.255.0.0
	S0/0/0	209.165.200.230	255.255.255.252
	S0/0/1	209.165.200.233	255.255.255.252
R3	Fa0/0	172.30.100.1	255.255.255.0
	Fa0/0	172.30.200.1	255.255.255.0
	S0/0/1	209.165.200.234	255.255.255.252

我们将通过该拓扑结构来展示 RIPv1 之类有类路由协议的主要缺点:不支持不连续网络。

有类路由协议的路由更新中不包含子网掩码。网络在主网边界间自动汇总，因此接收路由器无法确定路由的掩码。这是因为接收接口的掩码可能与划分了子网的路由不同。

请注意 R1 和 R3 的路由表中都有属于 172.30.0.0/16 主网的子网，而 R2 没有。R1 和 R3 实质上是 172.30.0.0/16 的边界路由器，因为它们被另一个主网 209.165.200.0/24 隔离开来。由于两组 172.30.0.0/24 子网被至少一个其他主网分隔，因此便生成***不连续网络***。172.30.0.0/16 是一个不连续网络。

三、不连续拓扑结构不能通过 RIPv1 收敛

示例 5-14 显示了按照图 5-12 拓扑结构为每台路由器设置的 RIP 配置。

示例 5-14 不连续拓扑的 RIP 配置

```
R1(config)# router rip
R1(config-router)# network 172.30.0.0
R1(config-router)# network 209.165.200.0
```

```
R2(config)# router rip
R2(config-router)# network 10.0.0.0
R2(config-router)# network 209.165.200.0
```

```
R3(config)# router rip
R3(config-router)# network 172.30.0.0
R3(config-router)# network 209.165.200.0
```

RIPv1 配置是正确的，但它却无法确定不连续拓扑结构中的所有网络。原因是：对于不属于待通告路由所在网络的接口，路由器只能从该接口发出主网地址通告。因此，R1 不会将 172.30.1.0 或 172.30.2.0 通过 209.165.200.0 网络通告给 R2。R3 不会将 172.30.100.0 或 172.30.200.0 通过 209.165.200.0 网络通告给 R2。但 R1 和 R2 会将主网地址 172.30.0.0（即汇总路由）通告给 R3。

结果会是什么？由于在路由更新中不包含子网掩码，所以 RIPv1 无法通告具体的路由信息来让路由器为 172.30.0.0/24 子网提供正确的路由。

分别检验在示例 5-15、5-16 和 5-17 中的 R1、R2、R3 的路由表。

示例 5-15 R1 的路由表

```
R1# show ip route

<output omitted>

Gateway of last resort is not set

R       10.0.0.0/8 [120/1] via 209.165.200.230, 00:00:26, Serial0/0/0
        172.30.0.0/24 is subnetted, 3 subnets
R          172.30.0.0 [120/2] via 209.165.200.230, 00:00:26, Serial0/0/0
C          172.30.1.0 is directly connected, FastEthernet0/0
C          172.30.2.0 is directly connected, FastEthernet0/1
        209.165.200.0/30 is subnetted, 2 subnets
C          209.165.200.228 is directly connected, Serial0/0/0
R          209.165.200.232 [120/1] via 209.165.200.230, 00:00:26, Serial0/0/0
```

示例 5-16 R2 的路由表

```
R2# show ip route

<output omitted>

Gateway of last resort is not set

     10.0.0.0/16 is subnetted, 1 subnets
C       10.1.0.0 is directly connected, FastEthernet0/0
R    172.30.0.0/16 [120/1] via 209.165.200.234, 00:00:14, Serial0/0/1
                   [120/1] via 209.165.200.229, 00:00:19, Serial0/0/0
     209.165.200.0/30 is subnetted, 2 subnets
C       209.165.200.228 is directly connected, Serial0/0/0
C       209.165.200.232 is directly connected, Serial0/0/1
```

示例 5-17 R3 的路由表

```
R3# show ip route

<output omitted>

Gateway of last resort is not set

R    10.0.0.0/8 [120/1] via 209.165.200.233, 00:00:24, Serial0/0/1
     172.30.0.0/24 is subnetted, 3 subnets
R       172.30.0.0 [120/2] via 209.165.200.233, 00:00:22, Serial0/0/1
C       172.30.100.0 is directly connected, FastEthernet0/0
C       172.30.200.0 is directly connected, FastEthernet0/1
     209.165.200.0/30 is subnetted, 2 subnets
R       209.165.200.228 [120/1] via 209.165.200.233, 00:00:24, Serial0/0/1
C       209.165.200.232 is directly connected, Serial0/0/1
```

- R1 没有任何通往 R3 所连接的 LAN 的路由。
- R3 没有任何通往 R1 所连接的 LAN 的路由。
- R2 有两条通往 172.30.0.0 网络的等价路径。
- R2 将对目的地为 172.30.0.0 任意子网的流量进行负载均衡。这表示无论流量的目的地是否是 R1 或 R3 所连接的其中一个 LAN，R1 和 R3 都将各承担一半的流量。

在第 7 章中，您还会看到此拓扑结构，用于显示有类路由和无类路由的不同之处。

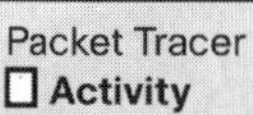

RIP 中的自动路由汇总（5.4.5） 使用 Packet Tracer 练习来实现场景 B 的编址方案，并研究自动汇总的优缺点。练习中提供了详细说明。在本书携带的 CD-ROM 中，你可以使用 c2-545.pka 文件来执行这个 Packet Tracer 练习。

5.7 默认路由和 RIPv1

默认路由是路由器用来在路由表中没有特定路由的情况下，表示所有路由的方法。默认路由经常用来访问非本地管理网络，比如 Internet。

5.7.1 修改后的拓扑：场景C

图5-13显示了改变了的拓扑，场景C，演示了默认路由的使用，以及如何通过RIPv1传播给其他路由器。

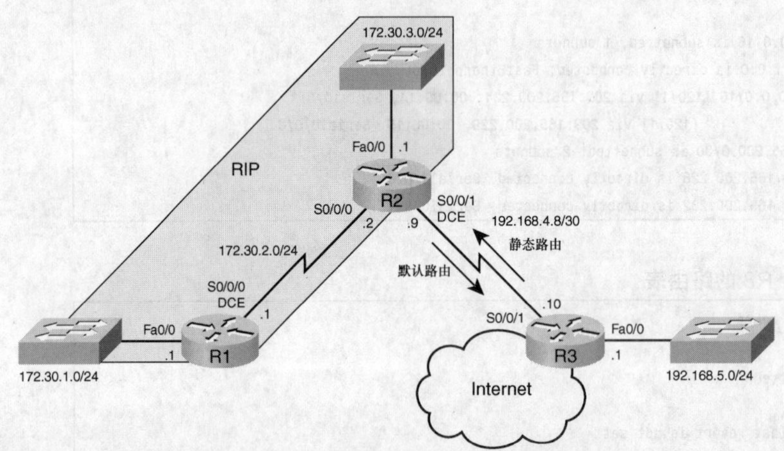

图5-13 RIP拓扑：场景C

RIP是第一个动态路由协议，在早期的客户与ISP之间以及不同ISP之间使用非常广泛。但在现在的网络中，客户不需要与ISP交换路由更新。连接到ISP的客户路由器不需要Internet上所有路由的完整列表。相反，这些路由器上都有一条默认路由，可在客户路由器没有通往目的地的路由时，将所有流量发送到ISP路由器。而ISP则会配置一条指向客户路由器的静态路由，用于路由目的地为客户网络内部地址的流量。

在场景C中，R3是接入Internet的服务提供商，如图5-13中网络云所示。R3和R2不交换RIP更新。取而代之，R2使用默认路由来到达R3的LAN和路由表中未列出的所有其他目的地。R3使用汇总静态路由来到达子网172.30.1.0、172.30.2.0和172.30.3.0。

设置本节所需的拓扑结构时，我们可以继续使用现有的编址方案，即场景B中使用的方案。然后我们还需要完成以下步骤。

示例5-18显示了下面步骤使用的配置命令：

步骤1 禁用R2上网络192.168.4.0的RIP路由。
步骤2 为R2配置一条静态默认路由，以将默认流量发送给R3。
步骤3 完全禁用R3上的RIP路由。
步骤4 为R3配置一条通往172.30.0.0子网的静态路由。

示例5-18 R2和R3上配置的改变

```
R2(config)# router rip
R2(config-router)# no network 192.168.4.0
R2(config-router)# exit
R2(config)# ip route 0.0.0.0 0.0.0.0 serial 0/0/1
---
R3(config)# no router rip
R3(config)# ip route 172.30.0.0 255.255.252.0 serial 0/0/1
```

示例5-19、示例5-20和示例5-21分别显示了R1、R2、R3上的新的路由表。

示例 5-19 R1 的路由表

```
R1# show ip route

<output omitted>

Gateway of last resort is not set

     172.30.0.0/24 is subnetted, 3 subnets
C       172.30.1.0 is directly connected, FastEthernet0/0
C       172.30.2.0 is directly connected, Serial0/0/0
R       172.30.3.0 [120/1] via 172.30.2.2, 00:00:05, Serial0/0/0
```

示例 5-20 R2 的路由表

```
R2# show ip route
<output omitted>
Gateway of last resort is 0.0.0.0 to network 0.0.0.0

     172.30.0.0/24 is subnetted, 3 subnets
R       172.30.1.0 [120/1] via 172.30.2.1, 00:00:03, Serial0/0/0
C       172.30.2.0 is directly connected, Serial0/0/0
C       172.30.3.0 is directly connected, FastEthernet0/0
     192.168.4.0/30 is subnetted, 1 subnets
C       192.168.4.8 is directly connected, Serial0/0/1
S*   0.0.0.0/0 is directly connected, Serial0/0/1
```

示例 5-21 R3 的路由表

```
R3# show ip route

<output omitted>

Gateway of last resort is not set

     172.30.0.0/22 is subnetted, 1 subnets
S       172.30.0.0 is directly connected, Serial0/0/1
     192.168.4.0/30 is subnetted, 1 subnets
C       192.168.4.8 is directly connected, Serial0/0/1
C    192.168.5.0/24 is directly connected, FastEthernet0/0
```

5.7.2 在 RIPv1 中传播默认路由

要在 RIP 路由域中为所有其他网络提供 Internet 连接，需要将默认静态路由通告给使用该动态路由协议的其他所有路由器。您可以在 R1 上配置指向 R2 的静态默认路由，但这种方法没有扩展性。每次向 RIP 路由域添加一台路由器，您都必须另外配置一条静态默认路由。为什么不让路由协议帮您做这些工作呢？

在许多路由协议中，包括 RIP，您可以在路由器配置模式中使用 **default-information originate** 命令指定该路由器为默认信息的来源，由该路由器在 RIP 更新中传播静态默认路由。在示例 5-22 中，R2 已经使用 **default-information originate** 命令进行配置。请注意，从 **debug ip rip** 的输出中可以看出，R2 现在正在向 R1 发送“全零”静态默认路由。

示例 5-22 配置默认路由传播

```
R2(config)# router rip
R2(config-router)# default-information originate
R2(config-router)# end
R2# debug ip rip

RIP protocol debugging is on
RIP: sending v1 update to 255.255.255.255 via Serial0/0/0 (172.30.2.2)
RIP: build update entries
      subnet 0.0.0.0 metric 1
      subnet 172.30.3.0 metric 1
R2# undebug all

All possible debugging has been turned off
```

在 R1 的路由表中（见示例 5-23），您会看到一条候选默认路由，该路由前标记有 R*代码。思科 IOS 使用*候选的默认路由*概念，候选的默认路由可能是一条或更多的通过手工或自动标识为候选的默认路由的条目。实际的哪条默认路由要添加到路由表中，要根据候选的管理距离来决定。比如，静态默认路由要比通过动态路由协议学来的默认路由优先级高。

示例 5-23 检验默认路由传播

```
R1# show ip route

<output omitted>
       * - candidate default, U - per-user static route, o - ODR

Gateway of last resort is 172.30.2.2 to network 0.0.0.0

     172.30.0.0/24 is subnetted, 3 subnets
C       172.30.2.0 is directly connected, Serial0/0/0
R       172.30.3.0 [120/1] via 172.30.2.2, 00:00:16, Serial0/0/0
C       172.30.1.0 is directly connected, FastEthernet0/0
R*   0.0.0.0/0 [120/1] via 172.30.2.2, 00:00:16, Serial0/0/0
```

R2 上的静态默认路由已经通过 RIP 更新传播到 R1。R1 现在可以连接到 R3 的 LAN 和 Internet 上的任何目的地。

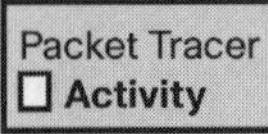

在 RIPv1 中传播默认路由（5.5.2） 使用 Packet Tracer 练习用静态路由和默认路由搭建场景 C，并配置 R2 以传播默认路由。练习中提供了详细说明。在本书携带的 CD-ROM 中，你可以使用 e2-552.pka 文件来执行这个 Packet Tracer 练习。

5.8 总结

RIP（第 1 版）是一种有类距离矢量路由协议。RIPv1 是为路由 IP 数据包开发出的第一种路由协议。RIP 使用跳数作为度量，度量为 16 跳表示该路由不可达。因此，RIP 只能用于任意两个网络之间路由器数量不超过 15 的网络。

RIP 消息封装在 UDP 数据段中，源端口和目的端口都为 520。RIP 每 30 秒向其邻居发送一次自己的完整路由表，但违反水平分割规则的路由除外。

在全局配置提示符下使用 **router rip** 命令即可启用 RIP。**network** 命令后跟每个直连网络的有类网络地址，可指定路由器上哪些接口将启用 RIP。**network** 命令使接口能够发送和接收 RIP 更新，并在 RIP 更新中将该网络通告给其他路由器。

debug ip rip 命令可用于查看路由器发送和接收的 RIP 更新。要阻止从某个接口发送 RIP 更新（例如该接口所连接的 LAN 上没有其他路由器时便不必发送），可以使用 **passive-interface** 命令。

在路由表中，RIP 条目前面带有 R 代码，并且管理距离为 120。通过在 RIP 中配置静态默认路由并使用 **default-information originate** 命令，可以传播默认路由。

当用于发送更新的接口所在的网络与路由子网地址不同时，RIPv1 会自动将子网汇总为有类地址。因为 RIPv1 是有类路由协议，所以路由更新中不包含子网掩码。当路由器接收到 RIPv1 路由更新时，RIP 必须确定该路由的子网掩码。如果该路由与接收接口同属一个有类主网，则 RIPv1 将应用接收接口的子网掩码。如果该路由与接收接口不属于同一个有类主网，则 RIPv1 将应用默认有类掩码。

show ip protocols 命令可以用于显示路由器上启用的任何路由协议信息。对于 RIP，该命令可以显示计时器信息、自动汇总的状态、在该路由器上哪些网络启用了 RIP，以及其他一些信息。

因为 RIPv1 是有类路由协议，所以它不支持不连续网络或 VLSM。这两个主题将在第 7 章“RIPv2”中讨论。

5.9　检查你的理解

完成下面所有的复习题来检测一下你对于本章中的主题和概念的理解。题目的答案在附录“检查你的理解和挑战性问题的答案”中可以找到。

1. 下面哪段话对 **debug ip rip** 命令的描述是正确的?
   A. 它通过运行的配置文件查找并显示在 RIP 配置中可能出现的错误
   B. 它显示 RIP 发送和接收的更新
   C. 它自动地识别路由环路
   D. 它显示 90 秒前的 RIP 更新历史
2. **passive-interface** 命令帮助解决什么问题?
   A. 防止 RIPv1 和 RIPv2 在一个网络上广播时造成的混乱
   B. 防止不必要的更新对带宽和进程的浪费
   C. 防止路由环路
   D. 防止发出的更新没有口令
3. 什么使一个路由器能成为 RIP 中的边界路由器?
   A. 如果它在一个自治系统的边界
   B. 如果路由器的多个接口处于多于一个的主网内
   C. 如果同时运行 RIP 和 EIGRP
   D. 有管理员把它配置为边界路由器
4. RIP 使用什么命令来向邻居传播默认路由?
   A. **network 0.0.0.0**
   B. **ip summary-address rip address mask**
   C. **ip default-network address**
   D. **default-information originate**
5. 下面哪个命令在 RIP 路由器上建立候选默认路由?
   A. **default-information originate**

B. **ip default-network 0.0.0.0**

C. **ip default-gateway 192.168.0.1**

D. **ip route 0.0.0.0 0.0.0.0 serial0/0/0**

6. 参考图 5-14。所有的路由器运行 RIPv1。所有的路由器接口都处于 up 状态。在 10.16.1.0 网络的用户不能访问 10.16.1.64 网络上的服务。什么问题导致了这个原因？

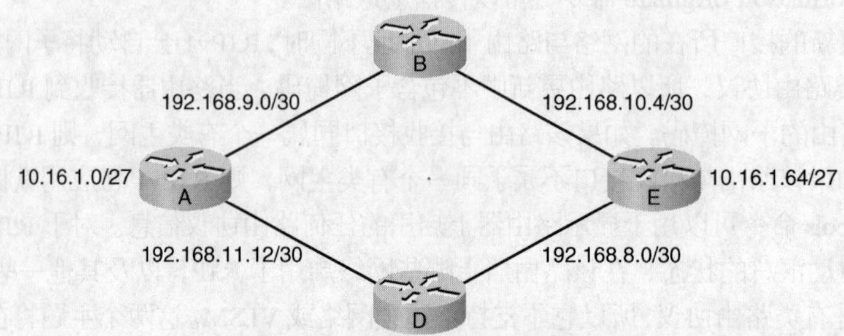

图 5-14　检查你的理解：问题 6

A. 路由器 A 里的 RIP 抑制计时器不允许 10.16.1.64 网络写到路由表中

B. 网络中使用可变长子网掩码，RIPv1 不支持

C. 10.16.1.x 子网是不连续的

D. 路由器 A 和 B 需要在它们的接口上配置被动接口

7. 运行 RIPv1 的路由器如何确定路由表中接收的路由的子网掩码？

A. 在路由更新中包含子网掩码

B. 路由器向发送路由器发出子网掩码的请求

C. 路由器使用本地接口的子网掩码或者路由更新默认的地址类的子网掩码

D. 路由器根据它自己配置的变长子网掩码来计算子网掩码

E. 路由器为所有路由更新使用默认的 255.255.255.0

8. 参考下面的输出。网络中运行 RIP 路由协议。到 172.30.3.0 网络路由的管理距离是多少？

```
<output omitted>
C       172.30.1.0 is directly connected, FastEthernet0/0
C       172.30.2.0 is directly connected, Serial0/0/0
R       172.30.3.0 [120/1] via 172.30.2.2, 00:00:05, Serial0/0/0
<output omitted>
```

A. 0

B. 1

C. 12

D. 24

E. 120

9. 使用 RIP 作为路由协议时，采用 **network** 命令的目的是什么？

A. 标识连接到相邻路由器的网络

B. 防止网络用于静态路由

C. 标识路由器可安装到路由表中的所有目的网络

D. 标识要包含在 RIP 路由更新中的直连网络

10. 要确保网络中使用正确的路由，网络管理员必须不断检查路由器配置，确保所使用的路由正确无误。映射下面的命令到它们相应的功能。

命令：

```
debug ip rip
show ip protocols
show running-config
show ip route
show interfaces
```

功能：

A. 显示所配置路由协议和接口的当前配置信息
B. 检查接口是否已启用而且运行正常
C. 显示发送和接收更新时通告的网络
D. 检查路由协议是否正在运行并通告正确的网络
E. 检查收到的路由是否存在于路由表中

11. RIPv1 的主要特征是什么？

12. 参考图 5-15。HQ 连接到 3 台分支路由器（BR1、BR2 和 BR3）并通过 ISP 连接到 Internet。在 HQ 和分支路由器之间配置了 RIPv1。请列出用于在 BR1 路由器上配置 RIPv1 路由的命令。

13. 请列出用于检验 RIP 配置和排除 RIP 故障的 3 条命令。

14. **passive-interface** 命令有何用途？图 5-15 中 BR1 是如何使用此命令进行配置的，路由器提示符也一并列出。

15. 为什么你不希望通过动态路由协议与 ISP 交换更新？

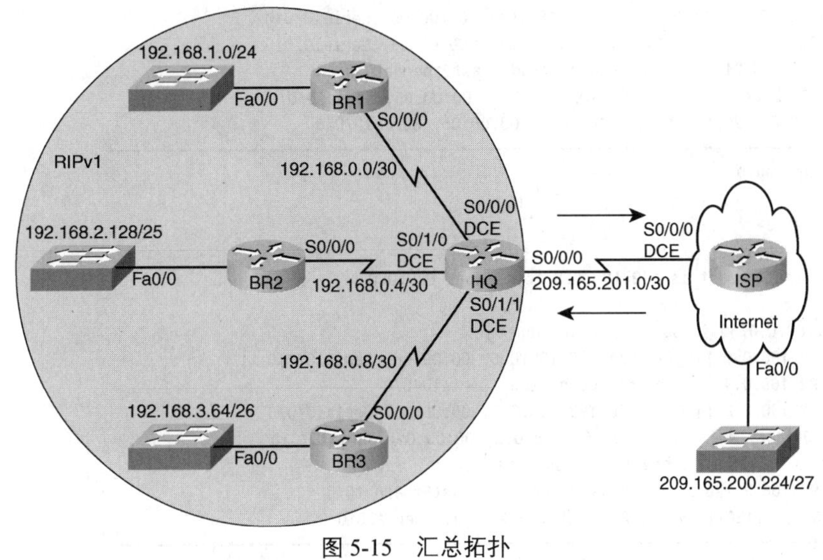

图 5-15 汇总拓扑

5.10 挑战的问题和实践

这些问题需要对于本章的概念有比较深的了解，而且这些题型非常类似于 CCNA 认证考试的题目。你可以在附录“检查你的理解和挑战性问题的答案”中找到答案。

1. 在图 5-15 中，HQ 的完整路由配置是什么，包括 RIPv1、默认路由，以及向分支路由器传播默认路由。

2. 图 5-15 中的网络并未完全收敛。请仅仅通过 **show ip route** 命令的输出找出存在的问题，然后提出解决方案或给出确定问题原因所需采取的下一个步骤。

```
HQ# show ip route

<output omitted>

Gateway of last resort is 0.0.0.0 to network 0.0.0.0

     192.168.0.0/30 is subnetted, 3 subnets
C       192.168.0.0 is directly connected, Serial0/0/1
C       192.168.0.4 is directly connected, Serial0/1/0
C       192.168.0.8 is directly connected, Serial0/1/1
R    192.168.1.0/24 [120/1] via 192.168.0.2, 00:00:04, Serial0/0/1
R    192.168.2.0/24 [120/1] via 192.168.0.6, 00:00:22, Serial0/1/0
     209.165.201.0/30 is subnetted, 1 subnets
C       209.165.201.0 is directly connected, Serial0/0/0
S*   0.0.0.0/0 is directly connected, Serial0/0/0
```

```
BR1# show ip route

<output omitted>

Gateway of last resort is 192.168.0.1 to network 0.0.0.0

     192.168.0.0/30 is subnetted, 3 subnets
C       192.168.0.0 is directly connected, Serial0/0/0
R       192.168.0.4 [120/1] via 192.168.0.1, 00:00:05, Serial0/0/0
R       192.168.0.8 [120/1] via 192.168.0.1, 00:00:05, Serial0/0/0
C    192.168.1.0/24 is directly connected, FastEthernet0/0
R    192.168.2.0/24 [120/2] via 192.168.0.1, 00:00:05, Serial0/0/0
R*   0.0.0.0/0 [120/1] via 192.168.0.1, 00:00:05, Serial0/0/0
```

```
BR2# show ip route

<output omitted>

Gateway of last resort is 192.168.0.5 to network 0.0.0.0

     192.168.0.0/30 is subnetted, 3 subnets
R       192.168.0.0 [120/1] via 192.168.0.5, 00:00:06, Serial0/0/0
C       192.168.0.4 is directly connected, Serial0/0/0
R       192.168.0.8 [120/1] via 192.168.0.5, 00:00:06, Serial0/0/0
R    192.168.1.0/24 [120/2] via 192.168.0.5, 00:00:01, Serial0/0/0
     192.168.2.0/25 is subnetted, 1 subnets
C       192.168.2.128 is directly connected, FastEthernet0/0
R*   0.0.0.0/0 [120/1] via 192.168.0.5, 00:00:06, Serial0/0/0
```

```
BR2# show ip route

<output omitted>

Gateway of last resort is 192.168.0.9 to network 0.0.0.0

     192.168.0.0/30 is subnetted, 3 subnets
R       192.168.0.0 [120/1] via 192.168.0.9, 00:00:08, Serial0/0/0
R       192.168.0.4 [120/1] via 192.168.0.9, 00:00:08, Serial0/0/0
C       192.168.0.8 is directly connected, Serial0/0/0
R    192.168.1.0/24 [120/2] via 192.168.0.9, 00:00:02, Serial0/0/0
R    192.168.2.0/24 [120/2] via 192.168.0.9, 00:00:08, Serial0/0/0
R*   0.0.0.0/0 [120/1] via 192.168.0.9, 00:00:08, Serial0/0/0
```

3. ISP 上的哪条静态路由命令将汇总可通过 HQ 访问的所有网络（并且只限于这些网络）？

4. 使用 Packet Tracer 来构建和配置图 5-15 中显示的拓扑。

5.11 知识拓展

RFC（请求注释）是提交给 IETF（Internet 工程任务组）的一系列文档，其中包含有关 Internet 标准的建议，或者一些新的理念、信息，甚至偶尔还会包含幽默的内容。RFC 1058 是 Charles Hedrick 为 RIP 所撰写的原始 RFC。

许多网站都提供 RFC 信息，包括http://www.ietf.org/rfc/rfc1058.txt。请阅读 RFC 1058 全文或部分内容。本课程已教授了其中的大部分内容，并提供了一些其他的信息。

第 6 章

VLSM 和 CIDR

6.1 目标

在学习完本章之后，你应该能够回答下面的问题：

- 有类和无类 IP 寻址之间的区别是什么？
- 什么是 VLSM，无类 IP 寻址的好处是什么？
- 无类域间路由（CIDR）标准在有效利用稀缺的 IPv4 地址方面扮演了什么角色？

6.2 关键术语

本章使用如下的关键术语。你可以在书后的术语表中找到解释。

有类 IP 寻址
不连续地址分配
超网
私有地址
高位
前缀聚合
网络前缀
连续
超网化

1981 年以前，IP 地址仅使用前 8 位来指定地址中的网络部分，因而 Internet——那时称为 ARPANET——的范围仅限于 256 个网络。很快，地址空间便不能满足人们的需求。

到 1981 年，RFC 791 对 IPv4 的 32 位地址进行了修改，将网络分为 3 种不同的类别：

- A 类地址，网络部分使用 8 位；
- B 类地址，网络部分使用 16 位；
- C 类地址，网络部分使用 24 位。

此格式就是人们所熟知的***有类 IP 寻址***。

最初发展形成的有类寻址方式在一段时间内解决了 256 个网络的限制问题。而 10 年之后，IP 地址空间再度面临快速耗尽的危险，而且形势越来越严峻。为此，Internet 工程任务组（IETF）引入了无类域间路由（CIDR）技术，使用可变长子网掩码（VLSM）来节省地址空间。

通过使用 CIDR 和 VLSM，ISP 可以将一个有类网络划分为不同的部分，从而分配给不同的客户使用。随着 ISP 开始采用***不连续地址分配***，无类路由协议也随之产生。比较而言：有类路由协议总是在有类网络边界处汇总，且其路由更新中不包含子网掩码信息。无类路由协议则在路由更新中包含子网掩码信息，并且不需要执行子网汇总。本章讨论的无类路由协议包括 RIPv2、EIGRP 和 OSPF。

随着 VLSM 和 CIDR 的应用，网络管理员必须要掌握和使用更多的子网划分技术。VLSM 就是指对子网划分子网。通过本章您将了解到，子网可以在不同的层次上进一步划分子网。除了划分子网，还可以将多个有类网络汇总为一个聚合路由，即所谓的***超网***。在本章中，您还将复习有关路由汇总方面的技巧。

6.3　有类和无类寻址

划分路由协议的一种方式就是分成有类和无类。这是随着 IPv4 寻址从有类到无类的发展而导致的结果。随着网络开始使用无类寻址，无类路由协议必须要进行改变和发展，要求在路由更新中包含子网掩码。下面介绍有类和无类寻址，并且介绍了无类路由协议。

6.3.1　有类 IP 寻址

图 6-1 显示了 Internet 从 1992 年到 2006 年中主机的增长指数。

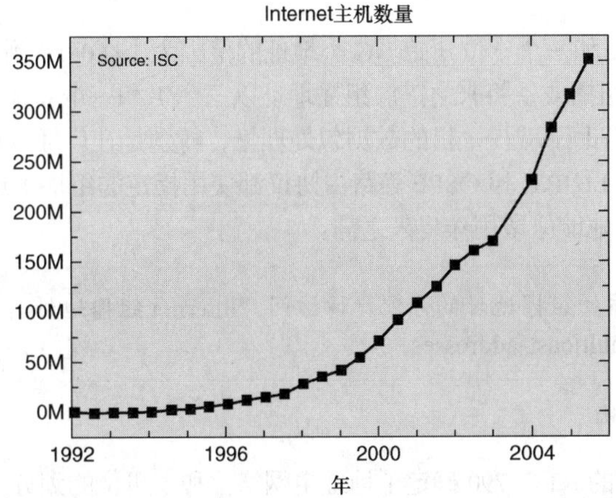

图 6-1　从 1992 年到 2006 年的 Internet 增长（来源于 http://en.wikipedia.org/wiki/Image:Number_of_internet_hosts.svg）

注 Internet 软件联盟（ISC）对 Internet 的主机数量进行跟踪。要了解更多关于 ISC 主机数量的信息，请访问“ISC 域调查：Internet 主机数量”，http://www.isc.org/index.pl?/ops/ds/host-count-history.php。

1969 年，ARPANET 开始投入使用之初，没有人会预测到这个默默无闻的研究项目会发展为后来的 Internet。到了 1989 年，ARPANET 全面转型，成为今日人们所熟知的 Internet。在接下来的 10 年间，Internet 的主机数量呈几何级数激增，从 1989 年 10 月的 159 000 台飙升至 2000 年末的超过 72 000 000 台。截止到 2007 年 1 月，Internet 的主机数量已经超过 4.33 亿台。

如果不是先后采用了诸多新技术，如 1993 年的 VLSM 与 CIDR（RFC 1519）、1994 年的网络地址转换（NAT）（RFC 1631）以及 1996 年的“*私有地址*”（RFC 1918），IPv4 的 32 位地址空间现在可能已经耗尽。

一、高位

IPv4 地址开始是基于类来分配的，如表 6-1 所示。

表 6-1 高位

类	高 位	开 始	结 束
Class A	0	0.0.0.0	127.255.255.255
Class B	10	128.0.0.0	191.255.255.255
Class C	110	192.0.0.0	223.255.255.255
多播	1110	224.0.0.0	239.255.255.255
实验用途	1111	240.0.0.0	255.255.255.255

在 1981 年发布的最初的 IPv4（RFC 791，http://www.ietf.org/rfc/rfc791.txt）规范中，制订者建立了类的概念，为大、中、小 3 种规模的组织提供 3 种不同规模的网络。使用特定格式的*高位*将地址分类为 A、B、C 3 类。高位是指 32 位地址中靠近左边的位。

如表 6-1 中所示各类介绍如下。

- A 类地址以一个 0 位开始。因此，所有 0.0.0.0 到 127.255.255.255 范围的地址都属于 A 类地址。地址 0.0.0.0 保留用于默认路由，地址 127.0.0.0 保留用于环回测试。
- B 类地址以 1 和 0 两个位开始。因此，所有 128.0.0.0 到 191.255.255.255 范围的地址都属于 B 类地址。
- C 类地址以两个 1 和一个 0 位开始。C 类地址的范围为 192.0.0.0 到 223.255.255.255。

余下的地址保留用于组播或备将来之需。组播地址以三个 1 和一个 0 开始。组播地址用于识别组播组中的主机。有助于减少主机的数据包处理量，特别是在广播媒体中。在本课程中，您将了解到，RIPv2、EIGRP 和 OSPF 等路由协议都使用指定的组播地址。

以四个 1 位开始的 IP 地址保留用作将来之需。

注 想了解具体的组播地址的分配，请访问“Internet 组播地址”，http://www.iana.org/assignments/multicast-addresses。

二、IPv4 有类寻址结构

随 RFC 791 一同发布的 RFC 790 确定了地址中网络位和主机位的划分。图 6-2 显示了如何根据它们的类来决定子网掩码。

	第一组二进制	第二组二进制	第三组二进制	第四组二进制	子网掩码
A类	网络	主机	主机	主机	255.0.0.0 或 /8
B类	网络	网络	主机	主机	255.255.0.0 或 /16
C类	网络	网络	网络	主机	255.255.255.0 或 /24

图 6-2　基于类的子网掩码

表 6-2 显示了每一类中的网络数量以及每个网络中的主机数量。

表 6-2　每一类中的网络数量以及每个网络中的主机数量

地　址　类	第一组二进制范围	可能的网络数量	每个网络的主机数量（台）
Class A	0 ~ 127	128（有 2 个作为保留）	16777214
Class B	128 ~ 191	16344	65534
Class C	192 ~ 223	2097152	254

A 类网络将第一组二进制八位数用于分配网络，由此形成的有类子网掩码是 255.0.0.0。因为第一组二进制八位数中只剩下了 7 位可以变化（还记得吗？第 1 个位始终为 0），这样就会有 2^7 即 128 个网络。

由于地址中的主机部分有 24 个位，因此每个 A 类网络地址理论上对应有 16000000 个以上的主机地址。在采用 CIDR 和 VLSM 之前，每个组织/公司所分配到的都是一个完整的有类网络地址。但是，一个公司/组织如何用得了 16000000 个地址呢？现在您应该明白，在 Internet 早期，为公司分配 A 类地址将会造成多么严重的地址空间浪费。时至今日，仍有公司和政府组织拥有 A 类地址。例如，通用电气公司拥有 3.0.0.0/8 网段的地址，苹果电脑公司拥有 17.0.0.0/8 网段的地址，而美国邮政总局拥有 56.0.0.0/8 网段的地址（有关所有 IANA 分配的列表，请参见下面的“IPv4 地址空间”链接）。

B 类网络地址就没有那么庞大了。RFC 790 规定 B 类地址使用前两组二进制八位数来划分网络。由于前两个位分别规定为 1 和 0，因此，前两组二进制八位数中还剩下 14 个位用于分配网络，这样就会有 16384 个 B 类网络地址。所以，每个 B 类网络地址的主机部分有 16 个位，也就是包含 65534 个主机地址（别忘了，还有两个主机地址保留用作网络地址和广播地址）。只有那些特大型的公司/组织或政府部门有可能会使用到所有 65000 个地址。与 A 类地址一样，B 类地址空间也存在浪费的情况。

不过，更糟的是，C 类地址通常又显得过小。RFC 790 规定 C 类地址使用前三组二进制八位数来划分网络。由于前 3 个位分别规定为 1、1 和 0，剩下的 21 个位用于分配网络，因而有超过 2000000 个 C 类网络可供分配。但是，每个 C 类网络地址的主机部分只有 8 个位，也就是只能有 254 个主机地址。

注　下面的链接提供了一些关于 IPv4 有类体系和 IPv4 地址空间消耗的背景和讨论。

- “Internet 简史”，http://www.isoc.org/internet/history/brief.shtml。
- “IPv4 地址空间”，http://www.iana.org/assignments/ipv4-address-space。

6.3.2　有类路由协议

现在我们回顾了有类寻址，那么我们再看看有类路由更新。记住，有类路由协议在路由更新中不包含子网掩码。

有类 IP 地址意味着网络地址的子网掩码可由第一组二进制八位数的值来确定，或者更准确地说，掩码由地址的前 3 个位来确定。像 RIPv1 这样的路由协议只需广播已知路由器的网络地址，而不必在路由更新中包含子网掩码。这是因为，路由器接收路由更新后，只需检查网络地址中第一组二进制八位数的值（或者应用其子网路由接入接口的掩码），就可以确定子网掩码。有类地址的子网掩码直接与网络地址相关。

图 6-3 揭示了有类路由如何对给定的网络确定子网掩码。

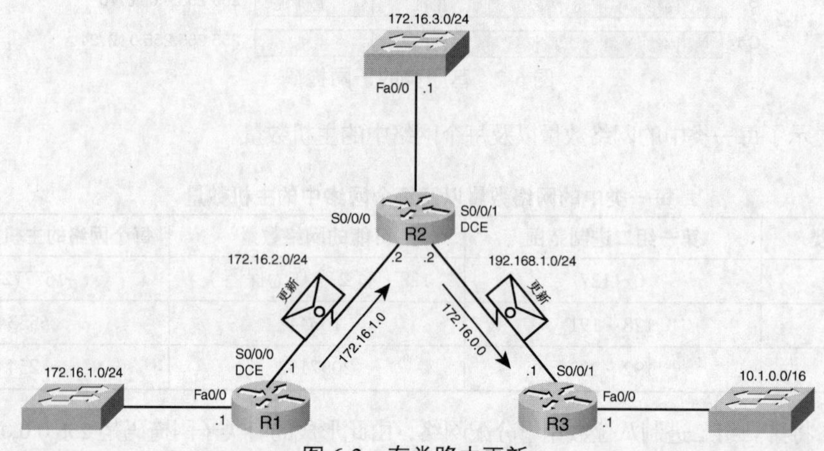

图 6-3 有类路由更新

在该图中，R1 知道子网 172.16.1.0 与外发接口属于同一有类主网络。因此，它将包含子网 172.16.1.0 的 RIP 更新信息发送到 R2。R2 接收到更新信息后，它对更新信息应用接收接口子网掩码（/24），然后将 172.16.1.0 协同/24 添加到其路由表。

在向 R3 发送更新信息时，R2 将子网 172.16.1.0/24、172.16.2.0/24 和 172.16.3.0/24 汇总为一个有类主网络 172.16.0.0。因为，R3 没有任何属于 172.16.0.0 的子网，它将应用 B 类网络的有类子网掩码（/16）。

6.3.3 无类 IP 寻址

前面一节讨论了有类寻址和有类路由协议。下面一节我们看一看无类寻址以及无类路由协议的发展。

一、迈向无类寻址

到了 1992 年，IETF（Internet 工程任务组）面临着多个重要问题。首先，Internet 正呈几何级数的增长，但 Internet 路由表的扩展性却有限。此外，32 位的 IPv4 地址空间也存在最终耗尽的危险，对于 B 类地址空间尤其明显。当时人们即可以预见，B 类地址在两年后将会全部耗尽（RFC 1519）。而原因就在于：每个请求 IP 地址空间的公司/组织，所分配到的都是完整的有类网络地址——要么是包含 65534 个主机地址的 B 类地址，要么是包含 254 个主机地址的 C 类地址。导致这个问题的根本症结就是缺乏灵活性。对于那些需要数千个而不是 65000 个主机 IP 地址的中等规模的公司/组织来说，没有哪一类网络适合他们使用。

1993 年，IETF 引入了“无类域间路由”这一概念，即 CIDR（RFC 1517）。CIDR 有以下作用：

- 更有效地使用 IPv4 地址空间；
- ***前缀聚合***，这样就减小了路由表。

对于采用 CIDR 概念的路由表来讲，地址类别就变得没什么意义了。地址的网络部分由网络子网掩码，也称为***网络前缀***，或者说前缀长度（如/8、/19）来确定。网络地址不再由地址所属的类来确定。

如今，ISP 可通过任意前缀长度（/8、/9、/10 依次递增等）更加有效地分配地址空间，而不必限于/8、/16 或/24 子网掩码。网络的 IP 地址段可以针对用户的具体需要加以分配——小到只有几台主机，大到拥有数百、上千台主机。

二、CIDR 和路由汇总

CIDR 可以根据具体的需要而不是按照地址类，使用可变长子网掩码（VLSM）为子网分配 IP 地址。在这种类型的地址分配中，允许将地址中的任何位作为地址中网络部分和主机部分的分界点。网络可以不断地拆分或细化为越来越小的子网。

就像 Internet 在 20 世纪 90 年代呈几何级数增长一样，采用“有类 IP 寻址”方式下的 Internet 路由器所维护的路由表的容量也在不断激增。CIDR 支持前缀聚合，也就是您在前面所了解的路由汇总。回想一下第 2 章“静态路由”中讲述的为多个网络创建一个静态路由的内容。现在，Internet 路由表也可以利用同样的路由聚合方式。这种将多条路由信息汇总为单条路由信息的方式有助于减小 Internet 路由表。图 6-4 显示了这个功能的简单例子。

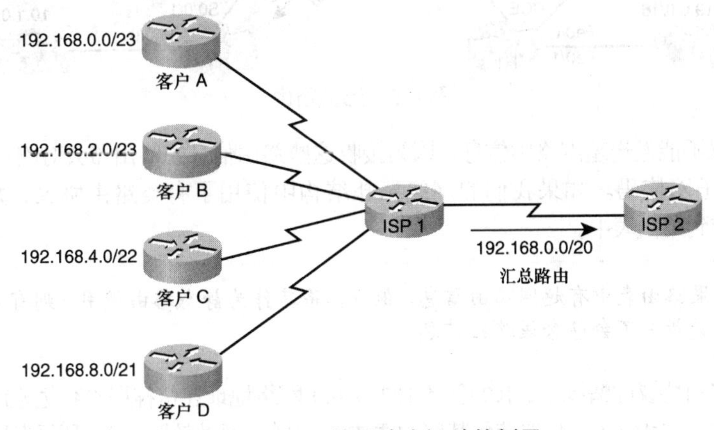

图 6-4　CIDR 使用路由汇总的例子

在图 6-4 中可以注意到，ISP1 有 4 个客户，每个客户拥有各自容量的 IP 地址空间。不过，所有客户地址空间可以汇总为一条路由信息发送到 ISP2。汇总/聚合得出的 192.168.0.0/20 路由信息涵盖了客户 A、B、C 和 D 的所有网络部分。这类路由就是所谓的“超网路由”。超网使用小于类掩码短的掩码来汇总多个网络地址。

广播 VLSM 和超网路由信息需要使用无类路由协议，因为这里不再由第一组二进制八位数的值来确定子网掩码。这样，网络地址便需要附带子网掩码。无类路由协议的路由信息更新中同时包含网络地址和子网掩码。

6.3.4　无类路由协议

无类路由协议包括 RIPv2、EIGRP、OSPF、IS-IS 和 BGP 等。这些路由协议的路由信息更新中同时包含网络地址和子网掩码。在子网掩码不再由第一组二进制八位数值来假定或确定的情况下，必须要使用无类路由协议。

例如，在图 6-5 中，网络 172.16.0.0/16、172.17.0.0/16、172.18.0.0/16 和 172.19.0.0/16 可以汇总为 172.16.0.0/14，即为*超网*。

如果 R2 发送了汇总路由信息 172.16.0.0 但不包含掩码/14，R3 只能应用默认的有类掩码/16。在使用有类路由协议的情况下，R3 并不了解 172.17.0.0/16、172.18.0.0/16 和 172.19.0.0/16 网络。

注　在使用有类路由协议的情况下，R2 可以不进行汇总，而是分别发送这些网络的路由信息，但是这样也就无法利用汇总的好处。

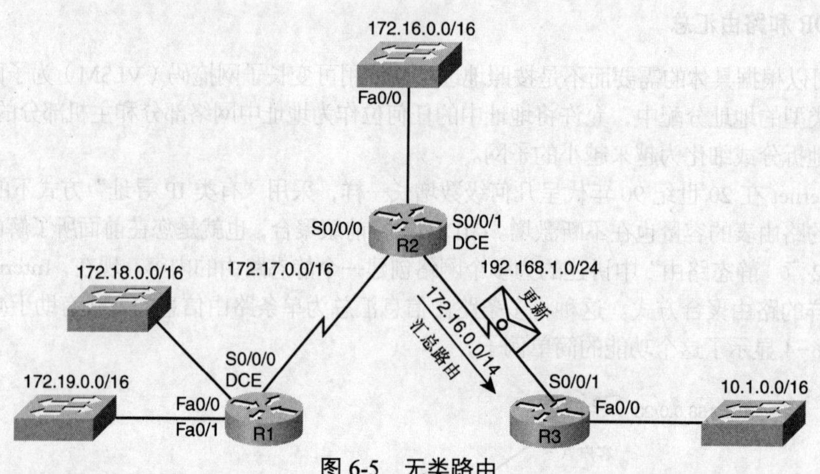

图 6-5 无类路由

有类路由协议不能发送超网路由信息，因为接收这些路由信息的路由器会对路由表中的网络地址使用默认的有类子网掩码。如果我们的网络拓扑结构中使用了有类路由协议，那么 R3 只会将 172.16.0.0/16 安装到路由表中。

> **注** 如果路由表中有超网路由信息，例如，将其作为静态路由使用，则有类路由协议在路由更新中不会包含该路由信息。

在使用无类路由协议的情况下，R2 会将 172.16.0.0 网络地址连带掩码/14 发送到 R3。随后，R3 就可以将超网路由 172.16.0.0/14 安装到其路由表中，这样，通过该路由就可以到达 172.16.0.0/16、172.17.0.0/16、172.18.0.0/16 和 172.19.0.0/16 网络。

6.4 VLSM

网络基础课程描述了 VLSM 如何允许为每个不同的子网使用不同的掩码。在网络地址被子网化后，这些子网还可以被进一步子网化。正如您最可能想到的那样，VLSM 就是指对子网划分子网。VLSM 可以看做子网的子网划分机制。

6.4.1 VLSM 的使用

图 6-6 显示了使用子网掩码/16 对 10.0.0.0/8 网络划分子网的情况，它包含 256 个子网。

10.0.0.0/16

10.1.0.0/16

10.2.0.0/16

.

.

.

10.255.0.0/16

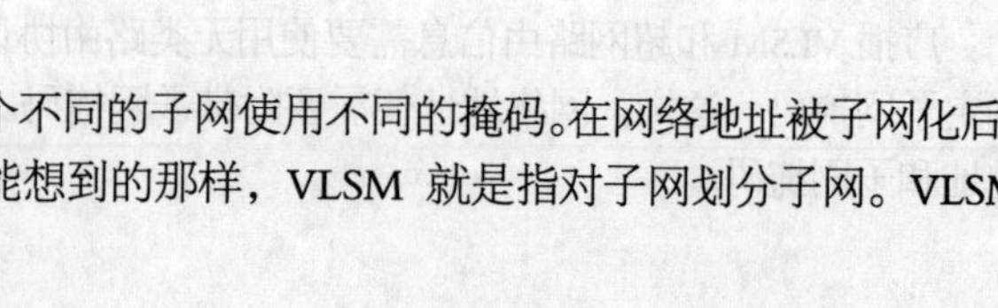

10.1.0.0/16　10.2.0.0/16　10.3.0.0/16　10.4.0.0/16

图 6-6 VLSM：子网化的第一轮

在该例中，10.0.0.0/8 被分成了 4 个子网：10.0.0.0/16、10.1.0.0/16、10.2.0.0/16 和 10.3.0.0/16。

这些/16 子网都可以进一步划分子网。例如，在图 6-7 所示中，使用/24 掩码对 10.1.0.0/16 做了进一步的划分。

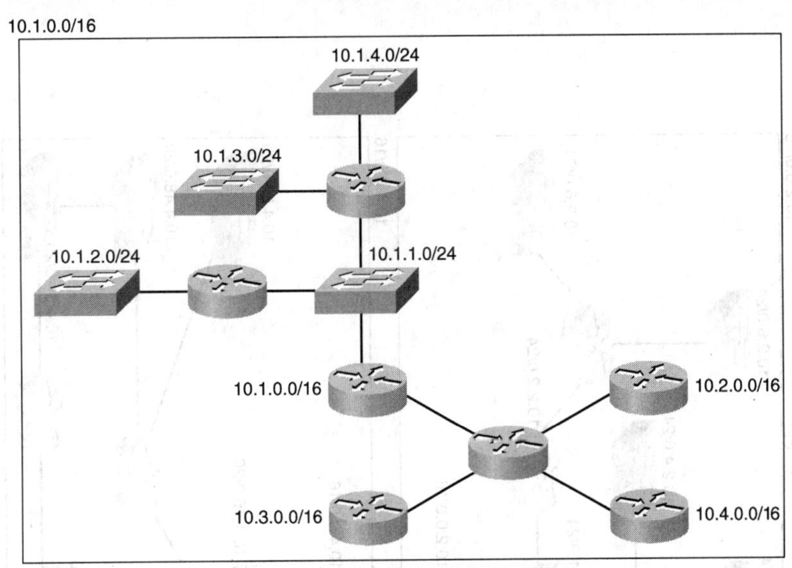

图 6-7 VLSM：子网的子网化

对 10.1.0.0/16 进一步以/24 进行子网化，产生下列潜在的子网。

10.1.1.0/24

10.1.2.0/24

10.1.3.0/24

.

.

.

10.1.255.0/24

如图 6-8 所示，10.2.0.0/16 子网也可以使用/24 掩码进一步划分。10.3.0.0/16 子网和 10.4.0.0/16 子网也分别使用掩码/28 和/20 作了进一步的划分。

各台主机所分配到的地址分别属于不同“子网的子网”。例如，如图 6-8 所示，10.1.0.0/16 子网划分为多个/24 子网。地址 10.1.4.10 现在属于更具体的 10.1.4.0/24 子网。

6.4.2 VLSM 和 IP 编址

查看 VLSM 子网的另一种方式是列出每个子网及其“子网的子网”。在图 6-9 所示中，10.0.0.0/8 网络是最初的地址空间。

在第一轮划分子网时使用了掩码/16。您已经知道，从主机地址借用 8 个位（从/8 变为/16）可以产生 256 个子网。在有类路由的情况下，我们只能到此为止。对于所有网络，您只能使用一个掩码。在使用 VLSM 和无类路由的情况下，就具有了更多的灵活性，您可以创造更多的网络地址，可以使用适合自己需要的掩码。

对于子网 10.1.0.0/16（见图 6-10），再从主机地址借用 8 个位，这样就可以使用/24 掩码创造 256 个子网。此掩码将允许每个子网存在 254 个主机地址。10.1.0.0/24 到 10.1.255.0/24 范围内的子网都属于子网 10.1.0.0/16。

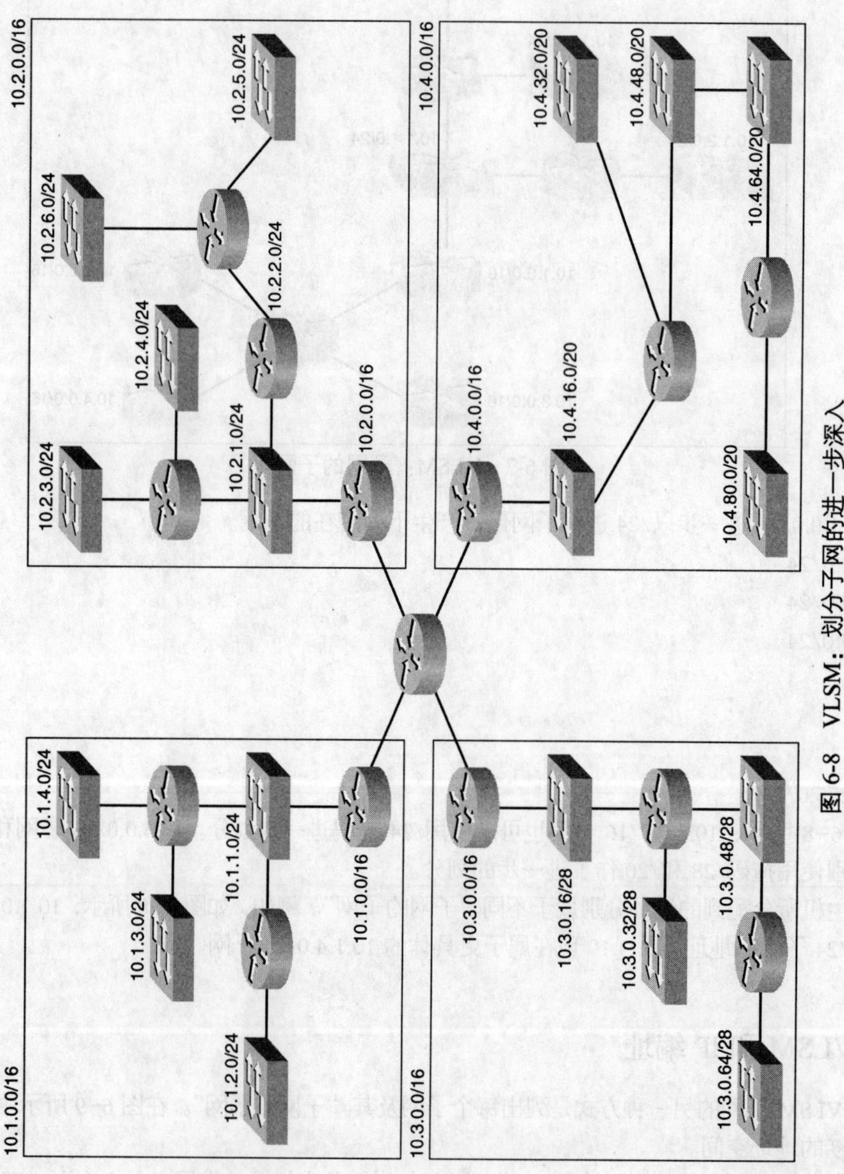

图 6-8 VLSM：划分子网的进一步深入

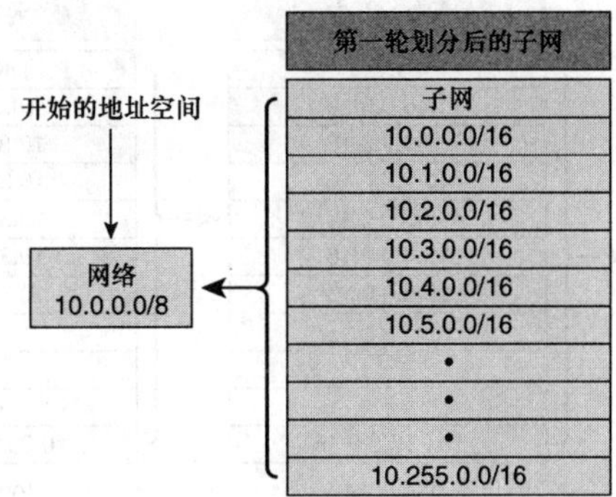

图 6-9　子网的子网：第一轮

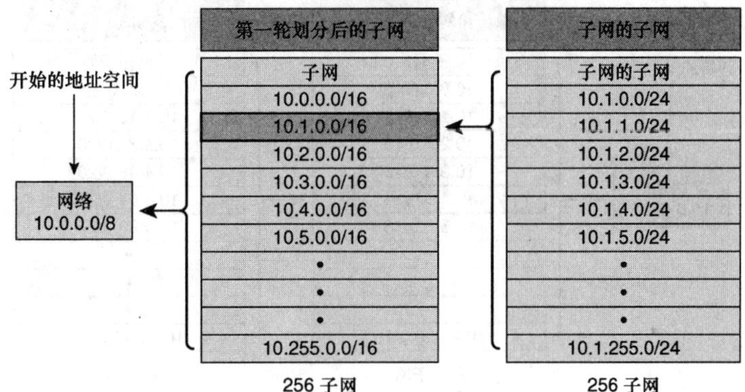

图 6-10　子网的子网：10.1.0.0/16

对于 10.2.0.0/16 子网，同样可以使用/24 掩码进一步划分出了子网（见图 6−11）。

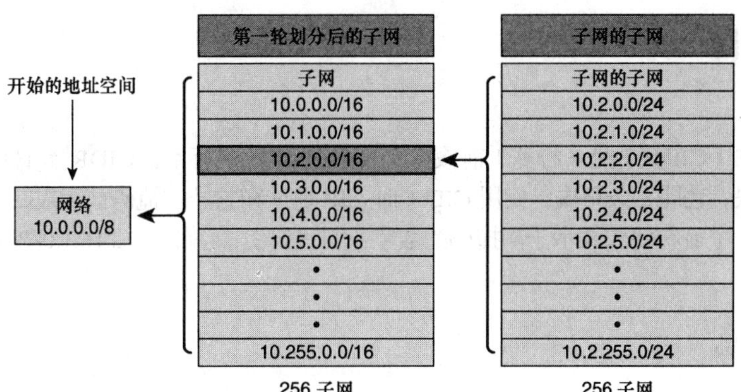

图 6-11　子网的子网：10.2.0.0/16

10.2.0.0/24 到 10.2.255.0/24 范围内的子网是属于子网 10.2.0.0/16 的子网。

对于 10.3.0.0/16 子网，使用/28 掩码进一步划分出了子网（见图 6−12）。

此掩码将允许每个子网存在 14 个主机地址。这样便从主机地址借用了 12 个位，从而创建出了从 10.3.0.0/28 到 10.3.255.240/28 的 4096 个子网。

对于 10.4.0.0/16 子网，使用/20 掩码进一步划分出了子网（见图 6−13）。

此掩码将允许每个子网存在 4094 个主机地址。此处从主机地址借用了 4 个位，创建出了从 10.4.0.0/20 到 10.4.240.0/20 范围内的 16 个子网。这些/20 子网的规模足以进一划分为更小的子网，从而创建出更多的网络。

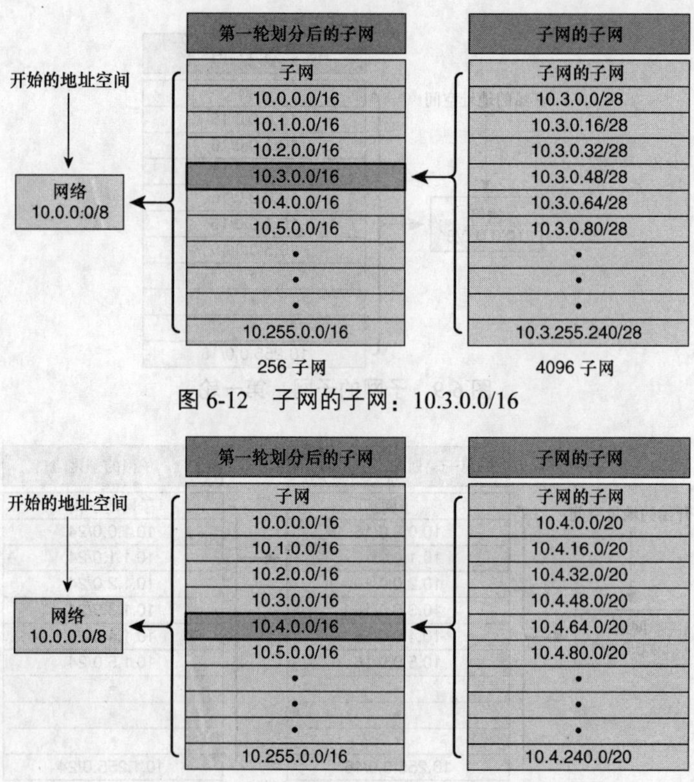

图 6-12 子网的子网：10.3.0.0/16

图 6-13 子网的子网：10.4.0.0/16

6.5 CIDR

无类域间路由（CIDR）是一种基于前缀方式表示 IP 地址的标准。CIDR 允许路由协议汇总多个网络到一个地址块，也即一条路由。使用 CIDR 时，IP 地址和它子网掩码被写成四组八位字节，用点隔开，紧跟着是一个前斜线和表示子网掩码的数字（斜线符）。比如：172.16.1.0/24。

6.5.1 路由汇总

您已经知道，路由汇总也就是所谓的路由聚合，指使用更笼统、相对更短的子网掩码将一组*连续*地址作为一个地址来传播。请记住，CIDR 是路由聚合的一种形式，它与术语“*超网划分*”同义。

对于由类似 RIPv1 这样的有类路由协议所执行的路由汇总，您应该已经熟悉了。RIPv1 在通过属于另一个主网络的接口发送 RIPv1 更新时，会将子网汇总为一个主网络有类地址。例如，RIPv1 将多个 10.0.0.0/24 子网（从 10.0.0.0/24 到 10.255.255.0/24）汇总为 10.0.0.0/8。

CIDR 忽略有类边界的限制，允许使用小于默认有类掩码的掩码进行汇总。此类汇总有助于减少路由更新中的条目数量，以及降低本地路由表中的条目数量。它还可以帮助减少路由更新所需的带宽用量，加快路由表查询速度。

只有无类路由协议可以传播超网。无类路由协议在路由更新中包括网络地址和子网掩码。有类路由协议在它的路由更新中不包括超网，这是因为它们不包含子网掩码，而只能用默认类的掩码。静态路由可以配置超网路由，只是因为我们可以直接在路由器上配置网络地址和子网掩码。

图 6-14 显示了一条地址为 172.16.0.0，掩码为 255.248.0.0 的静态路由，它汇总了所有从 172.16.0.0/16 到 172.23.0.0/16 的有类网络。

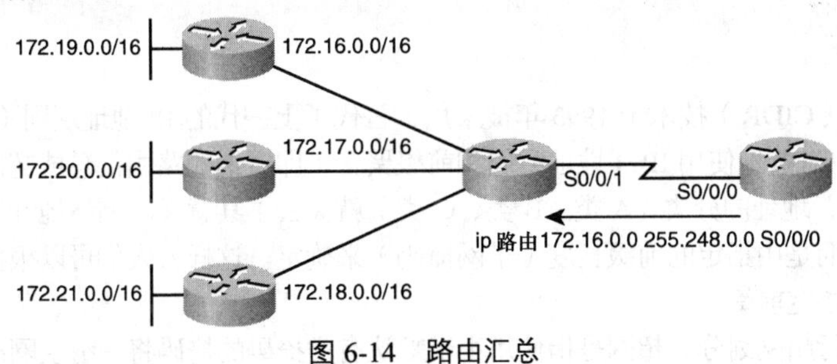

图 6-14　路由汇总

虽然 172.22.0.0/16 和 172.23.0.0/16 没有显示在图中，但它们也包含在这个汇总路由中。请注意，掩码/13（255.248.0.0）小于默认有类掩码/16（255.255.0.0）。

注　*您可能会想起，我们在前面说过所有超网都是路由汇总，但路由汇总并不都是超网。*

或许，路由器有一条具体的静态路由条目，同时也存在覆盖同一网络的另一条汇总条目。让我们假设，路由器 X 有一条使用 Serial 0/0/1 且指向 172.22.0.0/16 的具体路由，还有一条使用 Serial 0/0/0 的汇总路由 172.16.0.0/14。发往 IP 地址 172.22.n.n 的数据包与这两个路由条目都匹配。在实际发送时，这些发往 172.22.0.0 的数据包将使用 Serial 0/0/1 接口发送，因为与 14 位掩码的 172.16.0.0/14 汇总路由相比，16 位掩码要更为具体。

6.5.2　计算路由汇总

路由汇总和超网的计算过程与您在第 2 章"静态路由"中了解到的过程相同。下面的示例可帮助您快速回顾一下。

将多个网络汇总为一个地址和掩码的过程可以分为 3 个步骤，如图 6-15 所示。

考虑下面 4 个网络：

- 172.20.0.0/16；
- 172.21.0.0/16；
- 172.22.0.0/16；
- 172.23.0.0/16。

汇总这些网络的步骤如下。

步骤1：以二进制格式列出网络

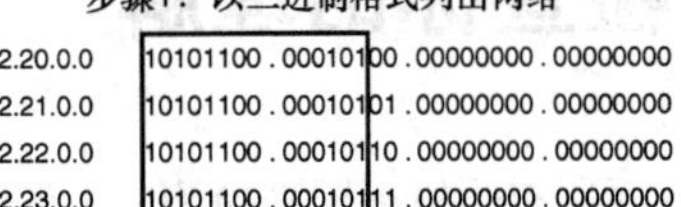

步骤2：计算所有网络地址中从左侧开始的相同位数来确定掩码。其中有14位相同，掩码为/14或255.252.0.0

步骤3：复制这些相同的位，在后面添加0，以确定网络地址

172.20.0.0　10101100.00010100.00000000.00000000

复制　添加0比特

图 6-15　计算路由汇总

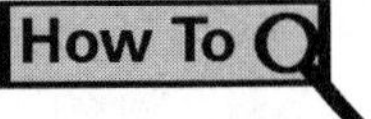

步骤 1　以二进制格式列出各个网络。图中以二进制形式显示了所有 4 个网络。

步骤 2　计算所有网络地址中从左侧开始的相同位数，以确定汇总路由的掩码。从图 6-15 中可以看到，靠左侧前 14 个位是相同的。以下是汇总后的路由的前缀，或者说子网掩码：/14 或 255.252.0.0。

步骤 3　复制这些相同的位，然后添加 0 位，确定汇总后的网络地址。图 6-15 中显示，在这些相同的位数后面补上 0 之后，得到的网络地址是 172.20.0.0。4 个网络 172.20.0.0/16、172.21.0.0/16、172.22.0.0/16 和 172.23.0.0/16 可以汇总为一个网络地址和前缀 172.20.0.0/14。

6.6 总结

无类域间路由（CIDR）技术于1993年被采用，替代了上一代的IP地址规则（有类网络）。通过CIDR，人们可以更有效地使用IPv4地址空间和前缀聚合（即所谓的路由汇总或超网）。

使用CIDR后，地址的分类（A类、B类、C类）就失去了其意义。网络地址不再由第一组二进制8位数值确定，而是由指定的前缀长度（子网掩码）来确定。这样，人们可以根据网络所需的主机数量来为地址空间指定前缀。

CIDR 允许进行超网划分。超网是指使用小于默认有类掩码的掩码将一组主网络地址汇总为单个网络地址。

CIDR根据具体的需要而不是按照地址类来使用VLSM（可变长子网掩码）为子网分配IP地址。VLSM允许对子网进一步细分（即划分）为更小的子网。简单来说，VLSM就是对子网划分子网。

CIDR超网或VLSM子网信息的传播需要使用无类路由协议。无类路由协议的路由信息更新中同时包含网络地址和子网掩码。

确定一组网络的汇总路由和子网掩码可以按3个步骤来完成。第1步是以二进制格式列出各个网络。第2步是从左侧开始，计算所有网络地址中的相同位数，从而得出汇总后路由的前缀长度，即子网掩码长度。第3步是复制这些相同的位，然后添加0位以补足位数，确定汇总后的网络地址。这样，汇总所得的网络地址和子网掩码就可以用作这组网络的汇总路由。汇总路由既可用于静态路由，也可用于无类路由协议。有类路由协议只能将路由汇总为默认的有类掩码。

有关无类路由协议及其对CIDR超网、VLSM非连续网络的支持，将在下一章中讲述。

6.7 检查你的理解

完成下面所有的复习题来检测一下你对于本章中的主题和概念的理解。题目的答案在附录“检查你的理解和挑战性问题的答案”中可以找到。

1. 对于下面所列的每种路由协议，请指出是否支持VLSM（VLSM或非VLSM）。

   RIPv1：
   EIGRP：
   IGRP
   IS-IS
   OSPF：
   RIPv2：

2. 对于下面每条定义，指出哪些是描述VLSM的，哪些是描述路由汇总的。

   将多个IP网络地址合为一个IP地址：
   为具有相同网络号的不同子网指定不同子网掩码的功能：
   使用超网：
   节约地址空间：
   用于减少路由表中的条目：

3. 哪两种方法允许继续使用IPv4地址，以帮助延缓执行IPv6的需求？

A. 变长子网划分
B. 扩展 IPv4 地址范围
C. 使用私有地址并提供地址转化
D. 实施有类路由协议
E. 放弃 IPv4 而对所有主机使用 IPv6
F. 实施超网划分

4. 192.168.16.0 网络选择使用以下子网掩码：
255.255.255.252
255.255.255.240
255.255.255.192
下列哪些描述是每个掩码的最高效使用方式（选 3 项）？
A. 对于点到点链路（如 WAN 连接），使用/30 掩码
B. 对于有 4 台或 4 台以上主机的子网，使用/30 掩码
C. 对于主机数量不超过 14 台的小型网络，使用/28 掩码
D. 对于主机数量不超过 62 台的大型网络，使用/26 掩码
E. 对于主机数量不超过 30 台的网络，使用/25 掩码
F. 对于点到点链路（如 WAN 连接），使用/24 掩码

5. 使用 A 类 IP 地址进行有类规划时，地址的网络部分是多少组二进制八位数?
A. 1
B. 2
C. 3
D. 4

6. 匹配最合适的网络范围到相对应的子网掩码。每个答案只能用一次。
VLSM 子网：
172.16.64.0/18
172.16.16.64/30
172.16.128.0/19
172.16.18.0/24
172.16.5.128/26
主机数量：
A. 2
B. 60
C. 250
D. 8000
E. 16000

7. 网络工程师正在汇总路由器 R1 上的两组路由，组 A 和组 B。哪条汇总对于所有子网都工作?
组 A：
192.168.0.0/30
192.168.0.4/30
192.168.0.8/30
192.168.0.16/29
组 B：

192.168.4.0/30

192.168.5.0/30

192.168.6.0/30

192.168.7.0/29

A. 192.168.0.0/23

B. 192.168.0.0/22

C. 192.168.0.0/21

D. 192.168.0.0/28

8. IPv4 地址使用多少位空间？

A. 8

B. 12

C. 16

D. 30

E. 32

F. 64

9. 对于下面的有类网络地址，指出它们是 A 类地址还是 B 类地址。

191.254.45.0: Class

123.90.78.45: Class

128.44.0.23: Class

129.68.11.45: Class

126.0.0.0: Class

125.33.23.56: Class

10. 参见图 6-16。网络管理员希望尽量减少路由器 R1 路由表中的路由条目。管理员应该在网络上使用什么技术？

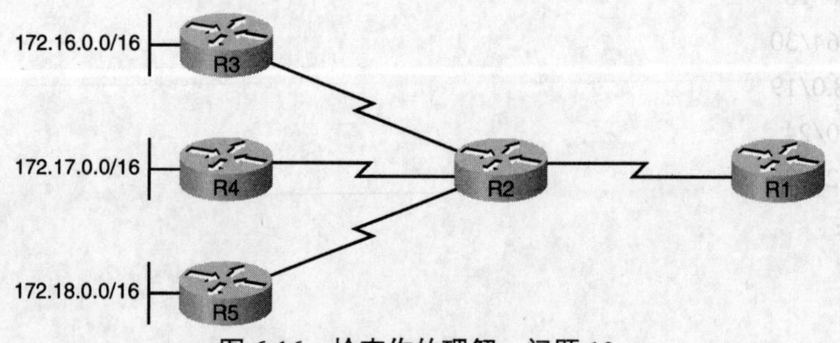

图 6-16 检查你的理解：问题 10

A. VLSM

B. CIDR

C. 私有 IP 地址

D. 有类路由

11. 有类路由协议和无类路由协议的区别是什么？

12. 无类路由协议的优点是什么？

13. 有类路由协议如何确定路由更新中的子网掩码？

14. 为什么 IETF 引入了无类 IP 寻址和 CIDR？

15. 哪个术语用于定义对子网进一步子网化的过程？

6.8 挑战的问题和实践

这些问题需要对于本章的概念有比较深的了解，而且这些题型非常类似于 CCNA 认证考试的题目。你可以在附录"检查你的理解和挑战性问题的答案"中找到答案。

1. 172.16.0.0/16 是使用/24 作为子网掩码划分子网的。如果我们需要将 172.16.10.0/24 子网划分为 3 个同样规模的子网，且每个子网拥有最多的主机数量，应该怎么做？

2. 172.16.10.0/24 在 LAN 中使用如下的/28 子网：

172.16.10.16/28

172.16.10.32/28

172.16.10.48/28

172.16.10.64/28

172.16.10.80/28

172.16.10.96/28

172.16.10.112/28

172.16.10.128/28

172.16.10.144/28

172.16.10.160/28

172.16.10.176/28

172.16.10.192/28

172.16.10.240/28

管理员希望再分配一个/28 的子网，并使用/30 掩码进一步对其划分子网，用于网络中的点到点串行链路。有哪些/28 的子网可以使用？

3. 什么是超网划分？传播超网路由信息有哪些必要条件？

4. 请汇总以下网络：

192.168.68.0/24

192.168.96.0/24

192.168.80.0/24

6.9 知识拓展

RFC 1519 无类域间路由（CIDR）

RFC（请求注释）是提交给 IETF（Internet 工程任务组）的一系列文档，其中包含有关 Internet 标准的建议，或者一些新的理念、信息，甚至偶尔还会包含幽默的内容。RFC 1519 是有关无类域间路由（CIDR）的 RFC。

可通过几个网站访问 RFC，包括 http://www.ietf.org。请阅读 RFC 1519 的全部或部分内容，了解其中为 Internet 行业提供的有关 CIDR 的更多说明。

Internet 核心路由器

在第 3 章（动态路由协议简介）的"知识拓展"一节，您知道了如何访问路由服务器来显示 Internet

的 BGP 路由。有关内容可参考 http://www.traceroute.org。

请访问其中的一台路由服务器，使用 **show ip route** 命令查看 Internet 路由器的实际路由表。注意 Internet 核心路由器上的路由条目的数量。截止到 2007 年 3 月，路由条目的数量超过 200000。其中有许多都是汇总路由和超网条目。请使用 **show ip route 207.62.187.0** 命令查看其中的一个超网。

CAIDA

给您推荐一个有趣的网站：CAIDA（Internet 数据分析合作协会），http://www.caida.org。CAIDA 提供了一些工具和分析方法，可以帮助对具有可伸缩性和可靠性的 Internet 基础架构的工程和维护加以改进。CAIDA 有几位发起者，Cisco Systems 是其中之一。目前，对于这类信息，其中的很多内容您可能还不理解，但在后面的章节中，您会陆续学习并了解其中的一些术语和概念。

第 7 章

RIPv2

7.1 目标

在学习完本章之后，你应该能够回答下面的问题：

- 作为有类路由协议，RIPv1 的局限是什么？
- 应用基本的路由信息协议第 2 版（RIPv2）配置命令，如何来评估 RIPv2 的无类路由更新？
- 分析路由器输出以查看 RIPv2 是如何对 VLSM 和无类域间路由（CIDR）支持的？
- 哪些命令用来检验 RIPv2 和常见的问题。
- 什么命令用来配置、检验和排查 RIPv2？

7.2 关键术语

本章使用如下的关键术语。你可以在书后的术语表中找到解释。

不连续网络
重分布
环回接口
空接口
ICMP

图 7-1 所示的表格显示了当前最常使用的 IP 路由协议。里面的突出部分为本书讨论的内容。注意在表中 RIP 版本 2（RIPv2）是无类的距离矢量路由协议。

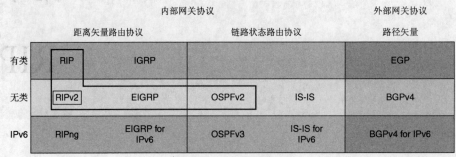

	内部网关协议				外部网关协议
	距离矢量路由协议		链路状态路由协议		路径矢量
有类	RIP	IGRP			EGP
无类	RIPv2	EIGRP	OSPFv2	IS-IS	BGPv4
IPv6	RIPng	EIGRP for IPv6	OSPFv3	IS-IS for IPv6	BGPv4 for IPv6

图 7-1　路由协议图表

RIP 第 2 版（RIPv2）是本课程介绍的第一个无类路由协议，在 RFC 1723 中可以找到其定义。图 7-1 列出了 RIPv2 及其他路由协议各自所属的协议类型。尽管 RIPv2 路由协议适用于某些环境，但与 EIGRP、OSPF 以及 IS-IS 等路由协议相比，它显然处于劣势，不仅功能要少得多，扩展性也较差。

虽然没有其他路由协议应用广泛，但前后两个版本的 RIP 在某些场合仍然有其用武之地。尽管 RIP 的功能远远少于在它之后出现的协议，但它的简单性以及在多种操作系统上的广泛应用使得 RIP 非常适用于需要支持不同厂商产品的小型同构网络，尤其是 UNIX 环境。

无论您将来是否会应用 RIPv2，您都必须了解此协议。本章将着重讲述有类路由协议（RIPv1）和无类路由协议（RIPv2）之间的差别，而不是单独讲述 RIPv2 的详细内容。RIPv1 的主要局限性在于它是一种有类路由协议。如您所知，有类路由协议在路由更新中不包含子网掩码，因此在不连续子网或使用可变长子网掩码（VLSM）的网络中会造成问题。而 RIPv2 是无类路由协议，它会在路由更新中包含子网掩码，因此 RIPv2 对当今路由环境的适应性更强。

RIPv2 实际是对 RIPv1 的增强和扩充，而不是一种全新的协议。其中一些增强功能包括：

- 路由更新中包含下一跳地址。
- 使用组播地址发送更新。
- 可选择使用检验功能。

与 RIPv1 一样，RIPv2 也是距离矢量路由协议。这两个版本的 RIP 都存在以下特点和局限性：

- 使用抑制计时器和其他计时器来帮助防止路由环路。
- 使用带毒性反转的水平分割来防止路由环路。
- 在拓扑结构发生变化时使用触发更新加速收敛。
- 最大跳数限制为 15 跳，16 跳意味着网络不可达。

7.3　RIPv1 的限制

图 7-2 显示了本章使用的拓扑。示例 7-1、7-2 和 7-3 显示了每台路由器的启动配置。此场景与第 5 章“RIPv1”末尾使用的有 3 台路由器的路由域类似。在此结构中，R1 和 R3 都有属于 172.30.0.0/16 有类主网（B 类）的子网。另外，R1 和 R3 都通过 209.165.200.0/24 有类主网（C 类）的子网连接到 R2。

图 7-2 中的拓扑是一个***不连续网络***的例子。在不连续网络中，一个有类主网地址，比如 172.30.0.0/16，被一个或多个其他主网分隔开。在这个例子中，172.30.0.0/16 被 209.165.200.228/30 和 209.165.200.232/30 网络分隔。就像您通过 RIPv1 看到的，有类路由协议不能包含足够的路由信息来正确的表示不连续的

网络。在本章的后面，我们将近一步研究有类路由协议和不连续网络的问题，以及无类路由协议是如何解决这些问题的。

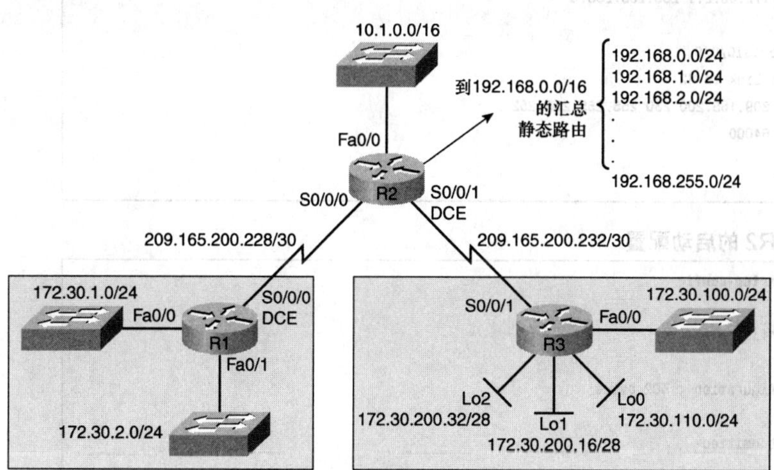

图 7-2 RIPv2 拓扑

表 7-1 RIPv2 的地址表

设 备	接 口	IP 地址	子 网 掩 码
R1	Fa0/0	172.30.1.1	255.255.255.0
	Fa0/1	172.30.2.1	255.255.255.0
	S0/0/0	209.165.200.230	255.255.255.252
R2	Fa0/0	10.1.0.1	255.255.0.0
	S0/0/0	209.165.200.229	255.255.255.252
	S0/0/1	209.165.200.233	255.255.255.252
R3	Fa0/0	172.30.100.1	255.255.255.0
	Lo0	172.30.110.1	255.255.255.0
	Lo1	172.30.200.17	255.255.255.240
	Lo2	172.30.200.33	255.255.255.240
	S0/0/1	209.165.200.234	255.255.255.252

示例 7-1 R1 的启动配置

```
R1# show startup-config

Building configuration...

Current configuration : 434 bytes
!
<some output omitted>
!
hostname R1
!
!
!
interface FastEthernet0/0
ip address 172.30.1.1 255.255.255.0
```

（待续）

```
!
interface FastEthernet0/1
 ip address 172.30.2.1 255.255.255.0
!
interface Serial0/0/0
 description Link to R2
 ip address 209.165.200.230 255.255.255.252
 clock rate 64000
!
end
```

示例 7-2 R2 的启动配置

```
R2# show startup-config

Building configuration...

Current configuration : 502 bytes
!
<some output omitted>
!
hostname R2
!
!
!
interface FastEthernet0/0
 ip address 10.1.0.1 255.255.0.0
!
interface Serial0/0/0
 description Link to R1
 ip address 209.165.200.229 255.255.255.252
!
interface Serial0/0/1
 description Link to R3
 ip address 209.165.200.233 255.255.255.252
 clock rate 64000
!
end
```

示例 7-3 R3 的启动配置

```
R3# show startup-config

Building configuration...

Current configuration : 646 bytes
!
<some output omitted>
!
hostname R3
!
!
!
interface FastEthernet0/0
 ip address 172.30.100.1 255.255.255.0
!
interface Serial0/0/1
 description Link to R2
 ip address 209.165.200.234 255.255.255.252
!
```

（待续）

```
interface Loopback0
ip address 172.30.110.1 255.255.255.0
!
interface Loopback1
 ip address 172.30.200.17 255.255.255.240
!
interface Loopback2
 ip address 172.30.200.33 255.255.255.240
!
end
```

7.3.1 汇总路由

注意在图 7-2 中的 R2 具有到达 192.168.0.0/16 网络的静态汇总路由。静态总结路由的概念和配置方法请参见第 2 章“静态路由”。你可以将静态路由信息注入到路由协议更新。这种技术称为“***重分布***”，我们将在本节的后面部分讨论。目前，您只需了解 192.168.0.0/16 不是主网有类地址，如拓扑所示，它涵盖了 192.168.0.0/16 网络中所有按/24 划分的网络，所以在使用 RIPv1 时该汇总路由会造成问题。

7.3.2 VLSM

参见本章拓扑和图 7-3，注意 R1 和 R3 包含 VLSM 网络。R1 和 R3 都将 172.30.0.0/16 网络按/24 划分了子网。分配了其中 4 个/24 子网：2 个分配给了 R1（172.30.1.0/24 和 172.30.2.0/24），另外 2 个分配给了 R3（172.30.100.0/24 和 172.30.110.0/24）。

	子网	网络	主机范围	广播
	0	172.30.0.0	172.30.0.1～172.30.0.254	172.30.0.255
分配给 R1 Fa0/0	1	172.30.1.0	172.30.1.1～172.30.1.254	172.30.1.255
分配给 R1 Fa0/1	2	172.30.2.0	172.30.2.1～172.30.2.254	172.30.2.255
	3	172.30.3.0	172.30.3.1～172.30.3.254	172.30.3.255
	4	172.30.4.0	172.30.4.1～172.30.4.254	172.30.4.255
	.			
分配给 R3 Fa0/0	100	172.30.100.0	172.30.100.1～172.30.100.254	172.30.100.255
	.			
分配给 R3 Lo0	110	172.30.110.0	172.30.110.1～172.30.110.254	172.30.110.255
	.			
再次划分子网	200	172.30.200.0	172.30.200.1～172.30.200.254	172.30.200.255
	.			
	255	172.30.255.0	172.30.255.1～172.30.255.254	172.30.255.255

256 /24 子网

	子网	网络	主机范围	广播
	0	172.30.200.0	172.30.200.1～172.30.200.14	172.30.200.15
分配给 R3 Lo1	1	172.30.200.16	172.30.200.17～172.30.200.30	172.30.200.31
分配给 R3 Lo2	2	172.30.200.32	172.30.200.33～172.30.200.46	172.30.200.47
	3	172.30.200.48	172.30.200.49～172.30.200.62	172.30.200.63
	.			
	15	172.30.200.240	172.30.200.241～172.30.200.254	172.30.200.255

16 /28 子网

图 7-3 拓扑中 VLSM 地址分配方案

在 R3 上，172.30.200.0/24 子网再次进行了子网划分，前 4 位用来表示子网，后 4 位用来表示主机。因此现在的子网掩码为 255.255.255.240 或/28。子网 172.30.200.16/28 和子网 172.30.200.32/48 都指定给了 R3。

7.3.3 RFC 1918私有地址

您应该已阅读过RFC 1918，了解采用私有地址的原因所在。本教程的所有示例中，内部地址分配采用的都是私有IP地址。

表7-2中显示了符合RFC 1918标准的地址。但是，当通过Internet服务提供商（ISP）的WAN链路路由IP流量时，或者在内部用户需要访问外部站点时，则必须使用公有IP地址。

表7-2 RFC1918私有地址

类	前缀/掩码	地 址 范 围
A	10.0.0.0/8	10.0.0.0～10.255.255.255
B	172.16.0.0/12	172.16.0.0～172.31.255.255
C	192.168.0.0/16	192.168.0.0～192.168.255.255

7.3.4 思科示例中采用的IP地址

您可能已注意到，R1、R2和R3之间的WAN链路使用的是公有IP地址。这些IP地址并不是符合RFC 1918的私有地址，思科只是使用了一些公有地址空间以供示例之用。

表7-3 思科示例IP地址

前缀/掩码	地 址 范 围
209.165.200.224/27	209.165.200.224～209.165.200.255
209.165.201.0/27	209.165.201.0～209.165.201.31
209.165.202.128/27	209.165.202.128～209.165.202.159

7.3.5 环回接口

注意R3使用了环回接口（Lo0、Lo1和Lo2）。***环回接口***是一种纯软件接口，用于模拟物理接口。与其他接口一样，我们也可以为环回接口指定IP地址。其他路由协议，例如OSPF，也会出于其他的目的而使用环回接口。第11章“OSPF”中会介绍相关内容。环回接口可以ping通，其子网也可在路由更新中加以通告。因此，环回接口非常适合用来模拟连接到同一路由器的多个网络。在我们的示例中，R3无需4个LAN接口就能演示多个子网和VLSM，我们可以使用环回接口。

7.3.6 RIPv1拓扑限制

示例7-4所示为所有3台路由器上的RIPv1的配置。注意network参数后面使用的是有类主网地址。R2包含了两个需要解释的命令。

示例7-4 所有3台路由器的RIPv1配置

```
R1(config)# router rip
R1(config-router)# network 172.30.0.0
```

（待续）

```
R1(config-router)# network 209.165.200.0
R2(config)# ip route 192.168.0.0 255.255.0.0 null0
R2(config)# router rip
R2(config-router)# redistribute static
R2(config-router)# network 10.0.0.0
R2(config-router)# network 209.165.200.0
R3(config)# router rip
R3(config-router)# network 172.30.0.0
R3(config-router)# network 209.165.200.0
```

一、静态路由和空接口

第一条需要解释的是配置在 R2 上的 192.168.0.0/16 网络的静态路由：

```
R2(config)#ip route 192.168.0.0 255.255.0.0 Null0
```

您应该还记得，路由汇总允许使用一个高级别路由条目来代表多条低级别路由，从而达到缩小路由表大小的目的。R2 上的静态路由使用/16 掩码来汇总从 192.168.0.0/24 到 192.168.255.0/24 的 256 个网络。

静态汇总路由 192.168.0.0/16 代表的地址空间实际并不存在。为了模拟此静态路由，我们使用了一个*空接口*作为送出接口。您不需要使用任何命令来创建或配置空接口。它始终为开启状态，但不会转发或接收流量。发送到空接口的流量会被它丢弃。在本示例中，空接口将作为静态路由的送出接口。第 2 章"静态路由"介绍过，静态路由必须具有活动的送出接口才会被添加到路由表中。虽然属于总结网络 192.168.0.0/16 的网络实际并不存在，但有了这个空接口，R2 便能在 RIP 中通告此静态路由。

二、路由重分布

需要解释的第二条命令是 **redistribute static** 命令：

```
R2(config-router)# redistribute static
```

重分布是指获取来自某个路由源的路由，然后将这些路由发送到另一个路由源。在示例拓扑结构中，我们希望 R2 上的 RIP 过程重分布静态路由（192.168.0.0/16），即将该路由导入 RIPv1，然后使用 RIPv1 过程发送给 R1 和 R3。后面我们将会看到此过程是否确实发生，以及没有发生的原因是什么。

三、检验和测试连通性

要测试拓扑结构是否完全连通，我们首先使用 **show ip interface brief** 命令检查 R2 上的两条串行链路。示例 7-5 显示 R2 上这个命令的输出。

示例 7-5　R2 的接口状态

```
R2# show ip interface brief

Interface          IP-Address       OK? Method Status                Protocol
FastEthernet0/0    10.1.0.1         YES manual up                    up
Serial0/0/0        209.165.200.229  YES manual up                    up
FastEthernet0/1    unassigned       YES unset  administratively down down
Serial0/0/1        209.165.200.233  YES manual up                    up
```

如果链路为关闭状态，则命令输出中的 Status 字段或/和 Protocol 字段会显示 **down**。如果链路为开启状态，则两个字段都会显示 **up**，如示例 7-5 所示。R2 通过串行链路直连到 R1 和 R3。

但 R2 能 ping 通 R1 和 R3 上的 LAN 吗？在采用有类路由协议而且 172.30.0.0 子网不连续的情况下，是否会存在连通性问题？让我们使用 **ping** 命令来测试路由器之间的通信。

示例 7-6 的输出显示 R2 试图 ping R1 上的 172.30.1.1 接口和 R3 上的 172.30.100.1 接口。每次 R2 ping R1 或 R3 上的 172.30.0.0 子网时，都只有约 50%的 Internet 控制消息协议（***ICMP***）消息能够成功。

示例 7-6 R2 间断地 ping 通子网 172.30.0.0/16

```
R2# ping 172.30.1.1

Type escape sequence to abort.
Sending 5, 100-byte ICMP Echos to 172.30.1.1, timeout is 2 seconds:
!U!.!
Success rate is 60 percent (3/5), round-trip min/avg/max = 28/29/32 ms

R2#ping 172.30.100.1
Type escape sequence to abort.
Sending 5, 100-byte ICMP Echos to 172.30.100.1, timeout is 2 seconds:
!U!.!
Success rate is 60 percent (3/5), round-trip min/avg/max = 28/28/28 ms
R2#
```

在示例 7–7 中的输出显示 R1 能 ping 通 10.1.0.1，但 ping R3 上的 172.30.100.1 接口时不成功。

示例 7-7 R1 ping 不通 R3 的 LAN

```
R1# ping 10.1.0.1

Type escape sequence to abort.
Sending 5, 100-byte ICMP Echos to 10.1.0.1, timeout is 2 seconds:
!!!!!
Success rate is 100 percent (5/5), round-trip min/avg/max = 28/28/28 ms

R1# ping 172.30.100.1

Type escape sequence to abort.
Sending 5, 100-byte ICMP Echos to 172.30.100.1, timeout is 2 seconds:
.....
Success rate is 0 percent (0/5)
R1#
```

在示例 7–8 中输出显示 R3 能 ping 通 10.1.0.1，但 ping R1 上的 172.30.1.1 接口时不成功。

示例 7-8 R3 ping R1 的 LAN

```
R3# ping 10.1.0.1

Type escape sequence to abort.
Sending 5, 100-byte ICMP Echos to 10.1.0.1, timeout is 2 seconds:
!!!!!
Success rate is 100 percent (5/5), round-trip min/avg/max = 28/28/28 ms

R3#ping 172.30.1.1
Type escape sequence to abort.
Sending 5, 100-byte ICMP Echos to 172.30.1.1, timeout is 2 seconds:
.....
Success rate is 0 percent (0/5)
R3#
```

如您所见，172.30.0.0 不连续子网之间的通信显然存在问题。在接下来的章节中，我们将检查路由表和路由更新，深入剖析并尝试解决此问题。

配置不连续路由（7.1.2） 在本练习中，我们将复习本节中介绍的在包含不连续子网的网络中如何配置 RIP。由于 Packet Tracer 不支持静态路由重分布或空接口，所以本练习中不会涉及这些配置。练习中提供了详细说明。在本书携带的 CD-ROM 中，你可以使用 e2-712.pka 文件来执行这个 Packet Tracer 练习。

7.3.7 RIPv1：不连续网络

正如你前面所学的，RIPv1 是有类路由协议。从图 7-4 中的 RIPv1 消息的格式可以看出，此协议不会在路由更新中包含子网掩码。因此，RIPv1 不支持不连续网络、VLSM 和 CIDR（无类域间路由）超网。但是，RIPv1 消息格式是否还有扩展空间可让我们包含子网掩码，从而实现不连续网络配置？为了包含子网掩码，您会如何更改图 7-4 中的消息格式？

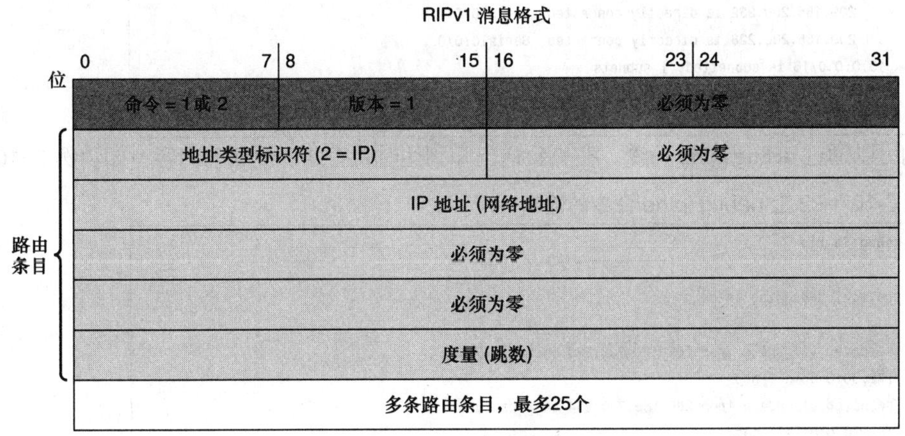

图 7-4 RIP 消息格式

由于子网掩码没有包含在更新中，RIPv1 和其他有类路由协议必须在主网边界汇总网络。正如在图 7-5 中看到的，在发送路由更新至 R2 时，R1 和 R3 路由器上的 RIPv1 都会将其 172.30.0.0 子网汇总为有类主网地址 172.30.0.0。

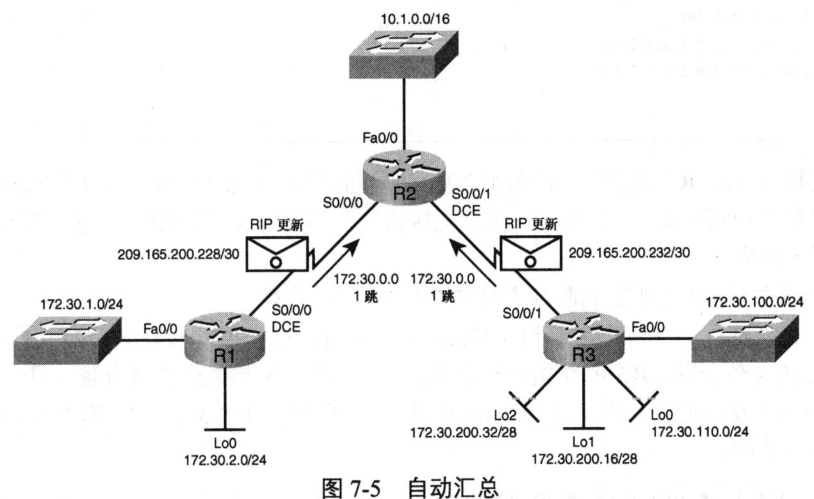

图 7-5 自动汇总

一、检查路由表

如您所看到的那样，R2 在 ping 172.30.0.0 其中一个子网内的地址时，所得的结果并不一致。

示例 7-9 中，您会看到 R2 包含两条到达 172.30.0.0/16 网络的等价路由。这是因为 R1 和 R3 都在向 R2 发送有关 172.30.0.0/16 有类网络且度量为 1 跳的 RIPv1 更新。由于 R1 和 R3 自动汇总了子网，R2 的路由表中就只会包含 172.30.0.0/16 的有类（B 类）主网地址。

示例 7-9　R2 假设通过 R1 和 R3 到达 172.30.0.0/16 是等价的

```
R2# show ip route

!Code output omitted

Gateway of last resort is not set

R       172.30.0.0/16 [120/1] via 209.165.200.230, 00:00:09, Serial0/0/0
                      [120/1] via 209.165.200.234, 00:00:11, Serial0/0/1
     209.165.200.0/30 is subnetted, 2 subnets
C       209.165.200.232 is directly connected, Serial0/0/1
C       209.165.200.228 is directly connected, Serial0/0/0
     10.0.0.0/16 is subnetted, 1 subnets
C       10.1.0.0 is directly connected, FastEthernet0/0
S    192.168.0.0/16 is directly connected, Null0
```

我们可以通过 **debug ip rip** 命令，在更新送出和到达时检查路由更新的内容，如示例 7-10 所示。

示例 7-10　R2 上 debug ip rip 命令的输出

```
R2# debug ip rip

RIP protocol debugging is on

RIP: received v1 update from 209.165.200.230 on Serial0/0/0
     172.30.0.0 in 1 hops
RIP: received v1 update from 209.165.200.234 on Serial0/0/1
     172.30.0.0 in 1 hops
R2#
RIP: sending v1 update to 255.255.255.255 via Serial0/0/0 (209.165.200.229)
RIP: build update entries
        network 10.0.0.0 metric 1
        subnet 209.165.200.232 metric 1
RIP: sending v1 update to 255.255.255.255 via Serial0/0/1 (209.165.200.233)
RIP: build update entries
        network 10.0.0.0 metric 1
        subnet 209.165.200.228 metric 1
R2#
```

此命令的输出显示 R2 正在接收两条 172.30.0.0 等价路由（度量为 1 跳）。R2 在 Serial 0/0/0 接口上接收一条来自 R1 的路由，并在 Serial 0/0/1 上接收另一条来自 R3 的路由。注意，更新中没有随网络地址提供子网掩码。

R1 和 R3 又如何呢？它们是否收到了对方的 172.30.0.0 子网？

示例 7-11 中显示了 R1 具有自己的 172.30.0.0 路由：172.30.2.0/24 和 172.30.1.0/24。但 R1 没有向 R2 发送这些子网。R3 的路由表与之相似。R1 和 R3 都是边界路由器，只会在其 RIPv1 路由更新中向 R2 发送汇总网络 172.30.0.0。结果，R2 只知道 172.30.0.0/16 有类网络，而不知道任何 172.30.0.0 子网。

示例 7-11　R1 上 show ip route 命令的输出

```
R1# show ip route

!Code output omitted

Gateway of last resort is not set

     172.30.0.0/24 is subnetted, 2 subnets
```

（待续）

```
C        172.30.2.0 is directly connected, Loopback0
C        172.30.1.0 is directly connected, FastEthernet0/0
      209.165.200.0/30 is subnetted, 2 subnets
R        209.165.200.232 [120/1] via 209.165.200.229, 00:00:16, Serial0/0/0
C        209.165.200.228 is directly connected, Serial0/0/0
R     10.0.0.0/8 [120/1] via 209.165.200.229, 00:00:16, Serial0/0/0
R1#
```

在 R2 的 **debug ip rip** 输出中，您会看到 172.30.0.0 网络并没有包含在其送往 R1 或 R3 的更新中。为什么没有呢？这是由于水平分割规则的作用。R2 从 Serial 0/0/0 和 Serial 0/0/1 接口获知 172.30.0.0/16。由于 172.30.0.0/16 是 R2 在这些接口上获知的，所以在通过这些接口发出的更新中不会包含此网络。

二、有类路由协议如何确定子网掩码

图 7-6 显示了本章拓扑中有类的分界线。你还记得为什么 R1 会发送汇总路由而没有子网掩码吗？记住，RIPv1 是有类路由协议。路由 172.30.1.0/24 和 172.30.2.0/24 在 R1 的路由表中。但是，因为这个更新是发往一个不同主网（209.165.200.0）接口的，所以 RIPv1 会汇总这些子网到 B 类地址 172.30.0.0。

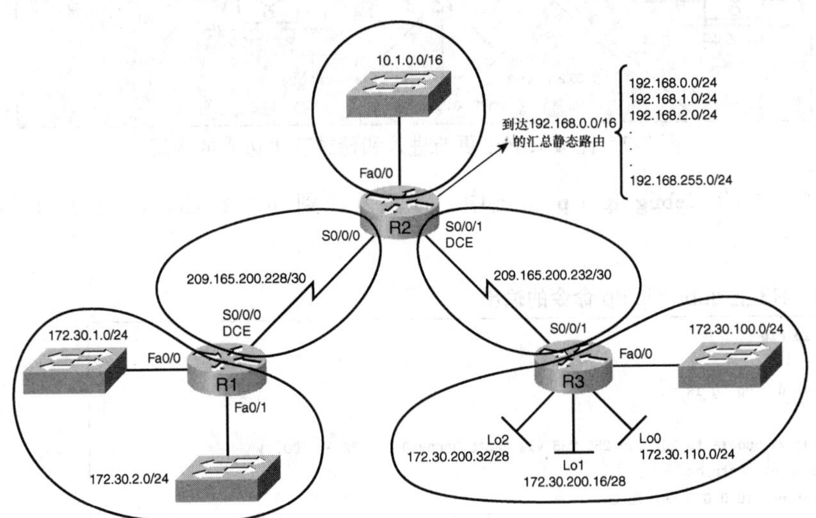

图 7-6 本章拓扑中的有类分界

你还记得 R2 上的 RIPv1 如何确定从 R1 和 R3 得到的更新 172，30.0.0 的子网掩码吗？使用 R1 为例子，R2 是从 Serial 0/0/0 接口接收的 172.30.0.0 更新，该接口 IP 地址属于 209.165.200.228 网络。因为对于 172.30.0.0 更新来说，它是不同的主网地址，则 RIPv1 添加有类（B 类）的/16 掩码到该条路由。

所以 R2 有两条 172.30.0.0/16 网络的路由，但是它们又不能通过掩码来区分。当要转发属于 172.30.0.0/16 网络的数据包时，R2 没有足够的信息来确定哪个外出接口对应哪个子网。在这个实例中，路由表有两个等价的到 172.30.0.0/16 网络的路径，并将执行负载均衡。负载均衡更详细的内容将在第 8 章“深入讨论路由表”中讨论。那么现在，要认识到我们不期望的结果发生了。依靠这个路由器上的其他配置，发往 172.30.0.0 网络的数据包有可能会在两个外出接口之间交替转发。比如，发往 172.30.1.0/24 的数据包一些发向 R1，另外一些发向 R2。这就意味着这些包一些发对了目的地，而另外一些则发错了。这个间断性的现象正如你在示例 7-6 中所发现的，一些 ping 成功了，而另外一些则失败了。

7.3.8 RIPv1：不支持 VLSM

由于 RIPv1 不会在路由更新中发送子网掩码，因此它不支持 VLSM。R3 路由器配置了 VLSM 子网，这些子网都属于 B 类网络 172.30.0.0/16：

- 172.30.100.0/**24**(FastEthernet 0/0)；
- 172.30.110.0/**24**(Loopback 0)；
- 172.30.200.16/**28**(Loopback 1)；
- 172.30.200.32/**28**(Loopback 2)。

观察 R1 和 R3 发给 R2 的 172.30.0.0/16 更新，你可以看出，RIPv1 要么将子网汇总为有类边界，要么使用外出接口的子网掩码来确定要通告的子网。

为了演示 RIPv1 如何使用外出接口的子网掩码，我们在拓扑结构中添加了 R4。R4 通过 172.30.100.0/24 网络上的接口 FastEthernet0/0 与 R3 连接在一起（见图 7-7）。

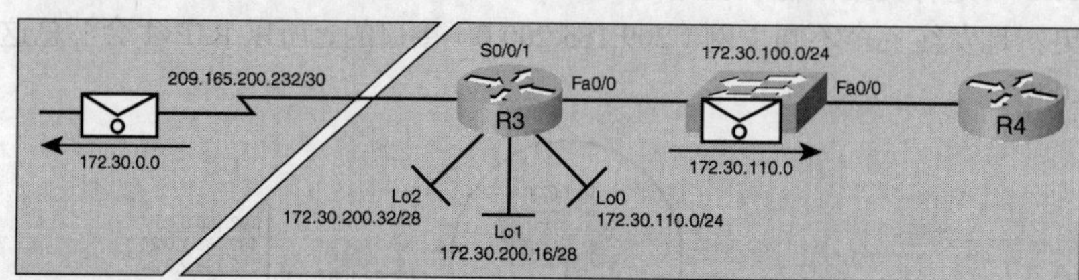

图 7-7 比较 RIPv1 更新进入和跨越有类边界的情况

在示例 7-12 的 **debug ip rip** 输出中，注意发送到 R4 路由器的 172.30.0.0 子网只有 172.30.110.0。

示例 7-12 R3 上 debug ip rip 命令的输出

```
R3# debug ip rip

RIP protocol debugging is on
R3#
RIP: sending v1 update to 255.255.255.255 via FastEthernet0/0 (172.30.100.1)
RIP: build update entries
        network 10.0.0.0 metric 2
        subnet 172.30.110.0 metric 1
        network 209.165.200.0 metric 1
RIP: sending v1 update to 255.255.255.255 via Serial0/0/1 (209.165.200.234)
RIP: build update entries
        network 172.30.0.0 metric 1
```

为什么在 R3 上的 RIPv1 向 R4 发送更新时，没有包括子网 172.30.200.16/28 和 172.30.200.32/28？R3 中的 RIPv1 只发送那些掩码与送出接口 Fastethernet 0/0 一致的 172.30.0.0 子网。R3 路由表中的 172.30.200.16/28 和 172.30.200.32/28 子网和 FastEthernet0/0 接口的子网掩码不相同，所以它们不发送。R3 路由表中只有 172.30.110.0 子网使用/24 的子网掩码。这就是在采用有类路由协议的网络中所有子网必须使用相同子网掩码的原因所在。

同时要注意，R3 通过 Serail 0/0/1 发送完整的 172.30.0.0 有类主网络。

7.3.9 RIPv1：不支持 CIDR

我们之前讨论的内容大部分已经在第 5 章“RIPv1”中介绍过。但是还有一个问题我们没有提及。

192.168.0.0/16 静态路由

示例 7-13 显示了 R2 上配置的到达 192.168.0.0/16 网络的静态路由，并使用 **redistribute static** 命令指示 RIP 在更新中包含该路由。此静态路由是 192.168.0.0/24 子网（范围从 192.168.0.0/24 到 192.168.255.0/24）的汇总。

示例 7-13 R2 静态总结路由的配置和重分布

```
R2(config)# ip route 192.168.0.0 255.255.0.0 null0
R2(config)# router rip
R2(config-router)# redistribute static
R2(config-router)# network 10.0.0.0
R2(config-router)# network 209.165.200.0
R2(config-router)# exit
```

在示例 7-14 中，你可以看到静态路由包含在 R2 自己的路由表中。

示例 7-14 R2 路由表

```
R2# show ip route

!Code output omitted

Gateway of last resort is not set

R     172.30.0.0/16 [120/1] via 209.165.200.230, 00:00:09, Serial0/0/0
                    [120/1] via 209.165.200.234, 00:00:11, Serial0/0/1
      209.165.200.0/30 is subnetted, 2 subnets
C        209.165.200.232 is directly connected, Serial0/0/1
C        209.165.200.228 is directly connected, Serial0/0/0
      10.0.0.0/16 is subnetted, 1 subnets
C        10.1.0.0 is directly connected, FastEthernet0/0
S     192.168.0.0/16 is directly connected, Null0
```

通过查看示例 7-15 中 R1 的路由表，我们会发现 R1 没有在 RIP 更新中收到来自 R2 的 192.168.0.0/16 路由，尽管我们预期应该收到该路由。

示例 7-15 R1 路由表

```
R1# show ip route

!Code output omitted

Gateway of last resort is not set

      172.30.0.0/24 is subnetted, 2 subnets
C        172.30.2.0 is directly connected, FastEthernet0/1
C        172.30.1.0 is directly connected, FastEthernet0/0
      209.165.200.0/30 is subnetted, 2 subnets
R        209.165.200.232 [120/1] via 209.165.200.229, 00:00:16, Serial0/0/0
C        209.165.200.228 is directly connected, Serial0/0/0
R     10.0.0.0/8 [120/1] via 209.165.200.229, 00:00:16, Serial0/0/0
```

在 R2 上使用 **debug ip rip**，如示例 7-16 所示。我们会发现 RIPv1 在发往 R1 和 R3 的 RIP 更新中均没有包含 192.168.0.0/16 路由。为什么没有包含该路由呢？请观察路由 192.168.0.0/16，该路由属于哪一类？A 类、B 类还是 C 类？此静态路由使用的掩码是什么？此掩码是否与类匹配？此静态路由的掩码是否比有类掩码短？

示例 7-16 R2 检验 192.168.0.0/16 没有发向 R1 和 R3 的 debug ip rip 输出

```
R2# debug ip rip

RIP protocol debugging is on
<some output omitted>
RIP: received v1 update from 209.165.200.230 on Serial0/0/0
     172.30.0.0 in 1 hops
RIP: received v1 update from 209.165.200.234 on Serial0/0/1
     172.30.0.0 in 1 hops
R2#
RIP: sending v1 update to 255.255.255.255 via Serial0/0/0 (209.165.200.229)
RIP: build update entries
        network 10.0.0.0 metric 1
        subnet 209.165.200.232 metric 1
RIP: sending v1 update to 255.255.255.255 via Serial0/0/1 (209.165.200.233)
RIP: build update entries
        network 10.0.0.0 metric 1
        subnet 209.165.200.228 metric 1
R2#
```

我们配置的静态路由 192.168.0.0 的掩码为/16，其位数要比 C 类有类掩码/24 要少。由于掩码与类或类的子网不匹配，因此在发给其他路由器的更新中不会包含此路由。

RIPv1 和其他有类路由协议无法支持 CIDR 路由，CIDR 路由是使用比路由的有类掩码更小的子网掩码汇总而成的路由。RIPv1 会忽略路由表中的这些超网，不会将它们包含在发往其他路由器的更新中。这是因为接收路由器只能对更新应用有类掩码，而不能使用比它短的/16 掩码。

注 如果静态路由 192.168.0.0 的掩码为/24 或更大，则此路由会包含在 RIP 更新中。接收路由器会对该更新应用有类掩码/24。

正如我们在第 6 章“VLSM 和 CIDR”中讨论的，CIDR 运行网络不管类来划分掩码，因此叫*无类*。则网络 192.168.0.0 可以使用/8、/10、/20、/24、/30 或者其他的掩码。CIDR 同样允许聚合的包括所有子网的路由携带的子网掩码比有类的掩码还要短。这点在前面第 6 章中讨论过。

Packet Tracer Activity

使用命令检验不收敛性(7.1.5) 请在模拟模式下使用 Packet Tracer 练习，观察 RIPv1 无法在有类网络边界间传递更新的情况。在实时模式下，使用 **show ip route**、**ping** 和 **debug ip rip** 检验其不收敛性。练习中提供了详细说明。在本书携带的 CD-ROM 中，你可以使用 e2-715.pka 文件来执行这个 Packet Tracer 练习。

7.4 配置 RIPv2

配置 RIPv2 和配置 RIPv1 很相似，只是要加一个额外的 RIPv2 命令。这个命令将在下面作解释。尽管 RIPv1 和 RIPv2 使用同样的基本配置命令，但是使用 RIPv2 的结果是不同的，它允许在网络中使用 CIDR 和 VLSM。

7.4.1 启用和检验 RIPv2

RFC 1723 中对 RIPv2 进行了定义。与第 1 版一样，RIPv2 封装在使用 520 端口的 UDP 数据段中，最多可包含 25 条路由。图 7-8 显示了 RIPv1 和 RIPv2 的消息格式。虽然 RIPv2 与 RIPv1 的基本消息格式相同，但 RIPv2 添加了两项重要扩展。

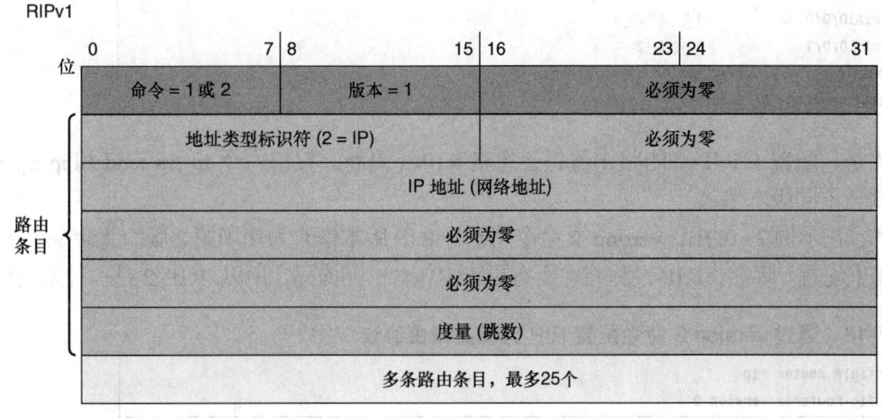

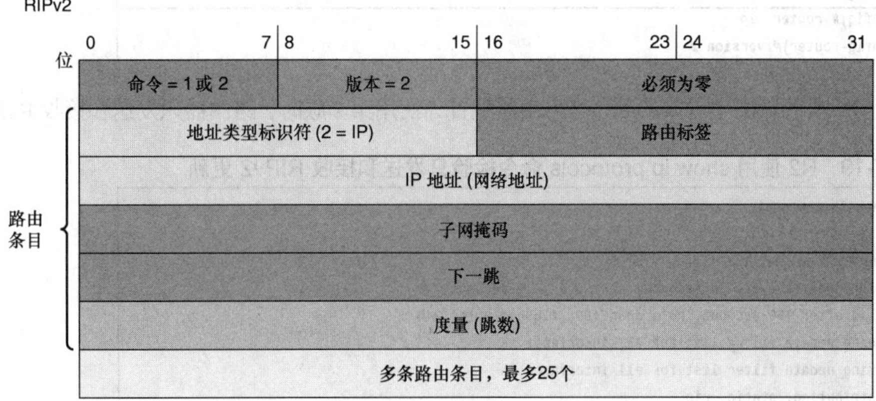

图 7-8 比较 RIPv1 和 RIPv2 的消息格式

RIPv2 消息格式的第一项扩展是添加了子网掩码字段，这样 RIP 路由条目中就能包含 32 位掩码。因此，接收路由器在确定路由的子网掩码时，不再依赖于入站接口的子网掩码或有类掩码。

RIPv2 消息格式的第二项重要扩展是添加了下一跳地址。下一跳地址用于标识比发送方路由器的地址更佳的下一跳地址（如果存在）。如果此字段被设为全零（0.0.0.0），则发送方路由器的地址便是最佳的下一跳地址。有关下一跳地址使用方式的详细信息不在本课程范围内。不过，可在 RFC 1722 和 Jeff Doyle 的《*Routing TCP/IP*》第一卷中找到相关示例。

默认情况下，配置了 RIP 过程的思科路由器上会运行 RIPv1。不过，尽管路由器只发送 RIPv1 消息，但它可以同时解释 RIPv1 和 RIPv2 消息。RIPv1 路由器会忽略路由条目中的 RIPv2 字段。

在示例 7-17 中，**show ip protocols** 命令显示 R2 配置为使用 RIPv1，但会接收两个版本的 RIP 消息。

示例 7-17 R2 使用 show ip protocols 命令检验只发送 RIPv1 更新，但能接收 RIPv1 和 RIPv2 的更新。

```
R2# show ip protocols

Routing Protocol is "rip"
  Sending updates every 30 seconds, next due in 1 seconds
  Invalid after 180 seconds, hold down 180, flushed after 240
  Outgoing update filter list for all interfaces is
  Incoming update filter list for all interfaces is
  Redistributing: static, rip
```

（待续）

```
Default version control: send version 1, receive any version
  Interface          Send Recv   Triggered RIP  Key-chain
  Serial0/0/0        1    1 2
  Serial0/0/1        1    1 2
Automatic network summarization is in effect
<output omitted for brevity>
```

有趣的是，配置了 RIPv2 的路由器将会忽略 RIPv1 更新。接口命令 **ip rip send** 和 **ip rip receive** 能够用来强制让不同版本兼容。

请注意，在示例 7-18 中，**version 2** 命令用于将 RIP 版本修改为使用第 2 版。此命令应在路由域的所有路由器上配置。现在，RIP 过程将在所有更新中包含子网掩码，所以 RIPv2 是一种无类路由协议。

示例 7-18 通过 version 2 命令配置 RIP 为无类路由协议

```
R1(config)# router rip
R1(config-router)# version 2
R2(config)# router rip
R2(config-router)# version 2
R3(config)# router rip
R3(config-router)# version 2
```

从示例 7-19 的输出中可以看到，当路由器配置为使用第 2 版时，路由器只发送和接收 RIPv2 消息。

示例 7-19 R2 使用 show ip protocols 命令检验只发送和接收 RIPv2 更新

```
R2# show ip protocols

Routing Protocol is "rip"
  Sending updates every 30 seconds, next due in 1 seconds
  Invalid after 180 seconds, hold down 180, flushed after 240
  Outgoing update filter list for all interfaces is
  Incoming update filter list for all interfaces is
  Redistributing: static, rip

  Default version control: send version 2, receive version 2
    Interface          Send Recv   Triggered RIP  Key-chain
    Serial0/0/0        2    2
    Serial0/0/1        2    2
  Automatic network summarization is in effect
  <output omitted for brevity>
```

在路由器配置模式下使用 **version 1** 命令和 **no version** 命令均可恢复为默认的 RIPv1，如示例 7-20 所示。

示例 7-20 恢复 RIP 到版本 1

```
R1(config)# router rip
R1(config-router)# version 1

!or

R1(config)# router rip
R1(config-router)# no version
R2(config)# router rip
R2(config-router)# version 1

!or
```

（待续）

```
R2(config)# router rip
R2(config-router)# no version
R3(config)# router rip
R3(config-router)# version 1

!or

R3(config)# router rip
R3(config-router)# no version
```

7.4.2 自动汇总和 RIPv2

因为 RIPv2 是无类路由协议，所以您可能以为在路由表中会看到单个的 172.30.0.0 子网。然而，我们观察示例 7-21 中 R2 的路由表，仍然会看到有两条等价路径的汇总路由 172.30.0.0/16。路由器 R1 和 R3 仍然不包含对方的 172.30.0.0 子网。

示例 7-21 RIPv2 仍然汇总到有类边界

```
R2# show ip route
!Code output omitted
Gateway of last resort is not set

R    172.30.0.0/16 [120/1] via 209.165.200.230, 00:00:28, Serial0/0/0
                   [120/1] via 209.165.200.234, 00:00:18, Serial0/0/1
     209.165.200.0/30 is subnetted, 2 subnets
C       209.165.200.232 is directly connected, Serial0/0/1
C       209.165.200.228 is directly connected, Serial0/0/0
     10.0.0.0/16 is subnetted, 1 subnets
C       10.1.0.0 is directly connected, FastEthernet0/0
S    192.168.0.0/16 is directly connected, Null0
```

RIPv1 与 RIPv2 的唯一差别是，R1 和 R3 现在均具有到达 192.168.0.0/16 的路由，如示例 7-22 所示。此路由是在 R2 上配置并由 RIP 重分布的静态路由。

示例 7-22 R1 现在有了到达 192.168.0.0/16 的汇总路由

```
R1# show ip route

!Code output omitted

Gateway of last resort is not set

     172.30.0.0/24 is subnetted, 2 subnets
C       172.30.2.0 is directly connected, Loopback0
C       172.30.1.0 is directly connected, FastEthernet0/0
     209.165.200.0/30 is subnetted, 2 subnets
R       209.165.200.232 [120/1] via 209.165.200.229, 00:00:04, Serial0/0/0
C       209.165.200.228 is directly connected, Serial0/0/0
R    10.0.0.0/8 [120/1] via 209.165.200.229, 00:00:04, Serial0/0/0
R    192.168.0.0/16 [120/1] via 209.165.200.229, 00:00:04, Serial0/0/0
```

注意，出现了什么情况？要检查正在发送或接收哪一条 RIPv2 路由，可使用 **debug ip rip**。示例 7-23 显示了 R1 的 **debug ip rip** 命令输出。请注意，RIPv2 正在同时发送网络地址和子网掩码。

示例 7-23 R1 使用 debug ip rip 输出检验现在仍然起作用的有类汇总的子网掩码

```
R1# debug ip rip

RIP protocol debugging is on
R1#
RIP: sending v2 update to 224.0.0.9 via Serial0/0/0 (209.165.200.230)
RIP: build update entries
        172.30.0.0/16 via 0.0.0.0, metric 1, tag 0
R1#
<output omitted for brevity>
RIP: received v2 update from 209.165.200.229 on Serial0/0/0
     10.0.0.0/8 via 0.0.0.0 in 1 hops
     192.168.0.0/16 via 0.0.0.0 in 1 hops
     209.165.200.232/30 via 0.0.0.0 in 1 hops
<output omitted for brevity>
R1#
```

但是要注意，在示例 7-23 中，发送的路由是汇总有类网络地址 172.30.0.0/16，而不是单个的 172.30.1.0/24 和 172.30.2.0/24 子网。

默认情况下，RIPv2 与 RIPv1 一样都会在主网边界上自动汇总。当 R1 和 R3 路由器从其位于 209.165.200.228 和 209.165.200.232 网络的接口将更新发送出去时，R1 和 R3 仍会将 172.30.0.0 子网汇总为 B 类地址 172.30.0.0。在示例 7-24 中的 **show ip protocols** 命令表明，"automatic summarization is in effect"（已启用自动汇总）。

示例 7-24 R1 使用 show ip protocols 输出检验使用了自动汇总

```
R1# show ip protocols

Routing Protocol is "rip"
  Sending updates every 30 seconds, next due in 20 seconds
  Invalid after 180 seconds, hold down 180, flushed after 240
  Outgoing update filter list for all interfaces is not set
  Incoming update filter list for all interfaces is not set
  Redistributing: rip
  Default version control: send version 2, receive version 2
    Interface          Send  Recv   Triggered RIP  Key-chain
    FastEthernet0/0      2     2
    FastEthernet0/1      2     2
    Serial0/1/0          2     2
  Automatic network summarization is in effect
  <output omitted for brevity>
```

version 2 命令带来的唯一改变是，现在 R2 的更新中包含 192.168.0.0/16 网络。这是因为 RIPv2 在更新中会同时包含网络地址 192.168.0.0 及其掩码 255.255.0.0。现在，R1 和 R3 都会通过 RIPv2 收到这一重分布的静态路由，并将此路由输入到各自的路由表中。

注　请记住，192.168.0.0/16 路由不能通过 RIPv1 重分布，因为其子网掩码小于有类掩码。由于 RIPv1 更新中不包含掩码，因此 RIPv1 路由器无法确定掩码应该是什么。所以，该更新不会发送出去。

7.4.3 禁用 RIPv2 中的自动汇总

如示例 7-25 中所看到的，要修改默认的 RIPv2 自动汇总行为，可在路由器配置模式下使用 **no auto-summary** 命令。此命令对 RIPv1 无效。尽管思科 IOS 允许对 RIPv1 配置 **no auto-summary**，但此命令不起作用。必须将版本配置为 **version 2**，思科 IOS 才能更改发送 RIP 更新的方式。

示例 7-25 使用 no auto-summary 禁用自动汇总

```
R2(config)# router rip
R2(config-router)# no auto-summary
R3(config)# router rip
R3(config-router)# no auto-summary
R1(config)# router rip
R1(config-router)# no auto-summary
```

禁用自动汇总后，RIPv2 不再在边界路由器上将网络汇总为有类地址。RIPv2 现在将在路由更新中包含所有子网以及相应掩码。示例 7-26 显示了使用 **show ip protocols** 命令可以检验"automatic network summarization is not in effect"（已禁用自动网络汇总）。

示例 7-26 R1 使用 show ip protocols 输出检验禁用了自动汇总

```
R1# show ip protocols

Routing Protocol is "rip"
  Sending updates every 30 seconds, next due in 11 seconds
  Invalid after 180 seconds, hold down 180, flushed after 240
  Outgoing update filter list for all interfaces is not set
  Incoming update filter list for all interfaces is not set
  Redistributing: rip
  Default version control: send version 2, receive version 2
    Interface          Send  Recv   Triggered RIP Key-chain
    FastEthernet0/0    2     2
    FastEthernet0/1    2     2
    Serial0/1/0        2     2
  Automatic network summarization is not in effect
  <output omitted for brevity>
```

7.4.4 检验 RIPv2 更新

既然我们使用的是无类路由协议 RIPv2，并且也已禁用自动汇总，那么我们应该在路由表中看到什么呢？

在示例 7-27 中，现在 R2 的路由表包含的是 172.30.0.0/16 的单个子网。请注意，路由表中不再有一条带有两条等价路径的汇总路由。每个子网和掩码都有自己单个的条目，以及到达该子网的送出接口和下一跳地址。

示例 7-27 R2 路由表对于 172.30.0.0/16 子网完全收敛

```
R2# show ip route

!Code output omitted

Gateway of last resort is not set

     172.30.0.0/16 is variably subnetted, 6 subnets, 2 masks
R       172.30.200.32/28 [120/1] via 209.165.200.234, 00:00:09, Serial0/0/1
R       172.30.200.16/28 [120/1] via 209.165.200.234, 00:00:09, Serial0/0/1
R       172.30.2.0/24 [120/1] via 209.165.200.230, 00:00:03, Serial0/0/0
R       172.30.1.0/24 [120/1] via 209.165.200.230, 00:00:03, Serial0/0/0
R       172.30.100.0/24 [120/1] via 209.165.200.234, 00:00:09, Serial0/0/1
R       172.30.110.0/24 [120/1] via 209.165.200.234, 00:00:09, Serial0/0/1
```

（待续）

```
        209.165.200.0/30 is subnetted, 2 subnets
C          209.165.200.232 is directly connected, Serial0/0/1
C          209.165.200.228 is directly connected, Serial0/0/0
        10.0.0.0/16 is subnetted, 1 subnets
C          10.1.0.0 is directly connected, FastEthernet0/0
S       192.168.0.0/16 is directly connected, Null0
```

如示例 7-28 所示，R1 路由表包含 172.30.0.0/16 的所有子网，其中还包括来自 R3 的子网。

示例 7-28　R1 路由表对于 172.30.0.0/16 子网完全收敛

```
R1# show ip route

!Code output omitted

Gateway of last resort is not set

        172.30.0.0/16 is variably subnetted, 6 subnets, 2 masks
R          172.30.200.32/28 [120/2] via 209.165.200.229, 00:00:01, Serial0/0/0
R          172.30.200.16/28 [120/2] via 209.165.200.229, 00:00:01, Serial0/0/0
C          172.30.2.0/24 is directly connected, Loopback0
C          172.30.1.0/24 is directly connected, FastEthernet0/0
R          172.30.100.0/24 [120/2] via 209.165.200.229, 00:00:01, Serial0/0/0
R          172.30.110.0/24 [120/2] via 209.165.200.229, 00:00:01, Serial0/0/0
        209.165.200.0/30 is subnetted, 2 subnets
R          209.165.200.232 [120/1] via 209.165.200.229, 00:00:02, Serial0/0/0
C          209.165.200.228 is directly connected, Serial0/0/0
        10.0.0.0/16 is subnetted, 1 subnets
R          10.1.0.0 [120/1] via 209.165.200.229, 00:00:02, Serial0/0/0
R       192.168.0.0/16 [120/1] via 209.165.200.229, 00:00:02, Serial0/0/0
```

如示例 7-29 所示，R3 路由表包含 172.30.0.0/16 的所有子网，其中还包括来自 R1 的子网。此网络已收敛。

示例 7-29　R3 路由表对于 172.30.0.0/16 子网完全收敛

```
R3# show ip route

!Code output omitted

Gateway of last resort is not set

        172.30.0.0/16 is variably subnetted, 6 subnets, 2 masks
C          172.30.200.32/28 is directly connected, Loopback2
C          172.30.200.16/28 is directly connected, Loopback1
R          172.30.2.0/24 [120/2] via 209.165.200.233, 00:00:01, Serial0/0/1
R          172.30.1.0/24 [120/2] via 209.165.200.233, 00:00:01, Serial0/0/1
C          172.30.100.0/24 is directly connected, FastEthernet0/0
C          172.30.110.0/24 is directly connected, Loopback0
        209.165.200.0/30 is subnetted, 2 subnets
C          209.165.200.232 is directly connected, Serial0/0/1
R          209.165.200.228 [120/1] via 209.165.200.233, 00:00:02, Serial0/0/1
        10.0.0.0/16 is subnetted, 1 subnets
R          10.1.0.0 [120/1] via 209.165.200.233, 00:00:02, Serial0/0/1
R       192.168.0.0/16 [120/1] via 209.165.200.233, 00:00:02, Serial0/0/1
```

在示例 7-30 中，我们可以使用 **debug ip rip** 来检验无类路由协议 RIPv2 确实正在发送和接收路由更新中的子网掩码信息。请注意，每个路由条目现在都包含采用斜线记法的子网掩码。

示例 7-30 R2 发送和接收子网掩码信息

```
R2# debug ip rip

 RIP protocol debugging is on
<some output omitted for brevity>
R2#
RIP: received v2 update from 209.165.200.234 on Serial0/0/1
          172.30.100.0/24 via 0.0.0.0 in 1 hops
          172.30.110.0/24 via 0.0.0.0 in 1 hops
          172.30.200.16/28 via 0.0.0.0 in 1 hops
          172.30.200.32/28 via 0.0.0.0 in 1 hops
R2#
RIP: sending v2 update to 224.0.0.9 via Serial0/0/0 (209.165.200.229)
RIP: build update entries
          10.1.0.0/16 via 0.0.0.0, metric 1, tag 0
          172.30.100.0/24 via 0.0.0.0, metric 2, tag 0
          172.30.110.0/24 via 0.0.0.0, metric 2, tag 0
          172.30.200.16/28 via 0.0.0.0, metric 2, tag 0
          172.30.200.32/28 via 0.0.0.0, metric 2, tag 0
          192.168.0.0/16 via 0.0.0.0, metric 1, tag 0
          209.165.200.232/30 via 0.0.0.0, metric 1, tag 0
R2#
```

我们还可以观察到，一个接口上的更新在发送到另一个接口之前，会先增加度量。例如，从 Serial 0/0/1 上收到的 172.30.100.0/24 网络的更新是 1 跳，发送到其他接口时（例如 Serial 0/0/0）度量变为 2，即 2 跳。

```
RIP: received v2 update from 209.165.200.234 on Serial0/0/1
     172.30.100.0/24 via 0.0.0.0 in 1 hops
RIP: sending v2 update to 224.0.0.9 via Serial0/0/0(209.165.200.229)
     172.30.100.0/24 via 0.0.0.0, metric 2, tag 0
```

请注意，此处的更新是使用组播地址 224.0.0.9 发送的。而 RIPv1 使用广播地址 255.255.255.255 来发送更新。使用组播地址有几个优势，有关组播方式的详细信息不在本课程范围内，此处不再详细说明。总体来说，组播占用的网络带宽较少。此外，组播更新对于未启用 RIP 的设备只需执行较少的处理工作。使用 RIPv2 时，所有未配置 RIP 的设备都会在数据链路层将帧丢弃。对于 RIPv1 发出的广播更新，以太网等广播网络上的所有设备都必须向上逐层处理 RIP 更新，到达传输层后，设备才会发现数据包的目的进程不存在。

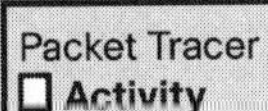

配置 RIPv2（7.2.4） RIPv2 是 RIPv1 的更新版，会在路由更新数据包中包含子网掩码信息，因此支持 VLSM 和 CIDR。不过 RIPv2 默认会在有类边界自动汇总路由。在本练习中，我们将使用 Packet Tracer 来配置 RIPv2，并禁用自动汇总。本练习将采用本节介绍的包含不连续子网的网络，然后您将研究网络运行发生的变化。在本书携带的 CD-ROM 中，你可以使用 e2-724.pka 文件来执行这个 Packet Tracer 练习。

7.5 VLSM 和 CIDR

无类路由协议，像 RIPv2，在它们的路由更新中包含子网掩码。这就允许无类路由协议同时支持 VLSM 和 CIDR。

7.5.1 RIPv2 和 VLSM

由于无类路由协议（如 RIPv2）可同时带有网络地址和子网掩码，因此这类协议无需在主网边界将这些网络汇总为有类地址。所以，无类路由协议支持 VLSM。使用 RIPv2 的路由器也不再需要使用入站接口的掩码来确定路由通告中的子网掩码。网络和掩码会明确包含在每个路由更新中。

对于使用 VLSM 编址方案的网络而言，必须使用无类路由协议来传播所有的网络及其正确的子网掩码。在图 7-9 中，我们暂时将 R4 路由器加到图中，并来解释 RIPv2 如何在有类边界运行。边界在图中作了提醒，关闭掉了自动汇总，RIPv2 会忽略有类边界。请记住，使用 RIPv1 时，R3 只会向 R4 发送与 FastEthernet 0/0 送出接口具有相同掩码的 172.30.0.0 路由。由于接口地址为 172.30.100.1，掩码为/24，因此 RIPv1 只会包含使用/24 掩码的 172.30.0.0 子网。符合此条件的路由只有 172.30.110.0。

但是，使用 RIPv2 时，R3 就可以在发往 R4 的路由更新中包含所有的 172.30.0.0 子网，如示例 7-31 中 **debug** 命令的输出所示。这是因为 RIPv2 可以在更新中包含正确的子网掩码与网络地址。

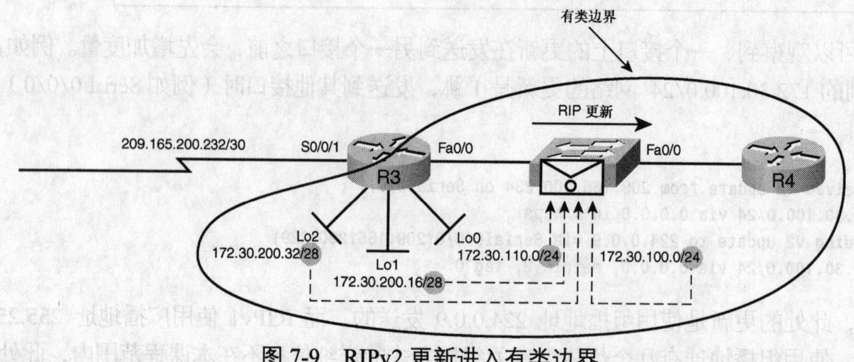

图 7-9 RIPv2 更新进入有类边界

在示例 7-31 所示的 **debug** 输出中，你可以看到在它的路由更新中包含网络和它们的子网掩码。

示例 7-31 debug ip rip 输出检验在路由更新中包含的网络和子网掩码信息

```
R3# debug ip rip

RIP: sending v2 update to 224.0.0.9 via FastEthernet0/0 (172.30.100.1)
RIP: build update entries
      10.1.0.0/16 via 0.0.0.0, metric 2, tag 0
      172.30.1.0/24 via 0.0.0.0, metric 3, tag 0
      172.30.2.0/24 via 0.0.0.0, metric 3, tag 0
      172.30.110.0/24 via 0.0.0.0, metric 1, tag 0
      172.30.200.16/28 via 0.0.0.0, metric 1, tag 0
      172.30.200.32/28 via 0.0.0.0, metric 1, tag 0
      192.168.0.0/16 via 0.0.0.0, metric 2, tag 0
      209.165.200.228/30 via 0.0.0.0, metric 2, tag 0
      209.165.200.232/30 via 0.0.0.0, metric 1, tag 0
```

7.5.2 RIPv2 和 CIDR

根据 RFC 1519 的描述，CIDR（无类域间路由）的目的之一是“提供路由信息聚合机制”。此目的涉及超网划分的概念。超网是一组连续有类网络，可作为一个网络来定址。在 R2 路由器上，我们配置了一个超网——即通往单个网络（用于代表多个网络或子网）的静态路由。

超网的掩码比有类掩码小（此处是/16，比有类掩码/24 要小）。要让超网包含到路由更新中，路由协议必须具备携带掩码的能力。也就是说，此协议必须与 RIPv2 一样是无类路由协议。

R2 上的静态路由就含有比有类掩码更小的掩码：

```
R2(config)# ip route 192.168.0.0 255.255.0.0 Null0
```

在有类环境中，192.168.0.0 网络地址与 C 类掩码/24（即 255.255.255.0）相关联。而在当今的网络中，我们不再将网络地址与有类掩码相关联。在本例中，192.168.0.0 网络的掩码是/16（即 255.255.0.0）。此路由可以代表一系列的 192.168.0.0/24 网络，或许多不同的地址范围。要将此路由加入动态路由更新的唯一方法是使用可以包含/16 掩码的无类路由协议。

使用示例 7-32 中的 **debug ip rip** 命令我们可以看到，此 CIDR 超网包含在 R2 发送的路由更新之中。要在更新中包含超网，无需在 RIPv2 或任何其他无类路由协议上禁用自动汇总。

示例 7-32　R2 使用 debug ip rip 输出检验路由表中超网的发送

```
R2# debug ip rip

RIP protocol debugging is on
R2#
RIP: sending v2 update to 224.0.0.9 via Serial0/0/0 (209.165.200.229)
RIP: build update entries
        10.1.0.0/16 via 0.0.0.0, metric 1, tag 0
        172.30.100.0/24 via 0.0.0.0, metric 2, tag 0
        172.30.110.0/24 via 0.0.0.0, metric 2, tag 0
        172.30.200.16/28 via 0.0.0.0, metric 2, tag 0
        172.30.200.32/28 via 0.0.0.0, metric 2, tag 0
        192.168.0.0/16 via 0.0.0.0, metric 1, tag 0
        209.165.200.232/30 via 0.0.0.0, metric 1, tag 0
<output omitted for brevity>
R2#
```

在示例 7-33 中所示的 R1 的路由表中，接收到了 R2 发来的超网路由。

示例 7-33　R1 的路由表具有到 192.168.0.0/16 的超网路由

```
R1# show ip route

!Code output omitted

Gateway of last resort is not set

     172.30.0.0/16 is variably subnetted, 6 subnets, 2 masks
R       172.30.200.32/28 [120/2] via 209.165.200.229, 00:00:01, Serial0/0/0
R       172.30.200.16/28 [120/2] via 209.165.200.229, 00:00:01, Serial0/0/0
C       172.30.2.0/24 is directly connected, Loopback0
C       172.30.1.0/24 is directly connected, FastEthernet0/0
R       172.30.100.0/24 [120/2] via 209.165.200.229, 00:00:01, Serial0/0/0
R       172.30.110.0/24 [120/2] via 209.165.200.229, 00:00:01, Serial0/0/0
     209.165.200.0/30 is subnetted, 2 subnets
R       209.165.200.232 [120/1] via 209.165.200.229, 00:00:02, Serial0/0/0
C       209.165.200.228 is directly connected, Serial0/0/0
     10.0.0.0/16 is subnetted, 1 subnets
R       10.1.0.0 [120/1] via 209.165.200.229, 00:00:02, Serial0/0/0
R    192.168.0.0/16 [120/1] via 209.165.200.229, 00:00:02, Serial0/0/0
```

7.6 检验 RIPv2 和对 RIPv2 排错

很多情况下，配置路由协议是相当简单的，但是理解这些配置命令的作用和结果是相对更复杂的。这也就是为什么要讨论协议细节。它用来帮助你获得检验和对路由协议排错的知识和工具。

7.6.1 检验和排错命令

对 RIPv2 进行检验和故障排除的方法有许多种。许多用于 RIPv2 的命令也可用于对其他路由协议进行检验和故障排除。

最好从基础配置开始：

- 确保所有链路（接口）已启用而且运行正常。
- 检查布线。
- 检查并确保每个接口均配置了正确的 IP 地址和子网掩码。
- 删除所有不再需要的配置命令，或者已被其他命令所替代的配置命令。

一、show ip route 命令

show ip route 命令是用来检查网络收敛情况的第一条命令，如示例 7-34 中所示。在检查路由表时，务必仔细查找预期会出现在路由表中的路由，以及那些不应该出现在路由表中的路由。

示例 7-34 使用 show ip route 命令检查收敛

```
R1# show ip route

!Code output omitted

Gateway of last resort is not set

     172.30.0.0/16 is variably subnetted, 6 subnets, 2 masks
R       172.30.200.32/28 [120/2] via 209.165.200.229, 00:00:01, Serial0/0/0
R       172.30.200.16/28 [120/2] via 209.165.200.229, 00:00:01, Serial0/0/0
C       172.30.2.0/24 is directly connected, Loopback0
C       172.30.1.0/24 is directly connected, FastEthernet0/0
R       172.30.100.0/24 [120/2] via 209.165.200.229, 00:00:01, Serial0/0/0
R       172.30.110.0/24 [120/2] via 209.165.200.229, 00:00:01, Serial0/0/0
     209.165.200.0/30 is subnetted, 2 subnets
R       209.165.200.232 [120/1] via 209.165.200.229, 00:00:02, Serial0/0/0
C       209.165.200.228 is directly connected, Serial0/0/0
     10.0.0.0/16 is subnetted, 1 subnets
R       10.1.0.0 [120/1] via 209.165.200.229, 00:00:02, Serial0/0/0
R    192.168.0.0/16 [120/1] via 209.165.200.229, 00:00:02, Serial0/0/0
```

二、show ip interface brief 命令

如果路由表中缺少某个网络，通常是因为某个接口未启用或配置不正确。**show ip interface brief** 命令可快速检验所有接口的状态，如示例 7-35 中所示。

示例 7-35 使用 show ip interface brief 命令检验接口状态

```
R1# show ip interface brief

Interface            IP-Address      OK? Method Status            Protocol
FastEthernet0/0      172.30.1.1      YES NVRAM  up                up
FastEthernet0/1      172.30.2.1      YES NVRAM  up                up
Serial0/0/0          209.165.200.230 YES NVRAM up                 up
Serial0/0/1          unassigned      YES NVRAM down               down
```

三、show ip protocols 命令

show ip protocols 命令可检验几项重要情况，其中包括检验 RIP 是否启用、RIP 的版本、自动汇总的状态以及 **network** 语句中包含的网络，如示例 7-36 中所示。命令输出底部"Routing Information Sources"（路由信息来源）下列出的是路由器当前正在从其接收更新的 RIP 邻居。

示例 7-36 使用 show ip protocols 命令检验路由协议配置

```
R1# show ip protocols

Routing Protocol is "rip"
  Sending updates every 30 seconds, next due in 29 seconds
  Invalid after 180 seconds, hold down 180, flushed after 240
  Outgoing update filter list for all interfaces is not set
  Incoming update filter list for all interfaces is not set
  Redistributing: rip
  Default version control:  send version 2, receive version 2
    Interface              Send Recv   Triggered RIP  Key-chain
    FastEthernet0/0        2     2
    FastEthernet0/1        2     2
    Serial0/0/0            2     2
  Automatic network summarization is not in effect
  Maximum path: 4
  Routing for Networks:
    172.30.0.0
    209.165.200.0
  Routing Information Sources:
    Gateway Distance Last Update
    209.165.200.229 120 00:00:18
  Distance: (default is 120)
```

四、debug ip rip 命令

正如本章从头至尾所演示的一样，参见示例 7-37，要想检查路由器发送和接收的路由更新的内容，**debug ip rip** 是绝佳的选择。有时，可能会出现路由器收到路由但该路由并未加入路由表的情况。出现这种情况的原因可能是所通告的同一网络还配置有静态路由。默认情况下，静态路由的管理距离比动态路由协议的更小，因而会优先加入路由表。

示例 7-37 通过 debug ip rip 命令监视 RIP 运行

```
R1# debug ip rip

RIP protocol debugging is on
R1#
RIP: sending v2 update to 224.0.0.9 via FastEthernet0/1 (172.30.2.1)
RIP: build update entries
        10.1.0.0/16 via 0.0.0.0, metric 2, tag 0
        172.30.1.0/24 via 0.0.0.0, metric 1, tag 0
```

（待续）

```
          172.30.100.0/24 via 0.0.0.0, metric 3, tag 0
          172.30.110.0/24 via 0.0.0.0, metric 3, tag 0
          172.30.200.16/28 via 0.0.0.0, metric 3, tag 0
          172.30.200.32/28 via 0.0.0.0, metric 3, tag 0
          192.168.0.0/16 via 0.0.0.0, metric 2, tag 0
          209.165.200.228/30 via 0.0.0.0, metric 1, tag 0
          209.165.200.232/30 via 0.0.0.0, metric 2, tag 0
R1#
RIP: received v2 update from 209.165.200.229 on Serial0/0/0
     10.1.0.0/16 via 0.0.0.0 in 1 hops
     172.30.100.0/24 via 0.0.0.0 in 2 hops
     172.30.110.0/24 via 0.0.0.0 in 2 hops
     172.30.200.16/28 via 0.0.0.0 in 2 hops
     172.30.200.32/28 via 0.0.0.0 in 2 hops
     192.168.0.0/16 via 0.0.0.0 in 1 hops
     209.165.200.232/30 via 0.0.0.0 in 1 hops
R1#
RIP: sending v2 update to 224.0.0.9 via FastEthernet0/0 (172.30.1.1)
RIP: build update entries
        10.1.0.0/16 via 0.0.0.0, metric 2, tag 0
        172.30.2.0/24 via 0.0.0.0, metric 1, tag 0
        172.30.100.0/24 via 0.0.0.0, metric 3, tag 0
        172.30.110.0/24 via 0.0.0.0, metric 3, tag 0
        172.30.200.16/28 via 0.0.0.0, metric 3, tag 0
        172.30.200.32/28 via 0.0.0.0, metric 3, tag 0
        192.168.0.0/16 via 0.0.0.0, metric 2, tag 0
        209.165.200.228/30 via 0.0.0.0, metric 1, tag 0
        209.165.200.232/30 via 0.0.0.0, metric 2, tag 0
R1#
RIP: sending v2 update to 224.0.0.9 via Serial0/0/0 (209.165.200.230)
RIP: build update entries
        172.30.1.0/24 via 0.0.0.0, metric 1, tag 0
        172.30.2.0/24 via 0.0.0.0, metric 1, tag 0
```

五、ping 命令

检验链路连通性的简便方法之一是使用 **ping** 命令，如示例 7-38 所示。如果端到端的 ping 不成功，则首先 ping 本地接口。如果成功，则 ping 直连网络上的路由器接口。如果还是成功，则继续 ping 每台后继路由器上的接口。一旦 ping 失败，则检查两台路由器以及它们之间的所有路由器，找出 ping 失败的位置和原因。

示例 7-38　使用 ping 命令检验往返的连通性

```
R2# ping 172.30.2.1

Type escape sequence to abort.
Sending 5, 100-byte ICMP Echos to 172.30.2.1, timeout is 2 seconds:
!!!!!
Success rate is 100 percent (5/5), round-trip min/avg/max = 28/28/28 ms
R2#ping 172.30.100.1

Type escape sequence to abort.
Sending 5, 100-byte ICMP Echos to 172.30.100.1, timeout is 2 seconds:
!!!!!
Success rate is 100 percent (5/5), round-trip min/avg/max = 28/28/28 ms
R1# ping 172.30.100.1

Type escape sequence to abort.
```

（待续）

```
Sending 5, 100-byte ICMP Echos to 172.30.100.1, timeout is 2 seconds:
!!!!!
Success rate is 100 percent (5/5), round-trip min/avg/max = 56/56/60 ms
R3# ping 172.30.1.1

Type escape sequence to abort.
Sending 5, 100-byte ICMP Echos to 172.30.1.1, timeout is 2 seconds:
!!!!!
Success rate is 100 percent (5/5), round-trip min/avg/max = 56/56/60 ms
```

六、show running-config 命令

show running-config 可用于检查当前配置的所有命令。由于该命令只是简单列出当前配置，一般来说采用其他命令会更有效，也能提供更多信息。但是，**show running-config** 命令在确定是否有明显遗漏或配置错误方面很有帮助，如示例 7-39 所示。

示例 7-39 使用 show running-config 输出检验全部配置

```
R1# show running-config

Building configuration...
!
hostname R1
!
interface FastEthernet0/0
 ip address 172.30.1.1 255.255.255.0
!
interface FastEthernet0/1
 ip address 172.30.2.1 255.255.255.0
!
interface Serial0/0/0
 ip address 209.165.200.230 255.255.255.252
 clock rate 64000
!
router rip
 version 2
 network 172.30.0.0
 network 209.165.200.0
 no auto-summary
!
<some output omitted for brevity>
!
end
```

7.6.2 常见 RIPv2 问题

对有关 RIPv2 的问题进行故障排除时，可以检查以下几个方面。

- **版本**：对运行 RIP 的网络进行故障排除的一个很好的切入点是检验所有的路由器是否都配置了 RIP 第 2 版。虽然 RIPv1 和 RIPv2 相互兼容，但 RIPv1 不支持不连续子网、VLSM 或 CIDR 超网路由。除非有特殊原因，否则所有路由器上最好都使用相同的路由协议。
- **network 语句：network** 命令不正确或缺少 **network** 命令也会造成问题。您应该还记得，**network** 命令有两个作用：
  - 启用路由协议，以在任何本地接口上发送和接收所属网络的更新。
  - 在发往邻居路由器的路由更新中包括所属网络。

不正确或缺少 network 语句将导致路由更新丢失以及接口无法发送或接收路由更新。

■ **自动汇总**：如果希望发送具体的子网而不仅是汇总路由，那么请务必使用 **no auto-summary** 命令禁用自动汇总功能。

7.6.3 验证

大多数路由协议（在 IP 数据包中）使用 IP 发送路由更新和其他路由信息。但 IS-IS 例外，这一点将在 CCNP 课程中讨论。任何路由协议都可能收到无效路由更新，这是一个安全隐患。造成这些无效路由更新的原因可能是恶意攻击者试图中断网络，或者是他们试图通过欺骗路由器将更新发送到错误目的地来截取数据包。错误配置的路由器也会产生无效路由更新。另外，如果用户在不知情的情况下将运行着本地网络路由协议的主机接入网络，也会造成这个问题。

例如，在图 7-10 中，R1 正在向路由域中的所有其他路由器传播默认路由。但是，有人错误地将路由器 R4 添加到该网络，该路由器同样会传播默认路由。一些路由器可能会转发默认流量到 R4，而不是真正的网关路由器 R1。这些数据包将被黑洞吞噬，永远消失。

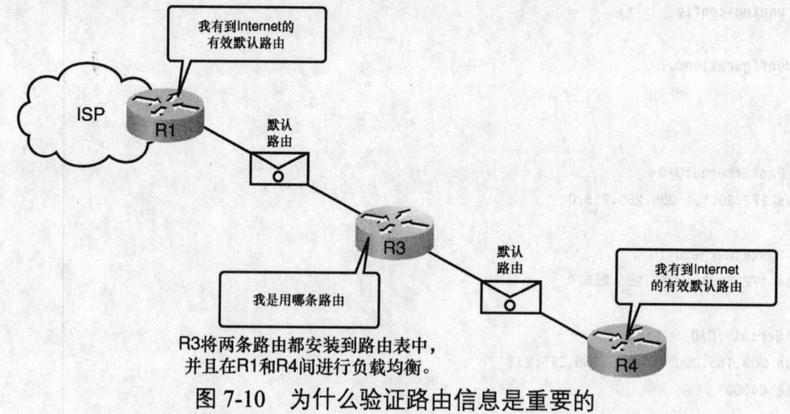

图 7-10 为什么验证路由信息是重要的

对路由信息进行身份验证可有效杜绝此类问题。RIPv2、EIGRP、OSPF、IS-IS 和 BGP 都可以配置为对路由信息进行身份验证。通过这种方式，我们便可确保路由器只接受配置了相同密码或身份验证信息的路由器发送的路由信息。

> 注 配置路由协议的验证命令将在其他课程中讨论。

Packet Tracer □ Activity

路由表损坏（7.4.3） 本练习着重说明 Internet 服务提供商如何使用静态路由与其客户通信，以及客户如何使用默认路由与其服务提供商通信。本实验展示了区域边界路由器如何创建默认路由，以及如何将其传播给路由域中的所有其他路由器。在网络搭建完毕后，我们向网络中添加新路由器 R4，但该路由器有一条错误的默认路由，该路由不是指向 ISP。您需要查看路由表条目，确定这对网络有何种影响，并检查 ping 响应情况。首先，所有接口都已配置了正确的地址。我们将配置 RIP 作为路由协议。在本书携带的 CD-ROM 中，你可以使用 e2-743.pka 文件来执行这个 Packet Tracer 练习。

7.7 总结

无类 IP 编址支持 VLSM 和 CIDR 的运行。子网掩码不再根据 IP 地址的第一个八位组来决定了。

因为路由器不能自动的根据网络地址来决定子网掩码，所以无类 IP 编址需要在任何一个路由更新中包含子网掩码。无类路由协议在路由更新中伴随着网络地址会包含子网掩码。

因为在路由更新中包含子网掩码，无类路由协议，如 RIPv2、EIGRP 和 OSPF，能够用来执行不连续编址的设计和 VLSM 网络。子网掩码的包含还允许 CIDR 超网的传播：汇总路由的掩码比有类的掩码还要短。

RIPv1 是有类路由协议，RIPv2 是无类路由协议。配置 RIPv2 需要增加 **version 2** 的命令。默认的，RIPv2 启用自动汇总。**no auto-summary** 命令用来关闭在边界路由器上对子网进行有类网络的自动汇总。

命令 **show ip route**、**show ip protocols**、**show ip interface brief**、**show running-config**、**ping** 和 **debug ip rip** 都可以用来检验 RIP 并对其排错。

第 9 章“EIGRP”和第 11 章“OSPF”，将会继续分别学习这两个无类路由协议。

7.8 检查你的理解

完成下面所有的复习题来检测一下你对于本章中的主题和概念的理解。题目的答案在附录“检查你的理解和挑战性问题的答案”中可以找到。

1. 在 RIPv2 中你如何禁用自动汇总？

A. Router(config)# **no auto-summary**

B. Router(config-router)# **no auto-summary**

C. Router(config-if)# **no auto-summary**

D. 不建议你禁用自动汇总

2. 下面哪些描述了不连续网络？

A. 被一个或多个不同主网分开的有类网络的子网

B. 使用 VLSM 的有类网络

C. 使用比有类网络掩码短的子网网络

3. 什么时候在 RIPv2 中禁用自动汇总？

A. 当你想让路由表最小时

B. 当你使用不连续网络时

C. 当你使用 VLSM 时

D. 当不需要传播单独的子网时

4. 什么是无类路由协议定义的特性？

A. 发送非汇总子网地址的能力

B. 在路由广播中包含子网掩码的能力

C. 发送像链路状态广播的更新

D. 使用其他度量，而不是跳数

5. 对于自动汇总，RIPv2 默认的行为是什么？

A. 默认情况下，在 RIPv2 中启用自动汇总

B. 默认情况下，在 RIPv2 中禁用自动汇总

C. RIPv2 中没有自动汇总。汇总只能是手工的

6. 判断题：如果网络被汇总了，那么 RIPv2 在路由更新中就不会包括子网掩码。

A. 对

B. 错

7.9 挑战的问题和实践

这些问题需要对于本章的概念有比较深的了解，而且这些题型非常类似于 CCNA 认证考试的题目。你可以在附录“检查你的理解和挑战性问题的答案”中找到答案。

1. 在图 7-11 中，所有的路由器运行 RIPv2。R1 上禁用自动汇总，但是 R3 启用了自动汇总。在 R2 的路由表中，你会看到什么样的关于 172.30.0.0 的路由？

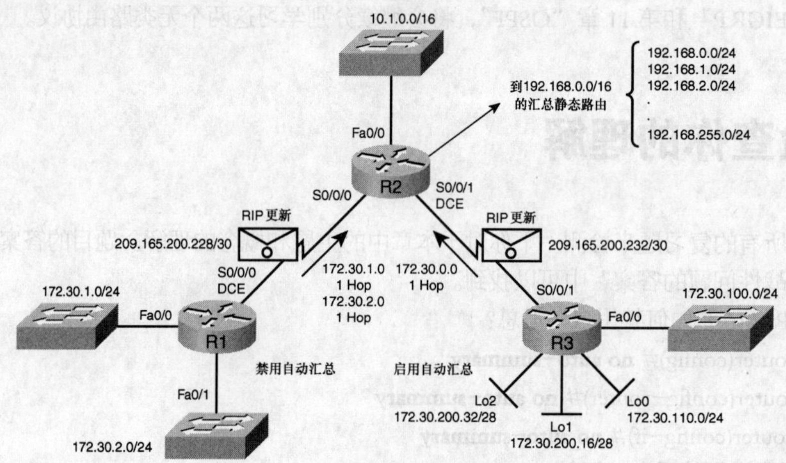

图 7-11 第 7 章挑战问题使用的图

A. 172.30.0.0/16

B. 172.30.1.0/24

C. 172.30.2.0/24

D. 172.30.100.0/24

E. 172.30.110.0/24

F. 172.30.200.16/28

G. 172.30.200.32/28

2. 在图 7-11 中，如果 R2 收到目的地为 172.30.1.10 的数据包，它是否总是会将该数据包转发到正确的路由器 R1 上？

3. RouterX 正在运行有类路由协议 RIPv1。RouterX 的路由表中包含属于 10.0.0.0/8 网络的 VLSM 子网。如果 RouterX 从地址为 10.10.10.1/24 的接口发出更新，则哪些 10.0.0.0 子网将从该接口发送出去？

A. 所有 10.0.0.0 的子网但是没有子网掩码

B. 所有 10.0.0.0 的子网而且包含子网掩码

C. 只有/24 的 10.0.0.0 的子网。不包括子网掩码

D. 只有/24 的 10.0.0.0 的子网。包括子网掩码

E. 汇总了的网络 10.0.0.0。不包括子网掩码

4. RouterX 正在运行有类路由协议 RIPv1。RouterX 的路由表中包含属于 10.0.0.0/8 网络的 VLSM 子网。如果 RouterX 从地址为 192.168.1.1/24 的接口发出更新，则哪些 10.0.0.0 子网将从该接口发送出去？

A. 所有 10.0.0.0 的子网但是没有子网掩码

B. 所有 10.0.0.0 的子网而且包含子网掩码

C. 只有/24 的 10.0.0.0 的子网。不包括子网掩码

D. 只有/24 的 10.0.0.0 的子网。包括子网掩码

E. 汇总了的网络 10.0.0.0。不包括子网掩码

5. RIP 要传播静态默认路由，哪个命令在两个版本里都是必须要配置的？

6. 参见下面的输出。数据包通过 R2 路由到 172.30.0.0/16 网络上的主机上，但不是总能到达目的地，即有一些包可以成功到达，而另一些失败了。这是什么问题？如果使用的是 RIPv1 路由协议，那么该如何解决呢？如果使用的是 RIPv2 路由协议，又该如何解决呢？

```
R1# show ip route

! Code output omitted

Gateway of last resort is not set

R       172.30.0.0/16 [120/1] via 209.165.200.230,00:00:09,Serial0/0/0
                      [120/1] via 209.165.200.234,00:00:11,Serial0/0/1
        209.165.200.0/30 is subnetted, 2 subnets
 C         209.165.200.232 is directly connected, Serial0/0/1
 C         209.165.200.228 is directly connected, Serial0/0/0
        10.0.0.0/16 is subnetted, 1 subnets
 C         10.1.0.0 is directly connected, FastEthernet0/0
 S       192.168.0.0/16 is directly connected,Null0
```

7.10 知识拓展

RFC（请求注释）是提交给 IETF（Internet 工程任务小组）的一系列文档，其中包括有关 Internet 标准的建议，或者一些新的理念、信息，甚至偶尔还会包含幽默的内容。RFC 1723 是定义 RIP 第 2 版的 RFC。

许多网站都提供 RFC 信息，包括http://www.ietf.org/rfc/rfc1723.txt。请阅读 RFC 1723 全文或部分内容以学习有关该无类路由协议的更多知识。

请使用 Packet Tracer 创建两个不连续的有类网络。每个不连续网络应该包含几台路由器和子网，其中一个子网需要使用 VLSM。在两组不连续网络之间，添加另一台路由器以连接这两个不连续网络。请确保在该路由器和每个不连续网络间使用不同的主网。

使用本场景检查 RIPv1 存在的问题，以及 RIPv2 是如何解决这些路由问题的。

第 8 章

深入讨论路由表

8.1 目标

在学习完本章之后，你应该能够回答下面的问题：

- 在路由表结构中能够找到哪些路由类型？
- 路由查找的过程是什么？
- 请你描述在路由的网络中典型的路由行为是怎样的？

8.2 关键术语

本章使用如下的关键术语。你可以在书后的术语表中找到解释。

第 1 级路由　　*第 2 级路由*
第 1 级父路由　　*第 2 级子路由*

在上一章中，我们使用 **show ip route** 命令查看了路由表。通过学习，我们了解到了如何在路由表中添加和删除直连路由、静态路由以及动态路由。

作为网络管理员，排查网络故障时必须要深入了解路由表。不论您对具体的路由协议熟悉程度如何，了解路由表的结构及其查找过程都会有助于诊断任何路由表问题。例如，您可能会遇到这样的情况：路由表包含所有您认为应该包含的路由，但却没有按照预期的方式来转发数据包。这时，如果您知道如何一步步查看数据包目的 IP 地址的查找过程，您就可以确定数据包是否按预期的方式传送，是否传送到了其他地方，为何会传送到该地方，或者数据包是否已被丢弃。

在本章中，我们将进一步了解路由表。本章的第一部分将重点介绍思科的 IP 路由表结构。我们将要研究路由表的格式并学习 1 级路由和 2 级路由的相关内容。本章的第二部分将分析路由表的查找过程。我们将探讨有类路由行为和无类路由行为，会用到 **no ip classless** 与 **ip classless** 命令。

本章省略了许多有关思科 IP 路由表的结构及其查找过程的详细内容。如果您有兴趣了解更多有关内容以及思科 IOS 内部路由工作方式，请参阅 Alex Zinin 所著的《Cisco IP Routing》(ISBN:0-201-60473-6)。

注　*此书不属于路由协议的入门教程，它是有关思科 IOS 所使用的路由协议、路由过程和路由算法的深入探究。*

8.3 路由表结构

在你深入研究之后，路由表的结构和格式就会变得显而易见。了解路由表的结构将帮助你检验和解除路由问题，因为你对路由表的查找进程十分了解。你将确切地知道思科 IOS 软件在查找路由表时是如何工作过的。

8.3.1 实验拓扑

为了达到理解路由表结构和查找进程的目的，请参见图 8-1 中显示的简单的三路由器的网络。

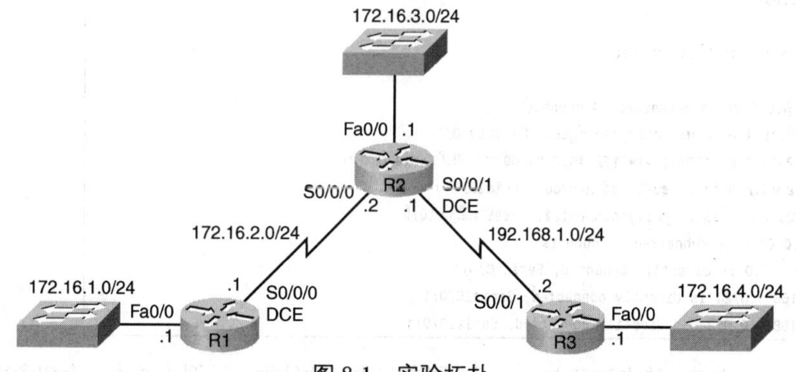

图 8-1 实验拓扑

路由器 R1 和 R2 同属于 172.16.0.0/16 网络，该网络有多个 172.16.0.0/24 子网。R2 和 R3 通过 192.168.1.0/24 网络连接。请注意，R3 也有一个 172.16.4.0/24 子网，它与 R1 和 R2 所属的 172.16.0.0 网络是相分隔的（即不连续）。在本章的后面部分，我们学习路由查找过程时，将会分析此不连续子网的影响。

示例 8-1 和 8-2 中还显示了 R1 和 R3 的接口配置。在后面的章节中，我们会为 R2 配置接口。

示例 8-1 R1 配置

```
R1(config)#interface FastEthernet0/0
R1(config-if)#ip address 172.16.1.1 255.255.255.0
R1(config-if)#no shutdown
R1(config-if)#interface Serial0/0/0
R1(config-if)#ip address 172.16.2.1 255.255.255.0
R1(config-if)#clock rate 64000
R1(config-if)#no shutdown
R1(config-if)#end
R1#copy run start
```

示例 8-2 R3 配置

```
R3(config)#interface FastEthernet0/0
R3(config-if)#ip address 172.16.4.1 255.255.255.0
R3(config-if)#no shutdown
R3(config-if)#interface Serial0/0/1
R3(config-if)#ip address 192.168.1.2 255.255.255.0
R3(config-if)#no shutdown
R3(config-if)#end
R3#copy run start
```

8.3.2 路由表条目

示例 8-3 中的路由表示例包含以下来源的路由条目：

- 直连网络
- 静态路由
- 动态路由协议

示例 8-3 路由表示例

```
Router#show ip route
Codes: C - connected, S - static, I - IGRP, R - RIP, M - mobile,
<output omitted>

Gateway of last resort is not set

     172.16.0.0/24 is subnetted, 4 subnets
S       172.16.4.0 is directly connected, Serial0/0/1
R       172.16.1.0 [120/1] via 172.16.2.1, 00:00:08, Serial0/0/0
C       172.16.2.0 is directly connected, Serial0/0/0
C       172.16.3.0 is directly connected, FastEthernet0/0
     10.0.0.0/16 is subnetted, 1 subnets
S       10.1.0.0 is directly connected, Serial0/0/1
C    192.168.1.0/24 is directly connected, Serial0/0/1
S    192.168.100.0/24 is directly connected, Serial0/0/1
```

路由的来源——直连、静态和动态——不会影响路由表的结构。示例 8-3 为一个包含直连网络、静态路由和动态路由等路由条目的路由表示例。请注意，172.16.0.0/24 子网中存在所有这 3 类路由来源。

注 思科 IOS 中的路由表层次结构最初建立在有类路由方案基础上。虽然路由表同时包括有类和无类寻址方式，但其整体结构仍遵循有类方案。

8.3.3 第1级路由

路由器R1和R3的接口已经配置了相应的IP地址和子网掩码。现在我们将为R2配置接口，并使用**debug ip routing**命令查看用来添加路由条目的路由表过程。

示例8-4显示了用192.168.1.1/24地址配置R2的Serial 0/0/1接口后产生的结果。

示例8-4　第1级路由添加到路由表中

```
R2#debug ip routing
IP routing debugging is on
R2#conf t
R2(config)#interface serial 0/0/1
R2(config-if)#ip address 192.168.1.1 255.255.255.0
R2(config-if)#clock rate 64000
R2(config-if)#no shutdown
R2(config-if)#
00:11:06: %LINK-3-UPDOWN: Interface Serial0/0/1, changed state to up
R2(config-if)#
RT: add 192.168.1.0/24 via 0.0.0.0, connected metric [0/0]
RT: interface Serial0/0/1 added to routing table
R2(config-if)#end
R2#undebug all
All possible debugging has been turned off
```

输入**no shutdown**命令后，**debug ip routing**命令的输出结果即会显示该路由已经添加到路由表中。在示例8-5中，**show ip route**命令在路由表中显示了我们刚刚添加到R2的直连网络。

示例8-5　检验路由表中的路由

```
R2#show ip route
Codes: C - connected, S - static, I - IGRP, R - RIP, M - mobile, B - BGP
<output omitted>

Gateway of last resort is not set

C     192.168.1.0/24 is directly connected, Serial0/0/1
```

思科IP路由表并不是一个平面数据库。路由表实际上是一个分层结构，在查找路由并转发数据包时，这样的结构可加快查找进程。在此结构中包括若干个层级。为简单起见，我们将所有路由分为两级讨论，即第1级路由和 第2级路由。

让我们详细查看路由表条目，了解第1级路由和第2级路由。

```
C 192.168.1.0/24 is directly connected, Serial0/0/1
```

第1级路由是指子网掩码等于或小于网络地址有类掩码的路由。192.168.1.0/24属于第1级网络路由，因为其子网掩码等于网络有类掩码。/24是C类网络（如192.168.1.0网络）的有类掩码。

第1级路由可作以下用途。

- **默认路由**：是指地址为0.0.0.0/0的静态路由。
- **超网路由**：是指掩码小于有类掩码的网络地址。
- **网络路由**：是指子网掩码等于有类掩码的路由。网络路由也可以是父路由。在下一节我们将会讨论有关父路由的内容。

第1级路由的来源可以是直连网络、静态路由或动态路由协议。

图8-2中介绍了图表中的开始部分，这也是贯穿本章使用的。这部分即是图8-2中显示的第1级

路由的示例。

第 1 级路由 192.168.1.0/24 可以再进一步定义为最终路由，如图 8-3 所示。

最终路由是指包括以下内容的路由：

■ 下一跳 IP 地址（另一路径）。

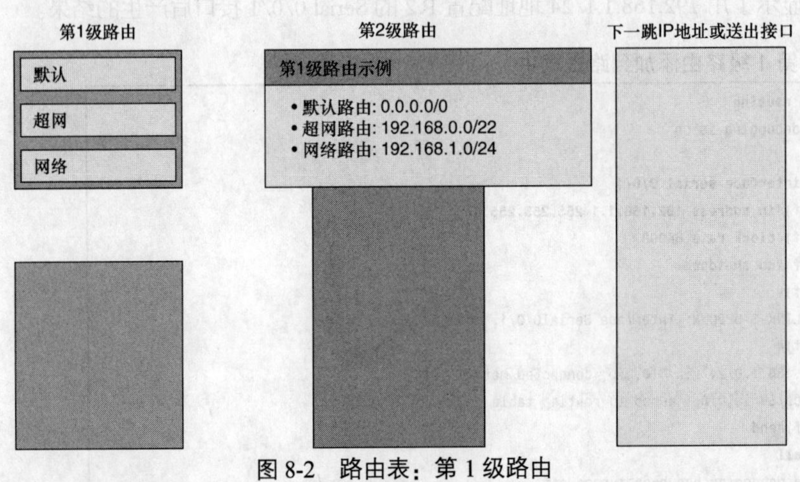

图 8-2　路由表：第 1 级路由

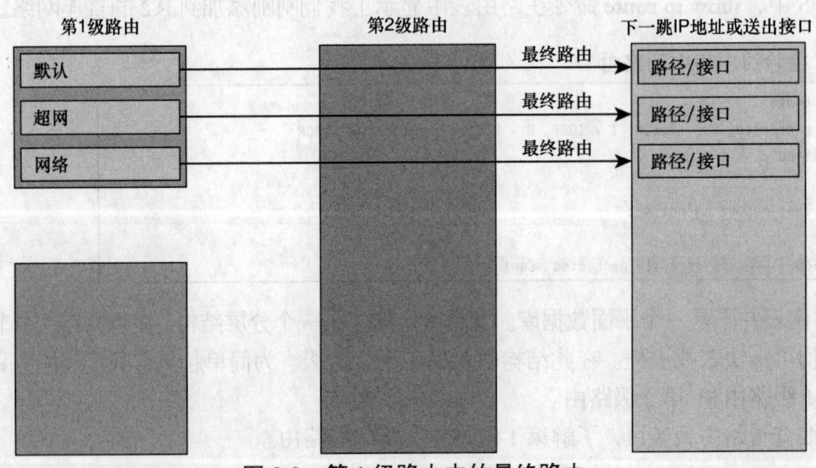

图 8-3　第 1 级路由中的最终路由

■ 送出接口。

直连网络 192.168.1.0/24 属于第 1 级网络路由，因为它的子网掩码与有类掩码相同。同时该路由也是一条最终路由，因为它包含送出接口 Serial 0/0/1。

```
C 192.168.1.0/24 is directly connected, Serial0/0/1
```

在下一个主题中，我们即将看到，第 2 级路由也属于最终路由。

8.3.4　父路由和子路由：有类路由

在上一主题中，我们了解到某条路由可以既是第 1 级网络路由，同时也是最终路由。现在，我们开始学习另一种类型的第 1 级网络路由——父路由。示例 8-6 显示了 R2 的 172.16.3.1/24 接口的配置以及 **show ip route** 命令的输出。

示例 8-6 父路由和子路由

```
R2(config)#interface fastethernet 0/0
R2(config-if)#ip address 172.16.3.1 255.255.255.0
R2(config-if)#no shutdown
R2(config-if)#end
R2#show ip route
Codes: C - connected, S - static, I - IGRP, R - RIP, M - mobile,
<text omitted>

Gateway of last resort is not set

     172.16.0.0/24 is subnetted, 1 subnets
C       172.16.3.0 is directly connected, FastEthernet0/0
C    192.168.1.0/24 is directly connected, Serial0/0/1
```

请注意，在示例 8-6 中高亮显示的是现在路由表中实际上多了的两个条目。在向路由表中添加 172.16.3.0 子网时，也添加了另一条路由 172.16.0.0。第一个条目 172.16.0.0/24 中不包含任何下一跳 IP 地址或送出接口信息。此路由称为***第 1 级父路由***。

父路由下面的条目，172.16.3.0，即是子路由。为什么这里是两条路由而不是一条呢？

参见图 8-4，这里出现两条路由，因为第 1 级父路由是指不包含任何网络的下一跳 IP 地址或送出接口的网络路由。父路由实际上是表示存在第 2 级路由的一个标题，第 2 级路由也称为*子路由*。

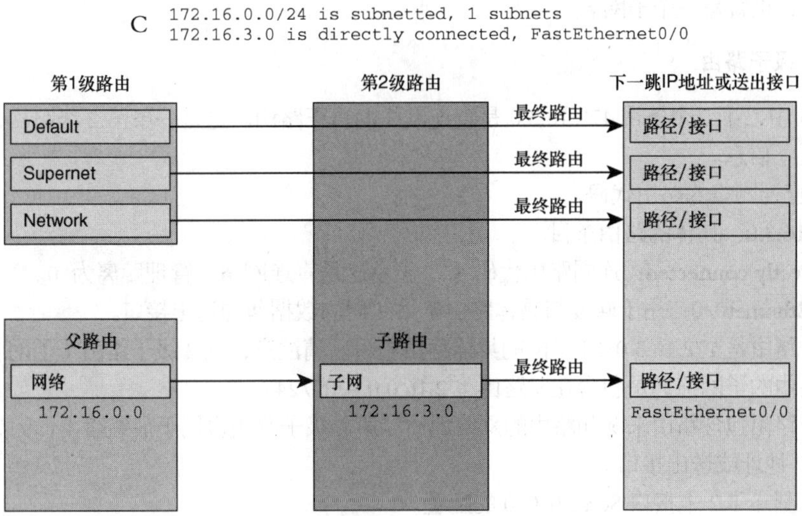

```
   172.16.0.0/24 is subnetted, 1 subnets
C  172.16.3.0 is directly connected, FastEthernet0/0
```

图 8-4 路由表：父/子路由关系

只要向路由表中添加一个子网，就会在表中自动创建第 1 级父路由。也就是说，只要向路由表中输入一条掩码大于有类掩码的路由，就会在表中生成父路由。子网 172.16.3.0 就是父路由 172.16.0.0 的第 2 级子路由。在本示例中，自动生成的第 1 级父路由为：

```
172.16.0.0/24 is subnetted, 1 subnets
```

第 2 级路由是指有类网络地址的子网路由。与第 1 级路由一样，第 2 级路由的来源可以是直连网络、静态路由或动态路由协议。在本示例中，第 2 级路由实际上是我们在配置 FastEthernet 0/0 接口时被添加到网络中的子网路由：

注　请记住，思科 IOS 中的路由表以有类路由方案组织。第 1 级父路由是子网路由的有类网络地址。即使子网路由的来源是无类路由协议也同样如此。

使用图 8-5，我们将在下面一部分对路由表中的第 1 级父路由和第 2 级子路由进行分析。

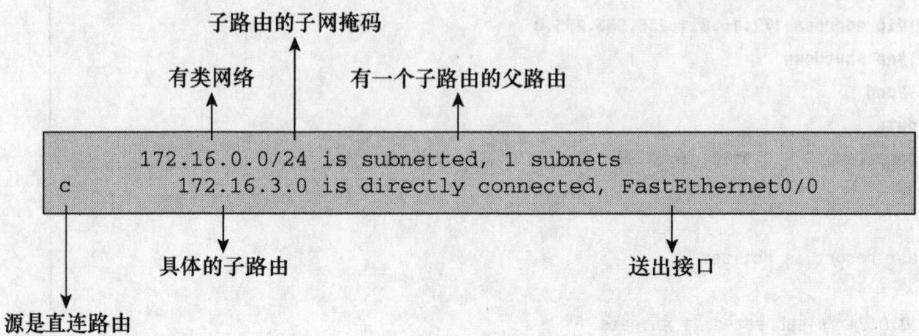

图 8-5　父路由和子路由细节

一、第 1 级父路由

在图 8-5 中，该父路由包含以下信息。

- **172.16.0.0**：子网的有类网络地址。请记住，思科 IP 路由表是按有类方式构建的。
- **/24**：所有子路由的子网掩码。如果子路由使用了可变长子网掩码（VLSM），则子网掩码不包含在父路由中，而是包含在各条子路由中。在后面的章节中将对此作介绍。
- **is subnetted, 1 subnet**：路由条目的这一部分指明该路由条目是父路由，在本例中，它有一条子路由，也就是一个子网。

二、第 2 级子路由

在图 8-5 中，第二个条目 172.16.3.0 是直连网络的真正路由。这是一条第 2 级路由，也称为子路由，它包含以下信息。

- **C**：直连网络的路由代码。
- **172.16.3.0**：具体的路由条目。
- **is directly connected**：连同路由代码 C，表示这是直连网络，管理距离为 0。
- **FastEthernet0/0**：用于转发与具体路由条目匹配的数据包的送出接口。

第 2 级子路由是 172.16.3.0/24 子网的具体路由条目。请注意，该 2 级子路由（子网）不包括子网掩码。该子路由的子网掩码是包含在父路由 172.16.0.0 中的/24。

第 2 级子路由包含路由来源和路由的网络地址。第 2 级子路由也属于最终路由，因为第 2 级路由包含下一跳 IP 地址或送出接口。

示例 8-7 显示 R2 上接口 Serial 0/0/0 的配置。

示例 8-7　添加其他子路由

```
R2(config)#interface serial 0/0/0
R2(config-if)#ip address 172.16.2.2 255.255.255.0
R2(config-if)#no shutdown
R2(config-if)#end
R2#show ip route
Codes: C - connected, S - static, I - IGRP, R - RIP, M - mobile,
<text omitted>
```

（待续）

```
Gateway of last resort is not set

     172.16.0.0/24 is subnetted, 2 subnets
C       172.16.2.0 is directly connected, Serial0/0/0
C       172.16.3.0 is directly connected, FastEthernet0/0
C       192.168.1.0/24 is directly connected, Serial0/0/1
```

路由表显示了同一父路由 172.16.0.0/24 的两条子路由。172.16.2.0 和 172.16.3.0 都属于同一父路由，因为两者都属于 172.16.0.0/16 有类网络。

由于两条子路由的子网掩码相同，因此父路由仍旧保留/24 掩码，只不过现在显示了两个子网。在我们讨论路由查找过程时将会分析父路由的作用。

图 8-6 显示了本例中路由表内第 1 级父路由和第 2 级子路由之间的关系。

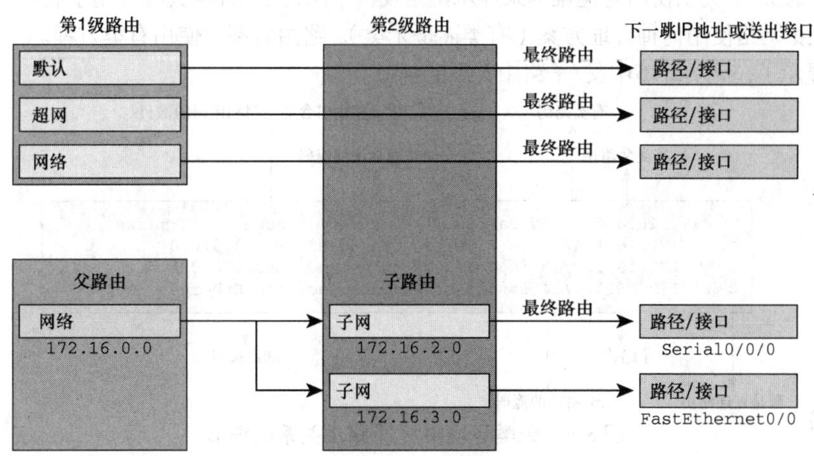

图 8-6 路由表：父/子路由关系

> **注** 在仅有一条第 2 级子路由的情况下，如果将该子路由删除，那么第 1 级父路由也将随之自动删除。必须至少有一条第 2 级子路由，第 1 级父路由才能存在。

三、父路由和子路由：无类网络

为了本节讨论，我们切换到图 8-7 拓扑中 RouterX 上看一看。

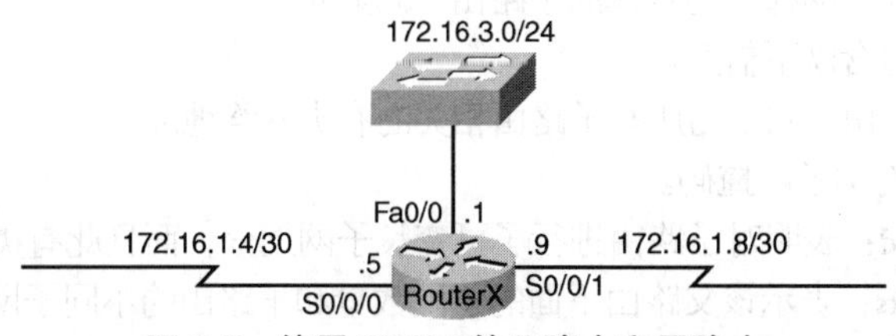

图 8-7 使用 VLSM 的父路由和子路由

利用 RouterX 与图 8-7 中所示的 VLSM 配置，我们可以研究 VLSM 对路由表的影响。RouterX 有 3 个直连网络。这 3 个子网都属于有类网络 172.16.0.0/16，因此都是第 2 级子路由。

在示例 8-8 中，请注意，这 3 条子路由并不像上面的有类示例中那样共用同一个子网掩码。在本例中，我们实施的是使用 VLSM 的网络编址方案。

无论何时，只要存在属于同一有类网络但具有不同子网掩码的两条或多条子路由，路由表中的显示就会稍有不同，这表明此父网络经过了**可变子网划分**。

示例 8-8 使用 VLSM 的父路由和子路由

```
RouterX#show ip route
Codes: C - connected, S - static, I - IGRP, R - RIP, M - mobile, B - BGP
<output omitted>

Gateway of last resort is not set

     172.16.0.0/16 is variably subnetted, 3 subnets, 2 masks
C       172.16.1.4/30 is directly connected, Serial0/0/0
C       172.16.1.8/30 is directly connected, Serial0/0/1
C       172.16.3.0/24 is directly connected, FastEthernet0/0
RouterX#
```

虽然这样的父/子关系使用有类架构来显示网络及其子网，但这种格式既可用于有类寻址也可用于无类寻址。无论网络使用何种寻址方案（有类还是无类），路由表都会使用有类方案。

图 8-8 显示了在无类环境中父/子路由关系的细节。

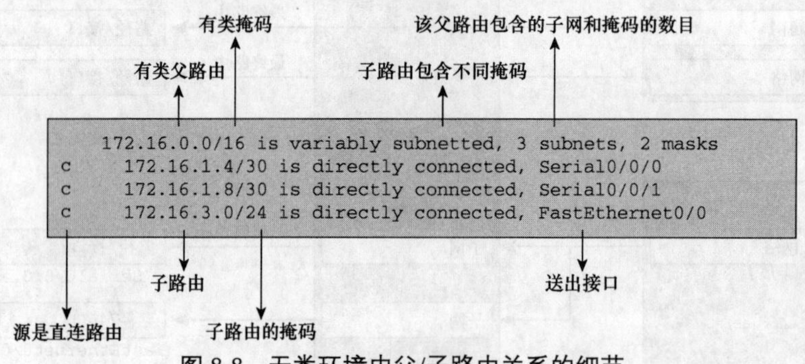

图 8-8 无类环境中父/子路由关系的细节

与此前讨论的有类示例相比，图中的父路由及其子路由有几处明显的不同。首先，图 8-8 中的父路由 172.16.0.0 包含有类掩码/16，而在前面图 8-5 中的有类示例中，并没有显示有类掩码。

其次，可以注意到，父路由表明了子路由属于"**variably subnetted**"（可变子网划分）。像有类示例一样，父路由中显示了子网数量（**3 个子网**），但此处还包含子路由中不同掩码的数量（**2 个掩码**）。

有类网络和无类网络的最后一点差异在于子路由。当前的每条子路由都包含具体的子网掩码。在图 8-5 非 VLSM 路由示例中，两条子路由共用同一子网掩码，并且该子网掩码显示在父路由中。而在使用 VLSM 的示例中，各子网掩码随具体的子路由一同显示。

图 8-8 中的父路由包含以下信息。

- **172.16.0.0**：父路由，它是与所有子路由相关的有类网络地址。
- **/16**：父路由的有类子网掩码。
- **variably subnetted**：表明对子路由进行了可变长子网划分，而且此有类网络中有多个掩码。
- **3 subnets, 2 masks**：表示该父路由下面的子网数量和子路由的不同子网掩码数量。

以图 8-8 中的一条子路由为例，我们可以看到以下信息。

- **C**：直连网络的路由代码。
- **172.16.1.4**：具体的路由条目。
- **/30**：具体路由的子网掩码。
- **is directly connected**：连同路由代码 C，表示这是直连网络，管理距离为 0。

■ **Serial0/0/0**：用于转发与具体路由条目匹配的数据包的送出接口。

那么，思科为何使用有类路由表格式？在后面的讨论路由查找过程的章节中，我们会找到相应的答案。

8.4 路由表查找过程

现在你已经了解了路由表的结构，下面一部分将要帮助你了解路由表查找过程。当路由器在它的一个接口上接收数据包时，路由表查找过程用来把进入数据包的目的 IP 地址和路由表中的条目进行对比。数据包的目的 IP 地址和路由表中路由的最佳匹配，将用来决定从哪个接口转发该数据包。

8.4.1 路由表查找过程的步骤

回到前面图 8-1 中所示的拓扑，拓扑中配置了有类路由协议 RIPv1。请注意，对于不连续的 172.16.0.0 子网，我们特地选择了一个有类路由协议。在之后的章节中，您会明白其中的原因。

示例 8-9 显示了所有 3 个路由器上的 RIP 配置。示例 8-10、8-11 和 8-12 显示了路由表的结果。

示例 8-9 RIPv1 配置

```
R1(config)#router rip
R1(config-router)#network 172.16.0.0
```

```
R2(config)#router rip
R2(config-router)#network 172.16.0.0
R2(config-router)#network 192.168.1.0
```

```
R3(config)#router rip
R3(config-router)#network 172.16.0.0
R3(config-router)#network 192.168.1.0
```

示例 8-10 R1 路由表

```
R1#show ip route
Codes: C - connected, S - static, I - IGRP, R - RIP, M - mobile, B - BGP
       <output omitted>

Gateway of last resort is not set

     172.16.0.0/24 is subnetted, 3 subnets
C       172.16.1.0 is directly connected, FastEthernet0/0
C       172.16.2.0 is directly connected, Serial0/0/0
R       172.16.3.0 [120/1] via 172.16.2.2, 00:00:25, Serial0/0/0
R    192.168.1.0/24 [120/1] via 172.16.2.2, 00:00:25, Serial0/0/0
```

示例 8-11 R2 路由表

```
R2#show ip route
Codes: C - connected, S - static, I - IGRP, R - RIP, M - mobile, B - BGP
       <output omitted>

Gateway of last resort is not set

     172.16.0.0/24 is subnetted, 3 subnets
R       172.16.1.0 [120/1] via 172.16.2.1, 00:00:07, Serial0/0/0
C       172.16.2.0 is directly connected, Serial0/0/0
C       172.16.3.0 is directly connected, FastEthernet0/0
C    192.168.1.0/24 is directly connected, Serial0/0/1
```

示例 8-12　R3 路由表

```
R3#show ip route
Codes: C - connected, S - static, I - IGRP, R - RIP, M - mobile, B - BGP
       <output omitted>

Gateway of last resort is not set

     172.16.0.0/24 is subnetted, 1 subnets
C       172.16.4.0 is directly connected, FastEthernet0/0
C    192.168.1.0/24 is directly connected, Serial0/0/1
```

对于该编址方案和有类路由协议，如您可以估计到的那样，网络存在连通性的问题。R1 和 R2 都没有通往 172.16.4.0 的路由。同样，R3 也没有通往子网 172.16.1.0/24、172.16.2.0/24 或 172.16.3.0/24 的路由。

R1 和 R2 不包括 R3 的 172.16.4.0 子网，因为 R3 只发送 172.16.0.0 的汇总路由，度量为一跳。因为 R2 已经有了属于 172.16.0.0 网络一部分的直连接口，它就不会添加 RIP 汇总路由到路由表中。R3 也是同样的进程。R3 只接收到 R2 发来的 172.16.0.0 汇总路由。

让我们深入分析，路由器发送数据包时如何确定最佳路由，以及为什么在不连续的网络设计中无法应用有类路由协议。请思考以下问题：

- 路由器收到 IP 数据包，查看目的 IP 地址，然后在路由表中查询该地址时，会出现什么情况？
- 路由器如何确定路由表中哪一条是最佳路由？
- 在路由表查找过程中，子网掩码有何作用？
- 在没有找到匹配路由的情况下，路由器如何决定是否使用超网路由或默认路由？

现在让我们分析路由查找过程中的各个步骤来回答以上问题。

路由查找过程

按照图 8-9 到图 8-19 中的各个步骤查看路由查找过程。现在不要担心无法立刻完全理解这些步骤。在后面的章节中，我们会分析几个示例，可让您更好地理解路由查找过程。

步骤 1　路由器会检查第 1 级路由（包括网络路由和超网路由），查找与 IP 数据包的目的地址最匹配的路由（见图 8-9）。

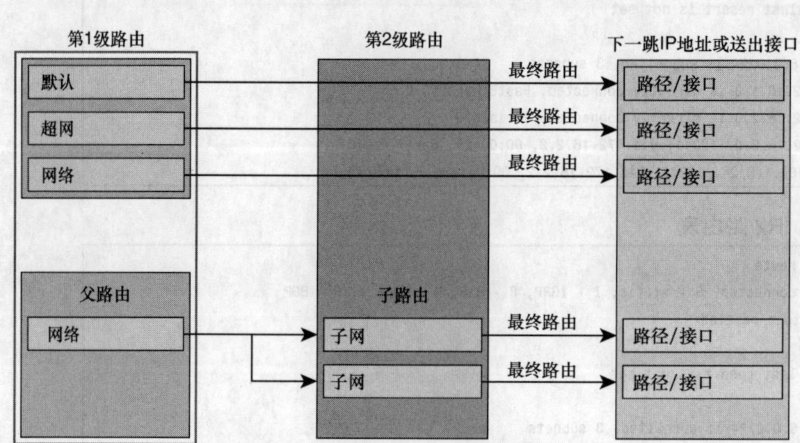

图 8-9　路由表查找过程：步骤 1

步骤 1a　如果最佳匹配的路由是第 1 级最终路由（有类网络路由、超网路由或默认路由），则会使用该路由转发数据包（见图 8-10）。

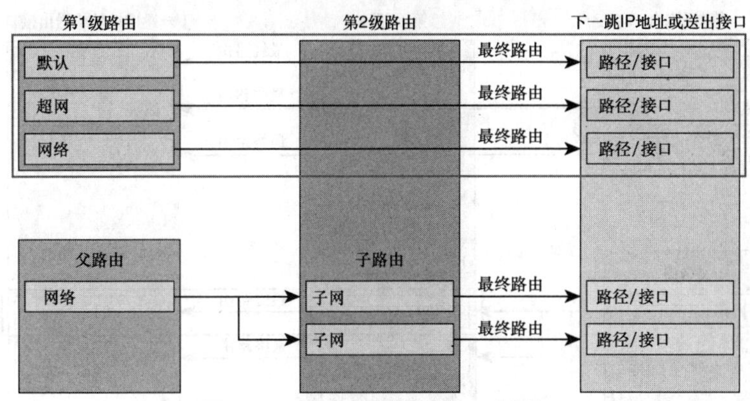

图 8-10 路由表查找过程：步骤 1a

步骤 1b 如果最佳匹配的路由是第 1 级父路由，则继续步骤 2（见图 8-11）。

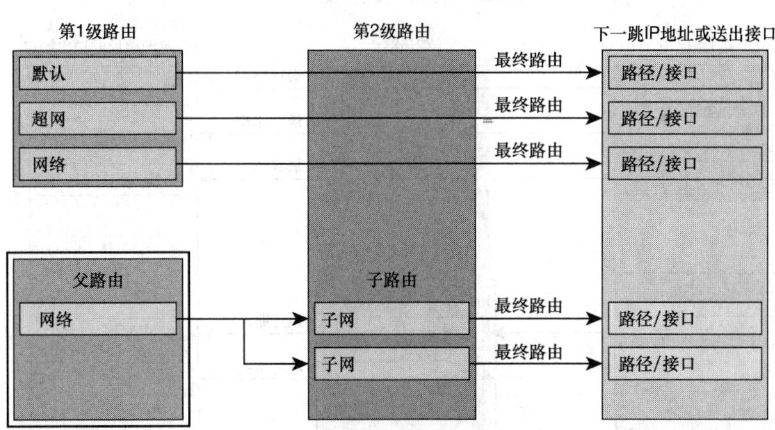

图 8-11 路由表查找过程：步骤 1b

步骤 2 路由器检查该父路由的子路由（子网路由），以找到最佳匹配的路由(见图 8-12)。

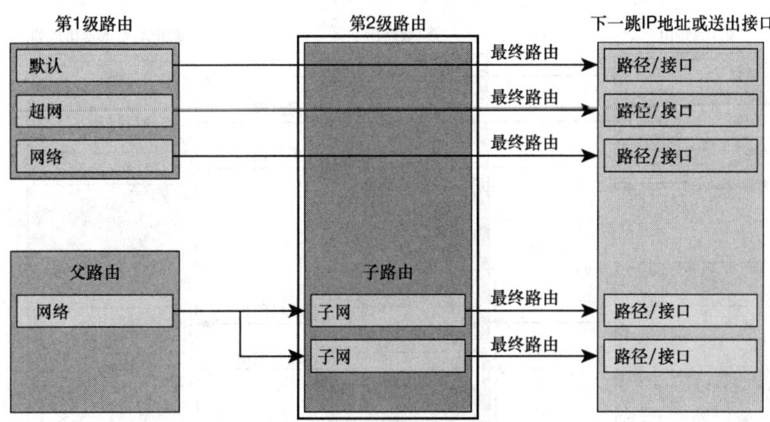

图 8-12 路由表查找过程：步骤 2

步骤 2a　如果在第 2 级子路由中存在匹配的路由，则会使用该子网转发数据包（见图 8-13）。

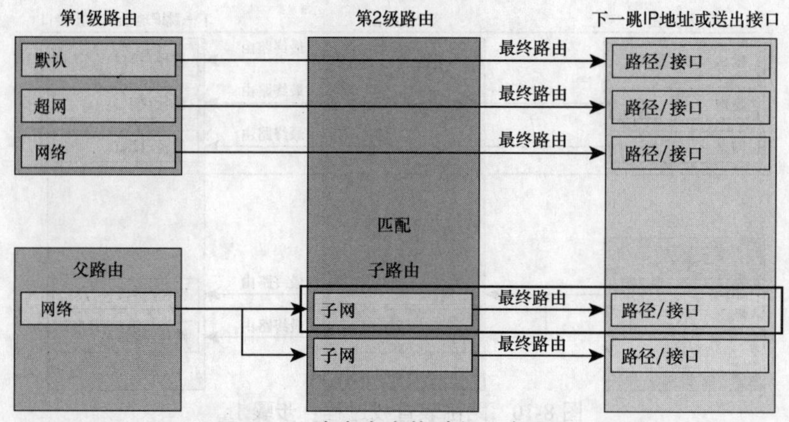

图 8-13　路由表查找过程：步骤 2a

步骤 2b　如果所有的第 2 级子路由都不符合匹配条件，则会继续执行步骤 3（见图 8-14）。

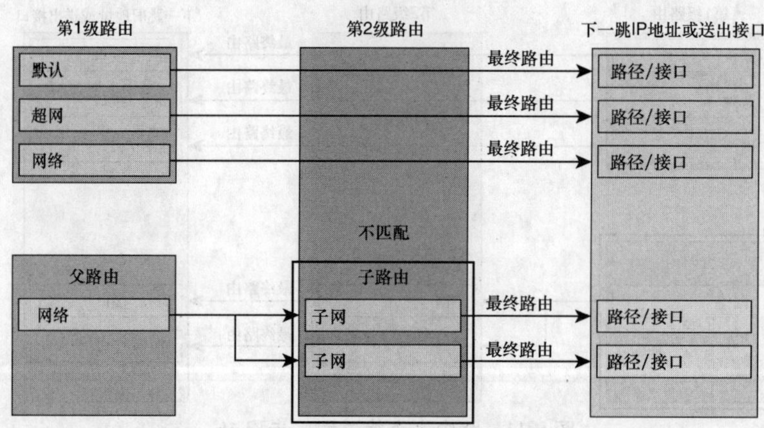

图 8-14　路由表查找过程：步骤 2b

步骤 3　路由器当前执行的是有类路由行为还是无类路由行为（见图 8-15）。

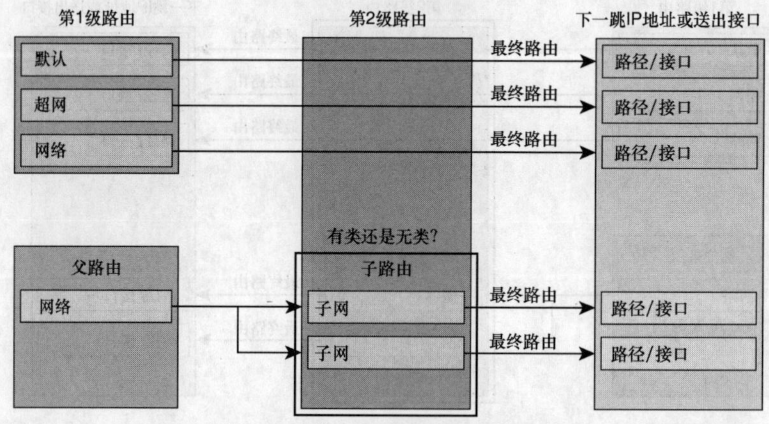

图 8-15　路由表查找过程：步骤 3

步骤 3a 如果执行的是*有类*路由行为，则会终止查找过程并丢弃数据包（见图 8-16）。

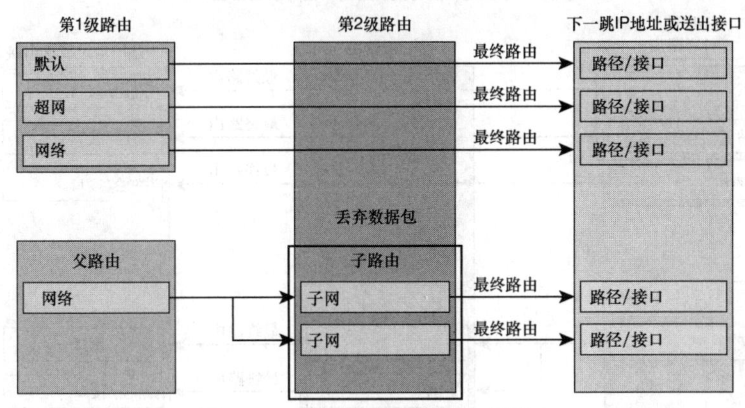

图 8-16 路由表查找过程：步骤 3a

步骤 3b 如果执行的是*无类*路由行为，则继续在路由表中搜索第 1 级超网路由以寻找匹配条目。要是存在默认路由，也会对其进行搜索（见图 8-17）。

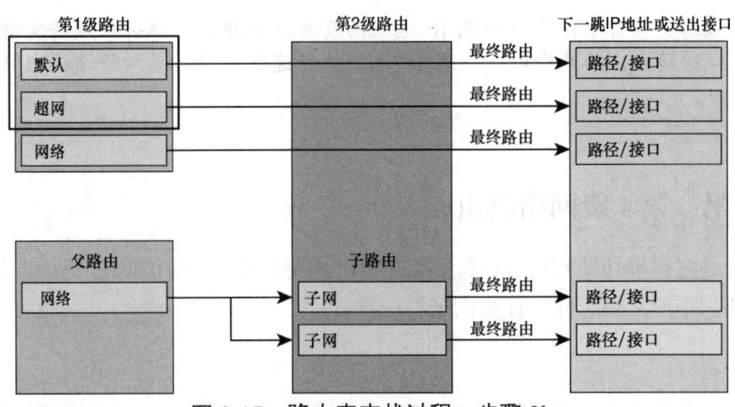

图 8-17 路由表查找过程：步骤 3b

步骤 4 如果此时存在匹配位数相对较少的第 1 级超网路由或默认路由，那么路由器会使用该路由转发数据包（见图 8-18）。

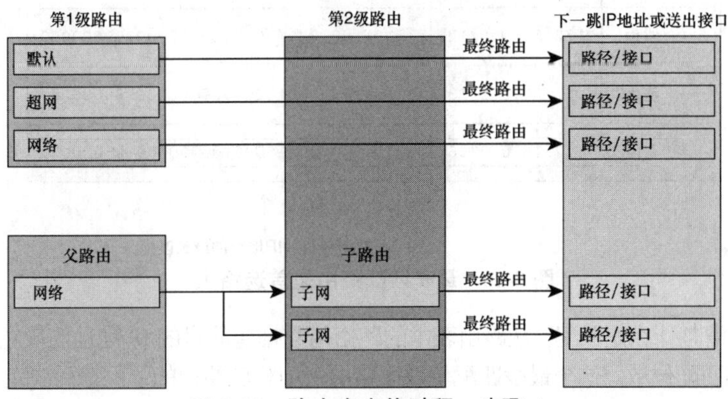

图 8-18 路由表查找过程：步骤 4

步骤 5　如果路由表中没有匹配的路由，则路由器会丢弃数据包（图 8-19）。

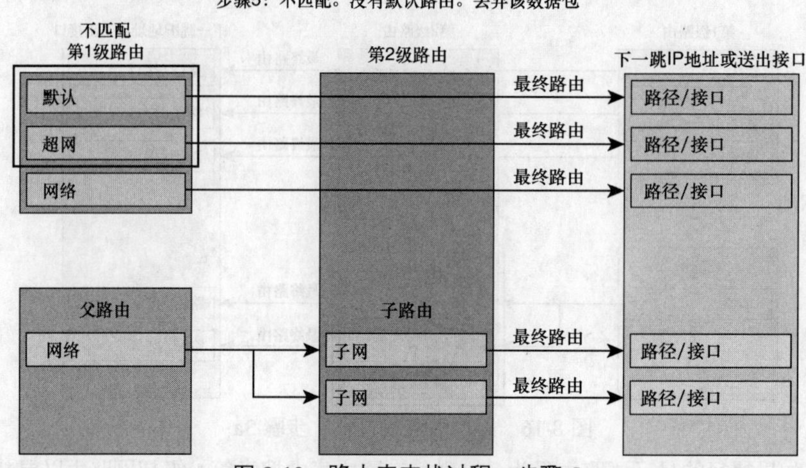

图 8-19　路由表查找过程：步骤 5

在后面的章节中，我们会详细讨论有类路由行为和无类路由行为。

注　**如果路由条目中仅有下一跳 IP 地址而没有送出接口，那么必须将其解析为具有送出接口的路由。为此会对下一跳 IP 地址执行递归查找，直到将该路由解析为某个送出接口。**

8.4.2　最长匹配：第 1 级网络路由

路由查找过程是怎样确切地判断数据包的目的 IP 地址和路由表中的哪条路由匹配？如果有多于一条的路由表项和它匹配又将怎样？让我们来看一看。

一、最长匹配

在前面的路由查找讨论中，用到了*最佳匹配*这个术语。那么什么是最佳匹配呢？最佳匹配也可称为最长匹配。脱离开拓扑片刻，图 8-20 显示了路由 3（172.16.0.0/26），具有最长匹配。最长匹配是什么意思呢？

数据包目的IP地址	172.16.0.10	10101100.00010000.00000000.00001010
路由1	172.16.0.0/12	10101100.00010000.00000000.00000000
路由2	172.16.0.0/18	10101100.00010000.00000000.00000000
路由3	172.16.0.0/26	10101100.00010000.00000000.00000000

与数据包目的IP地址的最长匹配

图 8-20　最长匹配路由是首选路由

首先，我们应清楚什么是匹配。从路由表中的路由与数据包的目的 IP 地址的最左侧开始，两者必须达到一个最少的匹配位数。这个最少匹配位数由路由表中相应路由的子网掩码决定（请记住，IP 数据包仅包含 IP 地址，不包含子网掩码）。

最佳匹配（或最长匹配）是指路由表中与数据包的目的 IP 地址从最左侧开始存在最多匹配位数的路由。通常情况下，最左侧有着最多匹配位数（最长匹配）的路由总是首选路由。子网掩码的比特数不仅指出了最左边匹配的最小比特数，而且是路由查找匹配比特时考虑的因素。

在图 8-20 中，我们看到一个目的地址为 172.16.0.10 的数据包。路由表中的许多路由都可能会与该数据包的目的 IP 地址匹配。图 8-20 中显示了 3 条都与该数据包匹配的路由：172.16.0.0/12、172.16.0.0/18 和 172.16.0.0/26。3 条路由中，172.16.0.0/26 路由的匹配位数最长。请记住，这几条路由必须达到其子网掩码所指定的最少匹配位数，才会被视为匹配路由。

图 8-20 提及的可能是一个不太常见的例子，它只是用来解释最长匹配的概念。在这个例子中，172.16.0.0/12 和 172.16.0.0/18 将永远也不会被使用到，因为 172.16.0.0/26 总是最长匹配。这时因为所有的 3 条路由共享同样的 32 位比特。如果有多条路由具有同样的网络地址，但是子网掩码不同，则路由表查找过程永远使用最长掩码那条路由。在这个例子中，路由表查找过程永远使用路由 172.16.0.0/26。

二、示例：第 1 级最终路由

用于确定最长匹配的子网掩码并不总是明确的。让我们通过几个示例详细地分析一下其中的原因。在图 8-21 中，PC1 向 R3 的串口 192.168.1.2 发送 ping 命令。

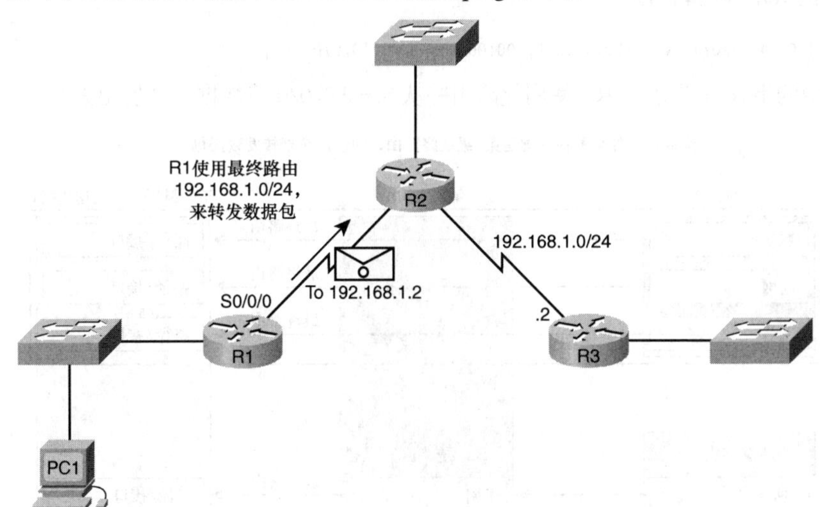

图 8-21 示例：第 1 级最终路由

R1 收到了该数据包。示例 8-13 显示了 R1 路由表。

示例 8-13 R1 的路由表

```
R1#show ip route
Codes: C - connected, S - static, I - IGRP, R - RIP, M - mobile, B - BGP
       <some output omitted>

Gateway of last resort is not set

     172.16.0.0/24 is subnetted, 3 subnets
C       172.16.1.0 is directly connected, FastEthernet0/0
C       172.16.2.0 is directly connected, Serial0/0/0
R       172.16.3.0 [120/1] via 172.16.2.2, 00:00:25, Serial0/0/0
R    192.168.1.0/24 [120/1] via 172.16.2.2, 00:00:25, Serial0/0/0
```

还记得路由查找过程中步骤 1 的第一个部分吗？图 8-22 演示了路由表查找到 192.168.2.1 数据包过程的步骤。

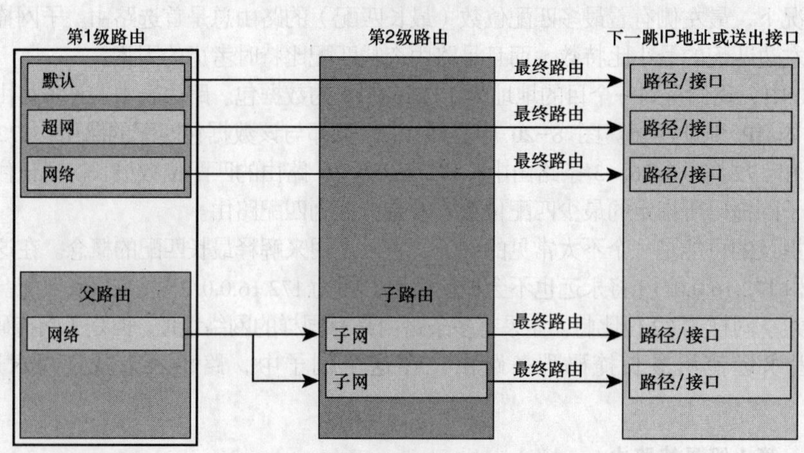

图 8-22 路由表查找过程：步骤 1

路由器首先检查第 1 级路由，以查找最佳匹配。在我们的示例中，目的 IP 地址 192.168.1.2 与第 1 级最终路由 192.168.1.0/24 匹配。

```
R 192.168.1.0/24 [120/1] via 172.16.2.2, 00:00:25, Serial0/0/0
```

图 8-23 中的步骤 1a 显示了 R1 使用此路由并从 Serial 0/0/0 将数据包转发出去。

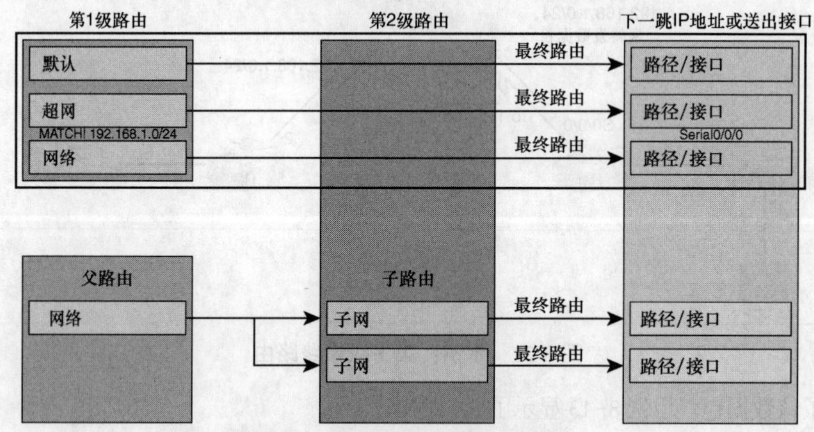

图 8-23 路由表查找过程：步骤 1a

为什么数据包目的地址与第 1 级路由 192.168.1.0/24 匹配，而不是与 172.16.0.0 子网的某条路由匹配呢？答案似乎是显而易见的。我们会说："路由器当然会使用 192.168.1.0/24 了"。但实际上，路由查找过程是通过比较 32 位的地址与 32 位的路由条目来查找最长匹配的。

思科 IOS 用于搜索路由表的算法不在本章谈论范围之内。对我们来说，重要的是明白路由条目与数据包目的 IP 地址匹配的原因以及不匹配的原因。

为什么数据包的地址与路由表中所有的 172.16.0.0/24 子网都不匹配呢？参见图 8-24。

172.16.0.0/24 是 3 个子网（即 3 条子路由）的父路由。数据包的目的 IP 地址与父路由的有类地址（即 172.16.0.0/16）必须匹配，才能检查子路由是否与该目的 IP 地址匹配。

那么，父路由最左侧是否有至少 16 位与数据包目的 IP 地址 192.168.1.2 的前 16 位匹配呢？很明显，答案是没有。不过，在图 8-24 中，您会看到路由器实际上是先检查第一位，发现第一位匹配，然后接着检查第二位。因为第二位不匹配，所以查找过程会转而搜索其他路由条目。

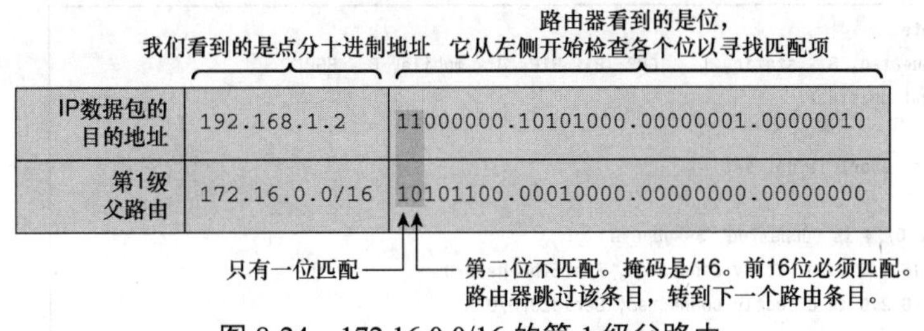

图 8-24　172.16.0.0/16 的第 1 级父路由

现在让我们看看，路由器是如何发现数据包的目的 IP 地址 192.168.1.2 与路由表中的下一条路由 192.168.1.0/24（一条最终路由）匹配的。

```
R 192.168.1.0/24 [120/1] via 172.16.2.2, 00:00:25, Serial0/0/0
```

路由 192.168.1.0 是第 1 级最终路由，因此它也包含子网掩码/24。在图 8-25 中，可以注意到，最左侧的前 24 位都与数据包的目的 IP 地址匹配。

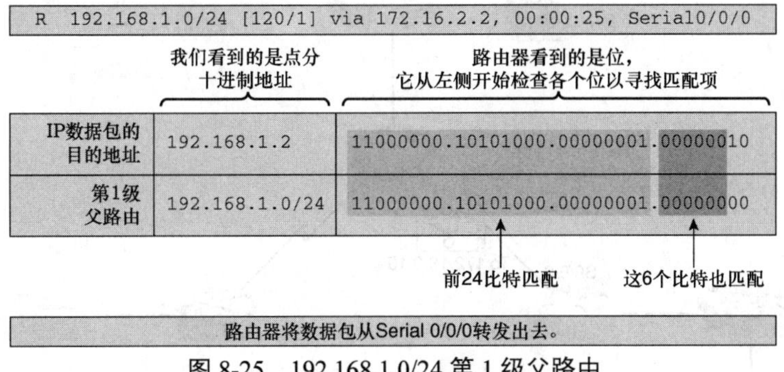

图 8-25　192.168.1.0/24 第 1 级父路由

如图 8-25 所示，该路由和目的 IP 地址不仅达到了至少 24 位的匹配要求，而且总共有 30 位匹配。这一点是否重要？在后面我们会看到，路由表中可能存在多条与同一目的 IP 地址匹配的路由。那么究竟哪一条是首选路由呢？答案是匹配位数最多的那一条。

在本例中，目的 IP 地址 192.168.1.0 与第 1 级最终路由 192.168.1.0/24 匹配。由于没有更长、更具体的匹配条目，因此路由器会将该数据包从送出接口 Serial 0/0/0 转发出去。

注　请记住，对于仅有下一跳 IP 地址而没有送出接口的路由，路由查找进程需要执行递归查找。要回顾有关递归查找的内容，请参阅第 2 章“静态路由”。

8.4.3　最长匹配：第 1 级父路由和第 2 级子路由

让我们分析一下数据包目的地址与第 1 级父路由匹配时会出现什么样的情况。

首先，注意示例 8-14，父路由中既不包括下一跳地址也不包括送出接口，它只是其第 2 级子路由（子网）的“报头”。

示例 8-14 中，子路由的子网掩码/24 显示在父路由 172.16.0.0 中。

只有第 1 级父路由的有类地址与数据包的目的 IP 地址匹配，路由器才会检查第 2 级子路由是否与该目的 IP 地址匹配。

示例 8-14 第 1 级父路由和第 2 级子路由

```
R1#show ip route
Codes: C - connected, S - static, I - IGRP, R - RIP, M - mobile, B - BGP
       <output omitted>

Gateway of last resort is not set

         172.16.0.0/24 is subnetted, 3 subnets
C          172.16.1.0 is directly connected, FastEthernet0/0
C          172.16.2.0 is directly connected, Serial0/0/0
R          172.16.3.0 [120/1] via 172.16.2.2, 00:00:25, Serial0/0/0
R        192.168.1.0/24 [120/1] via 172.16.2.2, 00:00:25, Serial0/0/0
```

一、示例：第 1 级父路由和第 2 级子路由

在图 8-26 中，PC1 向地址为 172.16.3.10 的 PC2 发送了一个 ping 命令。R1 收到该数据包，开始搜索路由表以查找匹配路由。

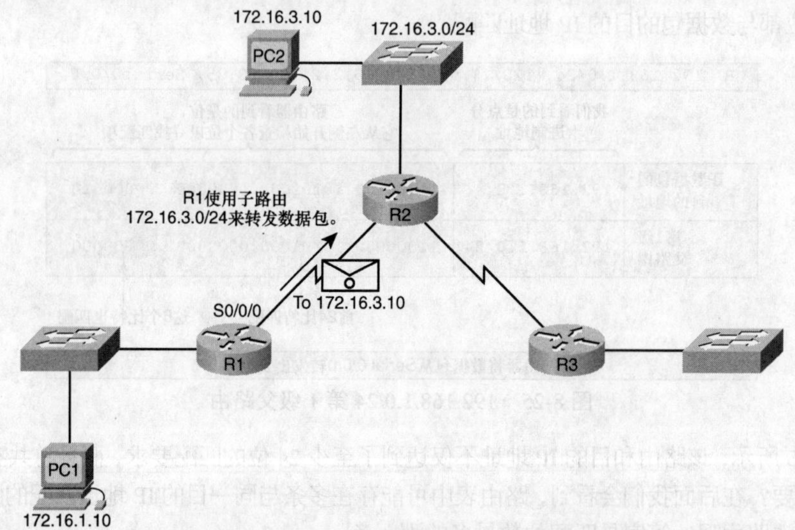

图 8-26 第 1 级父路由和第 2 级子路由

步骤 1b （见图 8-27）首先匹配的是第 1 级父路由 172.16.0.0。请记住，对于非 VLSM 子网，不会显示父路由的有类掩码。只有父路由的有类地址与数据包的目的 IP 地址匹配，路由器才会检查子路由（子网）是否与该目的 IP 地址匹配。在这个例子中，因为 172.16.0.0 是 B 类地址，最左边的 16 位必须匹配（路由查找过程的完整步骤在本章的前面有过描述）。由于第一个路由条目是第 1 级父路由，它与目的地址匹配（路由查找过程中的步骤 1b），因此路由查找过程会继续到步骤 2。

步骤 2 （见图 8-28）由于父路由与数据包的目的地址匹配，因此将会检查第 2 级子路由，看其是否与该目的地址匹配。不过，这一次是使用实际的子网掩码/24 来确定最左侧必须匹配的最少位数。

步骤 2a （见图 8-29）路由查找过程搜索子路由，看其是否与该目的地址匹配。在本例中，必须至少有 24 位匹配。

通过图 8-30，让我们看看路由器是如何从第 2 级子路由中找到匹配路由的。

首先，路由器检查父路由，看其是否与数据包的目的地址匹配。在本例中，IP 地址的前 16 位与父路由的前 16 位必须匹配，因为这 16 位是父路由的有类掩码（/16）。

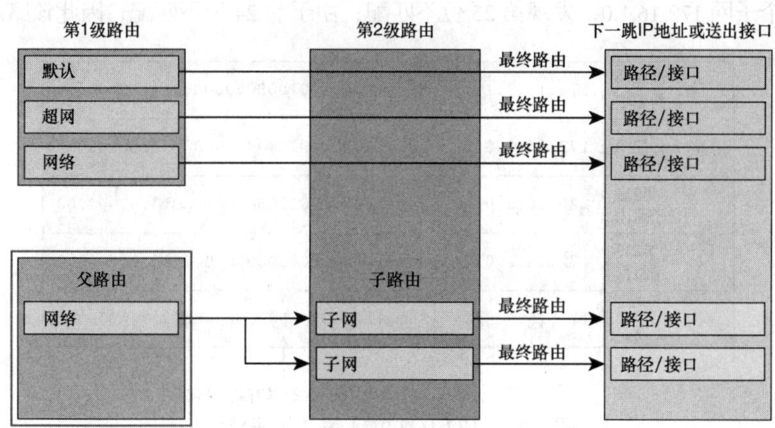

图 8-27 路由表查找过程：步骤 1b

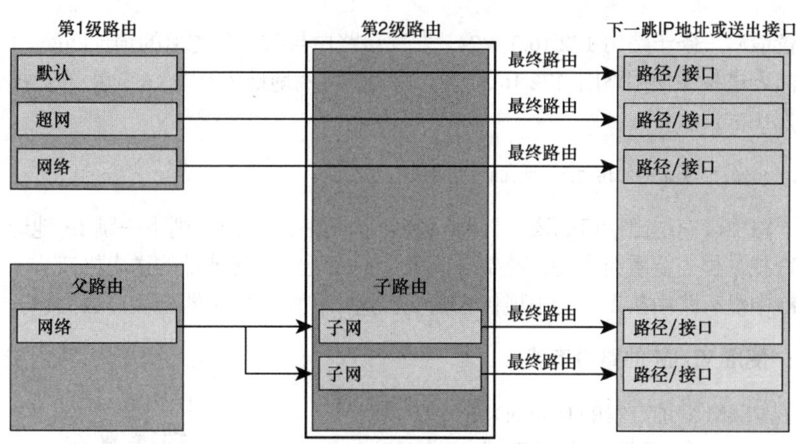

图 8-28 路由表查找过程：步骤 2

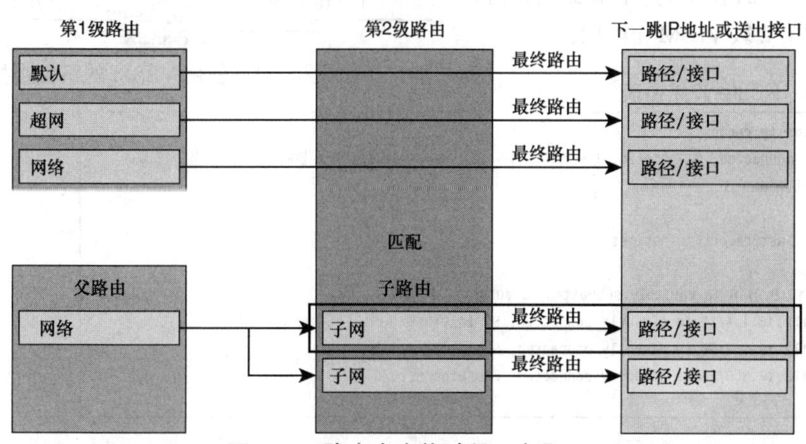

图 8-29 路由表查找过程：步骤 2a

如果父路由与数据包的目的地址匹配，路由器接下来会检查路由 172.16.1.0。只有父路由的有类掩码与数据包的目的地址匹配时，路由器才会继续检查子路由。

检查第一个子网172.16.1.0，发现第23位不匹配；由于前24位不匹配，因此该路由被拒绝。

IP数据包的目的地址	172.16.3.10	10101100.00010000.00000011.00001010
第1级子路由	172.16.0.0/16	10101100.00010000.00000000.00000000
第2级子路由	172.16.2.0/24	10101100.00010000.00000010.00000000
第2级子路由	172.16.2.0/24	10101100.00010000.00000010.00000000
第2级子路由	172.16.3.0/24	10101100.00010000.00000011.00000000

172.16.3.0/24具有最长匹配

图 8-30 172.16.3.0/24 第2级子路由

随后，路由器检查路由172.16.2.0/24。由于第24位不匹配，该路由也被拒绝。必须至少有24位匹配。

路由器检查最后一条子路由172.16.3.0/24，发现该路由与数据包的目的地址匹配。由于前24位都匹配，因此路由表进程会使用路由 172.16.3.0/24 将目的 IP 地址为 172.16.3.10 的数据包从送出接口Serial 0/0/0转发出去。

```
R 172.16.3.0 [120/1] via 172.16.2.2, 00:00:25, Serial0/0/0
```

如果这条子路由没有送出接口的表示，而只包含下一跳IP地址，则下一跳IP地址需要解析到一个送出接口。查找过程需要重新启动，花费时间来查找匹配下一跳地址的送出接口。

如果路由器中没有路由条目，会出现什么情况？这本例中，路由器会丢弃数据包。

二、示例：使用VLSM的路由查找

对于使用了VLSM编址方案的RouterX拓扑结构（见图8-31），会出现什么样的情况？查找过程会有什么变化？

通过示例8-15，让我们来看看路由如何找到一条匹配的第2级VLSM子路由。

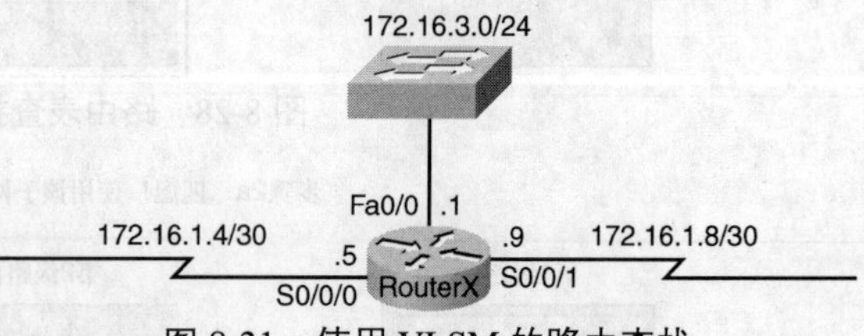

图 8-31 使用VLSM的路由查找

示例8-15 RouterX路由表

```
RouterX#show ip route
Codes: C - connected, S - static, I - IGRP, R - RIP, M - mobile, B - BGP
<output omitted>

Gateway of last resort is not set

     172.16.0.0/16 is variably subnetted, 3 subnets, 2 masks
C       172.16.1.4/30 is directly connected, Serial0/0/0
C       172.16.1.8/30 is directly connected, Serial0/0/1
C       172.16.3.0/24 is directly connected, FastEthernet0/0
RouterX#
```

使用VSLM不会改变路由查找过程。在VLSM寻址方案下，有类掩码/16显示在第1级父路由中（示例中的172.16.0.0/16）。

与非 VLSM 网络相同，如果数据包的目的 IP 地址与第 1 级父路由的有类掩码匹配，则会对第 2

级子路由进行搜索。

使用 VLSM 唯一的不同是子路由显示自身具体的子网掩码。这些子网掩码用于确定最左侧必须与数据包目的 IP 地址匹配的位数。例如，要与 172.16.1.4 子路由匹配，最左侧至少要有 30 位匹配，这是因为子网掩码是/30。

8.5 路由行为

当数据包的目的 IP 地址和第 1 级父路由匹配，但是却没有任何第 2 级子路由和它相匹配时，会发生什么事情？我们可能假定路由表查找过程会继续在路由表中匹配更粗略的条目。但是，根据路由器的配置不同，你会看到它可能行，也可能不行。

8.5.1 有类和无类路由行为

路由查找过程的下一步（步骤 3）会涉及到路由行为。**no ip classless** 或 **ip classless** 命令会影响路由行为使用搜索首选路由的过程（见图 8-32）。

• 路由行为用于在路由表中定位路由信息
• 仅可使用单一路由行为

• 可以使用多个信息来源和多个路由协议
• 可以使用多个信息来源和多个路由协议

图 8-32 路由协议与路由行为的对比

有类和无类路由行为不同于有类和无类路由协议。有类和无类路由协议影响路由表的填充方式。而有类和无类路由行为则确定在填充路由表后如何搜索路由表。如图 8-32 所示，路由来源（包括有类路由协议和无类路由协议）为路由表提供信息。而路由行为则由 **ip classless** 或 **no ip classless** 命令指定，确定在步骤 3 中如何继续查找过程。

如您在图 8-32 中所见，路由协议和路由行为彼此之间是完全独立的。路由表可以使用无类路由协议（如 RIPv2）提供的路由信息来填充，但如果配置了 **no ip classless** 命令，则会执行有类路由行为。

拓扑变化

图 8-33 显示了改变了的拓扑，该拓扑在 R1 和 R2 之间使用 RIPv1，而 R2 和 R3 之间使用静态路由。

在第 7 章“RIPv2”中，我们了解到 RIPv1 这样的有类路由协议不支持不连续网络。尽管当前的拓扑结构中存在不连续的网络，但我们可以配置到达这些网络的静态路由。

示例 8-16 显示了 R2 的配置改变。

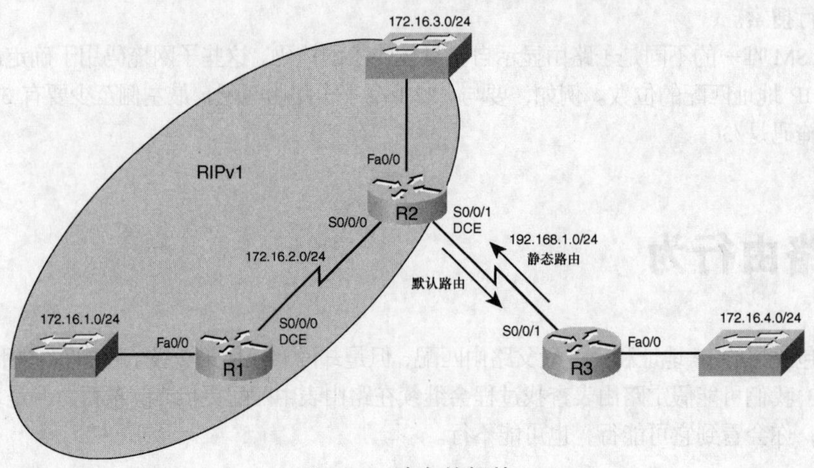

图 8-33 改变的拓扑

示例 8-16 R2 的配置

```
R2(config)#ip route 0.0.0.0 0.0.0.0 s0/0/1
R2(config)#router rip
R2(config-router)#default-information originate
R2(config-router)#no network 192.168.1.0
R2(config-router)#end
R2#show ip route
Codes: C - connected, S - static, I - IGRP, R - RIP, M - mobile, B - BGP
<output omitted>
       * - candidate default, U - per-user static route, o - ODR
<output omitted>

Gateway of last resort is 0.0.0.0 to network 0.0.0.0

     172.16.0.0/24 is subnetted, 3 subnets
R       172.16.1.0 [120/1] via 172.16.2.1, 00:00:00, Serial0/0/0
C       172.16.2.0 is directly connected, Serial0/0/0
C       172.16.3.0 is directly connected, FastEthernet0/0
C    192.168.1.0/24 is directly connected, Serial0/0/1
S*   0.0.0.0/0 is directly connected, Serial0/0/1
```

首先，我们在 R2 上添加一个静态的“全零”路由，以便将默认流量发送到 R3。然后我们将 **default-information originate** 命令添加到 RIP 路由过程，这样，R2 就会向 R1 发送默认路由。由此，R1 和 R2 便可以与所有其他网络通信，包括 R3 的 172.16.4.0/24。最后，我们输入命令 **no network 192.168.1.0**，因为我们不想再与 R3 交换 RIP 更新信息。

示例 8-17 显示了 R3 的配置改变。我们删除了 R3 上的 RIP 路由，并在 R3 上添加了一条静态路由，以便可以将主网络 172.16.0.0/16 的流量发送到 R2，这些流量在 R3 的路由表中没有更长的匹配条目。

示例 8-17 R3 的配置

```
R3(config)#ip route 172.16.0.0 255.255.0.0 s0/0/1
R3(config)#no router rip
R3(config-router)#end
R3#show ip route
Codes: C - connected, S - static, I - IGRP, R - RIP, M - mobile, B - BGP
<output omitted>
```

（待续）

```
Gateway of last resort is not set

     172.16.0.0/16 is variably subnetted, 2 subnets, 2 masks
C       172.16.4.0/24 is directly connected, FastEthernet0/0
S       172.16.0.0/16 is directly connected, Serial0/0/1
C       192.168.1.0/24 is directly connected, Serial0/0/1
```

此处我们不测试网络的连通性，在后面的章节中再进行测试。

8.5.2 有类路由行为：no ip classless

现在我们重点研究路由查找过程中的步骤 3。也就是，如果在步骤 2b 中没有与该数据包的目的 IP 地址匹配的第 2 级子路由，会出现什么样的情况。在后面，您会看到一个具体的示例。

回忆上一节，在步骤 1 和步骤 2 中，路由器检查了第 1 级路由和子路由，查找与该数据包的目的 IP 地址最匹配的路由。假设路由器没有找到匹配路由，我们通过步骤 3 继续回顾路由查找过程。

图 8-34 和图 8-35 中的步骤 3 和步骤 3a 显示了有类路由行为如何影响路由查找过程。

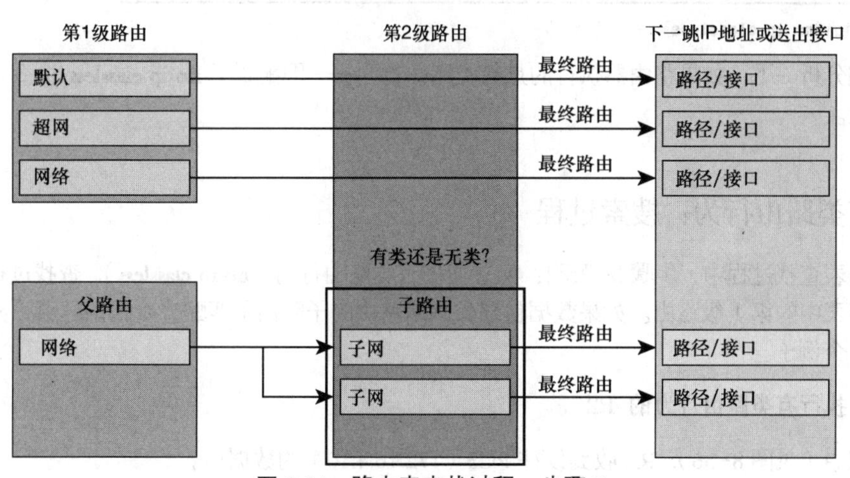

图 8-34 路由表查找过程：步骤 3

步骤 3 （见图 8-34）路由器是执行有类路由行为还是无类路由行为？

步骤 3a （见图 8-35）如果执行的是有类路由行为，则会终止查找过程并丢弃数据包。

> 注　*在有类路由行为下，路由查找过程不会继续执行步骤 4。*

在思科 IOS 11.3 版本之前，**no ip classless** 是思科路由器的默认路由行为。**no ip classless** 命令的意思是，在默认情况下，路由查找过程使用有类路由表查找。在接下来的章节中，我们会对此作说明。

no ip classless 和 **ip classless** 命令属于全局配置命令，可以输入 **show running-config** 命令进行查看。在思科 IOS 版本 11.3 和之后的版本中，**ip classless** 命令是默认路由行为，即执行无类路由查找过程。

如果所有的路由器都使用 **no ip classless** 命令进行配置，那么有类路由行为会有什么表现？

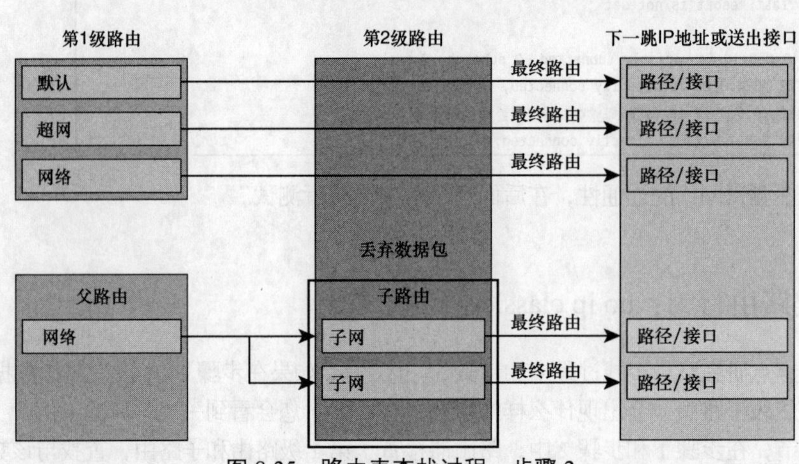

图 8-35　路由表查找过程：步骤 3a

```
R1(config)#no ip classless
```

```
R2(config)#no ip classless
```

```
R3(config)#no ip classless
```

让我们分析一下，如果路由器执行的是有类路由行为——即配置了 **no ip classless** 命令，会发生什么样的情况。

8.5.3　有类路由行为：搜索过程

在路由表查找过程中，步骤 3a 表明：如果使用有类路由行为（**no ip classless**），查找过程将不会继续搜索路由表中的第 1 级路由。如果数据包与父网络路由的子路由不匹配，则路由器会丢弃数据包。让我们看一个例子。

示例：执行有类路由行为的 R2

在本例中（见图 8-36），R2 收到发往 PC3（172.16.4.10）的数据包。

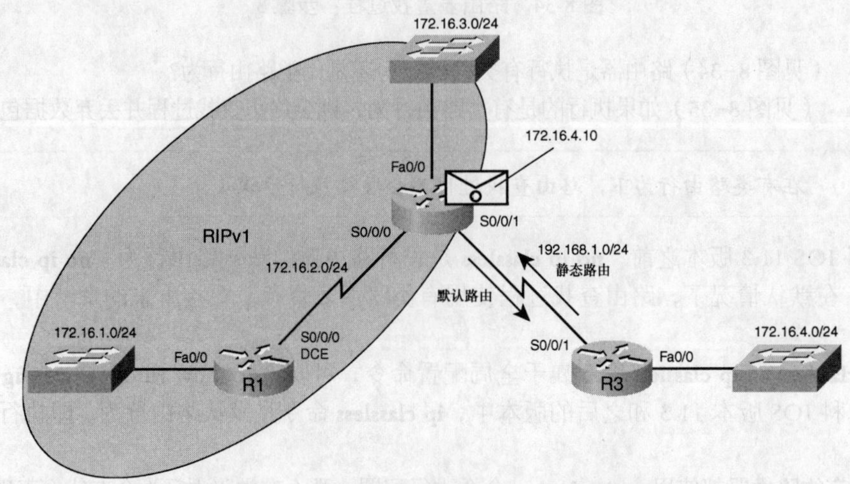

图 8-36　R2 接收到发往 172.16.4.10 的流量

查看示例 8-18 中的 R2 的路由表。

示例 8-18 R2 的路由表

```
R2#show ip route
Codes: C - connected, S - static, I - IGRP, R - RIP, M - mobile, B - BGP
       <output omitted>
Gateway of last resort is 0.0.0.0 to network 0.0.0.0

     172.16.0.0/24 is subnetted, 3 subnets
R       172.16.1.0 [120/1] via 172.16.2.1, 00:00:12, Serial0/0/0
C       172.16.2.0 is directly connected, Serial0/0/0
C       172.16.3.0 is directly connected, FastEthernet0/0
C    192.168.1.0/24 is directly connected, Serial0/0/1
S*   0.0.0.0/0 is directly connected, Serial0/0/1
```

路由过程搜索示例 8-18 中的路由表，找到了有 16 位匹配的父路由 172.16.0.0，见图 8-37。

目的地址与父路由匹配。现在R2将检查子路由。

IP数据包的目的地址	172.16.4.10	10101100.00010000.00000100.00001010
第1级父路由	172.16.0.0/16	10101100.00010000.00000000.00000000
第2级子路由	172.16.1.0/24	10101100.00010000.00000001.00000000
第2级子路由	172.16.2.0/24	10101100.00010000.00000010.00000000
第2级子路由	172.16.3.0/24	10101100.00010000.00000011.00000000

图 8-37 示例：第 1 级父路由和第 2 级子路由

根据路由过程的步骤 1b，如果数据包的目的 IP 地址与父路由匹配，则会检查子路由。

现在让我们看看在检查子路由时，实际的位的匹配过程。

可以注意到，没有一条子路由的前 24 位与目的 IP 地址 172.16.4.10 匹配。这些路由中最多也只有 21 位匹配。第 2 级子路由中没有匹配的路由。

那么，接下来会怎样呢？路由器 R2 会丢弃这个数据包。

如图 8-38 所示，由于此时路由器 R2 使用的是有类路由行为（**no ip classless**），路由器不会搜索除这些子路由以外的匹配位数更少的路由。

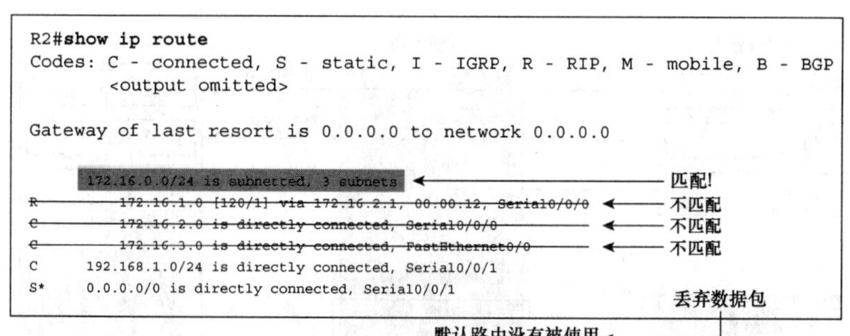

图 8-38 R2 丢弃数据包

路由表过程不会使用默认路由 0.0.0.0/0 或其他任何路由。

一种常见的错误判断是，路由器在没有找到更佳匹配的情况下，总是会使用默认路由。在本示例中，尽管 R2 的默认路由符合匹配条件，但是路由器不会检查或使用该默认路由。如果网络管理员不了解有类路由行为和无类路由行为之间的区别，常常会对这种结果感到惊讶。

注 在第 9 章“EIGRP”中，我们还将看到另一个示例。在该示例中，了解路由表查找过程将有助您了解不使用默认路由（甚至是在执行无类路由行为的情况下）的原因。

为什么有类路由行为会按照这样的方式执行呢？人们对有类路由行为的普遍观念源自于所有网络都属于有类网络的那个时代。在 Internet 发展初期，公司/组织获取到的都是 A 类、B 类或 C 类主网络地址。如果一个公司/组织获得了一个有类主网络 IP 地址，那么该有类地址的所有子网都归该公司/组织掌管。该公司/组织的所有路由器都会知道这个主网络的所有子网。如果某个子网不在路由表中，则意味着该子网不存在。正如您在第 6 章“VLSM 和 CIDR”中了解到的，如今 IP 地址已不再按类来分配。

8.5.4 无类路由行为：ip classless

从思科 IOS 11.3 版本开始，思科将默认路由行为从有类更改为无类。默认情况下配置的是 **ip classless** 命令。可使用 **show running-config** 命令显示路由行为。使用无类路由行为意味着，路由过程不再假定有类主网络的所有子网只能通过在父路由的子路由中找到的匹配路由到达。无类路由行为能够很好地应用于不连续网络和 CIDR 超网。

在本节中，我们将分析无类路由行为的表现。所有的路由器都使用 **ip classless** 命令进行配置。

```
R1(config)#ip classless
R2(config)#ip classless
R3(config)#ip classless
```

我们将讨论，如果数据包的目的地址与第 1 级父路由匹配，但不与任何第 2 级子路由匹配，那么如何处理该数据包。为此，我们从步骤 3b（无类路由行为）开始。

正如你从路由表过程所看到的，在步骤 1 和步骤 2 中，路由表进程检查第 1 级和第 2 级子路由，来寻找 IP 数据包目的地址的最佳匹配。让我们假设如果没有匹配条目，那么就要进行路由查找过程的步骤 3。

8.5.5 路由查找过程

按照图中的步骤查看路由查找过程。

步骤 3 （见图 8-39）路由器当前执行的是有类路由行为还是无类路由行为？

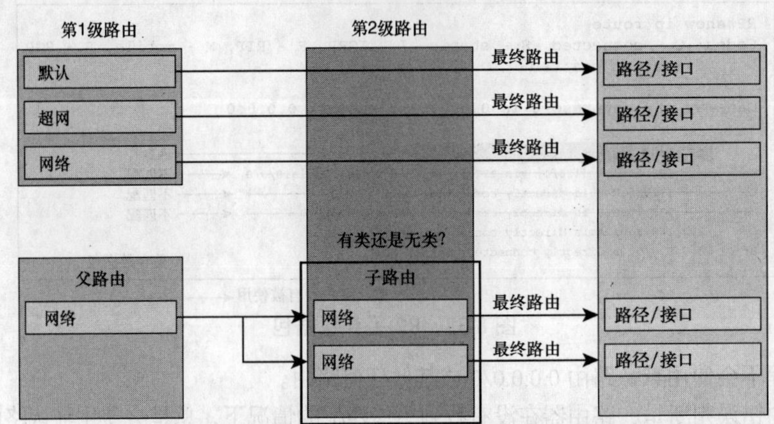

图 8-39 路由表查找过程：步骤 3

步骤 3a （见图 8-40）如果执行的是*有类*路由行为，则会终止查找过程并丢弃数据包。

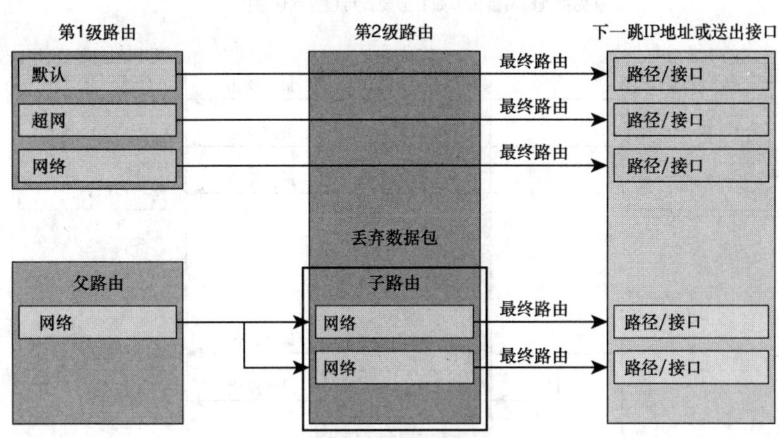

图 8-40 路由表查找过程：步骤 3a

步骤 3b （见图 8-41）如果执行的是*无类*路由行为，则继续在路由表中搜索第 1 级超网路由以寻找匹配条目。要是存在默认路由，也会对其进行搜索。

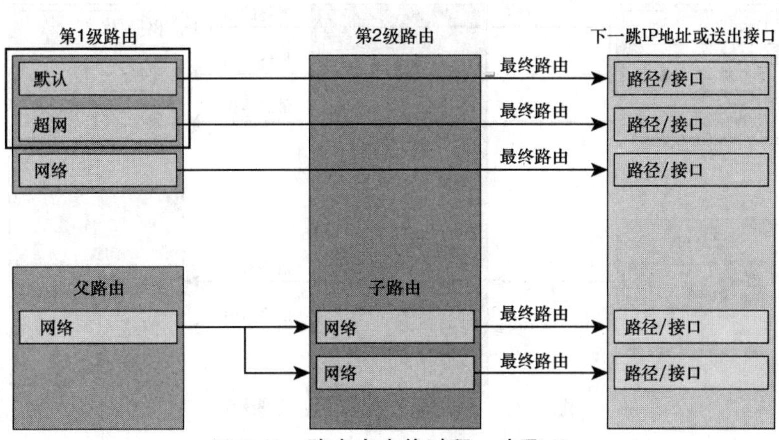

图 8-41 路由表查找过程：步骤 3b

步骤 4 （见图 8-42）如果此时存在匹配位数相对较少的第 1 级超网路由或默认路由，那么路由器会使用该路由转发数据包。

步骤 5 （见图 8-43）如果路由表中没有匹配的路由，则路由器会丢弃数据包。

8.5.6 无类路由行为：搜索过程

让我们再次回到前面图 8-36 中的拓扑结构示例，看看当使用无类路由行为（**ip classless**）时，位的匹配情况。

一、示例：执行无类路由行为的 R2

查看前面示例 8-18 中 R2 的路由表。R2 再次收到发往 PC3（172.16.4.10）的数据包。如图 8-37 所示，就像有类路由行为一样，路由器搜索路由表，找到了有 16 位匹配的父路由 172.16.0.0。按照路由过程中的步骤 1b，如果数据包的目的地址与父路由匹配，则会检查子路由。

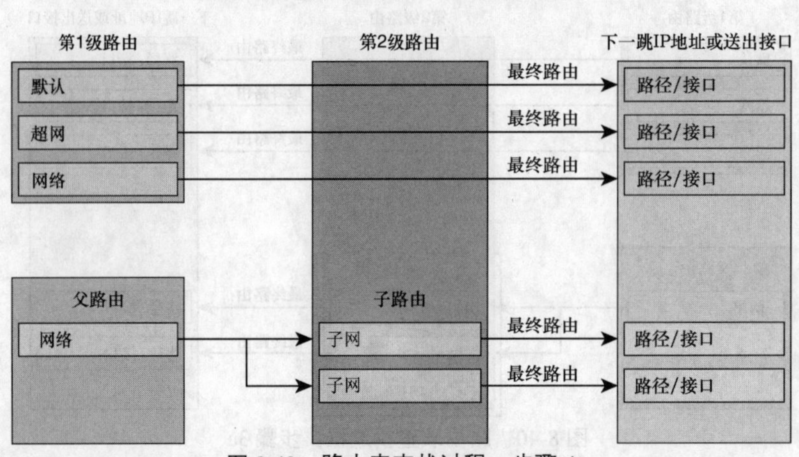

图 8-42　路由表查找过程：步骤 4

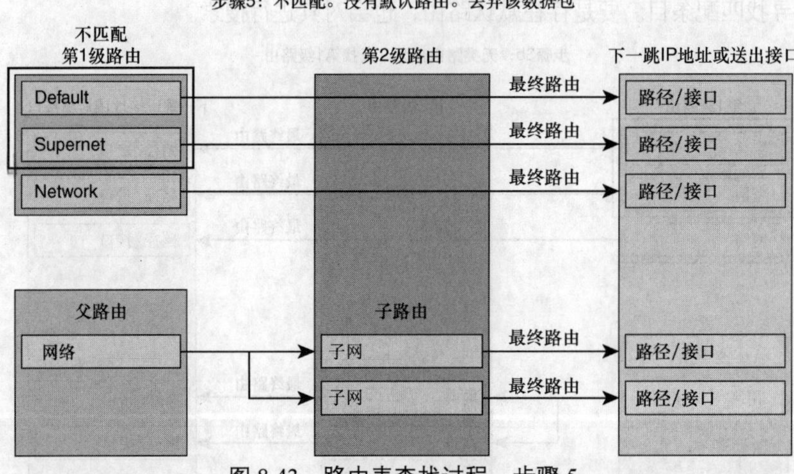

图 8-43　路由表查找过程：步骤 5

像以前一样，没有一条子路由的前 24 位与目的 IP 地址 172.16.4.10 的前 24 位匹配。这些路由中最多也只有 21 位匹配。第 2 级子路由中没有匹配的路由。如果配置了 **no ip classless**，则 R2 丢弃该数据包。

由于我们使用的是无类路由行为（**ip classless**），路由器会继续搜索路由表中除该父路由及其子路由以外的其他路由。路由过程将继续搜索路由表中子网掩码少于前面父路由的子网掩码（16 位）的路由。也就是说，现在路由器会继续搜索路由表中的其他路由，这些路由中可能匹配的位较少，但仍然算是匹配。

同样，参见示例 8-18，路由表中的下一条路由是 192.168.1.0/24：

```
C 192.168.1.0/24 is directly connected, Serial0/0/1
```

图 8-44 显示了 192.168.1.0/24 路由的前 24 位与目的 IP 地址不匹配。尽管这是显而易见的，但是记住，路由器将会检查每一个网络，直到它找到匹配或者丢弃数据包。

那么默认路由是否匹配？需要多少位匹配？

```
S* 0.0.0.0/0 is directly connected, Serial0/0/1
```

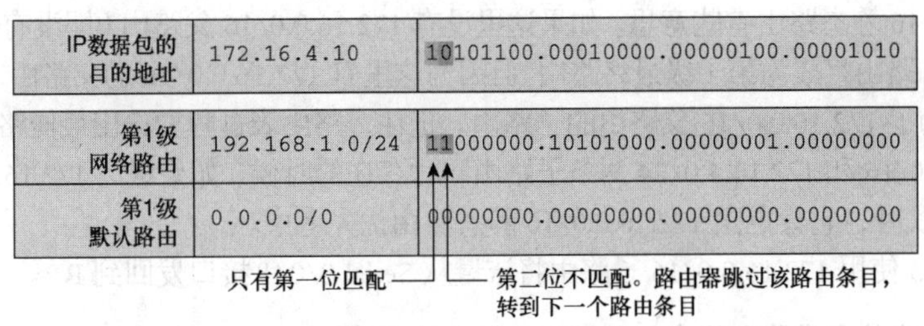

图 8-44 无类路由行为：检查 192.168.1.0/24 路由

在图 8-45 中，你可以看到默认路由的掩码是/0，也就是说需要 0 位匹配，或者说不需要匹配。默认路由是匹配位数最少的路由。在无类路由行为中，即使数据包的目的 IP 地址与其他路由都不匹配，仍会与默认路由匹配。

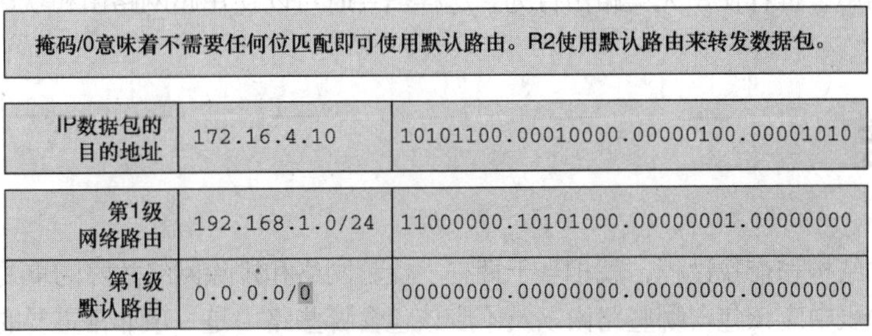

掩码/0意味着不需要任何位匹配即可使用默认路由。R2使用默认路由来转发数据包。

IP数据包的目的地址	172.16.4.10	10101100.00010000.00000100.00001010
第1级网络路由	192.168.1.0/24	11000000.10101000.00000001.00000000
第1级默认路由	0.0.0.0/0	00000000.00000000.00000000.00000000

图 8-45 无类路由行为：默认路由匹配

在这种情况下，路由器将使用默认路由，因为它是最匹配的路由。数据包将从 Serial 0/0/1 接口转发出去。

二、R3 上的有类路由

R3 会如何处理返回到 PC2 (172.16.2.10)的流量呢？参见图 8-46 中的 R3 的路由表。

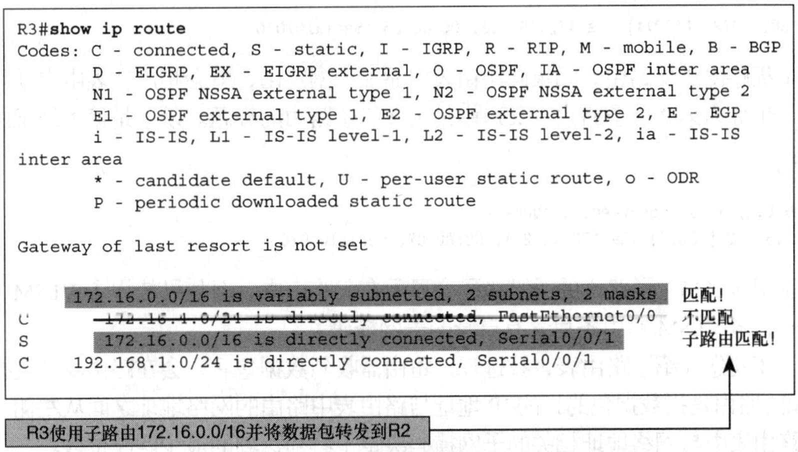

```
R3#show ip route
Codes: C - connected, S - static, I - IGRP, R - RIP, M - mobile, B - BGP
       D - EIGRP, EX - EIGRP external, O - OSPF, IA - OSPF inter area
       N1 - OSPF NSSA external type 1, N2 - OSPF NSSA external type 2
       E1 - OSPF external type 1, E2 - OSPF external type 2, E - EGP
       i - IS-IS, L1 - IS-IS level-1, L2 - IS-IS level-2, ia - IS-IS
inter area
       * - candidate default, U - per-user static route, o - ODR
       P - periodic downloaded static route

Gateway of last resort is not set

     172.16.0.0/16 is variably subnetted, 2 subnets, 2 masks    匹配!
C       172.16.4.0/24 is directly connected, FastEthernet0/0    不匹配
S       172.16.0.0/16 is directly connected, Serial0/0/1        子路由匹配!
C    192.168.1.0/24 is directly connected, Serial0/0/1
```

R3使用子路由172.16.0.0/16并将数据包转发到R2

图 8-46 R3 路由表查找返回的流量

注意，172.16.4.0/24 子网路由和 172.16.0.0/16 有类网络路由都是 172.16.0.0/16 父路由的第 2 级子路由。无论何时，只要同时存在有类网络子网的路由以及有类网络路由自身的路由，则此有类路由和子网一样会被视为第 2 级子路由。

为什么路由表里有两条 172.16.0.0/16 的路由？第一条 172.16.0.0/16 的路由是父路由，它是在子路由 172.16.4.0/24 添加到路由表时自动创建的。

而 172.16.0.0/16 静态路由有些意思。如果这里没有 172.16.0.0/16 父路由（即没有 172.16.4.0/24 的子路由），这条静态路由将成为第 1 级最终路由。但因为这里有 172.16.0.0/16 的父路由，该 172.16.0.0/16 的静态路由就成为了 172.16.0.0/16 父路由的子路由。记住，路由表过程要选出最佳路由，最长匹配的当选。当 172.16.0.0/16 和 172.16.4.0/24 两条子路由同时存在的时候，如果保证 172.16.4.0/24 子路由被匹配到最少 24 位长时，它肯定比 172.16.0.0/16 静态路由优先考虑。

在本例中，R3 使用 172.16.0.0/16 子路由将流量从 Serial 0/0/1 接口发回到 R2。

三、现实世界中的有类路由行为与无类路由行为的比较

请记住，有类和无类路由行为 与有类和无类路由协议是相互独立的。可以使用有类路由行为(**no ip classless**) 和无类路由协议（如 RIPv2）来配置路由器。也可以使用无类路由行为(**ip classless**) 和有类路由协议（如 RIPv1）配置路由器。

在如今的网络中，推荐使用无类路由行为，这样需要时可以使用超网路由和默认路由。

8.6 总结

理解路由表的结构和查找过程，就相当于拥有了检验网络和排除网络故障的重要工具。排查路由问题时，知道路由表中应该包含哪些路由以及不应该包含哪些路由是一项非常重要的技能。

思科 IP 路由表是按有类方式构造的，这意味着会使用默认地址和有类地址来组织路由条目。路由条目的来源可以是直连网络，也可以是静态路由，还可以是通过路由协议动态了解到的路由。

在本章中，您了解了第 1 级路由和第 2 级路由。第 1 级路由可以是最终路由，也可以是父路由。第 1 级最终路由是子网掩码等于或小于网络的默认有类掩码，并且有下一跳地址或送出接口的路由。例如，通过 RIP 获知的网络地址为 192.168.1.0、子网掩码为/24 的路由就是第 1 级最终路由。这些路由在路由表中显示为单个路由条目，例如：

```
R       192.168.1.0/24 [120/1] via 172.16.2.2, 00:00:25, Serial0/0/0
```

另一种第 1 级路由是父路由。如果向路由表中添加子网路由，就会相应在表中自动生成第 1 级父路由。子网路由也称为第 2 级子路由。父路由是第 2 级子路由的标题。以下是第 1 级父路由和第 2 级子路由的示例：

```
        172.16.0.0/24 is subnetted, 1 subnets
R       172.16.1.0 [120/1] via 172.16.2.1, 00:00:07, Serial0/0/0
```

如果没有使用 VLSM，子路由的子网掩码会显示在父路由中。而如果使用了 VLSM，则父路由显示默认有类掩码，各 VLSM 路由条目含有自身的子网掩码。

在本章中，还向您介绍了路由表查找过程。路由器收到数据包后，会在路由表中查找最长匹配的路由。最长匹配的路由是指数据包的目的 IP 地址与路由表中路由的网络地址之间从左侧开始匹配位数最多的路由。路由表中与网络地址相关的子网掩码决定了必须达到的最少匹配位数。

只有父路由与数据包的目的 IP 地址匹配时，路由器才会检查第 2 级子路由（子网）中是否有匹配路由。父路由的有类掩码决定了必须与该父路由匹配的位数。如果第 1 级父路由匹配，接下来将搜索第 2 级子路由，看其是否匹配。

如果数据包的目的地址与父路由匹配，但不与任何子路由匹配，会出现什么情况？如果路由器使用的是有类路由行为，则不会搜索其他路由，数据包将被丢弃。思科 IOS11.3 版本以前，思科路由器上默认的是有类路由行为。有类路由行为可以使用 **no ip classless** 命令来执行。

从思科 IOS 11.3 版本开始，无类路由行为成为默认的路由行为。如果数据包的目的地址与父路由匹配，但不与任何子路由匹配，则路由表过程将继续搜索路由表中的其他路由（包括默认路由）。无类路由行为使用 **ip classless** 命令来执行。

路由表中添加的网络路由来自于多个来源，包括直连网络、静态路由、有类路由协议和无类路由协议。查找过程、有类路由行为和无类路由行为不受路由来源影响。路由表可能会通过 RIPv1 等有类路由协议获取到路由信息，但会使用无类路由行为（**no ip classless**）来执行查找过程。

8.7 检查你的理解

完成下面所有的复习题来检测一下你对于本章中的主题和概念的理解。题目的答案在附录“检查你的理解和挑战性问题的答案”中可以找到。

1. 请参见下面输出。此路由表显示了哪 3 种路由？（选择 3 项）

```
<output omitted>
     10.0.0.0/16 is subnetted, 1 subnets
S        10.1.0.0 is directly connected, Serial0/0/1
     172.16.0.0/24 is subnetted, 4 subnets
R        172.16.1.0 [120/1] via 172.16.2.1, 00:00:12, Serial0/0/0
S        172.16.2.0 is directly connected, Serial0/0/0
C        172.16.3.0 is directly connected, FastEthernet0/0
R        172.16.4.0 [120/1] via 172.16.2.1, 00:00:12, Serial0/0/1
C        192.168.1.0/24 is directly connected, Serial0/0/1
<output omitted>
```

A. 此路由器的本地路由
B. 此路由器的默认路由
C. 此路由器上的静态路由
D. 移动路由
E. 从动态路由协议获知的路由
F. 从非思科路由器获知的路由

2. 通过下列哪项特征可确定路由为最终路由？
A. 该路由显示子网掩码
B. 该路由为父路由
C. 该路由是管理员配置的
D. 该路由包含送出接口

3. 请参见下面输出。下列哪两条路由可视为父路由？

```
<output omitted>
     10.0.0.0/16 is subnetted, 1 subnets
S        10.1.0.0 is directly connected, Serial0/0/1
     172.16.0.0/24 is subnetted, 4 subnets
R        172.16.1.0 [120/1] via 172.16.2.1, 00:00:12, Serial0/0/0
S        172.16.2.0 is directly connected, Serial0/0/0
C        172.16.3.0 is directly connected, FastEthernet0/0
R        172.16.4.0 [120/1] via 172.16.2.1, 00:00:12, Serial0/0/1
C     192.168.1.0/24 is directly connected, Serial0/0/1
<output omitted>
```

A. 172.16.0.0/24

B. 172.16.4.0

C. 172.16.1.0

D. 10.0.0.0/16

E. 192.168.1.0/24

F. 192.168.100.0/24

4. 路由器 R1 上配置了以下命令：R1(config)# **ip classless** 和 R1(config)# **ip route 0.0.0.0 0.0.0.0 s0/0/0**。对于匹配父路由，但不匹配任何相关子路由的数据包，R1 会执行怎样的操作？

A. 使用匹配度最高的父路由转发数据包

B. 通过默认路由转发数据包

C. 将数据包连同 ICMP 消息"destination unreachable（目的地不可达）"传回源地址

D. 丢弃数据包

5. 下列哪项操作可在路由器上启动有类路由行为？

A. 配置 RIPv1 或 IGRP

B. 配置链路状态路由协议

C. 在所有网络上只使用有类网络掩码

D. 使用 **no ip classless** 命令

6. 在路由查找过程中，首选路由由什么决定？

A. 最终路由

B. 从左至右匹配位数最多的路由

C. 最短的前缀长度

D. 可解析为送出接口的第一条路由

7. 如果数据包与路由表中的第 1 级父路由匹配，那么查找过程中下一步会发生什么？

A. 由于第 1 级父路由需要送出接口，因此路由器会丢弃该数据包

B. 路由器会查找具有送出接口的第 2 级路由

C. 路由器会将数据包从所有接口发送出去（接收该数据包的接口除外）

D. 路由器会向所有相连网络发出 ARP 消息，以查找通往目的地的接口

8. **ip classless** 和 **no ip classless** 命令有什么作用？

A. 决定路由过程如何查找地址

B. 指定路由器是否接收路由更新中的子网掩码

C. 限制对有类或无类路由协议的使用

D. 决定路由器是否接收接口地址上的 VLSM

9. 路由器 R1 上配置了以下命令：R1(config)# **no ip classless** 和 R1(config)# **ip route 0.0.0.0 0.0.0.0 s0/0/0**。对于匹配父路由，但不匹配任何相关子路由的数据包，R1 会执行怎样的操作？

A. 使用匹配度最高的父路由转发数据包

B. 通过默认路由转发数据包

C. 将数据包连同 ICMP 消息"destination unreachable（目的地不可达）"传回源地址

D. 丢弃数据包

10. 请参见下面输出。路由器 C 运行的思科 IOS 版本是 12.3。该路由器收到一个目的地为 172.16.1.130 的数据包。路由器 C 会使用下列哪条路由来转发该数据包？

```
RouterC#show ip route
<output omitted>
```

```
Gateway of last resort is 0.0.0.0 to network 0.0.0.0
     172.16.0.0/13 is subnetted, 1 subnets
S       172.16.0.0 is directly connected, FastEthernet0/0
     172.16.0.0/16 is variably subnetted, 3 subnets, 2 masks
R       172.16.0.0/24 [120/3] via 172.16.1.1, 00:00:12, FastEthernet0/0
C       172.16.1.0/25 is directly connected, FastEthernet0/0
     172.17.0.0/25 is subnetted, 1 subnets
C       172.17.1.0 is directly connected, FastEthernet0/1
S*   0.0.0.0/0 is directly connected, FastEthernet0/0
```

A. C 172.16.1.0/25 is directly connected, FastEthernet0/0

B. 172.16.0.0/16 is variably subnetted, 3 subnets, 2 masks

C. R 172.16.0.0/24 [120/3] via 172.16.1.1, 00:00:12, FastEthernet0/0

D. 172.16.0.0/13 is subnetted, 1 subnets

E. S 172.16.0.0 is directly connected, FastEthernet0/0

F. 没有。该数据包将被丢弃。

11. 什么情况下第 1 级路由或第 2 级路由是最终路由?

12. 什么时候在子路由而不是父路由中显示子网掩码?

13. 父路由是否由网络管理员配置?

14. 是否存在没有子路由的父路由?

15. 在检查第 2 级子路由是否匹配前，必须首先满足什么样的匹配条件?

16. 数据包的目的 IP 地址与路由表中的路由所需的匹配位数有什么决定?

17. 思科路由器上的默认路由行为是什么，可以使用什么命令对其进行更改?

8.8 挑战的问题和实践

这些问题需要对于本章的概念有比较深的了解，而且这些题型非常类似于 CCNA 认证考试的题目。你可以在附录“检查你的理解和挑战性问题的答案”中找到答案。

参考下面的输出，回答问题 1—4:

```
     172.16.0.0/24 is subnetted, 3 subnets
R       172.16.1.0 [120/1] via 172.16.2.1, 00:00:00, Serial0/0/0
C       172.16.2.0 is directly connected, Serial0/0/0
C       172.16.3.0 is directly connected, FastEthernet0/0
     172.30.0.0/16 is variably subnetted, 3 subnets, 2 masks
R       172.30.1.4/30 [120/1] via 172.16.2.1, 00:00:00, Serial0/0/0
R       172.30.1.8/30 [120/1] via 172.16.2.1, 00:00:00, Serial0/0/0
R       172.30.3.0/24 [120/1] via 172.16.2.1, 00:00:00, Serial0/0/0
C    192.168.1.0/24 is directly connected, Serial0/0/1
S*   0.0.0.0/0 is directly connected, Serial0/0/1
```

1. 哪些路由属于第 2 级路由，哪一条是它们的第 1 级路由?

2. 在检查 172.16.1.0、172.16.2.0 和 172.16.3.0 路由是否匹配前，必须首先与哪一条路由匹配? 检查子网前，该路由必须有多少位匹配?

3. 如果路由器中配置了 **no ip classless** 命令，那么对于目的 IP 地址为 172.16.4.5 的数据包，会出现什么样的情况? 会在其他所有第 1 级路由中查找匹配项吗?

4. 如果路由器中配置了 **ip classless** 命令，那么对于目的 IP 地址为 172.16.4.5 的数据包，会出现什么样的情况? 会在其他所有第 1 级路由中查找匹配项吗?

8.9　知识拓展

这里介绍一本有关路由表结构和查找过程的好书：Alex Zinin 所作的《*Cisco IP Routing*》，该书深入细致地分析了本章讨论的内容。

《*Cisco IP Routing*》第 4 章"Routing Table Maintenance"包括以下内容：

- 路由来源比较
- 路由信息及接口的表示方式
- 路由表结构
- 路由来源选择
- 路由表初始化
- 异步路由表维护
- 路由可解析性
- 动态路由处理过程
- 静态路由处理过程
- 手动清除路由表
- 默认路由选择

8.10　结束注释

Zinin, A.《Cisco IP Routing：Packet Forwarding and Intra-domain Routing Protocols》. Indianapolis, IN：Addison-Wesley；2002.

第 9 章

EIGRP

9.1 学习目标

完成本章的学习，你应能回答以下问题：

- EIGRP 的历史和背景是什么？
- EIGRP 的基本特性和工作方式是什么？
- 基本的 EIGRP 配置命令和用途是什么？
- EIGRP 的复合度量如何计算？
- DUAL 的概念及如何运行？
- 还有哪些命令可以用于 EIGRP 的配置，用途是什么？

9.2 关键术语

本章使用如下关键术语。你可以在术语表中找到定义。

无环路
抑制计时器
TLV
保持时间
环回地址
自治系统
邻接
通配符掩码
FDDI
令牌环
参考带宽
后继路由器
可行距离（FD）
可行后继路由器
可行条件
报告距离（RD）
拓扑数据库
被动状态
主动状态
Null0 汇总路由

增强型内部网关路由协议(EIGRP)是一种距离矢量的无类路由协议，它于1992年与思科IOS 9.21一起发布。顾名思义，EIGRP是思科内部网关路由协议（IGRP）的增强版。它们都是思科的专有协议，只能在思科路由器上运行。

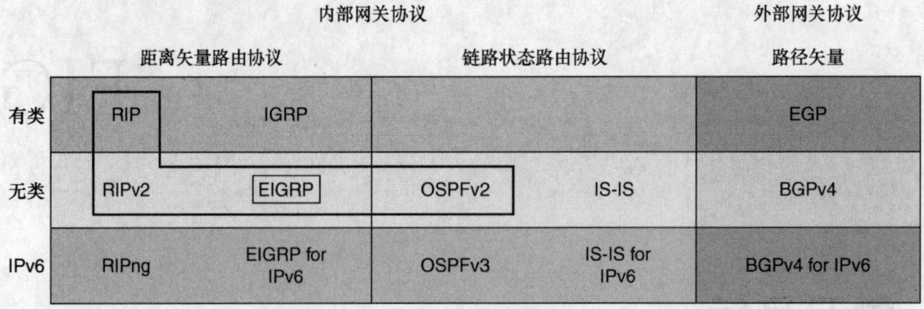

	内部网关协议				外部网关协议
	距离矢量路由协议		链路状态路由协议		路径矢量
有类	RIP	IGRP			EGP
无类	RIPv2	EIGRP	OSPFv2	IS-IS	BGPv4
IPv6	RIPng	EIGRP for IPv6	OSPFv3	IS-IS for IPv6	BGPv4 for IPv6

图9-1 路由协议分类

思科开发EIGRP的主要目的在于开发IGRP的无类版本。EIGRP中有几项特性在其他距离矢量路由协议，例如路由信息协议（RIPv1和RIPv2）和IGRP中并不常见。这些特性包括：

- 可靠传输协议（RTP）;
- 限定更新;
- 扩散更新算法（DUAL）;
- 建立邻接关系;
- 邻居表和拓扑表。

尽管EIGRP的工作方式类似于链路状态路由协议，但它仍然是一种距离矢量路由协议。

注 术语*混合路由协议*有时被用来指称EIGRP，但此术语容易引起误解，因为EIGRP不是距离矢量路由协议和链路状态路由协议的混合体，而是纯粹的距离矢量路由协议。因此，思科不再使用这个词来称呼EIGRP。

另一个协议称为RTP，实时传输协议。这是一个不同的协议，用于通过网络传输视频和音频。

在本章中，你将学习如何配置EIGRP以及如何使用新的show命令检验EIGRP配置。你还将学习EIGRP计算复合度量时使用的公式。

RTP（可靠传输协议）是EIGRP独有的协议，它可用于以可靠或不可靠两种方式传输EIGRP数据包，类似于TCP和用户数据报协议（UDP）。此外，EIGRP与直连且启用了EIGRP的路由器建立邻接关系。邻接关系用于跟踪这些邻居的状态。RTP以及对邻接关系的跟踪为EIGRP的核心：扩散更新算法（DUAL）打下了基础。

作为驱动EIGRP的计算引擎，DUAL位于协议的中央，确保在整个路由域内消除路径环路并提供备用路径。你将详细学习DUAL如何选择要添加到路由表中的路由，以及DUAL如何处理潜在的备用路由。

与RIPv2相似，EIGRP也可以执行有类或无类路由。本章中将学习如何禁用自动汇总，以及如何手动汇总网络以减小路由表。最后，还将学习如何使用EIGRP的默认路由。

9.3 EIGRP简介

本节介绍EIGRP中所使用的术语和概念。这些术语在本章后面有详细描述。

9.3.1 EIGRP：增强型距离矢量路由协议

尽管 EIGRP 被称为增强型距离矢量路由协议，但它仍是一种距离矢量路由协议。这有时可能引起混淆。要理解 EIGRP 有些什么增强功能并避免混淆，必须首先了解其前身——IGRP。

一、EIGRP 的前身：IGRP

思科于 1985 年开发出专有的 IGRP，IGRP 的问世解决了 RIPv1 的某些局限性，如使用跳数度量以及网络的最大跳数为 15 跳等。

IGRP 和 EIGRP 不使用跳数作为度量，而是使用由带宽、延迟、可靠性和负载组成的复合度量。默认情况下，这两种协议仅使用带宽和延迟。然而，因为 IGRP 是使用贝尔曼–福特（Bellman–Ford）算法和定期更新的一种有类路由算法，所以其应用在当今的许多网络中都受到了限制。

因此，思科使用新算法 DUAL 以及其他功能使 IGRP 得到增强。IGRP 和 EIGRP 的命令相似，甚至在很多情况下相同。这便于从 IGRP 过渡到 EIGRP。思科从 IOS 12.2（13）T 和 12.2（R1s4）S 开始不再支持 IGRP。

虽然本章后面有更详细的讨论，现在让我们先简单介绍一下传统距离矢量路由协议，如 RIP 和 IGRP 与增强型距离矢量路由协议 EIGRP 的一些差异。

表 9–1 中所示为 RIP 等传统距离矢量路由协议与增强型距离矢量路由协议 EIGRP 之间的差异。

表 9-1　传统距离矢量与 EIGRP 的比较

传统距离矢量路由协议	增强型距离矢量路由协议：EIGRP
使用 Bellman–Ford 或 Ford–Fulkerson 算法	使用 DUAL
路由条目会过期，并使用定期更新	路由条目不会过期，不使用定期更新
仅跟踪最佳路由，即到达目的网络的最佳路径	路由表外还有一个拓扑表，其包括最佳路径和所有无环备用路径
当路由不可用后，路由器必须等待新的路由更新	路由不可用后，DUAL 使用拓扑表中的备用路径
抑制计时器降低了收敛速度	由于不使用抑制计时器及并列路由计算系统，因此可更快速收敛

二、算法

传统距离矢量路由协议都使用 Bellman–Ford 或 Ford–Fulkerson 算法的某些变体。这些协议，如 RIP 和 IGRP，它们的每个路由条目会过期，因此需要定期发送路由表更新。

EIGRP 使用 DUAL。尽管 EIGRP 仍是一种距离矢量路由协议，但因为使用 DUAL，所以具有传统距离矢量路由协议所不具备的新功能。EIGRP 不会发送定期更新，路由条目也不会过期。而且，EIGRP 使用一种轻巧的 Hello 协议来监控它与邻居的连接状态。仅当路由信息变化时，如新增了链路或链路变得不可用时，才会产生路由更新。EIGRP 路由更新仍然是传输给直连邻居的距离矢量。

三、路径确定

RIP 和 IGRP 等传统距离矢量路由协议仅记录通向目的网络的首选路径，即最佳路径。如果路由变得不可用时，路由器将等待其他路由更新，以获得通向该远程网络的其他路径。

EIGRP 的 DUAL 则在路由表之外另行维护一个拓扑表，该拓扑表不仅包含通向目的网络的最佳路径，还包含被 DUAL 确定为无环路径的所有备用路径。“*无环*”表示邻居没有通过本路由器到达目的网络的路由。

在本章后面的部分中，你将会看到：路径必须满足一个称为可行性条件的要求，才能被 DUAL 确定为有效的无环备用路径。符合此条件的所有备用路径一定是无环路径。由于 EIGRP 是一种距离矢量路由协议，因此可能存在不符合可行性条件的无环备用路径，并且这些路径不会被 DUAL 作为有效无环备用路径存入拓扑表。

如果一条路由变得不可用，DUAL 会在其拓扑表中搜索有效的备用路径。如果存在有效的备用路径，该路径会立即被输入到路由表中。如果不存在，则 DUAL 会执行网络发现过程，看是否存在以前不符合可行性条件要求的备用路径。此过程将在本章后面的部分中中详细讨论。

四、收敛

RIP 和 IGRP 等传统距离矢量路由协议使用定期更新。由于定期更新的不可靠性，传统距离矢量路由协议容易出现路由环路和计数至无穷大的问题。RIP 和 IGRP 使用几种机制来避免这些问题，包括抑制计时器，但会导致收敛时间变长。

EIGRP 不使用抑制计时器，而是使用一种在路由器间协调的路由计算系统（扩散计算）来实现无环路径。具体细节不在本课程的范围内，但可以知道的是，与传统距离矢量路由协议相比，其收敛时间更短。

9.3.2 EIGRP 的消息格式

图 9-2 显示了封装的 EIGRP 消息。

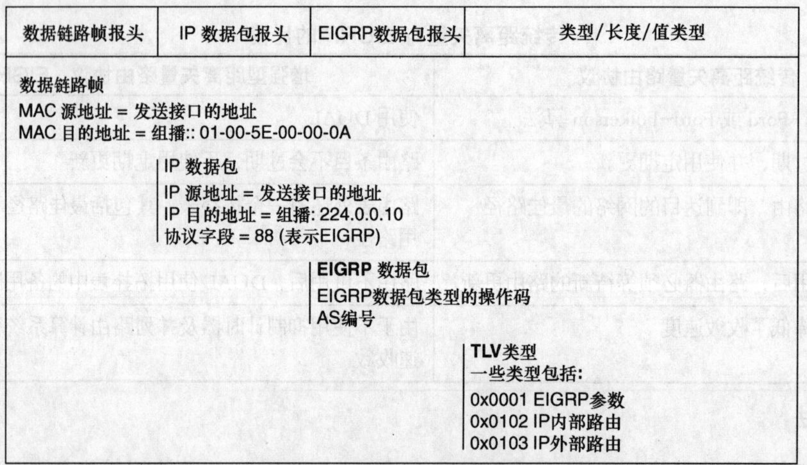

图 9-2 封装的 EIGRP 消息

EIGRP 消息的数据部分封装在数据包内。此数据字段称为**类型/长度/值**或 ***TLV***。如图 9-2 所示，与本课程相关的 TLV 类型有 EIGRP 参数、IP 内部路由和 IP 外部路由。

每个 EIGRP 数据包无论类型如何，都具有 EIGRP 数据包报头。然后，EIGRP 数据包报头和 TLV 被封装到一个 IP 数据包中。在该 IP 数据包报头中，协议字段被设为 88 以指明为 EIGRP，目的地址则被设为组播 224.0.0.10。如果 EIGRP 数据包被封装在以太网帧内，则目的 MAC 地址也是一个组播地址：01-00-5E-00-00-0A。

注　在下面讨论 EIGRP 消息时，很多字段都不在本课程的范围内。虽然为便于整体把握，EIGRP 消息格式显示了所有字段，但我们仅讨论了与 CCNA 课程相关的字段。EIGRP 数据包采用组播或单播依赖于数据包类型和环境。这超出了本书的范围，在 CCNP 中讨论。

每条 EIGRP 消息都包含该报头，如图 9-3 所示。

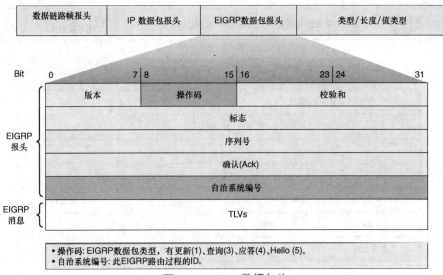

数据链路帧报头	IP 数据包报头	EIGRP数据包报头	类型/长度/值类型

Bit	0–7	8–15	16–23	24–31
EIGRP 报头	版本	操作码	校验和	
	标志			
	序列号			
	确认(Ack)			
	自治系统编号			
EIGRP 消息	TLVs			

• 操作码: EIGRP数据包类型，有更新(1)、查询(3)、应答(4)、Hello (5)。
• 自治系统编号: 此EIGRP路由过程的ID。

图 9-3 EIGRP 数据包头

我们将讨论的重要字段包括 Opcode（操作码）和 Autonomous System Number（自治系统编号）。操作码用于指定 EIGRP 数据包类型：

- 更新；
- 查询；
- 应答；
- Hello。

自治系统编号用于指定 EIGRP 路由过程。思科路由器可以运行多个 EIGRP 实例，这一点与 RIP 不同。AS 编号用于跟踪不同的 EIGRP 实例。

EIGRP 数据包类型将在本章后续部分讨论。

EIGRP 数据包报头被封装在 EIGRP TLV 中，如图 9-4 所示。

EIGRP 参数消息包含 EIGRP 用于计算其复合度量的权重。默认情况下，仅对带宽和延迟计权。它们的权重相等，因此，用于带宽的 K1 字段和用于延迟的 K3 字段都被设为 1，其他 K 值则被设为零。度量计算将在本章后续部分讨论。

保持时间是收到此消息的 EIGRP 邻居在认为发出通告的路由器发生故障之前应该等待的时长。保持时间将在本章后续部分讨论。

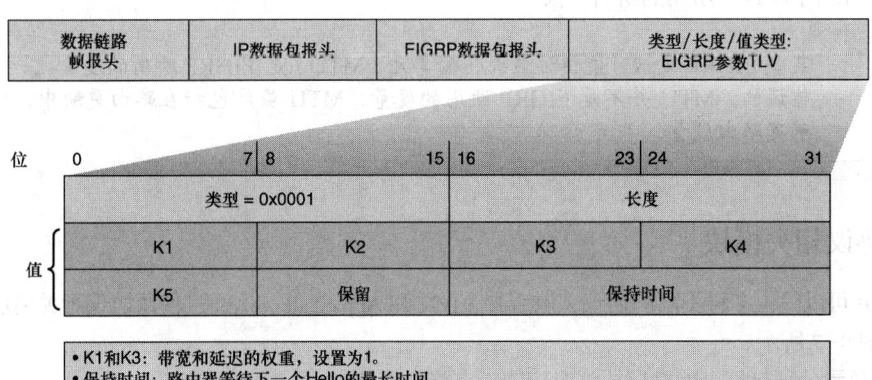

图 9-4 EIGRP 参数 TLV

图 9–5 显示用于在自治系统内部通告 EIGRP 路由的 IP 内部消息。

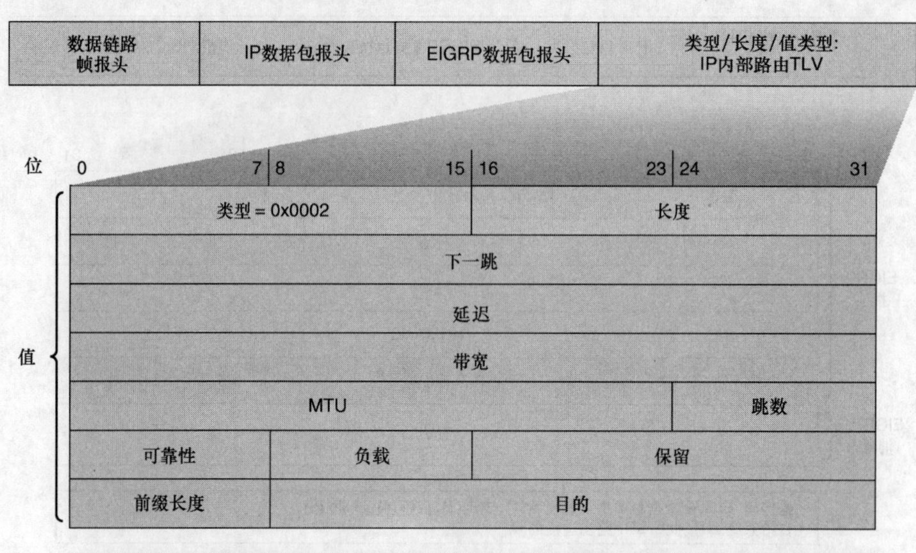

图 9-5 IP 内部路由 TLV

重要字段如下。

度量字段（延迟和带宽）：延迟根据从源设备到目的设备的总延迟来计算，单位为 10 微秒。带宽是路由沿途的所有接口的最低配置带宽。

子网掩码字段（前缀长度）：子网掩码被指定为前缀长度或子网掩码中网络位的数量。例如，子网掩码 255.255.255.0 的前缀长度为 24，因为 24 是网络位的数量。

目的字段：用于存储目的网络的地址。尽管图 9–5 中只显示了 24 位，但此字段取决于 32 位网络地址的网络部分的值。例如，10.1.0.0/16 的网络部分为 10.1。因此，该目的字段会存储开始的 16 位。因为此字段的长度最小为 24 位，不足 24 位时字段的其余部分用零填充。如果网络地址长于 24 位（例如 192.168.1.32/27），则目的字段会扩展 32 位（共 56 位），未使用的字段用零填充。

图 9–6 显示 IP 外部消息，当外部路由被注入到 EIGRP 路由进程中时使用。

在本章中，我们会将一条默认静态路由导入或重新分配到 EIGRP 中。请注意，IP 外部 TLV 的下半部分包括 IP 内部 TLV 所用的所有字段。

注 某些 EIGRP 文献可能讲述最大传输单元（MTU）是 EIGRP 所用的度量之一，但这是错误的。MTU 并不是 EIGRP 所用的度量。MTU 虽然包括在路由更新中，但不用于确定路由度量。

9.3.3 协议相关模块

EIGRP 可以路由多种不同的协议，包括 IP、IPX 和 AppleTalk，这通过使用协议相关模块（PDM）实现，如图 9–7 所示。

PDM 负责处理与每个网络层协议对应的特定路由任务。

例如：

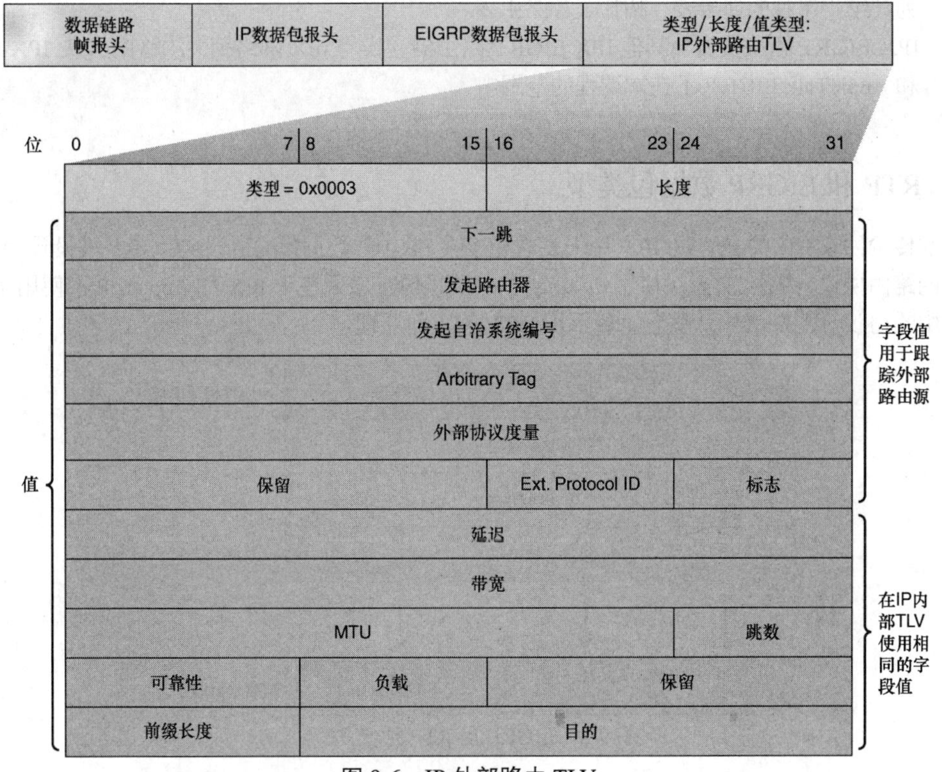

图 9-6　IP 外部路由 TLV

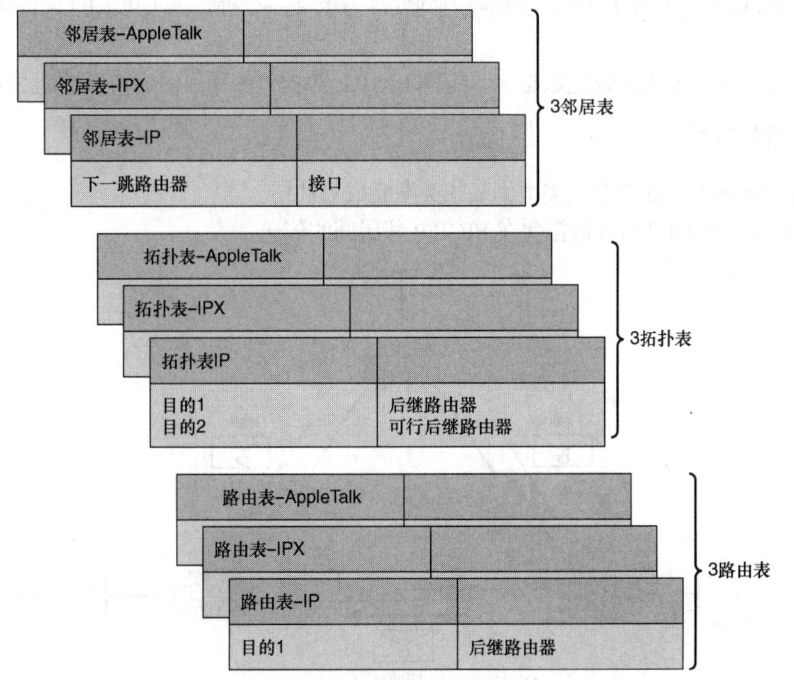

图 9-7　EIGRP 协议相关模块

- IP-EIGRP 模块负责发送和接收在 IP 中封装的 EIGRP 数据包，并负责使用 DUAL 来建立和维护 IP 路由表。如图 9-7 所示，EIGRP 针对每个网络层协议使用不同的 EIGRP 数据包，并为其维护单独的邻居表、拓扑表和路由表。

- IPX EIGRP 模块负责与其他 IPX EIGRP 路由器交换与 IPX 网络相关的路由信息。IPX EIGRP 和 AppleTalk EIGRP 不在本课程的范围内。

9.3.4 RTP 和 EIGRP 数据包类型

可靠传输协议（RTP）是 EIGRP 用于发送和接收 EIGRP 数据包的协议。EIGRP 被设计为与网络层无关的路由协议，因此，它无法使用 UDP 或 TCP 的服务，原因在于 IPX 和 Appletalk 不使用 TCP/IP 协议簇中的协议。图 9-8 中从概念上显示了 RTP 的工作原理。

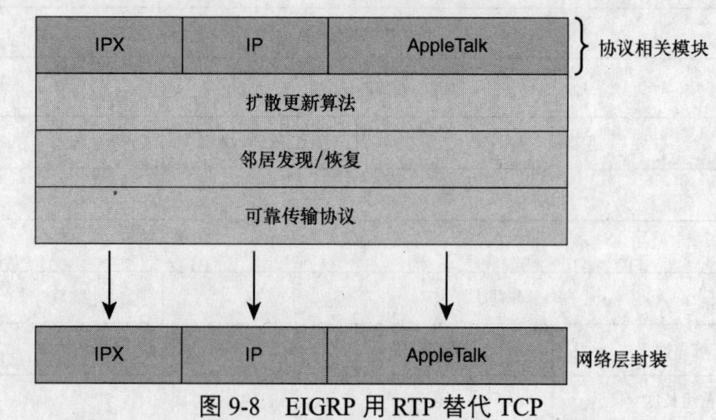

图 9-8 EIGRP 用 RTP 替代 TCP

尽管其名称中有*可靠*，RTP 其实包括 EIGRP 数据包的可靠传输和不可靠传输两种方式，它们分别类似于 TCP 和 UDP。可靠 RTP 需要接收方向发送方返回一个确认。不可靠的 RTP 数据包不需要确认。

RTP 能以单播或组播方式发送数据包。组播 EIGRP 数据包使用保留的组播地址 224.0.0.10。

EIGRP 数据包类型

EIGRP 使用 5 种不同的数据包类型，某些类型会成对使用。

图 9-9 演示了 EIGRP Hello 数据包在 EIGRP 邻居间的传送。

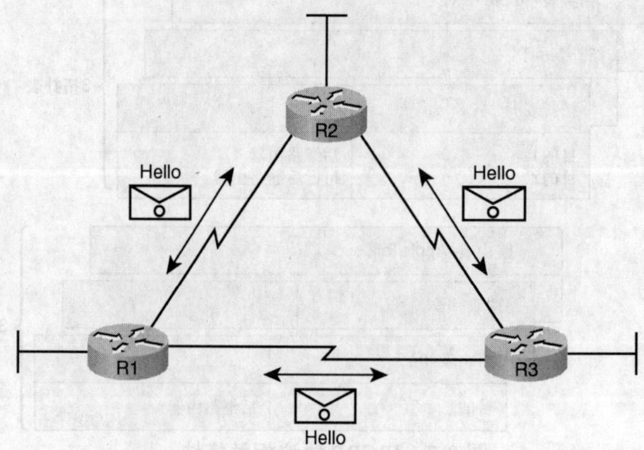

图 9-9 EIGRP Hello 数据包

Hello 数据包用于发现邻居并与所发现的邻居建立邻接关系。EIGRP Hello 数据包以组播方式发送，且使用不可靠传输。EIGRP Hello 数据包将在后续部分讨论。

在图 9-10 中，更新数据包用于传播路由信息。

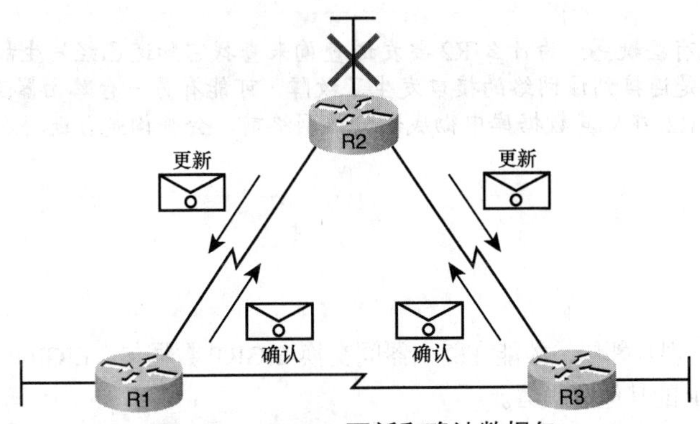

图 9-10 EIGRP 更新和确认数据包

与 RIP 不同的是，EIGRP 不发送定期更新，而仅在必要时才发送更新数据包。EIGRP 更新仅包含需要的（发生变化的）路由信息，且仅发送给需要该信息的路由器。EIGRP 更新数据包使用可靠传输。当多台路由器需要更新数据包时，通过组播发送；当只有一台路由器需要更新数据包时，则通过单播发送。在图 9-10 中，因为链路属于点对点类型，因此更新通过单播发送。

确认（Ack）数据包由 EIGRP 在使用可靠传输时发送。对于 EIGRP 更新、查询和应答数据包，RTP 使用可靠传输。EIGRP 确认数据包始终以不可靠单播方式发送。EIGRP 确认数据包使用不可靠传输。

在图 9-10 中，路由器 R2 失去了与快速以太网接口相连的 LAN 连接。R2 立即向 R1 和 R3 发送触发更新，通知它们该路由已发生故障。R1 和 R3 使用确认数据包回应。

图 9-11 演示了 DUAL 在搜索网络以及进行其他任务时使用的查询和应答数据包。

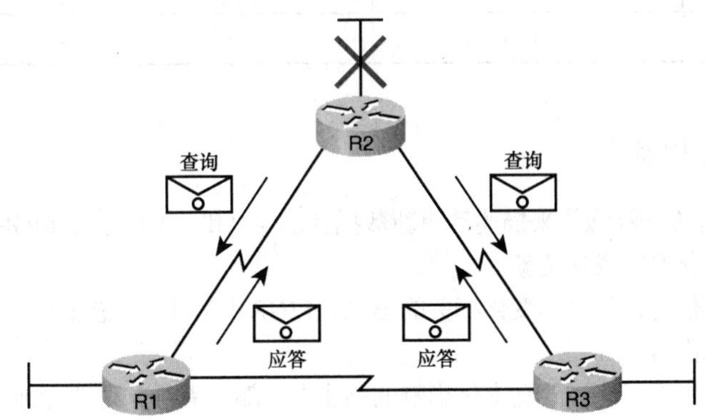

查询数据包：
- DUAL 使用它进行查询网络或其他任务。应答数据包；
- 作为对查询数据包的响应，自动发送确认数据包；
- 在使用可靠的RTP时自动送回

图 9-11 EIGRP 查询和应答数据包

查询和应答使用可靠传输。查询可以使用组播或单播，但应答则始终以单播发送。DUAL 将在后续部分讨论。查询和应答数据包将在 CCNP 课程中更详细地讨论。

在图 9-11 中，R2 失去了与 LAN 的连接，所以它向所有 EIGRP 邻居发送查询，搜索可以到达该 LAN 的路由。因为查询使用可靠传输，所以收到查询的路由器必须返回一个 EIGRP 确认。（在本例中，为简单起见，图中省略了确认）

所有邻居不管是否具有通向该故障网络的路由，均会发送一个应答。因为应答也使用可靠传输，所以收到应答的路由器（例如R2）也必须发送一个确认。

注 您可能有些疑惑：为什么R2要发送查询来查找它知道已经发生故障的网络呢？事实上，只是连接到该网络的接口发生了故障。可能有另一台路由器连接到同一个LAN。因此，R2在从其数据库中彻底删除该网络前，会查询是否还存在连接到该网络的路由器。

9.3.5 Hello协议

EIGRP必须首先发现其邻居，才能在路由器间交换EIGRP数据包。EIGRP邻居是指在直连的、共享网络上运行EIGRP的其他路由器。

EIGRP使用Hello数据包来发现相邻路由器并与之建立邻接关系。在大多数网络中，每5秒发送一次EIGRP Hello数据包。在多点非广播多路访问（NBMA）网络上，例如X.25、帧中继和带有T1（1.544 Mbit/s）或更慢访问链路的ATM接口上，每60秒单播一次Hello数据包。EIGRP路由器假定，只要它还能收到邻居发来的Hello数据包，该邻居及其路由就仍然保持可用。

保持时间告诉路由器在宣告邻居不可达前应等待该设备发送下一个Hello的最长时间。默认情况下，保持时间是Hello间隔的3倍，即在大多数网络上为15秒，在低速NBMA网络上则为180秒。保持时间到期后，EIGRP将宣告该路由发生故障，而DUAL则将通过查找拓扑表或发出查询来寻找新路径。

表9-2所示为EIGRP的默认Hello间隔和保持时间。

表9-2 显示EIGRP的默认Hello间隔和保持时间

带　宽	链路举例	默认Hello间隔	默认保持时间
1.544Mbit/s或更慢	多点帧中继	60秒	180秒
大于1.544Mbit/s	T1、以太网	5秒	15秒

9.3.6 EIGRP限定更新

EIGRP使用术语*部分*或*限定*来描述其更新数据包。与RIP不同的是，EIGRP不发送定期更新，而仅在路由度量发生变化时才发送更新。

术语*部分*是指更新仅包含与路由变化相关的信息。EIGRP在目的状态变化时发送这些增量更新，而非发送路由表的全部内容。

术语*限定*是指部分更新仅传播给受变化影响的路由器。部分更新自动“受到限定”，这样，只有需要该信息的路由器才会被更新。

EIGRP仅发送必要的信息且仅向需要该信息的路由器发送，从而将发送EIGRP数据包时占用的带宽降到最低。

9.3.7 DUAL：简介

扩散更新算法（DUAL）是EIGRP所用的收敛算法，用于替代其他距离矢量路由协议如RIP所用的Bellman-Ford或Ford Fulkerson算法。DUAL以SRI International所进行的研究为基础，使用了由E.W.Dijkstra和C.S.Scholten首创的计算方式。此外，J.J.Garcia-Luna-Aceves对DUAL的贡献最为突出。

路由环路即使只是暂时性存在，也会极大地损害网络性能。RIP等距离矢量路由协议使用抑制计时器和水平分隔来防止路由环路。尽管EIGRP也使用这两种技术，但使用方式有所不同，EIGRP防止路由环路的主要方式是使用 DUAL 算法。

图 9–12 到图 9–15 演示了当拓扑变化时 EIGRP 使用 DUAL 的更新、查询、应答和确认。

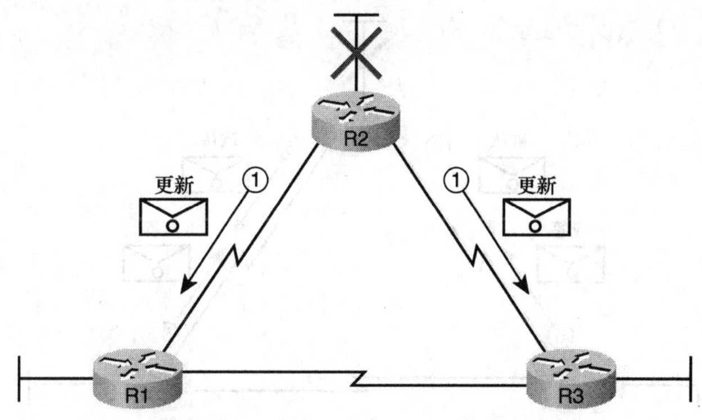

图 9-12 DUAL 运行：R2 发送更新

1. R2 上的直连网络故障。R2 向它的邻居发送 EIGRP 更新消息指明网络故障（见图 9–12）。
2. R1 和 R3 返回确认，以表明他们收到了来自 R2 的更新（见图 9–13）。

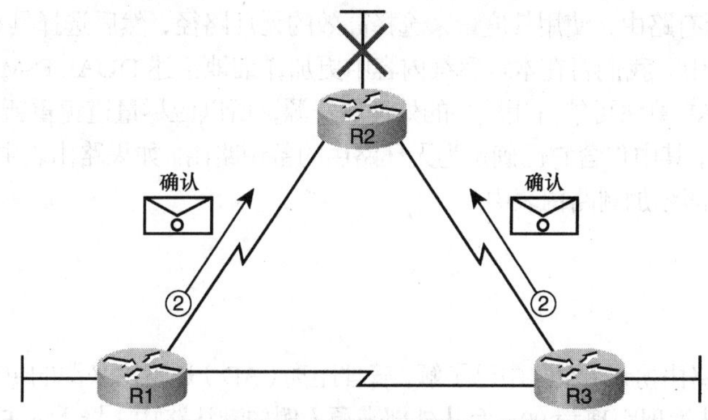

图 9-13 DUAL 运行：R1 和 R3 发送应答

3. R2 没有 EIGRP 的备用路由作为可行后继路由器（这在本章后续部分讲述）。因此，R2 发送向邻居发送 EIGRP 查询，询问是否有此网络的路由。
4. R1 和 R3 返回 EIGRP 确认，以表明它们收到了来自 R2 的查询（见图 9–14）。

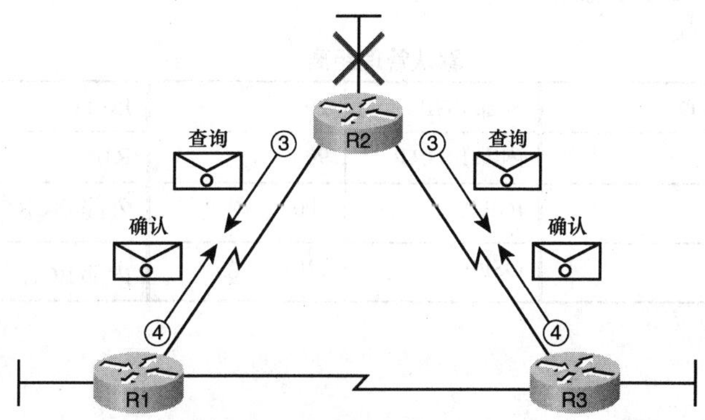

图 9-14 DUAL 运行：R2 发送查询，R1 和 R3 发送确认

5. R1 和 R3 发送 EIGRP 应答消息以响应 R2 的查询。本例中，查询声明没有此网络的路由。
6. R2 返回确认以表明收到了应答（见图 9–15）。

DUAL 算法用于让路由计算始终能避免路由环路。这使拓扑更改所涉及的所有路由器可以同时得到同步。未受拓扑更改影响的路由器不参与重新计算。此方法使EIGRP与其他距离矢量路由协议相比具有更快的收敛时间。

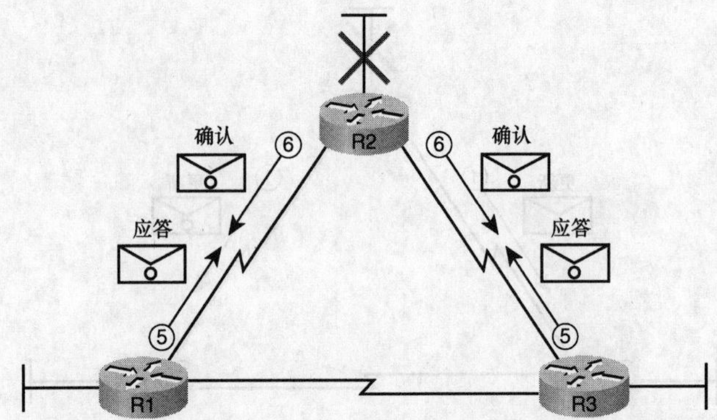

图 9-15 DUAL 运行：R1 和 R3 发送应答，R2 发送确认

所有路由计算的决策过程由DUAL有限状态机完成。通俗地说，有限状态机（FSM）是一种行为模型，由有限数量的状态、状态之间的转变以及造成状态转变的事件或操作组成。

DUAL FSM跟踪所有路由，使用其度量来选择高效的无环路径，然后选择具有最低路径开销的路由并将其添加到路由表中。我们将在本章后续内容中更加详细地论述DUAL FSM。

因为重新计算DUAL算法可能占用较多的处理器资源，所以应尽量避免重新计算。因此，DUAL维护一个备用路由列表，其中包含它已确定为无环路由的备用路由。如果路由表中的主路由发生故障，则最佳的备用路由会立即添加到路由表中。

9.3.8 管理距离

您在第3章“动态路由协议介绍”中已了解，管理距离（AD）是路由来源的可信性（即优先程度）。内部EIGRP路由的默认管理距离为90，而从外部来源（例如默认路由）导入的EIGRP路由的默认管理距离为170。相比其他的内部网关协议（IGP），EIGRP是思科IOS最优先选择的协议，因为其管理距离最低。

请注意表9-3中，EIGRP的第三个AD值，EIGRP汇总路由的AD值为5。在本章后面的部分中，我们将学习如何配置EIGRP汇总路由。

表 9-3 默认管理距离

路由来源	A D	外部 BGP	20	IS-IS	115
直连	0	内部 EIGRP	90	RIP	120
静态	1	IGRP	100	外部 EIGRP	170
EIGRP 汇总路由	5	OSPF	110	内部 BGP	200

9.3.9 验证

与其他路由协议一样，也可对EIGRP配置身份验证。RIPv2、EIGRP、最短路径优先（OSPF）、中间系统到中间系统（IS-IS）和边界网关协议（BGP）均可配置为加密并验证其路由信息。

好的做法应对传输的路由信息进行身份验证。此做法可确保路由器仅接受配置有相同的口令和身份验证信息的其他路由器所发来的路由信息。

注 **当路由器上配置身份验证时，会对接收的每个路由更新数据包的来源进行验证。但验证不会加密路由器的路由表。**

如上一章所述，配置路由协议以使用身份验证的过程将在后续课程中讨论。

9.4 基本 EIGRP 配置

本节讨论基本 EIGRP 配置。有很多与其他路由协议如 RIP 相似的命令。

9.4.1 EIGRP 网络拓扑

图 9-16 中的拓扑来自上一章，不过现在增加了 ISP 路由器。表 9-4 所示为编址结构。

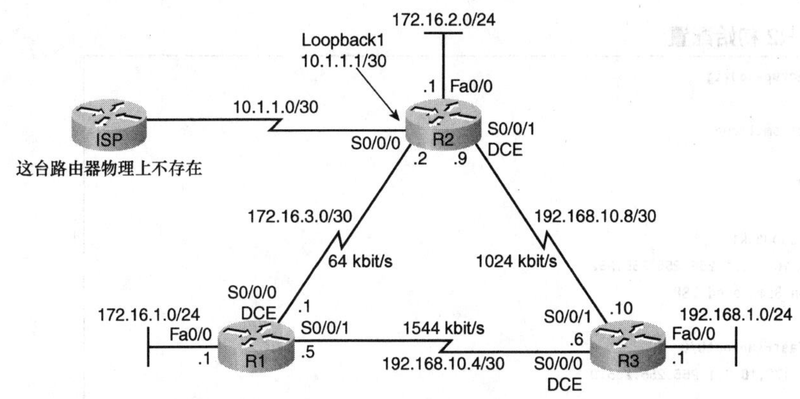

图 9-16 EIGRP 拓扑

表 9-4 EIGRP 地址表

设　备	接　口	IP 地址	子网掩码
R1	Fa0/0	172.16.1.1	255.255.255.0
	S0/0/0	172.16.3.1	255.255.255.252
	S0/0/1	192.168.10.5	255.255.255.252
R2	Fa0/0	172.16.2.1	255.255.255.0
	S0/0/0	172.16.3.2	255.255.255.252
	S0/0/1	192.168.10.9	255.255.255.252
	Lo1	10.1.1.1	255.255.255.252
R3	Fa0/0	192.168.1.1	255.255.255.0
	S0/0/0	192.168.10.6	255.255.255.252
	S0/0/1	192.168.10.10	255.255.255.252

请注意，路由器 R1 和 R2 都具有子网，其子网都属于有类网络 172.16.0.0/16，该网络地址为 B 类地址。之所以要指出 172.16.0.0 是 B 类地址，是因为 EIGRP 和 RIP 一样是在有类边界自动汇总。

示例 9-1、9-2、9-3 显示 R1、R2、R3 的初始配置。

示例 9-1 R1 初始配置

```
R1#show startup-config

<some output omitted>
!
hostname R1
!
interface FastEthernet0/0
 ip address 172.16.1.1 255.255.255.0
!
interface Serial0/0/0
 ip address 172.16.3.1 255.255.255.252
clock rate 64000
!
interface Serial0/0/1
ip address 192.168.10.5 255.255.255.252
!
end
```

示例 9-2 R2 初始配置

```
R2#show startup-config

<some output omitted>
!
hostname R2
!
interface Loopback1
 ip address 10.1.1.1 255.255.255.252
 description Simulated ISP
!
interface FastEthernet0/0
 ip address 172.16.2.1 255.255.255.0
!
interface Serial0/0/0
 ip address 172.16.3.2 255.255.255.252
!
interface Serial0/0/1
 ip address 192.168.10.9 255.255.255.252
 clockrate 64000
!
end
```

示例 9-3 R3 初始配置

```
R3#show startup-config

<some output omitted>
!
hostname R3
!
interface FastEthernet0/0
 ip address 192.168.1.1 255.255.255.0
!
interface Serial0/0/0
 ip address 192.168.10.6 255.255.255.252
clockrate 64000
!
```

（待续）

```
interface Serial0/0/1
ip address 192.168.10.10 255.255.255.252
!
end
```

请注意，我们的配置中实际上不存在 ISP 路由器。R2 和 ISP 路由器之间的连接使用 R2 上的环回接口来表示。在第 7 章“RIPv2”中我们已经学过，环回接口可用于代表路由器上未实际连接到网络中的物理链路的接口。你可以通过 ping 命令来检验包括在路由更新中的***环回地址***。

注　你将会在第 11 章“OSPF”中看到环回接口在某些其他路由协议中也有特定用途。

9.4.2 自治系统和进程 ID

本节讨论自治系统和进程 ID 的不同。

一、自治系统

自治系统（AS）是由单个实体管理的一组网络，这些网络通过统一的路由策略连接到 Internet。在图 9-17 中，A、B、C、D 四家公司全部由 ISP1 管理和控制。ISP1 在代表这些公司向 ISP2 通告路由时，会提供一个统一的路由策略。

有关创建、选择和注册自治系统的指导原则在 RFC 1930 中规定，AS 编号由 Internet 地址授权委员会（IANA）分配，该机构同时也负责分配 IP 地址空间。你已在前面的课程中了解 IANA 及地区性 Internet 注册管理机构（RIR）。当地 RIR 负责从其获得的 AS 编号块中为实体分配编号。在 2007 年之前，AS 编号的长度为 16 位，范围为 0 到 65535；现在的 AS 编号长度为 32 位，可用编号数目增加到超过 40 亿个。

谁需要自治系统编号呢？通常为 Internet 服务提供商（ISP）、Internet 主干提供商以及连接其他实体的大型机构。这些 ISP 和大型机构使用外部网关路由协议 BGP（边界网关协议）来传播路由信息。BGP 是唯一一个在配置中使用实际自治系统编号的路由协议。

使用 IP 网络的绝大多数公司和机构不需要 AS 编号，因为它们都由 ISP 等更高一级的机构来管理。这些公司在自己的网络内部使用 RIP、EIGRP、OSPF 和 IS-IS 等内部网关协议来路由数据包。它们是 ISP 的自治系统内各自独立的众多网络之一。ISP 负责在自治系统内以及与其他自治系统之间路由数据包。

二、进程 ID

EIGRP 和 OSPF 都使用一个进程 ID 来代表各自在路由器上运行的协议实例。

```
Router(config)#router eigrp autonomous-system
```

尽管 EIGRP 将该参数称为“autonomous-system”编号，它实际上起进程 ID 的作用。此编号与前面谈到的自治系统编号无关，并可以为其分配任何 16 位值。

```
Router(config)#router eigrp 1
```

编号 1 用于标识在此路由器上运行的特定 EIGRP 进程。为建立邻接关系，EIGRP 要求使用同一个进程 ID 来配置同一个路由域内的所有路由器。一般来说，在一台路由器上，只会为每个路由协议配置一个进程 ID。

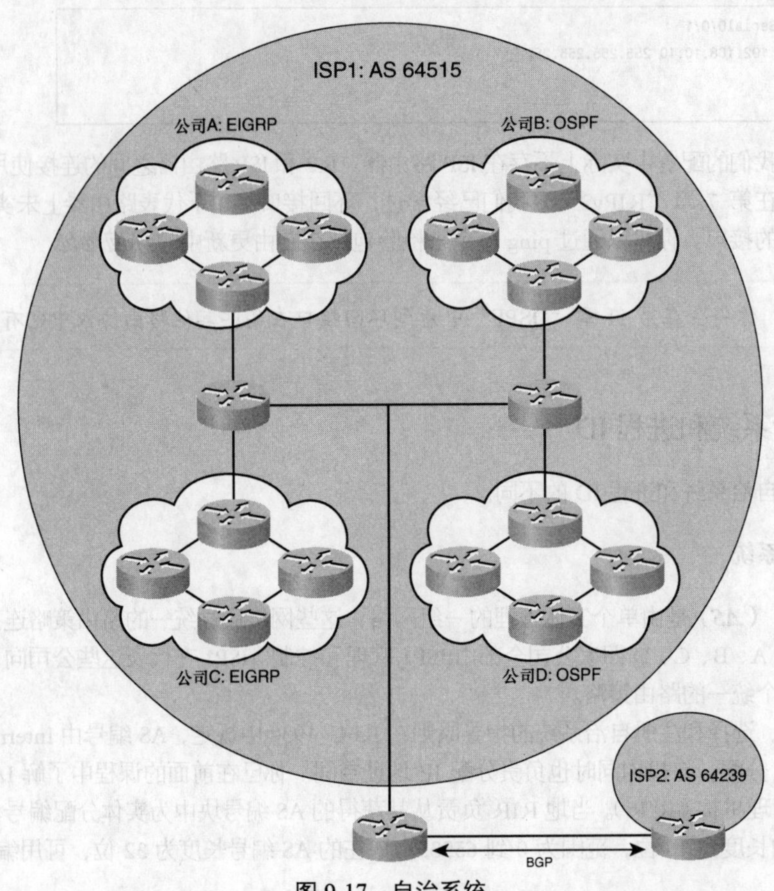

图 9-17 自治系统

注 RIP 不使用进程 ID；因此，它只支持一个 RIP 实例。EIGRP 和 OSPF 都支持各自路由协议的多个实例，但实际上一般不需要或不推荐实施这种多路由协议的情况。

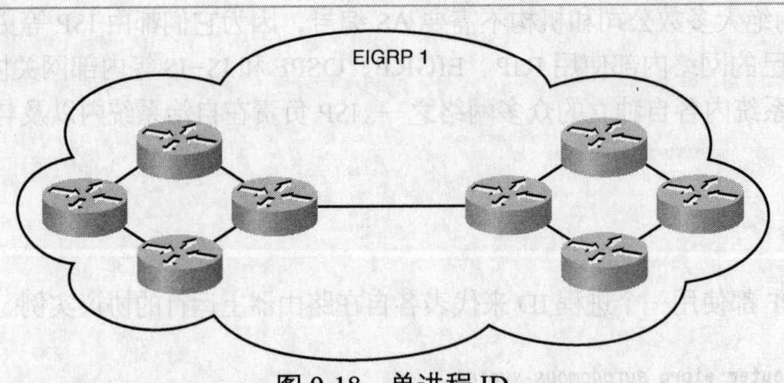

图 9-18 单进程 ID

9.4.3 router eigrp 命令

router eigrp *autonomous-system* 全局配置命令用于启动 EIGRP。*autonomous-system* 参数由网络管理员选择，取值范围在 1 到 65535 之间。所选的编号为进程 ID 号，该编号很重要，因为此 EIGRP 路由域内的所有路由器都必须使用同一个进程 ID 号（autonomous-system 编号）。

示例 9-4 中，从路由器的输出你可看到，EIGRP 在所有 3 台路由器上启用，使用 1 作为进程 ID。

示例 9-4 启动 EIGRP 路由

```
R1(config)#router eigrp 1
R1(config-router)#
R2(config)#router eigrp 1
R2(config-router)#
R3(config)#router eigrp 1
R3(config-router)#
```

9.4.4 network 命令

EIGRP 中的 network 命令与其他 IGP 路由协议中的 network 命令功能相同：

- 路由器上任何符合 network 命令中的网络地址的接口都将被启用，可发送和接收 EIGRP 更新。
- 此网络（或子网）将包括在 EIGRP 路由更新中。

network 命令在路由器配置模式下使用：

```
Router(config-router)#network network-address
```

network-address 是此接口的有类网络地址。在 R1 上使用了一个有类 network 语句来包括 172.16.1.0/24 和 172.16.3.0/30 子网：

```
R1(config-router)#network 172.16.0.0
```

当在 R2 上配置好 EIGRP 后，DUAL 向控制台发送一个通知消息，说明已与另一台 EIGRP 路由器建立了邻接关系。

```
R2(config-router)#network 172.16.0.0
%DUAL-5-NBRCHANGE:IP-EIGRP 1: Neighbor 172.16.3.1 (Serial0/0) is up:new adjacency
```

邻接关系自动建立，因为 R1 和 R2 都使用相同的 EIGRP1 路由进程且都在 172.16.0.0 网络上发送更新。

带有通配符掩码的 network 命令

默认情况下，当在 network 命令中使用 172.16.0.0 等有类网络地址时，该路由器上属于该有类网络地址的所有接口都将启用 EIGRP。然而，有时网络管理员并不想为所有接口启用 EIGRP。要配置 EIGRP 以仅通告特定子网，就要使用带有 wildcard-mask 选项的 network 命令：

```
Router(config-router)#network network-address [wildcard-mask]
```

通配符掩码（wildcard-mask）可看作子网掩码的反掩码。子网掩码 255.255.255.252 的反掩码为 0.0.0.3。要计算子网掩码的反掩码，可以用 255.255.255.255 减去该子网掩码：

```
  255.255.255.255
- 255.255.255.252（减去子网掩码）
  ---------------
  0. 0. 0. 3（通配符掩码）
```

R2 配置有子网 192.168.10.8，通配符掩码为 0.0.0.3。

```
R2(config-router)#network 192.168.10.8 0.0.0.3
```

某些思科 IOS 版本可以直接输入子网掩码。例如，你可以输入下列命令：

```
R2(config-router)#network 192.168.10.8 255.255.255.252
```

不过，思科 IOS 会自动将该命令转换为通配符掩码格式，这可通过 **show running-config** 命令来检查，如示例 9-5 中所示。

示例 9-5 用 show run 验证 EIGRP 配置

```
R2#show running-config
<some output omitted>
!
router eigrp 1
 network 172.16.0.0
 network 192.168.10.8 0.0.0.3
 auto-summary
!
```

> **注** **passive-interface** 命令不应用于 EIGRP。在配置 **passive-interface** 命令后，EIGRP 在接口上停止发送 Hello 包，这样就不能在此接口上形成邻居关系，因此不能发送和接收路由更新。

示例 9-6 还显示了 R3 的配置。一旦配置好有类网络 192.168.10.0 后，R3 即会与 R1 和 R2 建立邻接关系。

示例 9-6 R3 的 EIGRP 配置

```
R3(config)#router eigrp 1
R3(config-router)#network 192.168.10.0
%DUAL-5-NBRCHANGE: IP-EIGRP 1: Neighbor 192.168.10.5 (Serial0/0/0) is up: new adjacency
R3(config-router)#
%DUAL-5-NBRCHANGE: IP-EIGRP 1: Neighbor 192.168.10.9 (Serial0/0/1) is up: new adjacency
R3(config-router)#network 192.168.1.0
```

9.4.5 校验 EIGRP

路由器必须与其邻居建立邻接关系，EIGRP 才能发送或接收更新。EIGRP 路由器通过与相邻路由器交换 EIGRP Hello 数据包来建立邻接关系。

使用 **show ip eigrp neighbors** 命令来查看邻居表并检验 EIGRP 是否已与其邻居建立邻接关系。对于每台路由器，你应该能看到邻接路由器的 IP 地址以及通向该 EIGRP 邻居的接口。在图 9-19 中，使用 **show ip eigrp neighbors** 可验证所有路由器均已建立了必要的邻接关系。每台路由器的邻居表里都列有两个邻居。

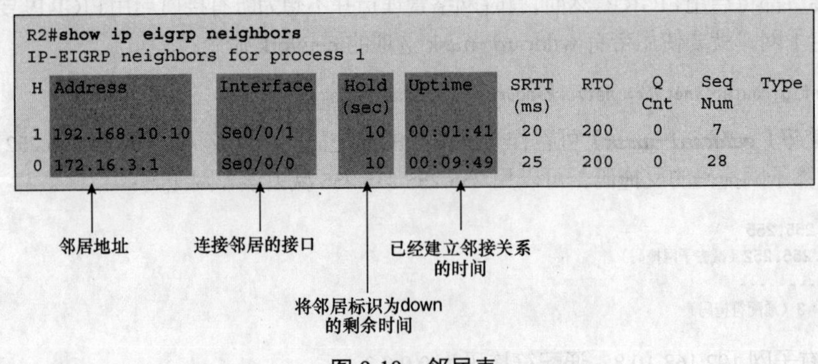

图 9-19 邻居表

show ip eigrp neighbor 命令的输出包括以下几项。

- **H 栏**：按照发现顺序列出邻居。
- **Address**：该邻居的 IP 地址。
- **Interface**：收到此 Hello 数据包的本地接口。
- **Hold**：当前的保持时间。每次收到 Hello 数据包时，此值即被重置为最大保持时间，然后倒计时，到零为止。如果到达了零，则认为该邻居标识为down。

- **Uptime**（运行时间）：从该邻居被添加到邻居表以来的时间。
- **SRTT**（平均回程计时器）和**RTO**（重传间隔）：RTP用于管理可靠EIGRP数据包。SRTT和RTO将在CCNP课程中详细讨论。
- **Queue Count**（队列数）：应该始终为零。如果大于零，则说明有EIGRP数据包等待发送。Queue Count将在CCNP课程中详细讨论。
- **Sequence Number**（序列号）：用于跟踪更新、查询和应答数据包。Sequence Number将在CCNP课程中详细讨论。

show ip eigrp neighbors命令是检验EIGRP配置及排查故障的有力工具。路由器与邻居建立邻接关系后，如果有一台邻居未列出，则可使用**show ip interface brief**命令来检查本地接口是否已激活。如果该接口已激活，则尝试ping该邻居的IP地址。如果ping失败，则表明需要激活该邻居的接口。如果ping成功但EIGRP仍然无法将该路由器列为邻居，则检查下列配置：

- 这两台路由器是否配置了相同的EIGRP进程ID?
- 在EIGRP **network**语句中是否包括了该直连网络?
- 是否配置了**passive-interface**命令，从而阻止了该接口传输EIGRP Hello数据包?

就像检验RIP一样，可使用**show ip protocols**命令来检验EIGRP是否已启用，如示例9-7中所示。

示例9-7 show ip protocols命令

```
R1#show ip protocols
Routing Protocol is "eigrp 1"
  Outgoing update filter list for all interfaces is not set
  Incoming update filter list for all interfaces is not set
  Default networks flagged in outgoing updates
  Default networks accepted from incoming updates
  EIGRP metric weight K1=1, K2=0, K3=1, K4=0, K5=0
  EIGRP maximum hopcount 100
  EIGRP maximum metric variance 1
  Redistributing: eigrp 1
  Automatic network summarization is in effect
  Automatic address summarization:
    192.168.10.0/24 for FastEthernet0/0, Serial0/0/0
      Summarizing with metric 2169856
    172.16.0.0/16 for Serial0/0/1
      Summarizing with metric 28160
  Maximum path: 4
  Routing for Networks:
    172.16.0.0
    192.168.10.0
  Routing Information Sources:
    Gateway         Distance      Last Update
     (this router)        00      00:03:20
    192.168.10.6          90      00:02:09
    Gateway         Distance      Last Update
    172.16.3.2            90       00:02:12
  Distance: internal 90 external 170
```

不同的路由协议，**show ip protocols**命令将显示不同类型的输出。

请注意，输出指出了EIGRP所用的进程ID：

```
Routing Protocol is "eigrp 1"
```

请记住，所有路由器上的进程ID必须相同，EIGRP才能建立邻接关系并共享路由信息。

示例9-7还显示了EIGRP的内部和外部管理距离：

```
Distance:internal 90 external 170
```

9.4.6 检查路由表

检验EIGRP以及路由器的其他功能是否正确配置的另一种方法是使用**show ip route**命令来查看路由表。

示例9-8、9-9和9-10显示了R1、R2、R3的路由表

示例9-8 R1路由表

```
R1#show ip route
Codes: C - connected, S - static, I - IGRP, R - RIP, M - mobile, B - BGP
       D - EIGRP, EX - EIGRP external, O - OSPF, IA - OSPF inter area
       N1 - OSPF NSSA external type 1, N2 - OSPF NSSA external type 2
<Output omitted>

Gateway of last resort is not set

     192.168.10.0/24 is variably subnetted, 3 subnets, 2 masks
D       192.168.10.0/24 is a summary, 00:03:50, Null0
C       192.168.10.4/30 is directly connected, Serial0/0/1
D       192.168.10.8/30 [90/2681856] via 192.168.10.6, 00:02:43, Serial0/0/1
     172.16.0.0/16 is variably subnetted, 4 subnets, 3 masks
D       172.16.0.0/16 is a summary, 00:10:52, Null0
C       172.16.1.0/24 is directly connected, FastEthernet0/0
D       172.16.2.0/24 [90/2172416] via 172.16.3.2, 00:10:47, Serial0/0/0
C       172.16.3.0/30 is directly connected, Serial0/0/0
D    192.168.1.0/24 [90/2172416] via 192.168.10.6, 00:02:31, Serial0/0/1
```

示例9-9 R2路由表

```
R2#show ip route
<Output omitted>

Gateway of last resort is not set

     192.168.10.0/24 is variably subnetted, 3 subnets, 2 masks
D       192.168.10.0/24 is a summary, 00:04:13, Null0
D       192.168.10.4/30 [90/2681856] via 192.168.10.10, 00:03:05, Serial0/0/1
C       192.168.10.8/30 is directly connected, Serial0/0/1
     172.16.0.0/16 is variably subnetted, 4 subnets, 3 masks
D       172.16.0.0/16 is a summary, 00:04:07, Null0
D       172.16.1.0/24 [90/2172416] via 172.16.3.1, 00:11:11, Serial0/0/0
C       172.16.2.0/24 is directly connected, FastEthernet0/0
C       172.16.3.0/30 is directly connected, Serial0/0/0
     10.0.0.0/30 is subnetted, 1 subnets
C       10.1.1.0 is directly connected, Loopback1
D       192.168.1.0/24 [90/2172416] via 192.168.10.10, 00:02:54, Serial0/0/1
```

示例9-10 R3路由表

```
R3#show ip route
<Output omitted>

Gateway of last resort is not set
```

（待续）

```
        192.168.10.0/24 is variably subnetted, 3 subnets, 2 masks
D           192.168.10.0/24 is a summary, 00:03:11, Null0
C           192.168.10.4/30 is directly connected, Serial0/0/0
C           192.168.10.8/30 is directly connected, Serial0/0/1
D       172.16.0.0/16 [90/2172416] via 192.168.10.5, 00:03:23, Serial0/0/0
                      [90/2172416] via 192.168.10.9, 00:03:23, Serial0/0/1
C       192.168.1.0/24 is directly connected, FastEthernet0/0
```

默认情况下，EIGRP 在主网络边界自动汇总路由。你可以使用 **no auto-summary** 命令禁用自动汇总，其操作与 RIPv2 的操作相同。

请注意，路由表中的 EIGRP 路由标有 D，该字符代表 DUAL。

请记住，因为 EIGRP 是一种无类路由协议（在路由更新中包括子网掩码），所以它支持 VLSM 和 CIDR。我们在 R1 的路由表中可看到，父网络 172.16.0.0/16 以不同长度的子网掩码/24 和/30 划分为 3 个子网路由。

一、Null0 汇总路由介绍

示例 9-11 中显示 R2 的路由表，其中高亮显示了两个条目。请注意，EIGRP 自动为有类网络 192.168.10.0/24 和 172.16.0.0/16 各自的 Null0 接口加入了一条汇总路由。

示例 9-11 有 Null0 汇总路由的 R2 路由表

```
R2#show ip route
<Output omitted>

Gateway of last resort is not set

        192.168.10.0/24 is variably subnetted, 3 subnets, 2 masks
D           192.168.10.0/24 is a summary, 00:04:13, Null0
D           192.168.10.4/30 [90/2681856] via 192.168.10.10, 00:03:05, Serial0/0/1
C           192.168.10.8/30 is directly connected, Serial0/0/1
        172.16.0.0/16 is variably subnetted, 4 subnets, 3 masks
D           172.16.0.0/16 is a summary, 00:04:07, Null0
D           172.16.1.0/24 [90/2172416] via 172.16.3.1, 00:11:11, Serial0/0/0
C           172.16.2.0/24 is directly connected, FastEthernet0/0
C           172.16.3.0/30 is directly connected, Serial0/0/0
        10.0.0.0/30 is subnetted, 1 subnets
C           10.1.1.0 is directly connected, Loopback1
D       192.168.1.0/24 [90/2172416] via 192.168.10.10, 00:02:54, Serial0/0/1
```

第 7 章“RIPv2”中提到，Null0 接口实际上不存在。请注意汇总路由来自 Null0，这是因为这些路由用于通告目的。192.168.10.0/24 和 172.16.0.0/16 路由实际上并不代表通向父网络的路径。如果一个数据包与第 2 级子路由都不匹配，则会被发送到 Null0 接口。换句话说，如果数据包与第 1 级父路由（该有类网络地址）匹配，但不与任何子网匹配，则该数据包将被丢弃。

注 只要同时存在下列两种情况，EIGRP 就会自动加入一条 Null0 汇总路由作为子路由：

- 至少有一个通过 EIGRP 获知的子网。
- 启用了自动汇总。

你将看到，如果禁用了自动汇总，则 Null0 汇总路由将被删除。

二、R3 路由表

示例 9-12 显示 R3 的路由表，R1 和 R2 都自动汇总了 172.16.0.0/16 网络并将其作为一条路由更新发送。因为自动汇总的关系，R1 和 R2 未传播具体的子网。稍后我们将关闭自动汇总。因为 R3 分别从 R1 和 R2 收到了通向 172.16.0.0/16 的路由，且该两条路由开销相等，所以它们都被加入到路由表中。

Packet Tracer
□ Activity

配置和校验 EIGRP 路由（9.2.6） 使用 Packet Tracer 练习来配置和校验基本 EIGRP 路由。在练习中会提供更详细的指令。你可以使用随书附带的 CD-ROM 上的文件 e2-926.pka 利用 Packet Tracer 完成本练习。

示例 9-12 有汇总路由 172.16.0.0/16 的 R3 路由表

```
R3#show ip route
<Output omitted>

Gateway of last resort is not set

     192.168.10.0/24 is variably subnetted, 3 subnets, 2 masks
D       192.168.10.0/24 is a summary, 00:03:11, Null0
C       192.168.10.4/30 is directly connected, Serial0/0/0
C       192.168.10.8/30 is directly connected, Serial0/0/1
D    172.16.0.0/16 [90/2172416] via 192.168.10.5, 00:03:23, Serial0/0/0
                   [90/2172416] via 192.168.10.9, 00:03:23, Serial0/0/1
C    192.168.1.0/24 is directly connected, FastEthernet0/0
```

9.5 EIGRP 度量计算

从第 5 章“RIPv1”我们知道 RIP 用跳数作为度量。虽然，EIGRP 在路由更新中也包括跳数，但它不作为 EIGRP 复合度量的一部分。本节研究用于 EIGRP 的度量值以及如何计算出路由表中的度量值。

9.5.1 EIGRP 复合度量及 *K* 值

EIGRP 在其复合度量中使用下列值来计算通向网络的首选路径：

- 带宽；
- 延迟；
- 可靠性；
- 负载。

注 在本章前文中已提到，尽管 MTU 被包括在路由表更新中，但它并不是 EIGRP 或 IGRP 所用的路由度量之一。默认情况下，仅使用带宽和延迟来计算度量。思科建议，除非管理员明确需要，否则不使用可靠性和负载。

一、复合度量

图 9–20 显示了 EIGRP 所用的复合度量公式。公式包含 *K*1 到 *K*5 五个 *K* 值，它们称为 EIGRP ***度量权重***。默认情况下，*K*1 和 *K*3 设为 1，*K*2、*K*4 和 *K*5 设为 0。结果，仅带宽和延迟值被用于计算默认复合度量。

默认的 *K* 值可使用 EIGRP 路由器命令来更改：

```
Router(config-router)#metric weights tos k1 k2 k3 k4 k5
```

注 修改度量权重不在本课程的范围内，但它们的关联性在建立邻接关系时相当重要，这将在后面的部分中讨论。tos（服务类型）值是 IGRP 遗留下来的，实际未曾实施。tos 始终被设为 0。

默认复合公式
metric = [K1*bandwidth + K3*delay]

完整复合公式
metric = [K1*bandwidth + (K2*bandwidth)/(256 – load) + 如果K值为0，则不使用3*
delay] * [K5/(reliability + K4)] 如果K值为0，则不使用)

默认值:
K1 (带宽) = 1
K2 (负载)= 0
K3 (延迟) = 1
K4 (可靠性) = 0
K5 (可靠性) = 0

K值可通过metric weights命令修改

```
Router(config-router)#metric weights tos k1 k2 k3 k4 k5
```

图 9-20 EIGRP 复合度量

二、*K*值校验

show ip protocols 命令用于检验 *K* 值。R1 的命令输出在示例 9–13 中显示。请注意，R1 上的 *K* 值被设为默认值。同样，除非网络管理员有充分的理由，否则建议保留默认值不变。

示例 9-13 用 show ip protocols 命令检验 *K* 值

```
R1#show ip protocols
Routing Protocol is "eigrp 1"
  Outgoing update filter list for all interfaces is not set
  Incoming update filter list for all interfaces is not set
  Default networks flagged in outgoing updates
  Default networks accepted from incoming updates
  EIGRP metric weight K1=1, K2=0, K3=1, K4=0, K5=0
  EIGRP maximum hopcount 100
  EIGRP maximum metric variance 1
  Redistributing: eigrp 1
  Automatic network summarization is in effect
  Automatic address summarization:
    192.168.10.0/24 for FastEthernet0/0, Serial0/0/0
       Summarizing with metric 2169856
    172.16.0.0/16 for Serial0/0/1
       Summarizing with metric 28160
    Maximum path: 4
    Routing for Networks:
       172.16.0.0
       192.168.10.0
    Routing Information Sources:
       Gateway         Distance        Last Update
        (this router)       90          00:03:29
       192.168.10.6         90          00:02:09
       Gateway         Distance        Last Update
       172.16.3.2           90         00:02:12
    Distance: internal  90 external        170
```

9.5.2 EIGRP 度量

EIGRP 复合度量由带宽、延迟、可靠性和负载组成。本节讨论如何显示和解释这些值。

一、检查度量值

你现在知道了 *K* 值的默认值。通过使用 **show interface** 命令可以检查计算路由度量时为带宽、延迟、可靠性和负载使用的实际值。

示例 9-14 中的输出显示了 R1 的 Serial 0/0/0 接口的复合度量中所用的值。

示例 9-14 用 show interface 命令检查度量值

```
R1#show interface serial 0/0/0
Serial0/0/0 is up, line protocol is up
  Hardware is GT96K Serial
  Description: Link to R2
  Internet address is 172.16.3.1/30
  MTU 1500 bytes, BW 1544 Kbit, DLY 20000 usec,
     reliability 255/255, txload 1/255, rxload 1/255
  Encapsulation HDLC, loopback not set
  Keepalive set (10 sec)
  Last input 00:00:00, output 00:00:01, output hang never
  Last clearing of "show interface" counters 3d22h
  Input queue: 0/75/0/0 (size/max/drops/flushes); Total output drops: 0
  Queueing strategy: fifo
  Output queue: 0/40 (size/max)
  5 minute input rate 0 bits/sec, 0 packets/sec
  5 minute output rate 0 bits/sec, 0 packets/sec
     112522 packets input, 7303722 bytes, 0 no buffer
     Received 40016 broadcasts, 0 runts, 0 giants, 0 throttles
     0 input errors, 0 CRC, 0 frame, 0 overrun, 0 ignored, 0 abort
     112601 packets output, 7280131 bytes, 0 underruns
     0 output errors, 0 collisions, 2 interface resets
     0 output buffer failures, 0 output buffers swapped out
     12 carrier transitions
     DCD=up DSR=up DTR=up RTS=up CTS=up
```

二、带宽

带宽度量（1544kbit/s）是一种静态值。EIGRP 和 OSPF 等路由协议使用带宽来计算路由度量。带宽以 kbit/s 为单位显示。

```
MTU 1500 bytes, BW 1544 Kbit, DLY 20000 usec,
   reliability 255/255, txload 1/255, rxload 1/255
```

大多数串行接口使用默认带宽值 1544kbit/s，即 1544000bit/s（1.544Mbit/s）。这是 T1 连接的带宽。然而，某些串行接口使用不同的默认带宽值。通常使用 **show interface** 命令来检验带宽。

该带宽值可能无法反映出接口的实际物理带宽。修改该带宽值不会更改该链路的实际带宽。如果链路的实际带宽与默认带宽不相等，你就应该修改该带宽值，这将在后面的部分中讨论。

三、延迟

延迟是衡量数据包通过路由所需时间的指标。延迟（DLY）度量是一种静态值，它以接口所连接的链路类型为基础，单位为 ms。

```
MTU 1500 bytes, BW 1544 Kbit, DLY 20000 usec,
  reliability 255/255, txload 1/255, rxload 1/255
```

延迟不是动态测得的。换句话说，路由器并不会实际跟踪数据包达到目的地所需的时间。延迟值与带宽值相似，都是一种默认值，可由网络管理员更改。

表 9-5 中显示了各种接口的默认延迟值。请注意，串行接口的默认值为 20000 毫秒，快速以太网接口的默认值为 100 毫秒。

四、可靠性

可靠性（reliability）是对链路将发生或曾经发生错误的几率的衡量指标。与延迟不同的是，可靠性是动态测得的，取值范围为 0 到 255，其中 1 表示可靠性最低的链路，255 则表示百分之百可靠。计算可靠性时取 5 分钟内的加权平均值，以避免高（或低）错误率的突发性影响。

表 9-5 默认值（微秒为单位）

介　质	延迟（单位：μs）	介　质	延迟（单位：μs）
100M ATM	100	以太网	1000
快速以太网	100	T1（串口的默认值）	20000
FDDI	100	512k	20000
HSSI	20000	DS0	20000
16M 令牌环	630	56k	20000

```
MTU 1500 bytes, BW 1544 Kbit, DLY 20000 usec,
  reliability 255/255, txload 1/255, rxload 1/255
```

可靠性以为分母为 255 的分数表示；该值越大，链路越可靠。因此，255/255 表示百分之百可靠，而 234/255 则表示 91.8%可靠。

请记住，默认情况下，EIGRP 在度量计算中不使用可靠性。

五、负载

负载（load）反映使用该链路的流量。与可靠性相似，负载也是动态测得的，且取值范围也是从 0 到 255：

```
MTU 1500 bytes, BW 1544 Kbit, DLY 20000 usec,
  reliability 255/255, txload 1/255, rxload 1/255
```

与可靠性类似，也以分母为 255 的分数表示，但不同的是，负载值越低越好，因为这表示链路上负载较轻。因此，1/255 表示链路上负载最低；40/255 表示链路上的负载容量为 16%；255/255 则表示链路已百分之百饱和。

负载同时显示为出站（即发送）负载值（txload）和入站（即接收）负载值（rxload）。计算此值时取 5 分钟内的加权平均值，以避免高（或低）通道使用率的突然影响。

请记住，默认情况下，EIGRP 在度量计算中不使用负载。

9.5.3 使用 bandwidth 命令

在大多数串行链路上，带宽度量默认为 1544kbit/s。因为 EIGRP 和 OSPF 都使用带宽计算默认度量，所以正确的带宽值对路由信息的准确性至关重要。但是，如果链路的实际带宽与默认带宽不符，该怎么办?

使用接口命令 **bandwidth** 修改带宽度量：

```
Router(config-if)#bandwidth kilobits
```

使用接口命令 **no bandwidth** 恢复为默认值。

在图 9-16 中，R1 和 R2 之间的链路带宽为 64kbit/s，R2 和 R3 之间的链路带宽则为 1024kbit/s。示例 9-5 显示在所有 3 台路由器上修改相应的串行接口带宽时所用的配置命令。

你可以使用 **show interface** 命令来检验更改，如示例 9-16 所示。修改带宽时，必须同时在链路两端进行，才能确保两个方向上的正确路由。

示例 9-15 bandwidth 命令

```
R1(config)#inter s 0/0/0
R1(config-if)#bandwidth 64
R2(config)#inter s 0/0/0
R2(config-if)#bandwidth 64
R2(config)#inter s 0/0/1
R2(config-if)#bandwidth 1024
R3(config)#inter s 0/0/1
R3(config-if)#bandwidth 1024
```

示例 9-16 校验带宽值

```
R2#show interface serial 0/0/0
Serial0/0/0 is up, line protocol is up
  Hardware is PowerQUICC Serial
  Internet address is 172.16.3.2/30
  MTU 1500 bytes, BW 64 Kbit, DLY 20000 usec,
      reliability 255/255, txload 1/255, rxload 1/255
  Encapsulation HDLC, loopback not set
<some output omitted>
R2#show interface serial 0/0/1
Serial0/0/1 is up, line protocol is up
  Hardware is PowerQUICC Serial
  Internet address is 192.168.10.9/30
  MTU 1500 bytes, BW 1024 Kbit, DLY 20000 usec,
      reliability 255/255, txload 1/255, rxload 1/255
  Encapsulation HDLC, loopback not set
```

注 刚刚接触网络和思科 IOS 的学生常常有一种误解，认为 **bandwidth** 命令将更改链路的物理带宽。正如前文所述，**bandwidth** 命令只会修改 EIGRP 和 OSPF 等路由协议所用的带宽度量。有时，网络管理员可能会出于加强传出接口控制的目的而更改带宽值。

9.5.4 计算 EIGRP 度量

如图 9-21 所示为 EIGRP 所用的复合度量。当使用 *K*1 和 *K*3 的默认值时，计算可简化为：最低带宽（即最小带宽）加上总延迟。

默认度量=[*K*1*带宽+*K*3*延迟]*256

由于*K*1和*K*1均等于1，因此公式简化为：带宽+延迟

带宽=到目的地的路由中的最低链路速度
延迟=到目的地的路由中的每个链路的延迟值总和

最低带宽: (10000000/带宽)×256
加上总延迟: + (总延迟/10)×256
= EIGRP metric

```
R2#show ip route
<output omitted>
D  192.168.1.0/24 [90/3014400] via 192.168.10.10, 00:02:14, Serial0/0/1
```

图 9-21 计算 EIGRP 默认度量

换句话说，通过检查路由上所有传出接口的带宽和延迟值，即可确定 EIGRP 度量。

第一步 确定带宽最低的链路。该带宽用于公式的（10000000/带宽）×256 部分。

第二步 确定沿途每个传出接口的延迟值。

第三步 将所有延迟值加起来然后除以 10（总延迟/10），再乘以 256（×256）。

第四步 将带宽和总延迟值加起来即可得到 EIGRP 度量。

R2 路由表输出显示，通向 192.168.1.0/24 的路由的 EIGRP 度量为 3014400。让我们详细看看 EIGRP 是如何算出此值的。

一、带宽

示例 9-17 显示 R1 和 R3 **show interface** 命令的部分输出。

示例 9-17 发现最低带宽和延迟总和

```
R2#show inter ser 0/0/1
Serial0/0/1 is up, line protocol is up
  Hardware is PowerQUICC Serial
  Internet address is 192.168.10.9/30
  MTU 1500 bytes, BW 1024 Kbit, DLY 20000 usec,
     reliability 255/255, txload 1/255, rxload 1/255
  Encapsulation HDLC, loopback not set
<remaining output omitted>
```

```
R3#show inter fa 0/0
FastEthernet0/0 is up, line protocol is up
  Hardware is AmdFE, address is 0002.b9ee.5ee0 (bia 0002.b9ee.5ee0)
  Internet address is 192.168.1.1/24
  MTU 1500 bytes, BW 100000 Kbit, DLY 100 usec,
     reliability 255/255, txload 1/255, rxload 1/255
  Encapsulation ARPA, loopback not set
<remaining output omitted>
```

因为 EIGRP 在其度量计算中使用最低带宽，我们可以通过检查 R2 与目的网络 192.168.1.0 之间的每个接口来找出最低带宽。R2 上的 Serial 0/0/1 接口的带宽为 1024kbit/s（即 1024000bit/s）。R3 上的 FastEthernet 0/0 接口的带宽为 100000kbit/s（即 100Mbit/s）。因此，最低带宽为 1024kbit/s，此值用在度量计算中。

EIGRP 取以 kbit/s 为单位的带宽值并用参考带宽值 10000000 除以该带宽值，这将使高带宽值产生低度量值，而低带宽值则产生高度量值。

10000000 除以 1024，如果商不是整数，则舍掉小数。在本例中，10000000 除以 1024 等于 9765.625。小数部分.625 被舍去，然后再乘以 256。复合度量的带宽部分为 2499840。

二、延迟

使用与示例 9-17 中相同的传出接口和输出，你也可确定延迟值。

EIGRP 使用所有传出接口的延迟度量的总和。R2 上的 Serial 0/0/1 接口的延迟为 20000 毫秒。R2 上的 FastEthernet 0/0 接口的延迟为 100 毫秒。

每个延迟值除以 10，然后相加。20000/10+100/10 得到的值为 2010，然后用此值乘以 256，复合度量的延迟部分为 514560。

三、将带宽和延迟相加

只需将该两个值相加 2499840+514560，即可得到 EIGRP 度量值 3014400。此值与 R2 的路由表中所示的值相符。这是由最低带宽和总延迟计算得到的。

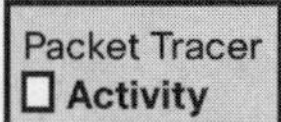
Packet Tracer Activity

计算 EIGRP 度量（9.3.4） 本练习的目的是修改 EIGRP 度量公式。EIGRP 度量公式有 *K*1 到 *K*5，即 EIGRP 权重组成。默认情况下，*K*1 和 *K*3 设置为 1，*K*2、*K*4 和 *K*5 设置为 0。结果只有带宽和延迟用于计算默认复合度量。在练习中会提供更详细的指令。你可以使用随书附带的 CD-ROM 上的文件 e2-934.pka 利用 Packet Tracer 完成本练习。

示例 9-18 显示 192.168.1.0/24 的路由条目和 EIGRP 的度量为 3014400。

示例 9-18 将带宽和延迟相加

```
R2#show ip route
<code output omitted>

Gateway of last resort is not set

     192.168.10.0/24 is variably subnetted, 3 subnets, 2 masks
D       192.168.10.0/24 is a summary, 00:00:15, Null0
D       192.168.10.4/30 [90/21024000] via 192.168.10.10, 00:00:15, Serial0/0/1
C       192.168.10.8/30 is directly connected, Serial0/0/1
     172.16.0.0/16 is variably subnetted, 4 subnets, 3 masks
D       172.16.0.0/16 is a summary, 00:00:15, Null0
D       172.16.1.0/24 [90/40514560] via 172.16.3.1, 00:00:15, Serial0/0/0
C       172.16.2.0/24 is directly connected, FastEthernet0/0
C       172.16.3.0/30 is directly connected, Serial0/0/0
     10.0.0.0/30 is subnetted, 1 subnets
C       10.1.1.0 is directly connected, Loopback1
D    192.168.1.0/24 [90/3014400] via 192.168.10.10, 00:00:15, Serial0/0/1
```

9.6 DUAL

正如前文所述，扩散更新算法是 EIGRP 所用的算法。本节论述 DUAL 确定最佳无环路径和无环备用路径的方法。

9.6.1 DUAL 概念

DUAL 提供如下功能：

- 无环路径；
- 无环备用路径，可立即使用；
- 快速收敛；
- 限定更新以使用最少带宽。

DUAL 使用几个术语，本节将详细讨论这些术语：

- 后继路由器；
- 可行距离（FD）；
- 可行后继路由器（FS）；
- 报告距离（RD），或称通告距离（AD）；
- 可行条件，或称可行性条件（FC）。

这些术语和概念是 DUAL 的环路避免机制的核心。下面对其进行深入研究。

9.6.2 后继路由器和可行距离

后继路由器是指用于转发数据包的一台相邻路由器，它具有通向目的网络的最低开销的路由。后继路由器的 IP 地址紧随单词 via 显示在路由表条目中。

可行距离（FD）是计算出的通向目的网络的最低度量。FD 是路由表条目中所列的度量，就是括号内的第二个数字。与其他路由协议中的情况一样，它也称为路由度量。

查看示例 9-19 中 R2 的路由表，可见 EIGRP 的通向网络 192.168.1.0/24 的最佳路径是通过路由器 R3，其可行距离为 3014400——与上一节中计算出的度量相等。

示例 9-19 可行距离和后继路由器

```
R2#show ip route
<code output omitted>

Gateway of last resort is not set

     192.168.10.0/24 is variably subnetted, 3 subnets, 2 masks
D       192.168.10.0/24 is a summary, 00:00:15, Null0
D       192.168.10.4/30 [90/21024000] via 192.168.10.10, 00:00:15, Serial0/0/1
C       192.168.10.8/30 is directly connected, Serial0/0/1
     172.16.0.0/16 is variably subnetted, 4 subnets, 3 masks
D       172.16.0.0/16 is a summary, 00:00:15, Null0
D       172.16.1.0/24 [90/40514560] via 172.16.3.1, 00:00:15, Serial0/0/0
C       172.16.2.0/24 is directly connected, FastEthernet0/0
C       172.16.3.0/30 is directly connected, Serial0/0/0
     10.0.0.0/30 is subnetted, 1 subnets
C      10.1.1.0 is directly connected, Loopback1
D    192.168.1.0/24 [90/3014400] via 192.168.10.10, 00:00:15, Serial0/0/1
```

路由表中还显示了其他后继路由器和可行距离。你能回答下列问题吗？

网络 172.16.1.0/24 的后继路由器的 IP 地址是什么？

答案：172.16.3.1，就是 R1。

到 172.16.1.0/24 的可行距离为多少？

答案：40514560。

9.6.3 可行后继路由器和可行条件及报告距离

在拓扑变化时，DUAL 之所以收敛速度快，原因之一就在于它使用通向其他路由器的备用路径，这些路由器称为可行后继路由器，备用路径使得无需重新计算 DUAL。

请查看图 9-22 中的可行后继路由器。

可行后继路由器（FS）是这样一个邻居，它有一条通向后继路由器所连通的同一个目的网络的无环备用路径，并且满足可行性条件。在拓扑中，R2 是否会将 R1 视为通向网络 192.168.1.0/24 的可行后继路由器？要成为可行后继路由器，R1 必须满足***可行性条件（FC）***。

当邻居通向一个网络的***报告距离（RD）***比本地路由器通向同一个目的网络的可行距离短时，即符合了可行性条件（FC）。报告距离，或称通告距离，即为 EIGRP 邻居通向相同目的网络的可行距离。报告距离是路由器向邻居报告的、有关自身通向该网络的开销的度量。

如果 R3 是后继路由器，则 R1 是否可以成为通向相同的网络 192.168.0/24 的可行后继路由器？换句话说，如果 R2 和 R3 之间的链路发生故障，是否可以立即将 R1 用作备用路径而无需重新运行 DUAL

算法？R1只有符合可行性条件才能成为可行后继路由器（见图9-23）。

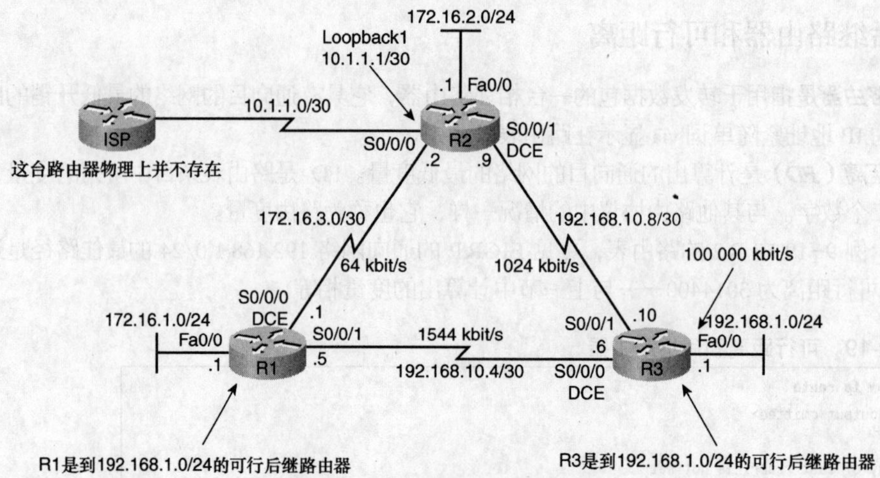

图9-22 找到可行后继路由器

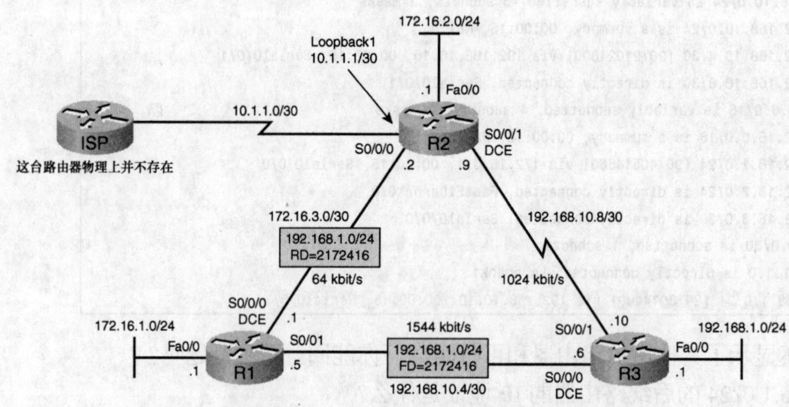

图9-23 确定可行后继路由器

示例9-20中，显示了R1的路由表有关192.168.1.0网络的条目。R1向R2报告说它到192.168.1.0/24的可行距离为2172416。站在R2的角度来说，2172416是R1的报告距离RD。站在R1的角度来说，2172416是其可行距离FD。

示例9-20 R1的可行距离是到R2的报告距离

```
R1#show ip route
<output omitted>

D    192.168.1.0/24 [90/2172416] via 192.168.10.6, 01:12:26, Serial0/0/1
```

R2检查R1的报告距离2172416。因为R1的报告距离比R2自己的可行距离3014400短，所以R1符合可行性条件。R1现在即成为了R2通向192.168.1.0/24网络的可行后继路由器。

既然R1通向192.168.1.0/24的报告距离比R2的可行距离短，那为什么R1不是后继路由器呢？因为对于R2通向192.168.1.0/24的总开销（即其可行距离）来说，通过R1的开销比通过R3的开销大。

9.6.4 拓扑表：后继路由器和可行后继路由器

路由器将后继路由器、可行距离和所有可行后继路由器及其报告距离保存在其EIGRP拓扑表，即

拓扑数据库中。如示例 9-21 所示，可使用 **show ip eigrp topology** 命令查看该拓扑表。

示例 9-21　show ip eigrp topology 命令

```
R2#show ip eigrp topology
IP-EIGRP Topology Table for AS(1)/ID(10.1.1.1)

Codes: P - Passive, A - Active, U - Update, Q - Query, R - Reply,
       r - reply Status, s - sia Status

<output omitted>
P 192.168.1.0/24, 1 successors, FD is 3014400
        via 192.168.10.10 (3014400/28160), Serial0/0/1
        via 172.16.3.1 (41026560/2172416), Serial0/0/0
P 192.168.10.8/30, 1 successors, FD is 3011840
        via Connected, Serial0/1
<output omitted>
```

拓扑表中列出了 DUAL 计算出的通向目的网络的所有后继路由器和可行后继路由器。图 9-24 中标识了 **show ip eigrp topology** 命令的每一部分。

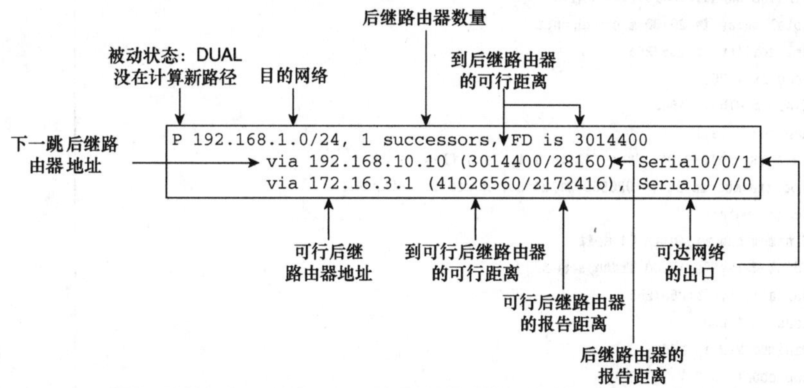

图 9-24　192.168.1.0/24 条目

图 9-24 显示的拓扑表中，网络 192.168.1.0/24 条目的每个部分的详细说明如下。

第一行显示。

- P：该路由处于***被动状态***。当 DUAL 当前未执行扩散计算来确定通向一个网络的路径时，该路由将处于稳定模式，即被动状态。如果 DUAL 正在重新计算或搜索新路径时，该路径将处于***主动状态***。对于稳定的路由域来说，该拓扑表中的所有路由都应该处于被动状态。如果该路由"陷入主动状态"，DUAL 将显示一个 A 字符，这是 CCNP 级别的故障排除问题。
- **192.168.1.0/24**：这是目的网络，可在路由表中找到。
- **1 successors**：这用于显示通向此网络的后继路由器数量。如果存在通向此网络的多条等价路径，则会有多台后继路由器。
- **FD is 3014400**：这是 FD，即到达目的网络的 EIGRP 度量。

第一个条目显示了后继路由器。

- **via 192.168.10.10**：这是后继路由器（即 R3）的下一跳地址。此地址显示在路由表中。
- **3014400**：这是通向 192.168.1.0/24 的可行距离，这是路由表中所示的度量。
- **28160**：这是后继路由器通向此网络的报告距离，即 R3 的开销。
- **Serial0/0/1**：这是通向此网络的出口，也显示在路由表中。

第二个条目显示了可行后继路由器R1（如果没有第二个条目，则说明没有可行后继路由器）。

- **via 172.16.3.1**：这是可行后继路由器（即R1）的下一跳地址。
- **41026560**：如果R1成为新的后继路由器，这将是R2通向192.168.1.0/24的新的可行距离。
- **2172416**：这是可行后继路由器通向该网络的报告距离，即R1的度量。此值（RD）必须比当前FD（3014400）小才能符合可行性条件。
- **Serial0/0/0**：这是通向可行后继路由器的出站接口。

要查看拓扑表中有关特定条目的度量的详细信息，可添加可选参数[*network*]到**show ip eigrp topology**命令中，如示例9-22所示。

示例9-22 带*network*选项的show ip eigrp topology命令

```
R2#show ip eigrp topology 192.168.1.0
IP-EIGRP topology entry for 192.168.1.0/24
  State is Passive, Query origin flag is 1, 1 Successor(s), FD is 3014400
  Routing Descriptor Blocks:
  192.168.10.10 (Serial0/0/1), from 192.168.10.10, Send flag is 0x0
      Composite metric is (3014400/28160), Route is Internal
      Vector metric:
        Minimum bandwidth is 1024 Kbit
        Total delay is 20100 microseconds
        Reliability is 255/255
        Load is 1/255
        Minimum MTU is 1500
        Hop count is 1
  172.16.3.1 (Serial0/0/0), from 172.16.3.1, Send flag is 0x0
       Composite metric is (41026560/2172416), Route is Internal
        Vector metric:
        Minimum bandwidth is 64 Kbit
        Total delay is 40100 microseconds
        Reliability is 255/255
        Load is 1/255
        Minimum MTU is 1500
        Hop count is 2
```

请记住，EIGRP是一种距离矢量路由协议。尽管EIGRP默认仅使用带宽和延迟（示例9-22中高亮显示），但此命令会列出可供EIGRP使用的所有距离矢量度量。此命令还会显示出包括在路由更新中但不包括在复合度量中的其他信息：最小MTU和跳数。

9.6.5 拓扑表：没有可行后继路由器

为进一步理解DUAL及其对后继路由器和可行后继路由器的使用，下面看看示例9-23中R1的路由表。

示例9-23 R1路由表

```
R1#show ip route
Codes: C - connected, S - static, R - RIP, M - mobile, B - BGP
       <output omitted>

Gateway of last resort is not set

       192.168.10.0/24 is variably subnetted, 3 subnets, 2 masks
D         192.168.10.0/24 is a summary, 00:45:09, Null0
C         192.168.10.4/30 is directly connected, Serial0/0/1
```

（待续）

```
D        192.168.10.8/30 [90/3523840] via 192.168.10.6, 00:44:56, Serial0/0/1
      172.16.0.0/16 is variably subnetted, 4 subnets, 3 masks
D        172.16.0.0/16 is a summary, 00:46:10, Null0
C        172.16.1.0/24 is directly connected, FastEthernet0/0
D        172.16.2.0/24 [90/40514560] via 172.16.3.2, 00:45:09, Serial0/0/0
C        172.16.3.0/30 is directly connected, Serial0/0/0
D     192.168.1.0/24 [90/2172416] via 192.168.10.6, 00:44:55, Serial0/0/1
```

高亮显示的通向 192.168.1.0/24 的路由，其后继路由器为 R3，使用了 192.168.10.6 接口，可行距离为 2172416。

现在研究一下示例 9-24 中的拓扑表，看此路由是否有任何可行后继路由器。

示例 9-24　R1 拓扑表

```
R1#show ip eigrp topology
IP-EIGRP Topology Table for AS(1)/ID(192.168.10.5)

Codes: P - Passive, A - Active, U - Update, Q - Query, R - Reply,
       r - reply Status, s - sia Status

P 192.168.10.0/24, 1 successors, FD is 2169856
         via Summary (2169856/0), Null0
P 192.168.10.4/30, 1 successors, FD is 2169856
         via Connected, Serial0/0/1
P 192.168.1.0/24, 1 successors, FD is 2172416
         via 192.168.10.6 (2172416/28160), Serial0/0/1
P 192.168.10.8/30, 1 successors, FD is 3523840
         via 192.168.10.6 (3523840/3011840), Serial0/0/1
<output omitted>
```

拓扑表中仅显示了后继路由器 192.168.10.6。没有可行后继路由器。通过查看实际的物理拓扑或网络图，显而易见存在通过 R2 通向 192.168.1.0/24 的备用路径。为什么 R2 未被列为可行后继路由器呢？R2 不是可行后继路由器，因为它不符合 FC。

尽管从拓扑图很容易发现 R2 是一条备用路由，但 EIGRP 没有网络拓扑图。EIGRP 是一种距离矢量路由协议，只能通过邻居了解远程网络的信息。

因此，DUAL 不会将通过 R2 的路由存储在拓扑表中。然而，我们可以通过添加[**all-links**]选项到 **show ip eigrp topology** 命令中来查看所有可能的链路，不管它们是否满足可行性条件，如示例 9-25 所示。

示例 9-25　R1 拓扑表：显示所有可能链路

```
R1#show ip eigrp topology all-links
IP-EIGRP Topology Table for AS(1)/ID(192.168.10.5)

Codes: P - Passive, A - Active, U - Update, Q - Query, R - Reply,
       r - reply Status, s - sia Status

P 192.168.10.0/24, 1 successors, FD is 2169856, serno 3
        via Summary (2169856/0), Null0
        via 172.16.3.2 (41024000/3011840), Serial0/0/0
P 192.168.10.4/30, 1 successors, FD is 2169856, serno 1
        via Connected, Serial0/0/1
P 192.168.1.0/24, 1 successors, FD is 2172416, serno 5
        via 192.168.10.6 (2172416/28160), Serial0/0/1
        via 172.16.3.2 (41026560/3014400), Serial0/0/0
P 192.168.10.8/30, 1 successors, FD is 3523840, serno 11
        via 192.168.10.6 (3523840/3011840), Serial0/0/1
<output omitted>
```

show ip eigrp topology all-links 命令会显示通向一个网络的所有可能路径，其中包括后继路由器、可行后继路由器，甚至还包括那些不是可行后继路由器的路由。R1 通向 192.168.1.0/24 的可行距离为 2172416，该路由通过后继路由器 R3。R2 必须符合可行性条件，才会被视为可行后继。R2 通向 192.168.1.0/24 的可行距离必须小于 R1 的当前可行距离。如示例 9-25 所示，R2 的可行距离为 3014400，大于 R1 的可行距离 2172416。

尽管经过 R2 的路径看起来是通向 192.168.1.0/24 的一条可行的备用路径，但 R1 不知道该路径是否是经过自己的环回路径。EIGRP 是一种距离矢量路由协议，不具备洞察网络的完整无环拓扑图的能力。DUAL 用于确保邻居具有无环路径的方法是要求邻居满足可行性条件。路由器通过确保邻居的报告距离比自己的可行距离小，即可假定此相邻路由器不是自己已通告的路由的一部分，因此可以始终避免形成路由环路的可能。

这意味着即使后继路由器发生故障也不能使用 R2 吗？不是，可以使用 R2，但在将 R2 添加到路由表中之前，将有较长的延迟。在这之前，DUAL 需要进行进一步处理，这将在下一个主题中解释。

9.6.6 有限状态机

EIGRP 的核心就是 DUAL 以及 EIGRP 的路由计算引擎。此技术的确切名称为 DUAL 有限状态机（FSM）。FSM 包含用于在 EIGRP 网络中计算和比较路由的所有逻辑。图 9-25 所示为 DUAL FSM 的简化版。

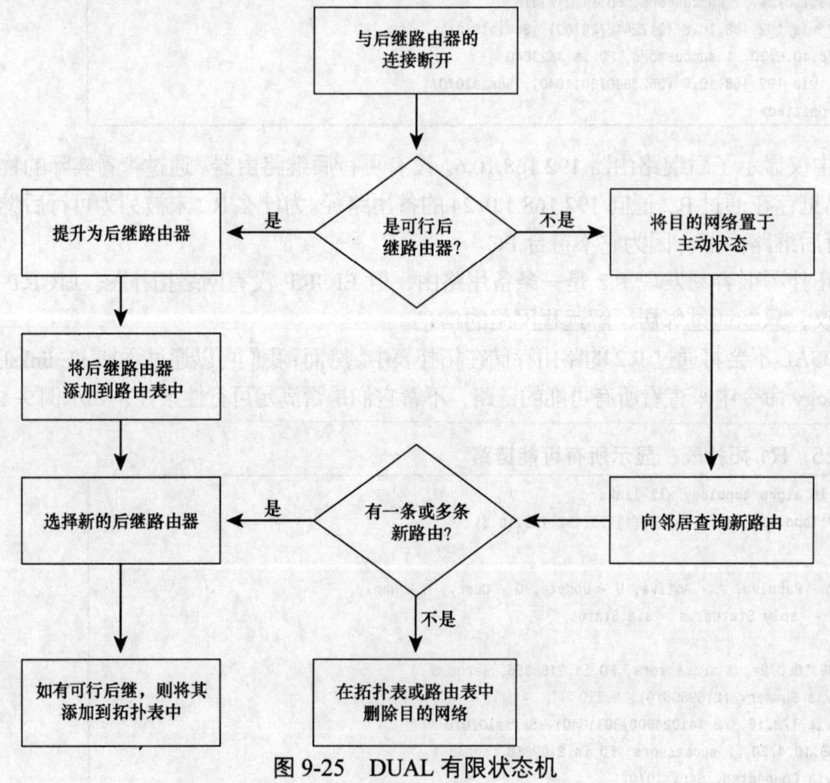

图 9-25 DUAL 有限状态机

一、DUAL FSM

有限状态机是一种抽象的机器，不是具有运动部件的机械设备。FSM 定义某事物可能经历的一组状态、什么事件会导致这些状态，以及这些状态会导致发生什么事件。设计师使用 FSM 来描述设备、计算机程序或路由算法如何应对一组输入事件。FSM 超出了本课程的范围，但我们可以介绍其概念，以便使用 **debug eigrp fsm** 命令来研究 EIGRP 的有限状态机的部分输出。让我们使用该命令来看看，当从路由表中删除一条路由时，DUAL 会做些什么事情。

示例 9-26 显示了 R2 的 EIGRP 拓扑表。

前文已讲到，R2 当前使用 R3 作为通向 192.168.1.0/24 的后继路由器，另外还将 R1 列为可行后继路由器。下面看看如果你模拟 R2 和 R3 之间的链路出现故障，将会发生什么，如示例 9-27 显示。

示例 9-26　R2 拓扑表：R3 为通向 192.168.1.0 网络的后继路由器

```
R2#show ip eigrp topology
IP-EIGRP Topology Table for AS(1)/ID(10.1.1.1)

Codes: P - Passive, A - Active, U - Update, Q - Query, R - Reply,
       r - reply Status, s - sia Status

P 192.168.10.0/24, 1 successors, FD is 3011840
         via Summary (3011840/0), Null0
         via 172.16.3.1 (41024000/2169856), Serial0/0/0
P 192.168.10.4/30, 1 successors, FD is 3523840
         via 192.168.10.10 (3523840/2169856), Serial0/0/1
P 192.168.1.0/24, 1 successors, FD is 3014400
         via 192.168.10.10 (3014400/28160), Serial0/0/1
         via 172.16.3.1 (41026560/2172416), Serial0/0/0
P 192.168.10.8/30, 1 successors, FD is 3011840
         via Connected, Serial0/1
P 172.16.0.0/16, 1 successors, FD is 28160
         via Summary (28160/0), Null0
P 172.16.1.0/24, 1 successors, FD is 40514560
         via 172.16.3.1 (40514560/28160), Serial0/0/0
P 172.16.2.0/24, 1 successors, FD is 28160
         via Connected, FastEthernet0/0
P 172.16.3.0/30, 1 successors, FD is 40512000
         via Connected, Serial0/0
```

示例 9-27　R2 DUAL FSM 运行：R2 成为后继路由器

```
R2#debug eigrp fsm
EIGRP FSM Events/Actions debugging is on
R2#conf t
Enter configuration commands, one per line. End with CNTL/Z.
R2(config)#int s0/0/1
R2(config-if)#shutdown
<some debug output omitted>

DUAL: Find FS for dest 192.168.1.0/24. FD is 3014400, RD is 3014400
DUAL:    192.168.10.10 metric 4294967295/4294967295
DUAL:    172.16.3.1 metric 41026560/2172416 found Dmin is 41026560
DUAL: Removing dest 192.168.1.0/24, nexthop 192.168.10.10
DUAL: RT installed 192.168.1.0/24 via 172.16.3.1

R2(config-if)#end
R2#undebug all
All possible debugging has been turned off

R2#show ip route
<some output omitted>

D     192.168.1.0/24 [90/41026560] via 172.16.3.1, 00:08:58, Serial0/0
```

首先，我们使用 **debug eigrp fsm** 命令启动 DUAL 调试。然后，在 R2 的 Serial 0/0/1 接口上使用 **shutdown** 命令模拟一个链路故障。

在真实的路由器上或 Packet Tracer 中进行此操作时，你将看到一条链路发生故障时 DUAL 进行的所有活动。R2 必须通知所有 EIGRP 邻居该链路已断开，还必须更新自己的路由表和拓扑表。示例 9-27 中仅显示了节选的 **debug** 输出。请特别注意，DUAL 有限状态机为 EIGRP 拓扑表中的该路由搜索并找到了一台可行后继路由器。此可行后继路由器、R1 现在成为后继路由器，并添加到路由表中作为通向 192.168.1.0/24 的最佳路径。

示例 9-28 中，R2 的拓扑表显示 R1 为后继路由器，且没有新的可行后继路由器。

示例 9-28　R2 拓扑表：R1 是 192.168.1.0 的新的后继路由器

```
R2#show ip eigrp topology
IP-EIGRP Topology Table for AS(1)/ID(10.1.1.1)

Codes: P - Passive, A - Active, U - Update, Q - Query, R - Reply,
       r - reply Status, s - sia Status

P 192.168.10.0/24, 1 successors, FD is 41024000
         via 172.16.3.1 (41024000/2169856), Serial0/0
P 192.168.1.0/24, 1 successors, FD is 3014400
         via 172.16.3.1 (41026560/2172416), Serial0/0
P 172.16.1.0/24, 1 successors, FD is 40514560
         via 172.16.3.1 (40514560/28160), Serial0/0
P 172.16.2.0/24, 1 successors, FD is 28160
         via Connected, FastEthernet0/0
P 172.16.3.0/30, 1 successors, FD is 40512000
         via Connected, Serial0/0
```

如果你在路由器或 Packet Tracer 中进行这些操作，请确保通过使用 **no shutdown** 命令重新激活 R2 上的 Serial 0/0/1 接口来恢复原始拓扑。

二、无可行后继路由器

如果通向后继路由器的路径发生故障，又没有可行后继路由器，会发生什么情况呢？请记住，DUAL 没有可行后继路由器并不代表不存在通向该网络的其他路径。它只能说明 DUAL 没有通向该网络的保证无环的备用路径，因此未将其他路径作为可行后继路由器加入到拓扑表中。如果拓扑表中没有可行后继路由器，DUAL 会将网络置于主动状态。DUAL 将会主动向邻居查询，看是否存在新的后继路由器。

示例 9-29 显示为 R1 的 EIGRP 拓扑表。

示例 9-29　R1 的拓扑表：R3 为 192.168.1.0 的后继路由器

```
R1#show ip eigrp topology
IP-EIGRP Topology Table for AS(1)/ID(192.168.10.5)

Codes: P - Passive, A - Active, U - Update, Q - Query, R - Reply,
       r - reply Status, s - sia Status

P 192.168.10.0/24, 1 successors, FD is 2169856
         via Summary (2169856/0), Null0
P 192.168.10.4/30, 1 successors, FD is 2169856
         via Connected, Serial0/0/1
P 192.168.1.0/24, 1 successors, FD is 2172416
         via 192.168.10.6 (2172416/28160), Serial0/0/1
```

（待续）

```
P 192.168.10.8/30, 1 successors, FD is 3523840
        via 192.168.10.6 (3523840/3011840), Serial0/0/1
P 172.16.0.0/16, 1 successors, FD is 28160
        via Summary (28160/0), Null0
P 172.16.1.0/24, 1 successors, FD is 28160
        via Connected, FastEthernet0/0
P 172.16.2.0/24, 1 successors, FD is 40514560
        via 172.16.3.2 (40514560/28160), Serial0/0/0
P 172.16.3.0/30, 1 successors, FD is 40512000
        via Connected, Serial0/0/0
```

目前 R1 使用 R3 作为通向 192.168.1.0/24 的后继路由器，但未将 R2 列为可行后继路由器，因为 R2 不满足可行性条件。下面模拟 R1 和 R3 之间的链路出现故障，看看将会发生什么，如示例 9-30 所示。

示例 9-30 R1 DUAL FSM 运行：查询邻居以发现新的后继路由器

```
R1#debug eigrp fsm
EIGRP FSM Events/Actions debugging is on
R1#conf t
Enter configuration commands, one per line. End with CNTL/Z.
R1(config)#int s0/0/1
R1(config-if)#shutdown
<some debug output omitted>

DUAL: Find FS for dest 192.168.1.0/24. FD is 2172416, RD is 2172416
DUAL: 192.168.10.6 metric 4294967295/4294967295
DUAL: 172.16.3.2 metric 41026560/3014400 not found Dmin is 41026560
DUAL: Dest 192.168.1.0/24 entering active state.
DUAL: rcvreply: 192.168.1.0/24 via 172.16.3.2 metric 41026560/3014400
DUAL: Find FS for dest 192.168.1.0/24. FD is 4294967295, RD is 4294967295 found
DUAL: Removing dest 192.168.1.0/24, nexthop 192.168.10.6
DUAL: RT installed 192.168.1.0/24 via 172.16.3.2

R1(config-if)#end
%SYS-5-CONFIG_I: Configured from console by console
R1#undebug all
All possible debugging has been turned off

R1#show ip route
<some output omitted>

D    192.168.1.0/24 [90/41026560] via 172.16.3.2, 00:00:17, Serial0/0/0
```

首先，打开 **debug eigrp fsm** 命令启动 DUAL 调试。然后，在 R1 的 Serial 0/0/1 接口上使用 **shutdown** 命令模拟一个链路故障。

节选的 **debug** 输出显示 192.168.1.0/24 网络被置于主动状态且向其他邻居发出了 EIGRP 查询。R2 回应说具有一条通向此网络的路由，因此 R2 成为新的后继路由器且添加到路由表中。

当后继路由器不再可用而且没有可行后继路由器时，DUAL 会将该路由置于主动状态。DUAL 会向其他路由器发送 EIGRP 查询，询问它们是否具有通向此网络的路径。其他路由器会返回 EIGRP 应答，告知该路由器它们是否有通向所需网络的路径。如果所有的 EIGRP 应答都没有通向此网络的路径，则该路由器将没有通向此网络的路由。

如果该路由器收到了包含通向所需网络的路径的 EIGRP 应答，则会将首选路径作为新的后继路由器添加到路由表中。此过程比 DUAL 的拓扑表中具有可行后继路由器的情况费时，如果 DUAL 的拓扑表中有可行后继路由器，DUAL 可以将新路由快速添加到路由表中。

注 DUAL FSM 以及查询和应答过程不在本课程的范围内。

在示例 9-31 中，R1 的拓扑表显示 R2 为后继路由器，且没有新的可行后继路由器。

示例 9-31 R1 拓扑表：R2 为新的到 192.168.1.0 的后继路由器

```
R1#show ip eigrp topology
IP-EIGRP Topology Table for AS(1)/ID(192.168.10.5)

Codes: P - Passive, A - Active, U - Update, Q - Query, R - Reply,
       r - reply Status, s - sia Status

P 192.168.10.0/24, 1 successors, FD is 41024000
         via 172.16.3.2 (41024000/3011840), Serial0/0/0
P 192.168.1.0/24, 1 successors, FD is 41026560
         via 172.16.3.2 (41026560/3014400), Serial0/0/0
P 172.16.1.0/24, 1 successors, FD is 28160
         via Connected, FastEthernet0/0
P 172.16.2.0/24, 1 successors, FD is 40514560
         via 172.16.3.2 (40514560/28160), Serial0/0/0
P 172.16.3.0/30, 1 successors, FD is 40512000
         via Connected, Serial0/0/0
```

如果在路由器或 Packet Tracer 中进行这些操作，请确保通过使用 **no shutdown** 命令重新激活 R1 上的 Serial 0/0/1 接口来恢复原始拓扑。

Packet Tracer Activity

研究后继路由器和可行后继路由器（9.4.6） 本练习的目的是修改 EIGRP 度量公式以引起拓扑变化。当无法预料的变化使得邻居发生故障时，利用 debug 输出查看 EIGRP 如何响应。你将使用 debug 命令观察拓扑变化及 DUAL 有限状态机是如何确定后继路由器和可行后继路由器路径的。在练习中会提供更详细的指令。你可以使用随书附带的 CD-ROM 上的文件 e2-946.pka 利用 Packet Tracer 完成本练习。

9.7 更多的 EIGRP 配置

本节讨论 EIGRP 路由汇总命令、默认路由传播和 EIGRP 微调。

9.7.1 Null0 汇总路由

由于 EIGRP 会自动添加 Null0 汇总路由，人们在分析包含 EIGRP 路由的路由表时通常会感到困惑。在示例 9-32 中，R1 的路由表包含两条送出接口为 Null0 的路由。

示例 9-32 R1 路由表

```
R1#show ip route
Codes: C - connected, S - static, R - RIP, M - mobile, B - BGP
       D - EIGRP, EX - EIGRP external, O - OSPF, IA - OSPF inter area
       N1 - OSPF NSSA external type 1, N2 - OSPF NSSA external type 2
       E1 - OSPF external type 1, E2 - OSPF external type 2
       i - IS-IS, su - IS-IS summary, L1 - IS-IS level-1, L2 - IS-IS level-2
```

（待续）

```
       ia - IS-IS inter area, * - candidate default, U - per-user static route
       o - ODR, P - periodic downloaded static route

Gateway of last resort is not set

     192.168.10.0/24 is variably subnetted, 3 subnets, 2 masks
D       192.168.10.0/24 is a summary, 00:45:09, Null0
C       192.168.10.4/30 is directly connected, Serial0/0/1
D       192.168.10.8/30 [90/3523840] via 192.168.10.6, 00:44:56, Serial0/0/1
     172.16.0.0/16 is variably subnetted, 4 subnets, 3 masks
D       172.16.0.0/16 is a summary, 00:46:10, Null0
C       172.16.1.0/24 is directly connected, FastEthernet0/0
D       172.16.2.0/24 [90/40514560] via 172.16.3.2, 00:45:09, Serial0/0/0
C       172.16.3.0/30 is directly connected, Serial0/0/0
D    192.168.1.0/24 [90/2172416] via 192.168.10.6, 00:44:55, Serial0/0/1
```

我们在第 7 章中学过，Null0 接口实际上是不通向任何地方的路由，通常称为“比特桶”。所以，默认情况下，EIGRP 使用 Null0 接口来丢弃与父路由匹配但与所有子路由都不匹配的数据包。

你可能认为，如果我们使用 **ip classless** 命令配置无类路由行为，EIGRP 将不会丢弃该数据包，而会继续寻找默认路由或超网路由。然而，EIGRP Null0 汇总路由是一条子路由，即使父路由的其他子路由与数据包都不匹配，Null0 汇总路由也会与之匹配。即使通过 ip classless 命令使用无类路由行为（使用无类路由行为时，路由查找过程将查找超网路由和默认路由），如果父路由没有匹配的子路由，EIGRP 也将使用 Null0 汇总路由并丢弃数据包，因为 Null0 汇总路由与父路由传递来的任何数据包都匹配。

不管是使用有类还是无类路由行为，都将使用 Null0 汇总，因此不会使用任何超网路由或默认路由。

在示例 9-32 中，R1 将丢弃与有类父网络 172.16.0.0/16 匹配但与所有子网（172.16.1.0/24、172.16.2.0/24 或 172.16.3.0/24）都不匹配的数据包。例如，发往 172.16.4.10 的数据包将被丢弃。即使配置了默认路由，R1 仍会丢弃该数据包，因为它与通向 172.16.0.0/16 的 Null0 汇总路由匹配。

```
D 172.16.0.0/16 is a summary, 00:46:10, Null0
```

注　释　只要同时存在下列两种情况，EIGRP 就会自动加入一条 Null0 总结路由作为子路由：

- 通过 EIGRP 至少发现了一个子网。
- 启用了自动汇总。

与 RIP 相似的一点是，EIGRP 在主网络边界自动汇总。您可能已经注意到，在 **show run** 输出中，EIGRP 默认使用 **auto-summary** 命令。在下一个主题中你将看到，禁用自动汇总会删除 Null0 汇总路由并允许 EIGRP 在子路由与目的数据包不匹配时寻找超网路由或默认路由。

9.7.2 禁用自动汇总

与 RIP 相似的一点是，EIGRP 使用默认的 **auto-summary** 命令在主网络边界自动汇总。你可以在示例 9-33 中通过查看 R3 的路由表来观看此结果。

示例 9-33　R3 路由表

```
R3#show ip route

     192.168.10.0/24 is variably subnetted, 3 subnets, 2 masks
D       192.168.10.0/24 is a summary, 01:08:35, Null0
C       192.168.10.4/30 is directly connected, Serial0/0/0
C       192.168.10.8/30 is directly connected, Serial0/0/1
```

（待续）

```
D        172.16.0.0/16 [90/2172416] via 192.168.10.5, 01:08:30, Serial0/0/0
C        192.168.1.0/24 is directly connected, FastEthernet0/0
```

请注意R3未收到子网172.16.1.0/24、172.16.2.0/24和172.16.3.0/24的各自路由。R1和R2在向R3发送EIGRP更新数据包时，自动将那些子网汇总到172.16.0.0/16有类边界。结果是R3具有一条经过R1通向172.16.0.0/16的路由。因为带宽差异，R1是后继路由器。

你很容易看到此路由并非最佳路径。R3会通过R1路由所有发往172.16.2.0的数据包。R3不知道R1不得不将这些数据包沿一条非常慢的链路路由到R2。要让R3了解到此带宽缓慢，唯一方法是R1和R2发送172.16.0.0/16各子网的具体路由。换句话说，R1和R2必须停止自动汇总172.16.0.0/16。

就像在RIPv2中一样，可使用 **no auto-summary** 命令禁用自动汇总。在某些IOS版本，这会默认启用路由器配置命令 **eigrp log-neighbor-changes**。如果启用了该命令，您将看到类似示例9-34中R1的输出。

示例9-34 禁用自动汇总

```
R1#conf t
R1(config)#router eigrp 1
R1(config-router)#no auto-summary
%DUAL-5-NBRCHANGE: IP-EIGRP(0) 1: Neighbor 172.16.3.2 (Serial0/0/0) is resync: summary configured
%DUAL-5-NBRCHANGE: IP-EIGRP(0) 1: Neighbor 192.168.10.6 (Serial0/0/1) is resync: summary configured
%DUAL-5-NBRCHANGE: IP-EIGRP(0) 1: Neighbor 172.16.3.2 (Serial0/0/0) is down: peer restarted
%DUAL-5-NBRCHANGE: IP-EIGRP(0) 1: Neighbor 172.16.3.2 (Serial0/0/0) is up: new adjacency
%DUAL-5-NBRCHANGE: IP-EIGRP(0) 1: Neighbor 192.168.10.6 (Serial0/0/1) is down: peer restarted
%DUAL-5-NBRCHANGE: IP-EIGRP(0) 1: Neighbor 192.168.10.6 (Serial0/0/1) is up: new adjacency
R2#conf t
R2(config)#router eigrp 1
R2(config-router)#no auto-summary
R3#conf t
R3(config)#router eigrp 1
R3(config-router)#no auto-summary
```

DUAL取消所有邻接关系，然后重新建立邻接关系，以充分实现 **no auto-summary** 命令的效果。所有EIGRP邻居将立即发出新一轮更新，这些更新不会被自动汇总。

示例9-35、9-36和9-37显示3台路由器的路由表。

示例9-35 禁用自动汇总R1的路由表

```
R1#show ip route
Codes: C - connected, S - static, R - RIP, M - mobile, B - BGP
     <output omitted>

Gateway of last resort is not set

        192.168.10.0/30 is subnetted, 2 subnets
C          192.168.10.4 is directly connected, Serial0/0/1
D          192.168.10.8 [90/3523840] via 192.168.10.6, 00:16:55, Serial0/0/1
        172.16.0.0/16 is variably subnetted, 3 subnets, 2 masks
C          172.16.1.0/24 is directly connected, FastEthernet0/0
D          172.16.2.0/24 [90/3526400] via 192.168.10.6, 00:16:53, Serial0/0/1
C          172.16.3.0/30 is directly connected, Serial0/0/0
D       192.168.1.0/24 [90/2172416] via 192.168.10.6, 00:16:52, Serial0/0/1
```

示例9-36 禁用自动汇总R2的路由表

```
R2#show ip route
Codes: C - connected, S - static, I - IGRP, R - RIP, M - mobile, B - BGP
     <output omitted>
```

（待续）

```
Gateway of last resort is not set

     192.168.10.0/30 is subnetted, 2 subnets
D       192.168.10.4 [90/3523840] via 192.168.10.10, 00:15:44, Serial0/0/1
C       192.168.10.8 is directly connected, Serial0/0/1
     172.16.0.0/16 is variably subnetted, 3 subnets, 2 masks
D       172.16.1.0/24 [90/3526400] via 192.168.10.10, 00:15:44, Serial0/0/1
C       172.16.2.0/24 is directly connected, FastEthernet0/0
C       172.16.3.0/30 is directly connected, Serial0/0/0
     10.0.0.0/30 is subnetted, 1 subnets
C       10.1.1.0 is directly connected, Loopback1
D    192.168.1.0/24 [90/3014400] via 192.168.10.10, 00:15:44, Serial0/0/1
```

现在可在 3 台路由器的路由表中看到，EIGRP 现正传播单独的子网。请注意，EIGRP 不再添加 Null0 汇总路由，因为已通过 **no auto-summary** 禁用了自动汇总。只要默认的无类路由行为（**ip classless**）保持有效，则与子网路由不匹配时，将使用超网路由和默认路由。

示例 9-37 禁用自动汇总 R3 的路由表

```
R3#show ip route
Codes: C - connected, S - static, I - IGRP, R - RIP, M - mobile, B - BGP
       <output omitted>

Gateway of last resort is not set

     192.168.10.0/30 is subnetted, 2 subnets
C        192.168.10.4 is directly connected, Serial0/0/0
C       192.168.10.8 is directly connected, Serial0/0/1
     172.16.0.0/16 is variably subnetted, 3 subnets, 2 masks
D       172.16.1.0/24 [90/2172416] via 192.168.10.5, 00:00:11, Serial0/0/0
D       172.16.2.0/24 [90/3014400] via 192.168.10.9, 00:00:12, Serial0/0/1
D       172.16.3.0/30 [90/41024000] via 192.168.10.5, 00:00:12, Serial0/0/0
                [90/41024000] via 192.168.10.9, 00:00:12, Serial0/0/1
C    192.168.1.0/24 is directly connected, FastEthernet0/0
```

由于不再自动在主网络边界汇总路由，EIGRP 路由表和拓扑表会有所变化。

示例 9-38、9-39 和 9-40 显示 3 台路由器的 EIGRP 拓扑表。

示例 9-38 禁用自动汇总后 R1 的拓扑表

```
R1#show ip eigrp topology
IP-EIGRP Topology Table for AS(1)/ID(192.168.10.5)

Codes: P - Passive, A - Active, U - Update, Q - Query, R - Reply,
       r - reply Status, s - sia Status

P 192.168.10.4/30, 1 successors, FD is 2169856
        via Connected, Serial0/0/1
P 192.168.1.0/24, 1 successors, FD is 2172416
        via 192.168.10.6 (2172416/28160), Serial0/0/1
P 192.168.10.8/30, 1 successors, FD is 3523840
        via 192.168.10.6 (3523840/3011840), Serial0/0/1
        via 172.16.3.2 (41024000/3011840), Serial0/0/0
P 172.16.1.0/24, 1 successors, FD is 28160
        via Connected, FastEthernet0/0
P 172.16.2.0/24, 1 successors, FD is 3526400
        via 192.168.10.6 (3526400/3014400), Serial0/0/1
        via 172.16.3.2 (40514560/28160), Serial0/0/0
P 172.16.3.0/30, 1 successors, FD is 40512000
        via Connected, Serial0/0/0
```

示例 9-39 禁用自动汇总后 R2 的拓扑表

```
R2#show ip eigrp topology
IP-EIGRP Topology Table for AS(1)/ID(10.1.1.1)

Codes: P - Passive, A - Active, U - Update, Q - Query, R - Reply,
       r - reply Status, s - sia Status

P 192.168.10.4/30, 1 successors, FD is 3523840
        via 192.168.10.10 (3523840/2169856), Serial0/0/1
        via 172.16.3.1 (41024000/2169856), Serial0/0/0
P 192.168.1.0/24, 1 successors, FD is 3014400
        via 192.168.10.10 (3014400/28160), Serial0/0/1
        via 172.16.3.1 (41026560/2172416), Serial0/0/0
P 192.168.10.8/30, 1 successors, FD is 3011840
        via Connected, Serial0/0/1
P 172.16.1.0/24, 1 successors, FD is 3526400
        via 192.168.10.10 (3526400/2172416), Serial0/0/1
        via 172.16.3.1 (40514560/28160), Serial0/0/0
P 172.16.2.0/24, 1 successors, FD is 28160
        via Connected, FastEthernet0/0
P 172.16.3.0/30, 1 successors, FD is 40512000
        via Connected, Serial0/0/0
```

示例 9-40 禁用自动汇总后 R3 的拓扑表

```
R3#show ip eigrp topology
IP-EIGRP Topology Table for AS(1)/ID(192.168.10.10)

Codes: P - Passive, A - Active, U - Update, Q - Query, R - Reply,
       r - reply Status, s - sia Status
P 192.168.10.4/30, 1 successors, FD is 2169856
        via Connected, Serial0/0/0
P 192.168.1.0/24, 1 successors, FD is 28160
        via Connected, FastEthernet0/0
P 192.168.10.8/30, 1 successors, FD is 3011840
        via Connected, Serial0/0/1
P 172.16.1.0/24, 1 successors, FD is 2172416
        via 192.168.10.5 (2172416/28160), Serial0/0/0
P 172.16.2.0/24, 1 successors, FD is 3014400
        via 192.168.10.9 (3014400/28160), Serial0/0/1
P 172.16.3.0/30, 2 successors, FD is 41024000
        via 192.168.10.9 (41024000/40512000), Serial0/0/1
        via 192.168.10.5 (41024000/40512000), Serial0/0/0
```

因为没有自动汇总，所以现在 R3 的路由表包含 3 个子网：172.16.1.0/24、172.16.2.0/24 和 172.16.3.0/24。为什么现在 R3 的路由表中具有两条通向 172.16.3.0/24 的等价路径呢？最佳路径不是只应经过链路为 1544 Mbit/s 的 R1 吗？

请记住，EIGRP 计算复合度量时仅使用带宽最低的链路。带宽最低的链路是包含网络 192.168.3.0/24 的 64kbit/s 链路。在本例中，考虑带宽度量时不会将 1544Mbit/s 的链路和 1024kbit/s 的链路列入计算。因为两条路径的传出接口数量和类型相同，所以延迟值相同。最终，尽管经过 R1 的路径实际上"更快"一些，但两条路径的 EIGRP 度量相同。

9.7.3 手工汇总

不管是否启用了自动汇总（**auto-summary**），都可以配置 EIGRP 为汇总路由。因为 EIGRP 是一种无类路由协议，且在路由更新中包含子网掩码，所以手工汇总可以包括超网路由。请记住，超网是多个有类网络地址的集合。

图 9-26 显示修改后的拓扑。

假设我们使用环回接口向路由器 R3 添加了两个网络：192.168.2.0/24 和 192.168.3.0/24，如示例 9-41 所示。我们还在 R3 的 EIGRP 路由进程中使用 network 命令配置了网络，使 R3 向其他路由器传播这些网络。

为检验 R3 是否向 R1 和 R2 发送了 EIGRP 更新数据包，您可检查路由表。示例 9-42 中，仅显示了相关路由。

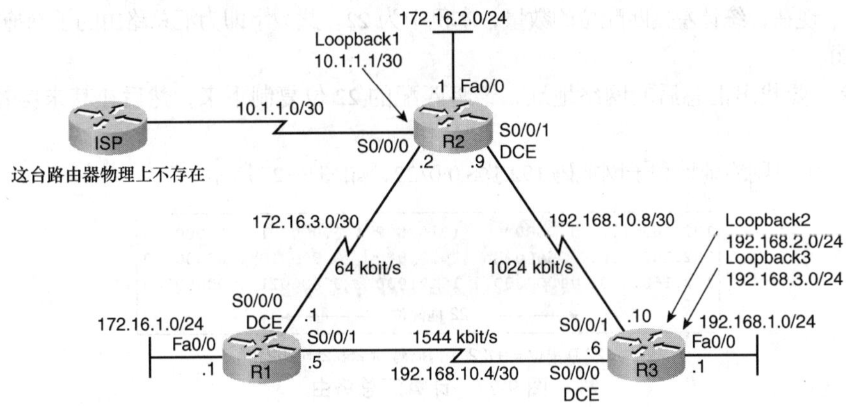

图 9-26 为手工汇总修改的网络拓扑

示例 9-41 为 R3 添加回环接口

```
R3(config)#interface loopback 2
R3(config-if)#ip address 192.168.2.1 255.255.255.0
R3(config-if)#interface loopback 3
R3(config-if)#ip address 192.168.3.1 255.255.255.0
R3(config-if)#router eigrp 1
R3(config-router)#network 192.168.2.0
R3(config-router)#network 192.168.3.0
```

示例 9-42 R1、R2 的 192.168 路由

```
R1#show ip route
<output limited to 192.168 routes>

Gateway of last resort is not set

D     192.168.1.0/24 [90/2172416] via 192.168.10.6, 02:07:38, Serial0/0/1
D     192.168.2.0/24 [90/2297856] via 192.168.10.6, 00:00:34, Serial0/0/1
D     192.168.3.0/24 [90/2297856] via 192.168.10.6, 00:00:18, Serial0/0/1
```

```
R2#show ip route
<output limited to 192.168 routes>

Gateway of last resort is not set

D     192.168.1.0/24 [90/3014400] via 192.168.10.10, 02:08:50, Serial0/0/1
D     192.168.2.0/24 [90/3139840] via 192.168.10.10, 00:01:46, Serial0/0/1
D     192.168.3.0/24 [90/3139840] via 192.168.10.10, 00:01:30, Serial0/0/1
```

R1 和 R2 的路由表中显示了其他网络：192.168.2.0/24 和 192.168.3.0/24。R3 可以将 192.168.1.0/24、192.168.2.0/24 和 192.168.3.0/24 网络汇总为 1 条路由而不发送 3 条单独的路由。

一、确定汇总 EIGRP 路由

首先，使用与汇总静态路由相同的方法（在第 2 章："静态路由"）来确定这 3 个网络的汇总网络。

第一步 将要汇总的网络以二进制格式写出。

第二步 要找出汇总网络的子网掩码，请从最左侧的位开始。

第三步 从左到右找出所有连续匹配的位。

第四步 当发现某一列中的位不匹配时，在此处停下来。此处就是汇总边界。

第五步 现在，统计左侧匹配位的数量，本例中为 22。此数字即为汇总路由的子网掩码：/22 或 255.255.252.0

第六步 要找出汇总后的网络地址，请将匹配的 22 位复制下来，然后在其末尾补零，补足 32 位。

结果即是汇总网络地址和子网掩码 192.168.0.0/22，如图 9-27 所示。

```
192.168.1.0: 11000000 . 10101000 . 00000001 . 00000000
192.168.2.0: 11000000 . 10101000 . 00000010 . 00000000
192.168.3.0: 11000000 . 10101000 . 00000011 . 00000000
             ←          22 匹配位          →
```

22 匹配位 = a /22 子网掩码 or 255.255.252.0

图 9-27 计算汇总路由

二、配置 EIGRP 手动汇总

要在发送 EIGRP 数据包的所有接口上建立 EIGRP 手动汇总，请使用下列接口命令：

```
Router(config-if)#ip summary-address eigrp as-number network-address subnet-mask
```

因为 R3 有两个 EIGRP 邻居，因此需要在 Serial 0/0/0 和 Serial 0/0/1 接口上配置 EIGRP 手动汇总，如示例 9-43 所示。

示例 9-43 为 EIGRP 传播配置汇总路由

```
R3(config)#interface serial 0/0/0
R3(config-if)#ip summary-address eigrp 1 192.168.0.0 255.255.252.0
R3(config-if)#interface serial 0/0/1
R3(config-if)#ip summary-address eigrp 1 192.168.0.0 255.255.252.0
```

示例 9-44 和 9-45 所示为 R1 和 R2 路由表，不再包括独立的 192.168.1.0/24、192.168.2.0/24 和 192.168.3.0/24 网络，而是显示一条汇总路由 192.168.0.0/22。

示例 9-44 安装了汇总路由的 R1 路由表

```
R1#show ip route
<output omitted>

Gateway of last resort is not set

  192.168.10.0/30 is subnetted, 2 subnets
C        192.168.10.4 is directly connected, Serial0/0/1
D        192.168.10.8 [90/3523840] via 192.168.10.6, 00:01:34, Serial0/0/1
     172.16.0.0/16 is variably subnetted, 3 subnets, 2 masks
C        172.16.1.0/24 is directly connected, FastEthernet0/0
D        172.16.2.0/24 [90/3526400] via 192.168.10.6, 00:01:12, Serial0/0/1
C        172.16.3.0/30 is directly connected, Serial0/0/0
D     192.168.0.0/22 [90/2172416] via 192.168.10.6, 00:01:11, Serial0/0/1
```

示例 9-45 安装了汇总路由的 R2 路由表

```
R2#show ip route
<output omitted>

Gateway of last resort is not set

     192.168.10.0/30 is subnetted, 2 subnets
D       192.168.10.4 [90/3523840] via 192.168.10.10, 00:00:23, Serial0/0/1
C       192.168.10.8 is directly connected, Serial0/0/1
     172.16.0.0/16 is variably subnetted, 3 subnets, 2 masks
D       172.16.1.0/24 [90/3526400] via 192.168.10.10, 00:00:23, Serial0/0/1
C       172.16.2.0/24 is directly connected, FastEthernet0/0
C       172.16.3.0/30 is directly connected, Serial0/0/0
     10.0.0.0/30 is subnetted, 1 subnets
C       10.1.1.0 is directly connected, Loopback1
D    192.168.0.0/22 [90/3014400] via 192.168.10.10, 00:00:23, Serial0/0/1
```

你在第 2 章“静态路由”中已学到，汇总路由减少了路由表中的路由总数，可提高路由表查找过程的效率。由于可以仅发送一条路由来替代多条单独的路由，汇总路由还降低了路由更新的带宽占用。

9.7.4 EIGRP 默认路由

使用通向 0.0.0.0/0 的静态路由作为默认路由与路由协议无关。“全零”静态默认路由可用于支持当今的任何路由协议。静态默认路由通常配置在连接到 EIGRP 路由域外的网络，例如通向 ISP 的路由器上。示例 9-46 显示在 R2 上配置的默认静态路由。

示例 9-46 在 EIGRP 中配置和重分布默认路由

```
R2(config)#ip route 0.0.0.0 0.0.0.0 loopBack 1
R2(config)#router eigrp 1
R2(config-router)#redistribute static
```

EIGRP 需要使用 **redistribute static** 命令才能将此静态默认路由包括在 EIGRP 路由更新中。**redistribute static** 命令用于告诉 EIGRP 将此静态路由包括在其发往其他路由器的 EIGRP 更新中。示例 9-46 中显示了路由器 R2 的静态默认路由和 **redistribute static** 命令。

注　该静态默认路由使用 Loopback1 作为送出接口。原因在于我们的拓扑中实际上并不存在 ISP 路由器。通过使用环回接口来模拟与其他路由器的连接。

示例 9-47、9-48 和 9-49 显示 R1、R2、R3 的路由表。现在路由表都显示有静态默认路由，并设置了最后可用网关。

示例 9-47 安装了默认路由的 R1 路由表

```
R1#show ip route
Codes: C - connected, S - static, R - RIP, M - mobile, B - BGP
       D - EIGRP, EX - EIGRP external, O - OSPF, IA - OSPF inter area
       N1 - OSPF NSSA external type 1, N2 - OSPF NSSA external type 2
       E1 - OSPF external type 1, E2 - OSPF external type 2, E - EGP
       i - IS-IS, L1 - IS-IS level-1, L2 - IS-IS level-2, ia - IS-IS inter area
       * - candidate default, U - per-user static route, o - ODR
       P - periodic downloaded static route

Gateway of last resort is 192.168.10.6 to network 0.0.0.0
```

（待续）

```
     192.168.10.0/30 is subnetted, 2 subnets
C       192.168.10.4 is directly connected, Serial0/0/1
D       192.168.10.8 [90/3523840] via 192.168.10.6, 01:06:01, Serial0/0/1
     172.16.0.0/16 is variably subnetted, 3 subnets, 2 masks
C       172.16.1.0/24 is directly connected, FastEthernet0/0
D       172.16.2.0/24 [90/3526400] via 192.168.10.6, 01:05:39, Serial0/0/1
C       172.16.3.0/30 is directly connected, Serial0/0/0
D*EX 0.0.0.0/0 [170/3651840] via 192.168.10.6, 00:02:14, Serial0/0/1
D    192.168.0.0/22 [90/2172416] via 192.168.10.6, 01:05:38, Serial0/0/1
```

示例 9-48 安装了默认路由的 R2 路由表

```
R2#show ip route
Codes: C - connected, S - static, I - IGRP, R - RIP, M - mobile, B - BGP
       D - EIGRP, EX - EIGRP external, O - OSPF, IA - OSPF inter area
       N1 - OSPF NSSA external type 1, N2 - OSPF NSSA external type 2
       E1 - OSPF external type 1, E2 - OSPF external type 2, E - EGP
       i - IS-IS, L1 - IS-IS level-1, L2 - IS-IS level-2, ia - IS-IS inter area
       * - candidate default, U - per-user static route, o - ODR
       P - periodic downloaded static route

Gateway of last resort is 0.0.0.0 to network 0.0.0.0

     192.168.10.0/30 is subnetted, 2 subnets
D       192.168.10.4 [90/3523840] via 192.168.10.10, 01:03:26, Serial0/0/1
C       192.168.10.8 is directly connected, Serial0/0/1
     172.16.0.0/16 is variably subnetted, 3 subnets, 2 masks
D       172.16.1.0/24 [90/3526400] via 192.168.10.10, 01:03:26, Serial0/0/1
C       172.16.2.0/24 is directly connected, FastEthernet0/0
C       172.16.3.0/30 is directly connected, Serial0/0/0
     10.0.0.0/30 is subnetted, 1 subnets
C       10.1.1.0 is directly connected, Loopback1
S*      0.0.0.0/0 is directly connected, Loopback1
D    192.168.0.0/22 [90/3014400] via 192.168.10.10, 01:03:26, Serial0/0/1
```

示例 9-49 安装了默认路由的 R3 路由表

```
R3#show ip route
Codes: C - connected, S - static, I - IGRP, R - RIP, M - mobile, B - BGP
       D - EIGRP, EX - EIGRP external, O - OSPF, IA - OSPF inter area
       N1 - OSPF NSSA external type 1, N2 - OSPF NSSA external type 2
       E1 - OSPF external type 1, E2 - OSPF external type 2, E - EGP
       i - IS-IS, L1 - IS-IS level-1, L2 - IS-IS level-2, ia - IS-IS inter area
       * - candidate default, U - per-user static route, o - ODR
       P - periodic downloaded static route

Gateway of last resort is 192.168.10.9 to network 0.0.0.0

     192.168.10.0/30 is subnetted, 2 subnets
C       192.168.10.4 is directly connected, Serial0/0/0
C       192.168.10.8 is directly connected, Serial0/0/1
     172.16.0.0/16 is variably subnetted, 3 subnets, 2 masks
D       172.16.1.0/24 [90/2172416] via 192.168.10.5, 01:04:48, Serial0/0/0
D       172.16.2.0/24 [90/3014400] via 192.168.10.9, 01:04:50, Serial0/0/1
D       172.16.3.0/30 [90/41024000] via 192.168.10.5, 01:04:50, Serial0/0/0
                      [90/41024000] via 192.168.10.9, 01:04:50, Serial0/0/1
C    192.168.1.0/24 is directly connected, FastEthernet0/0
C    192.168.2.0/24 is directly connected, Loopback2
C    192.168.3.0/24 is directly connected, Loopback3
```

（待续）

```
D*EX 0.0.0.0/0 [170/3139840] via 192.168.10.9, 00:01:25, Serial0/0/1
D     192.168.0.0/22 is a summary, 01:04:48, Null0
```

在 R1 和 R3 的路由表中，请注意新的静态默认路由的路由来源和管理距离。R1 上静态默认路由的条目如下。

```
D*EX 0.0.0.0/0 [170/3651840] via 192.168.10.6, 00:01:08, Serial0/1
```

- **D**：此静态路由是通过 EIGRP 路由更新获悉的。
- *****：此路由是候选默认路由。
- **EX**：此路由为外部 EIGRP 路由，在本例中是 EIGRP 路由域外的静态路由。
- **170**：这是外部 EIGRP 路由的管理距离。

默认路由提供通向路由域外部的默认路径，而且与汇总路由一样可以减少路由表中的路由条目数量。

注　还有一种在 EIGRP 中传播默认路由的方法，就是使用 **ip default-network** 命令。有关此命令的详细信息，请参见：http://www.cisco.com/en/US/tech/tk365/technologies_tech_note09186a0080094374.shtml。

9.7.5 微调 EIGRP

本章的最后两个主题将讨论微调 EIGRP 操作情况的两种基本方法。首先，您将学习 EIGRP 带宽占用。其次，将讨论如何更改默认的 Hello 和保留时间值。

一、EIGRP 带宽占用

默认情况下，EIGRP 会使用不超过 50%的接口带宽来传输 EIGRP 信息。这可避免因 EIGRP 过程过度占用链路而使正常流量所需的路由带宽不足。**ip bandwidth-percent eigrp** 命令可用于配置在接口上可供 EIGRP 使用的带宽百分比。

```
Router(config-if)#ip bandwidth-percent eigrp as-number percent
```

R1 和 R2 共用一条非常缓慢的 64kbit/s 链路。在示例 9-50 中，用 **bandwidth** 命令限制 EIGRP 所用带宽。

示例 9-50　EIGRP 带宽占用

```
R1(config)#interface serial 0/0/0
R1(config-if)#bandwidth 64
R1(config-if)#ip bandwidth-percent eigrp 1 50
R2(config)#interface serial 0/0/0
R2(config-if)#bandwidth 64
R2(config-if)#ip bandwidth-percent eigrp 1 50
```

ip bandwidth-percent eigrp 使用配置的带宽量（或默认带宽）来计算 EIGRP 可以使用的带宽百分比。在此例中，我们将 EIGRP 限制为使用不超出 50%的链路带宽。因此，EIGRP 进行 EIGRP 数据包通信时占用该链路的带宽绝不会超出 32kbit/s。

二、配置 Hello 间隔和保持时间

可在每个接口上分别配置 Hello 间隔和保持时间，而且与其他 EIGRP 路由器建立邻接关系时无需匹配这些配置。用于配置 Hello 间隔的命令为：

```
Router(config-if)#ip hello-interval eigrp as-number seconds
```

如果你更改了 Hello 间隔，请确保也更改保持时间，使其大于或等于 Hello 间隔。否则，如果保持

时间已截止而下一个 Hello 间隔时间还未到，则该邻接关系将会破裂。用于配置保持时间的命令为：

```
Router(config-if)#ip hold-time eigrp as-number seconds
```

Hello 间隔和保留时间的取值范围为 1 到 65535。此范围意味着你可将 Hello 间隔设置为 18 小时多一点的值，此值可能适合于非常昂贵的拨号链路。然而在示例 9-51 中，将 R1 和 R2 都配置为使用 60s 的 Hello 间隔和 180s 的保留时间。

示例 9-51 修改 Hello 间隔和保持时间

```
R1(config)#int s0/0/0
R1(config-if)#ip hello-interval eigrp 1 60
R1(config-if)#ip hold-time eigrp 1 180
R1(config-if)#end
R2(config)#int s0/0/0
R2(config-if)#ip hello-interval eigrp 1 60
R2(config-if)#ip hold-time eigrp 1 180
R2(config-if)#end
```

可使用带 **no** 形式的这些命令来恢复默认值。

9.8 总结

EIGRP 是一种无类的距离矢量路由协议，由 Cisco Systems 于 1992 年发布。EIGRP 是思科的专有路由协议，是思科的另一个专有协议 IGRP 的增强版。IGRP 是一种有类的距离矢量路由协议，思科现已不再支持该协议。EIGRP 在路由表中使用源代码 *D* 来代表 DUAL。内部 EIGRP 路由的默认管理距离为 90，而从外部来源，例如默认路由导入的 EIGRP 路由的默认管理距离为 170。

EIGRP 采用 PDM，这赋予它支持各种第 3 层协议，包括 IP、IPX 和 AppleTalk 的能力。EIGRP 采用 RTP 作为传输层协议来传输 EIGRP 数据包。EIGRP 对 EIGRP 更新、查询和应答数据包采用可靠传输，而对 EIGRP Hello 和确认数据包则采用不可靠传输。可靠 RTP 意味着必须返回 EIGRP 确认。

路由器必须首先发现其邻居，才能发送 EIGRP 更新。发现过程通过 EIGRP Hello 数据包完成。在大多数网络中，EIGRP 每 5 秒发送一次 Hello 数据包。在 NBMA 网络上，例如 X.25、帧中继和带有 T1（1.544Mbit/s）或更慢访问链路的 ATM 接口上，每 60 秒发送一次 Hello 数据包。保持时间是 Hello 间隔时间的 3 倍，即在大多数网络上为 15 秒，在低速 NBMA 网络上则为 180 秒。

两台路由器建立邻接关系时无需匹配 Hello 间隔和保留时间。**show ip eigrp neighbors** 命令用于查看邻居表并检验 EIGRP 是否已与其邻居建立邻接关系。

EIGRP 不像 RIP 那样发送定期更新。EIGRP 发送部分更新或称限定更新，部分更新意味着仅包含路由更改，而限定更新只发送给受更改影响的路由器。EIGRP 复合度量使用带宽、延迟、可靠性和负载来确定最佳路径。默认情况下，仅使用带宽和延迟。默认计算方法为从该路由器到目的网络沿途的所有传出接口的最低带宽加上总延迟。

EIGRP 的核心是 DUAL。DUAL 有限状态机用于确定通向每个目的网络的最佳路径和潜在备用路径。后继路由器是一台相邻路由器，用于将数据包通过开销最低的路由转发到目的网络。可行距离是计算出的经过后继路由器通向目的网络的最低度量。可行后继路由器是一个邻居，它具有一条通向后继路由器所连通的同一个目的网络的无环备用路径，且满足可行条件。当邻居通向一个网络的报告距离比本地路由器通向同一个目的网络的可行距离短时，即符合可行条件。报告距离为 EIGRP 邻居通向相同目的网络的可行距离。

EIGRP 使用 **router eigrp autonomous-system** 命令来配置。*autonomous-system* 值实际上是一个进程 ID。在 EIGRP 路由域内的所有路由器上，该值必须相同。**network** 命令的用法与其在 RIP 中的用法相似。该网络为路由器上直连接口的有类网络地址。可使用可选的通配符掩码参数，从而仅包括特定接口。

可通过几种方法在 EIGRP 中传播静态默认路由。常用方法是采用 EIGRP 路由器模式下的 **redistribute static** 命令。

9.9 检查你的理解

完成下面所有的复习题来检测一下你对于本章中的主题和概念的理解。附录“检查你的理解和挑战性问题的答案”列出答案。

1. EIGRP PDM 的用途是什么？

A. PDM 是 EIGRP 用于共享路由信息的第 4 层协议

B. PDM 是 EIGRP 用于确保邻居路由器可靠性的机制

C. PDM 是 EIGRP 用于创建路由表的算法引擎

D. PDM 提供对第 3 层协议模块支持

E. PDM 是邻居路由器报告的到目的地的距离

2. 将 EIGRP 的术语和概念与正确说明进行匹配。

术语和概念：

邻居表

拓扑表

路由表

后继路由器

可行后继路由器

说明：

A. 用于数据包转发的 EIGRP 路由

B. DUAL 选择的主要路由

C. 重要的 EIGRP 数据，列出邻接路由器

D. 到目的网络的备用路径

E. 包含到达所有网络的所有学习到的路由

3. 哪种类型的 EIGRP 数据包用于发现、验证和重新发现邻居路由器？

A. 确认

B. Hello

C. 查询

D. 应答

4. 如果一条 EIGRP 路由失效，且在拓扑表中未发现可行后继路由器，DUAL 如何标记这条失效路由？

A. 重计算

B. 被动路由

C. 主动路由

D. 失效路由

E. 不可达路由

F. 后继路由器

5. 路由器运行 EIGRP 要维护下列哪些表（选 3 项）？

A. DUAL 表

B. 可行距离表
C. 邻居表
D. OSPF 表
E. 路由表
F. 拓扑表

6. EIGRP 邻居表和拓扑表的作用是什么?

A. DUAL 使用邻居表和拓扑表以构建路由表
B. 邻居表发送给所有邻居路由器，用于构建拓扑表
C. 拓扑表发送给邻居表中所列的所有路由器
D. DUAL 使用邻居表来构建拓扑表
E. 邻居表广播给邻居路由器，而拓扑表广播给所有其他路由器

7. 参照示例 9-52 输出中的 255/255 代表什么?

示例 9-52 检查你的理解，第 7 题

```
R1#show interface serial 0/0/0
Serial0/0/0 is up, line protocol is up
  Hardware is GT96K Serial
  Description: Link to R2
  Internet address is 172.16.3.1/30
  MTU 1500 bytes, BW 1544 Kbit, DLY 20000 usec,
     reliability 255/255, txload 1/255, rxload 1/255
  Encapsulation HDLC, loopback not set
```

A. 255 次测试中链路正常工作的次数
B. 255s 内的链路失效率
C. 链路持续运行的可能性
D. 代表一个接口通常的可靠性的静态值

8. 将 EIGRP 术语与正确的描述匹配起来。

术语:
可行后继路由器
后继路由器
可行距离
路由表
拓扑表
定义:
A. 给网络提供的备用路径
B. 用于转发数据包具有最低开销的路由
C. 到达目的网络的最低计算度量
D. 包含后继路由器和可行后继路由器的表
E. 只包含后继路由器的表

9. 网络管理员正在排除有关 EIGRP 的问题，什么命令可以显示通往目的地的所有可能路径?

A. show ip route
B. show ip eigrp topology active
C. show ip eigrp neighbors detail
D. show ip eigrp topology all-links
E. show ip eigrp topology summary

10. 参考示例 9-53。对网络 192.168.1.0，可行后继路由器通告的报告距离是多少？

示例 9-53 检查你的理解，第 10 题

```
R1#show ip eigrp topology

<output omitted>

P 192.168.10.0/24, 1 successors, FD is 3011840
        via Summary (3011840/0), Null0
        via 172.16.3.1 (41024000/2169856), Serial0/0/0
P 192.168.10.4/30, 1 successors, FD is 3523840
        via 192.168.10.10 (3523840/2169856), Serial0/0/1
P 192.168.1.0/24, 1 successors, FD is 3014400
        via 192.168.10.10 (3014400/28160), Serial0/0/1
        via 172.16.31 (41026560/2172416), Serial0/0/0
<output omitted>
```

A. 28160

B. 3014400

C. 2172416

D. 41026560

11. EIGRP 使用什么路由算法？

12. EIGRP 发送定期更新吗？

13. 哪个命令可以让你校验和确定 OSPF 与直连邻居建立了关系？

14. EIGRP 复合度量使用哪些度量值？默认情况下使用什么？

15. 可行条件是什么？

16. EIGRP 自动汇总类似于 RIP 吗？如果是，如何关闭它？

9.10 挑战的问题和实践

这些问题需要对本章涉及的概念有更深入的了解，并且问题的形式类似于 CCNA 认证考试。你可在附录“检查你的理解和挑战性问题的答案”中找到答案。

1． 当利用路由器模式下的 **router eigrp** *autonomous-system* 命令启动 EIGRP 时，对 *autonomous-system* 参数有什么要求？

2. 下面为 **show ip eigrp topology** 命令的输出。输出中显示了可行后继路由器吗？你如何知道？

```
P 192.168.10.4/30, 1 successors, FD is 3523840
        via 192.168.10.10 (3523840/2169856), Serial0/1
        via 172.16.3.1 (41024000/2169856), Serial0/0
```

3. EIGRP 中什么情况下包含有 Null0 自动汇总路由？

9.11 知识拓展

Routing TCP/IP，第 1 卷

可参阅一些很好的资料来进一步了解 DUAL。Jeff Doyle 和 Jennifer Carroll 所著的《Routing TCP/IP》

第1卷中，有一个很不错的章节专门讲述了扩散更新算法，并列举了两个扩散计算实例。

J.J. Garcia-Luna-Aceves

DUAL由E.W.Dijkstra和C.S.Scholten首先提出，而最突出的工作则由J.J.Garcia-Luna-Aceves完成。J.J.Garcia-Luna-Aceves是加州大学圣克鲁兹分校（UCSC）JackBaskin工程学院计算机工程系主任，也是帕洛阿尔托研究中心（PARC）的首席科学家。J.J.Garcia-Luna-Aceves发表了几篇文章，包括其关于DUAL的著作"Loop-Free Routing Using Diffusing Computations（使用扩散算法的无环路由）"，（IEEE-ACM电子期刊：网络学报，1993年2月第1期第1卷），可在以下网页找到：http://www.soe.ucsc.edu/research/ccrg/publications.html。

第 10 章

链路状态路由协议

10.1 学习目标

完成本章的学习，你应能回答以下问题：

- 链路状态协议的特性和概念是什么？
- 链路状态协议的优点和要求是什么？

10.2 关键术语

本章使用如下关键术语。你可以在术语表中找到定义。

链路状态路由协议

最短路径优先（SPF）算法

链路状态数据包（LSP）

链路状态数据库

在第 3 章“动态路由协议介绍”中，您已经学习了链路状态路由与距离矢量路由之间的差异。按照该比喻所述，距离矢量路由协议就像使用路标指明目的地一样，仅为您提供关于距离和方向的信息。而链路状态路由协议则如同使用地图一样，有了地图，您就可以看到所有潜在的路径并确定自己的首选路径。

距离矢量路由协议像路标，是因为路由器必须根据与目的网络之间的距离或度量来作出首选路径决策。就像旅行者信赖路标所指出的到下一个城镇的精确距离一样，距离矢量路由器也信赖其他路由器所通告的到目的网络的真实距离。

链路状态路由协议则采用另一种方法。链路状态路由协议更像地图，是因为它们会创建一个网络拓扑图，路由器可使用此拓扑图来确定通向每个网络的最短路径。就像您查阅地图找出通向另一个城镇的路径一样，链路状态路由器也使用一个图来确定通向其他目的地的首选路径。

运行***链路状态路由协议***的路由器会发出有关通向路由域内的其他路由器的链路状态的信息。链路状态是指与该路由器直连网络的状态，并包含关于网络类型以及那些网络中与该路由器相邻的所有路由器的信息——因此得名链路状态路由协议。

此协议的最终目标是每台路由器都收到路由域中其他所有路由器的链路状态信息。有了这种链路状态信息，每台路由器都可以自行创建网络拓扑图并独立计算通向每个网络的最短路径。

本章介绍链路状态协议的概念。在第 11 章中，我们会将这些概念应用到最短路径优先（OSPF）协议中。

10.3 链路状态路由

距离矢量路由协议易于理解，而链路状态路由协议很复杂，甚至复杂得令人惧怕。然而，链路状态路由协议理解起来并不困难。在很多方面，链路状态过程要比距离矢量概念更容易理解。

10.3.1 链路状态路由协议

链路状态路由协议又称为最短路径优先协议，它基于 Edsger Dijkstra 的最短路径优先（SPF）算法。后文中将详细讨论 SPF 算法。

图 10-1 显示的 IP 链路状态路由协议有：

- 开放最短路径优先（OSPF）；
- 中间系统到中间系统（IS-IS）。

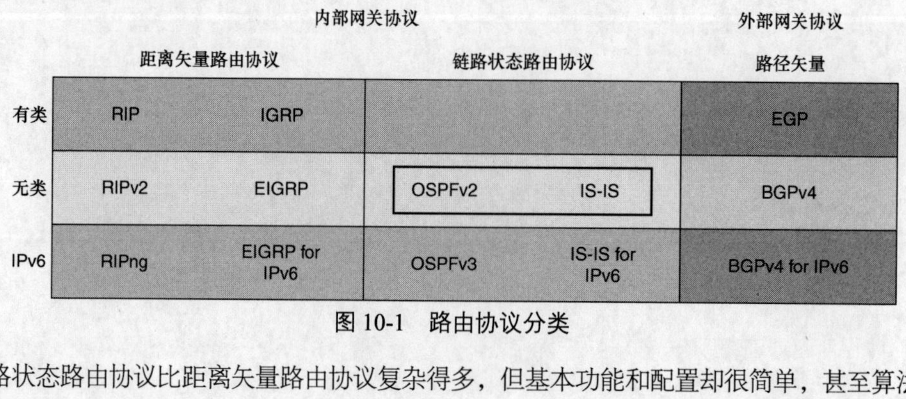

	内部网关协议				外部网关协议
	距离矢量路由协议		链路状态路由协议		路径矢量
有类	RIP	IGRP			EGP
无类	RIPv2	EIGRP	OSPFv2	IS-IS	BGPv4
IPv6	RIPng	EIGRP for IPv6	OSPFv3	IS-IS for IPv6	BGPv4 for IPv6

图 10-1 路由协议分类

链路状态路由协议比距离矢量路由协议复杂得多，但基本功能和配置却很简单，甚至算法也容易理解，这将在下一个主题中阐述。基本的 OSPF 运行可使用 `router ospf process-id` 命令和一个 network 语句来配置，这一点与 RIP 和 EIGRP 等其他路由协议相似。

注 OSPF 在第 11 章中阐述，而 IS-IS 则在 CCNP 课程中阐述。业内还有用于非 IP 网络的一些链路状态路由协议，其中包括 DEC 的 DNA Phase V 协议以及 Novell 的 NetWare 链路服务协议（NLSP），这些均不属于 CCNA 和 CCNP 课程的内容。

10.3.2 SPF 算法简介

Dijkstra 算法通常称为最短路径优先（SPF）算法。此算法会累计每条路径从源到目的地的开销。尽管 Dijkstra 算法称为最短路径优先算法，但事实上，优先最短路径是所有路由算法的目的。

如图 10-2 所示，每条路径都标有一个独立的开销值。从 R2 向连接到 R3 的 LAN 发送数据包的最短路径开销为 27。请注意，并非从所有路由器通向连接到 R3 的 LAN 的开销均为 27。每台路由器会自行确定通向拓扑中每个目的地的开销。换句话说，每台路由器都会站在自己的角度根据 SPF 算法确定开销。随着本章内容的展开，这一点将逐步明显。

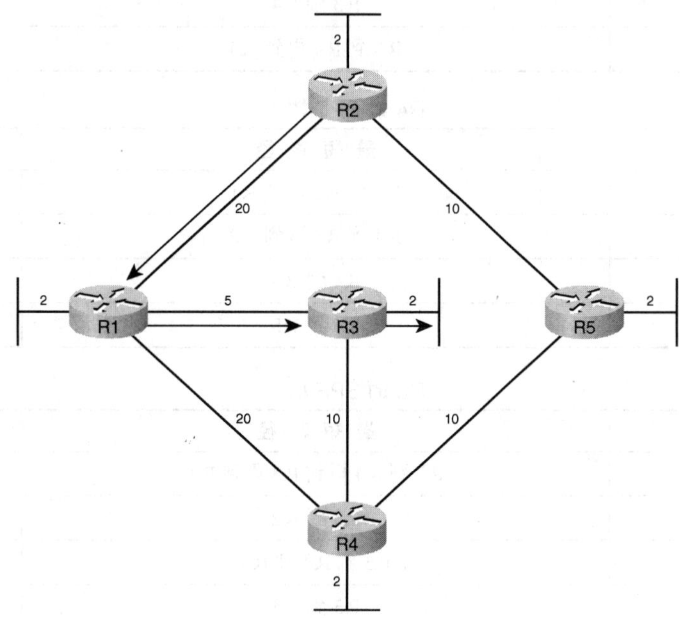

图 10-2 Dijkstra 最短路径优先算法

表 10-1 中列出 R1 到每个 LAN 的最短路径及开销。

表 10-1 R1 的 SPF 树

目　的	最 短 路 径	开　销
R2 LAN	R1 到 R2	22
R3 LAN	R1 到 R3	7
R4 LAN	R1 到 R3 到 R4	17
R5 LAN	R1 到 R3 到 R4 再到 R5	27

最短路径不一定具有最少的跳数。例如，你可看到通向R5 LAN的路径。或许认为R1会直接向R4发送数据包，而非向R3。然而，直接到达R4的开销（22）比经过R3到达R4的开销（17）高。

观察每台路由器到每个LAN的最短路径，如表10-2到表10-5所示。

表10-2 R2的SPF树

目的	最短路径	开销
R1 LAN	R2到R1	22
R3 LAN	R2到R1再到R3	27
R4 LAN	R2到R5到R4	22
R5 LAN	R2到R5	12

表10-3 R3的SPF树

目的	最短路径	开销
R1 LAN	R3到R1	7
R2 LAN	R3到R1再到R2	27
R4 LAN	R3到R4	12
R5 LAN	R3到R4再到R5	22

表10-4 R4的SPF树

目的	最短路径	开销
R1 LAN	R4到R3再到R1	17
R2 LAN	R4到R5再到R2	22
R3 LAN	R4到R3	12
R5 LAN	R4到R5	12

表10-5 R5的SPF树

目的	最短路径	开销
R1 LAN	R5到R4再到R3再到R1	27
R2 LAN	R5到R2	12
R3 LAN	R5到R4到R3	22
R4 LAN	R5到R4	12

10.3.3 链路状态过程

那么，链路状态路由协议是如何工作呢？下面总结了链路状态路由的过程。拓扑中的所有路由器都会完成下列链路状态通用路由过程来达到收敛。

1. 每台路由器了解其自身的链路（即与其直连的网络）。这通过检测哪些接口处于工作状态（包括第3层地址）来完成。

2. 每台路由器负责“问候”直连网络中的相邻路由器。与EIGRP路由器相似，链路状态路由器通过直连网络中的其他链路状态路由器互换Hello数据包来达到此目的。

3. 每台路由器创建一个***链路状态数据包（LSP）***，其中包含与该路由器直连的每条链路的状态。这通过记录每个邻居的所有相关信息，包括邻居ID、链路类型和带宽来完成。

4. 每台路由器将 LSP 泛洪到所有邻居，然后邻居将收到的所有 LSP 存储到数据库中。接着，各个邻居将 LSP 泛洪给自己的邻居，直到区域中的所有路由器均收到那些 LSP 为止。每台路由器会在本地数据库中存储邻居发来的 LSP 的副本。

5. 每台路由器使用数据库构建一个完整的拓扑图并计算通向每个目的网络的最佳路径。就像拥有了地图一样，路由器现在拥有关于拓扑中所有目的地以及通向各个目的地的路由的详图。SPF 算法用于构建该拓扑图并确定通向每个网络的最佳路径。所有的路由器将会有共同的拓扑图或拓扑树，但是每一个路由器独立确定到达拓扑内每一个网络的最佳路径。

下面将详述此过程。

一、第一步：了解直连网络

拓扑现在显示每条链路的网络地址。***每台路由器了解其自身的链路，即与其直连的网络***，所用的方式与第 1 章“路由和数据包转发介绍”所述的一样。当路由器接口配置了 IP 地址和子网掩码后，接口就成为该网络的一部分。

如果你正确配置并激活了接口，路由器则可了解与其直连的网络，如图 10-3 所示。

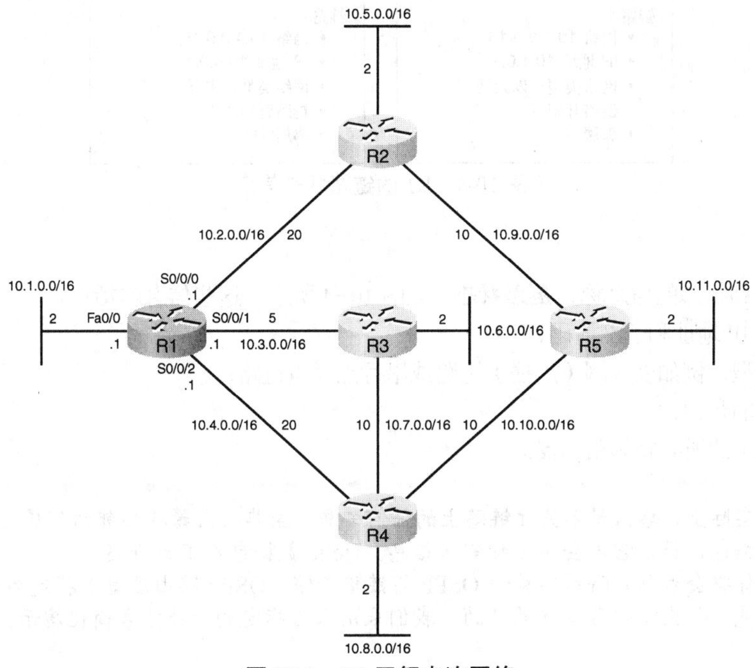

图 10-3 R1 了解直连网络

无论使用哪种路由协议，这些直连网络都是路由表的一部分。出于讨论的目的，我们将站在 R1 的角度着重阐述链路状态路由过程。

链路

对于链路状态路由协议来说，链路是路由器上的一个接口。与距离矢量协议和静态路由一样，链路状态路由协议也需要下列条件才能了解链路：正确配置接口的 IP 地址和子网掩码并且链路处于 up 状态。还有一点相同的是：必须将接口包括在一条 network 语句中，该接口才能参与链路状态路由过程。

图 10-4 显示 R1 4 个直连网络：

- 通过 FastEthernet 0/0 接口连接到 10.1.0.0/16 网络；
- 通过 Serial0/0/0 接口连接到 10.2.0.0/16 网络；

- 通过 Serial0/0/1 接口连接到 10.3.0.0/16 网络；
- 通过 Serial0/0/2 接口连接到 10.4.0.0/16 网络。

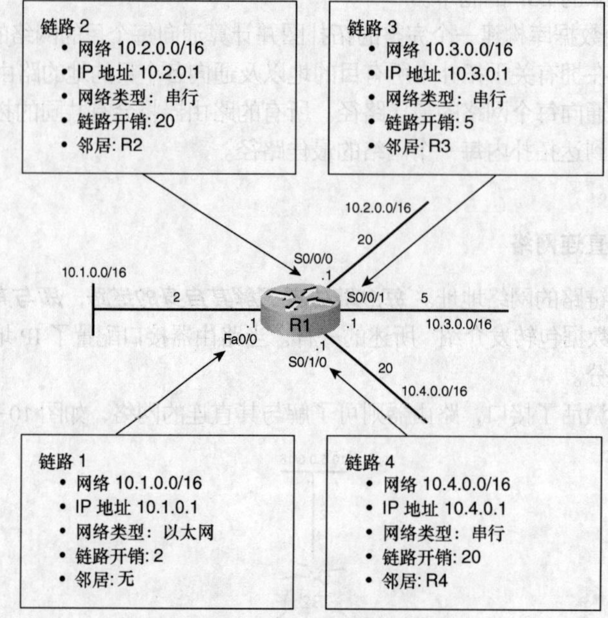

图 10-4 R1 的链路状态信息

链路状态

路由器的链路状态的信息称为***链路状态***. 如图 10-4 所示，这些信息包括：

- 接口的 IP 地址和子网掩码；
- 网络类型，例如以太网（广播）链路或串行点对点链路；
- 该链路的开销；
- 该链路上的所有相邻路由器。

注 实际上，路由器不关注链路上的任何邻居。除非路由器从相邻的邻居处收到 Hello 数据包，否则它不会学习到邻居信息。Hello 数据包在下节讲述。

你将会看到思科所实施的 OSPF 将链路开销（OSPF 路由度量）指定为外出接口的带宽。但出于学习本章的目的，我们采用人为指定的开销值来简化演示。

二、第二步：向邻居发送 Hello 数据包

链路状态路由过程的第二步为：

每台路由器负责“问候”直连网络中的相邻路由器。

采用链路状态路由协议的路由器使用 Hello 协议来发现其链路上的所有邻居。这里，邻居是指启用了相同的链路状态路由协议的其他任何路由器。

图 10-5 显示 R1 向所有链路（接口）发送 Hello 数据包来确定是否有邻居。R2、R3 和 R4 因为配置有相同的链路状态路由协议，所以使用自身的 Hello 数据包应答该 Hello 数据包。FastEthernet 0/0 接口上没有邻居。因为 R1 未从此接口收到 Hello 数据包，因此不会在 FastEthernet 0/0 链路上继续执行链路状态路由过程。

与 EIGRP 的 Hello 数据包相似，当两台链路状态路由器获悉它们是邻居时，将形成一种邻接关系。

这些小型 Hello 数据包持续在两个邻接的邻居之间互换，以此实现“保持激活（keepalive）”功能来监控邻居的状态。如果路由器不再收到某邻居的 Hello 数据包，则认为该邻居已无法到达，该邻接关系破裂。本例中，R1 与其他 3 台路由器分别建立了邻接关系。

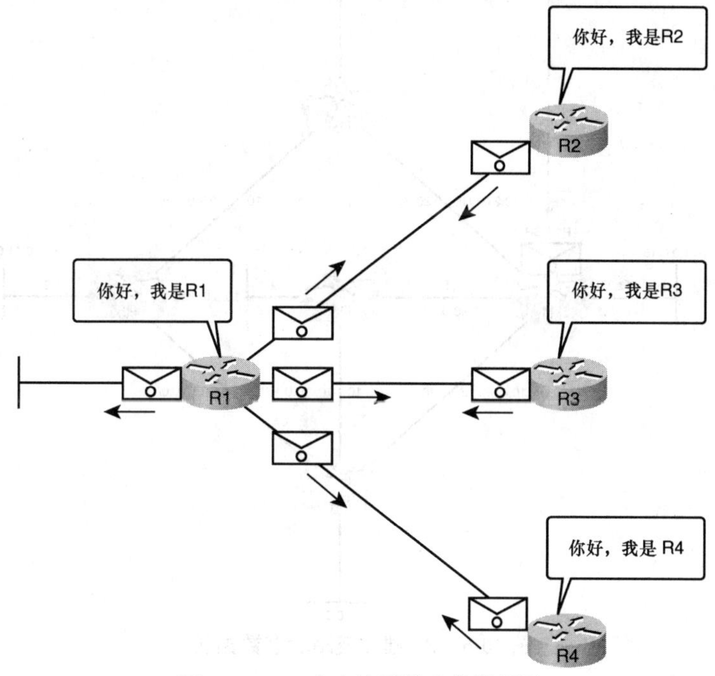

图 10-5　R1 在直连网络上发现邻居

三、第三步：建立链路状态数据包

我们现在处于链路状态路由过程的第三步：

每台路由器创建一个链路状态数据包（LSP），其中包含与该路由器直连的每条链路的状态。

路由器一旦建立了邻接关系，即可创建 LSP，其中包含与该链路相关的链路状态信息。路由器仅向建立邻接关系的路由器发送 LSP。注意：R1 不从以太网接口发送。图 10-6 显示的来自 R1 的 LSP 的简化版如下：

1. R1；以太网 10.1.0.0/16；开销 2。
2. R1->R2；串行点对点网络；10.2.0.0/16；开销 20。
3. R1->R3；串行点对点网络；10.3.0.0/16；开销 5。
4. R1->R4；串行点对点网络；10.4.0.0/16；开销 20。

四、第四步：将链路状态数据包泛洪给邻居

链路状态路由过程的第四步为：

每台路由器将 LSP 泛洪到所有邻居，然后邻居将收到的所有 LSP 存储到数据库中。

每台路由器将其链路状态信息泛洪到路由区域内的其他所有链路状态路由器。路由器一旦接收到来自邻居路由器的 LSP，立即将该 LSP 从除接收该 LSP 的接口以外的所有接口发出。此过程在整个路由区域内的所有路由器上形成 LSP 的泛洪效应。

如图 10-7 所示，从 R1 发出的 LSP 泛洪到整个网络。路由器接收到 LSP 后，几乎立即将其泛洪出去，不经过中间计算。因此，LSP 可快速传遍整个网络。

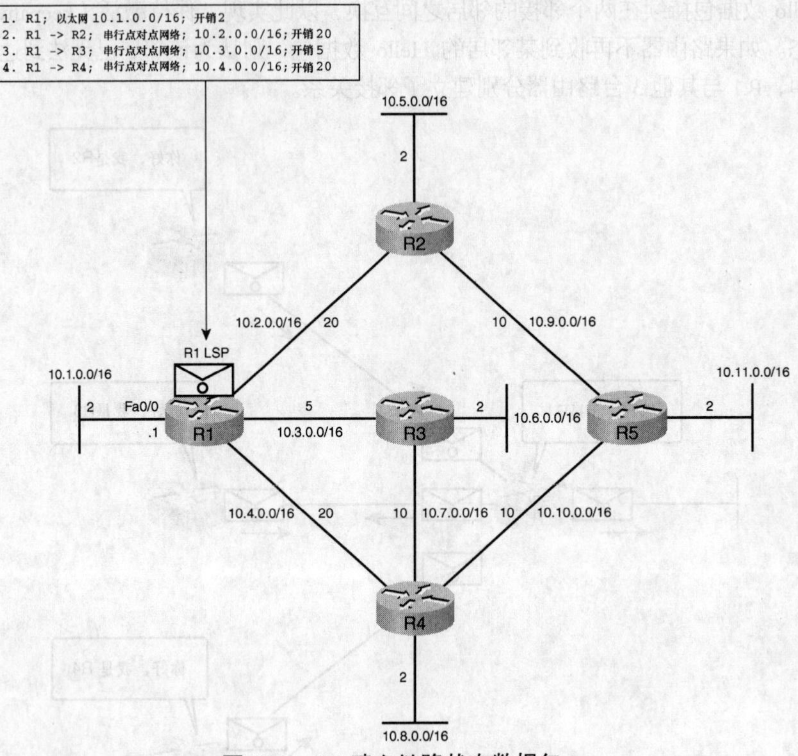

图 10-6　R1 建立链路状态数据包

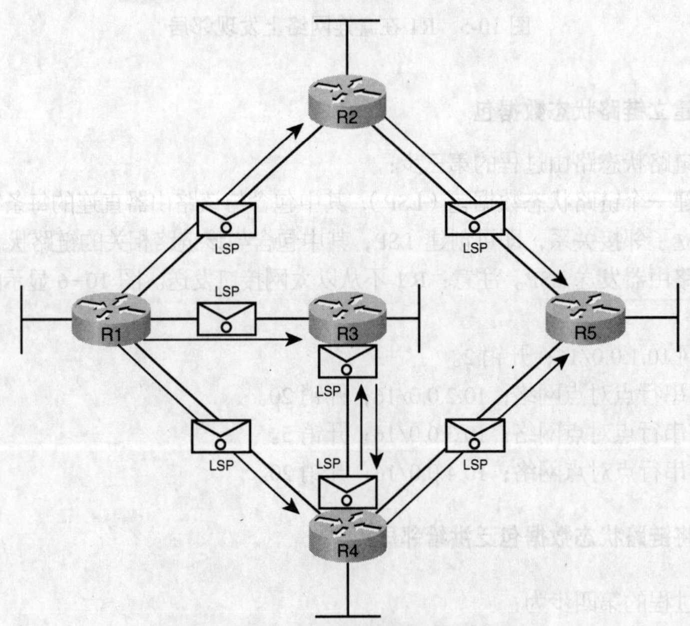

图 10-7　R1 将 LSP 泛洪到所有邻居

距离矢量路由协议则不同，该协议必须首先运行贝尔曼-福特（Bellman-Ford）算法来处理路由更新，然后才将它们发送给其他路由器；而链路状态路由协议则在泛洪完成后再计算 SPF 算法。因此，链路状态路由协议达到收敛状态的速度比距离矢量路由协议快得多。

请记住，LSP 并不需要定期发送，而仅在下列情况下才需要发送：

- 在路由器初始启动期间，或在该路由器上的路由协议过程启动期间；

- 每次拓扑发生更改时（包括链路接通或断开），或是邻接关系建立或破裂。

除链路状态信息外，LSP 中还包含其他信息——如序列号和过期信息——以帮助管理泛洪过程。每台路由器都采用这些信息来确定是否已从另一台路由器接收过该 LSP 以及 LSP 是否带有***链路状态数据库***中没有的更新信息。此过程使路由器可在其链路状态数据库中仅保留最新的信息。

注　序列号和过期信息的使用不在本课程范围内。更多信息可参阅 Jeff Doyle 所著的《Routing TCP/IP》。

五、第五步：构建链路状态数据库

链路状态路由过程的最后一步为：

每台路由器使用数据库构建一个完整的拓扑图并计算通向每个目的网络的最佳路径。

每台路由器使用链路状态泛洪过程将自身的 LSP 传播出去后，每台路由器都将拥有来自整个路由区域内所有链路状态路由器的 LSP。这些 LSP 存储在链路状态数据库中。现在，路由区域内的每台路由器都可以使用 SPF 算法来构建您之前了解过的 SPF 树。

表 10-6 列出 R1 链路状态数据库中的所有链路。

表 10-6　R1 链路状态数据库

来自 R2 的 LSPs	连接到邻居 R1 上的网络 10.2.0.0/16，开销 20
	连接到邻居 R5 上的网络 10.9.0.0/16，开销 10
	有一个网络 10.5.0.0/16，开销 2
来自 R3 的 LSPs	连接到邻居 R1 上的网络 10.3.0.0/16，开销 5
	连接到邻居 R4 上的网络 10.7.0.0/16，开销 10
	有一个网络 10.6.0.0/16，开销 2
来自 R4 的 LSPs	连接到邻居 R1 上的网络 10.4.0.0/16，开销 20
	连接到邻居 R3 上的网络 10.7.0.0/16，开销 10
	连接到邻居 R5 上的网络 10.10.0.0/16，开销 10
	有一个网络 10.8.0.0/16，开销 2
来自 R5 的 LSPs	连接到邻居 R2 上的网络 10.9.0.0/16，开销 10 连接到邻居 R4 上的网络 10.10.0.0/16，开销 10 有一个网络 10.11.0.0/16，开销 2
R1 链路状态	连接到邻居 R2 的网络 10.2.0.0/16，开销 20 连接到邻居 R3 的网络 10.3.0.0/16，开销 5 连接到邻居 R4 上的网络 10.4.0.0/16，开销 20 有一个网络 10.1.0.0/16，开销 2

表 10-7 显示用 SPF 算法计算出的 SPF 树。这张表与表 10-1 相同。

表 10-7　R1 SPF 树

目　的	最 短 路 径	开　销
R2 LAN	R1 到 R2	22
R3 LAN	R1 到 R3	7
R4 LAN	R1 到 R3 到 R4	17
R5 LAN	R1 到 R3 到 R4 再到 R5	27

经过泛洪传送，路由器R1已获悉其路由区域内的每台路由器的链路状态信息。图10-6中所示为R1已接收到并存储在其链路状态数据库中的链路状态信息。请注意，R1的链路状态数据库中还包括R1自己的链路状态信息。

有了完整的链路状态数据库，R1现在即可使用该数据库和最短路径优先（SPF）算法来计算通向每个网络的首选路径（即最短路径）。注意，R1不使用直接连接R4的路径来到达拓扑中的任何LAN（包括R4所连接的LAN），因为经过R3的路径开销更低。同样，R1也不使用R2与R5之间的路径来访问R5，因为经过R3的路径开销更低。拓扑中的每台路由器都站在自己的角度确定最短路径。

> 注　链路状态数据库和SPF树仍会包含那些直连的网络，那些链路在表10-6中加了阴影。

10.3.4 最短路径优先（SPF）树

Dijkstra的算法通常都是作为最短路径优先（SPF）算法的参考。此算法累计从源到目的路径上的开销。

一、构建SPF树

图10-8显示构建树过程开始时R1的拓扑。注意树（拓扑）仅包括直连的邻居。

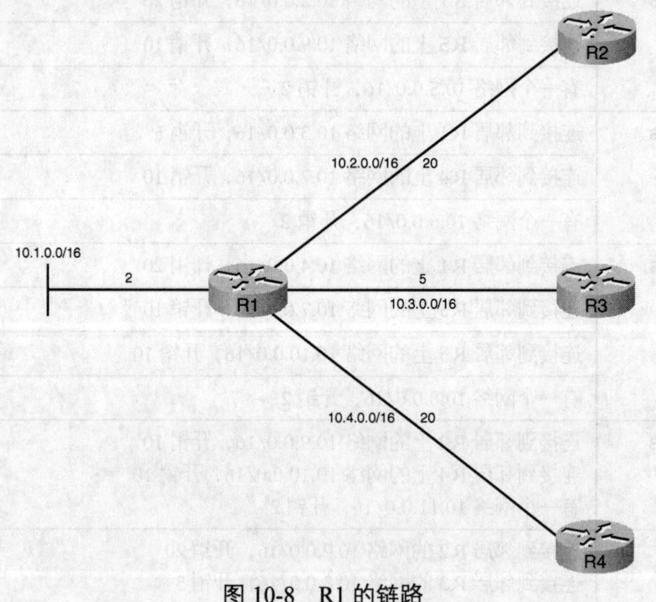

图10-8　R1的链路

不过，通过从其他路由器收到的链路状态信息，R1现在可以开始构建整个网络的SPF树，它自己处于树的根部。

> 注　本节所述的过程仅为SPF算法和SPF树的概要，用以帮助理解。

SPF算法首先处理来自R2的下列LSP信息：

- 连接到网络10.2.0.0/16上的邻居R1，开销为20；
- 连接到网络10.9.0.0/16上的邻居R5，开销为10；
- 带有一个网络10.5.0.0/16，开销为2。

图10-9所示为R1从R2获知的新链路。

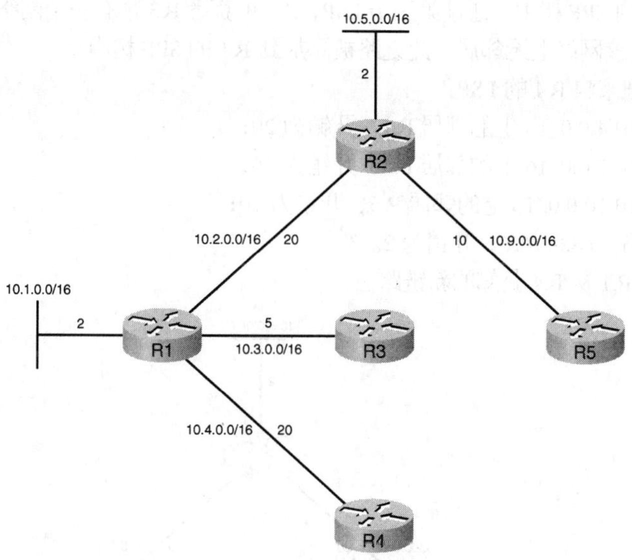

图 10-9 R1 处理来自 R2 的 LSP

R1 可以忽略第一个 LSP，因为 R1 已经知道它连接到网络 10.2.0.0/16 上的 R2（开销为 20）。R1 可以使用第二个 LSP 并创建一个从 R2 到另一路由器（R5）的链路，该链路所在的网络为 10.9.0.0/16，开销为 10。此信息被添加到 SPF 树中。通过第三个 LSP，R1 可获悉 R2 带有一个网络 10.5.0.0/16，该网络的开销为 2，且 R2 在该网络上无邻居。此链路被添加到 R1 的 SPF 树中。

SPF 算法现在处理来自 R3 的 LSP：

- 连接到网络 10.3.0.0/16 上的邻居 R1，开销为 5；
- 连接到网络 10.7.0.0/16 上的邻居 R4，开销为 10；
- 带有一个网络 10.6.0.0/16，开销为 2。

图 10-10 所示为 R1 从 R3 获知的新链路。

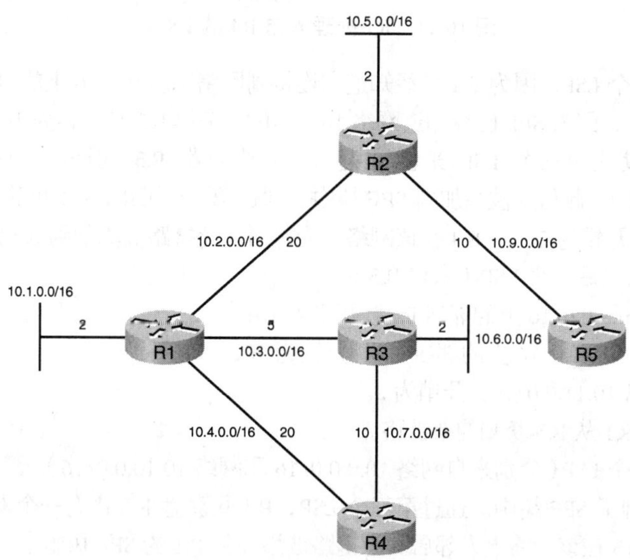

图 10-10 R1 处理来自 R3 的 LSP

R1 可以忽略第一个 LSP，因为 R1 已经知道它连接到网络 10.3.0.0/16 上的 R3（开销为 5）。R1 可以使用第二个 LSP 并创建一个从 R3 到路由器 R4 的链路，该链路所在的网络为 10.7.0.0/16，开销为10。此信息被添加到SPF树中。通过第三个LSP，R1可获悉R3带有一个网络10.6.0.0/16，该网络的开销为2，且R3在该网络上无邻居。此链路被添加到R1的SPF树中。

SPF算法现在处理来自R4的LSP：

- 连接到网络10.4.0.0/16上的邻居R1，开销为20；
- 连接到网络10.7.0.0/16上的邻居R3，开销为10；
- 连接到网络10.10.0.0/16上的邻居R5，开销为10；
- 带有一个网络10.8.0.0/16，开销为2。

图10–11所示为R1从R4获知的新链路。

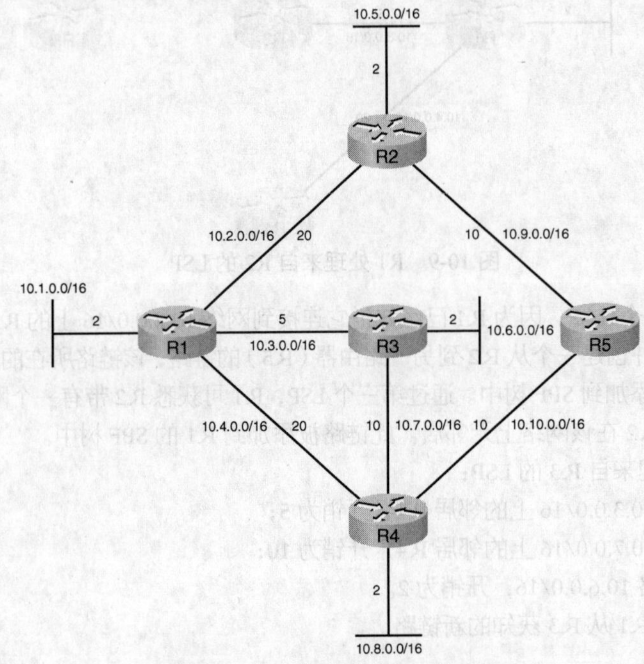

图10-11 R1处理来自R4的LSP

R1可以忽略第一个LSP，因为R1已经知道它连接到网络10.4.0.0/16上的R4（开销为20）。R1还可以忽略第二个LSP，因为SPF已经知道网络10.7.0.0/16来自R3且开销为10。

不过，R1可以使用第三个LSP来创建从R4到路由器R5的链路，该链路所在的网络为10.10.0.0/16，开销为10。此信息被添加到SPF树中。通过第四个LSP，R1可获悉R4带有一个网络10.8.0.0/16，该网络的开销为2，且R4在该网络上无邻居。此链路被添加到R1的SPF树中。

SPF算法现在处理最后一个LSP（来自R5）：

- 连接到网络10.9.0.0/16上的邻居R2，开销为10；
- 连接到网络10.10.0.0/16上的邻居R4，开销为10；
- 带有一个网络10.11.0.0/16，开销为2。

图10–12所示为R1从R5获知的新链路。

R1可以忽略前两个LSP（分别来自网络10.9.0.0/16和网络10.10.0.0/16），因为SPF已经获悉这些链路并已将它们添加到了SPF树中。通过第三个LSP，R1可获悉R5带有一个网络10.11.0.0/16，该网络的开销为2，且R5在该网络上无邻居。此链路被添加到R1的SPF树中。

二、确定最短路径

R1使用SPF算法处理了所有的LSP后，便生成完整的SPF树。链路10.4.0.0/16和链路10.9.0.0/16

未用于访问其他网络，因为存在开销更低即更短的路径。不过，这些网络仍然存在于该 SPF 树中，用于访问这些网络中的设备。

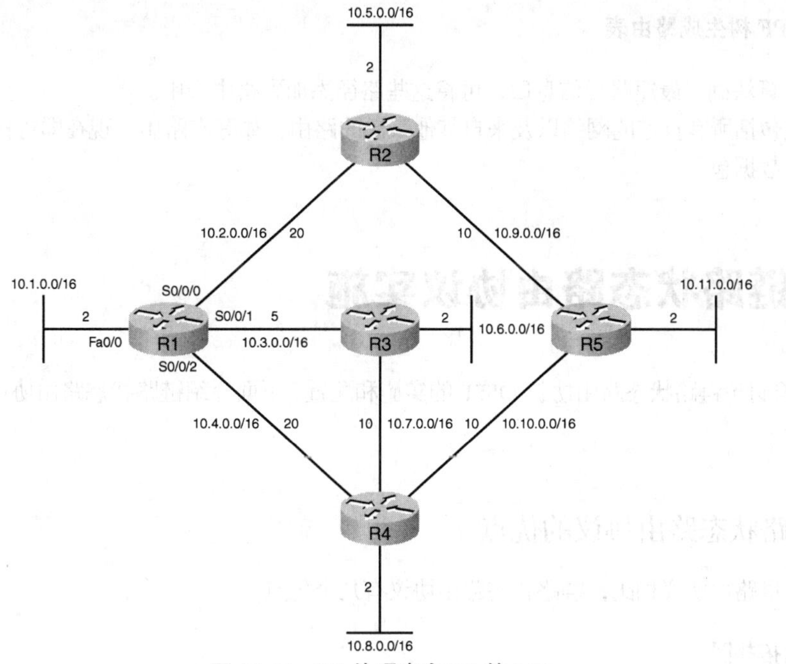

图 10-12　R1 处理来自 R5 的 LSP

注　实际上，SPF 算法在构建 SPF 树的同时便会确定最短路径。此处我们将其分为两步来阐述，是为了便于理解该算法。

表 10-8 为已经见过的 R1 SPF 树。

表 10-8　R1 SPF 树

目　的	最短路径	开　销
R2 LAN	R1 到 R2	22
R3 LAN	R1 到 R3	7
R4 LAN	R1 到 R3 到 R4	17
R5 LAN	R1 到 R3 到 R4 再到 R5	27

使用此树，SPF 算法的结果可以指出通向每个网络的最短路径。表格中仅显示了 LAN，但 SPF 还可用于确定通向图 10-12 中每个 WAN 链路网络的最短路径。本例中 R1 确定通向每个网络的最短路径如下。

- 网络 10.5.0.0/16：通过 R2，Serial 0/0/0，开销为 22；
- 网络 10.6.0.0/16：通过 R3，Serial 0/0/1，开销为 7；
- 网络 10.7.0.0/16：通过 R3，Serial 0/0/1，开销为 15；
- 网络 10.8.0.0/16：通过 R3，Serial 0/0/1，开销为 17；
- 网络 10.9.0.0/16：通过 R2，Serial 0/0/0，开销为 30；
- 网络 10.10.0.0/16：通过 R3，Serial 0/0/1，开销为 25；
- 网络 10.11.0.0/16：通过 R3，Serial 0/0/1，开销为 27。

每台路由器使用来自其他所有路由器的信息独立构建自己的 SPF 树。为确保正确路由，所有路由器上用于创建 SPF 树的链路状态数据库必须相同。在第 11 章中，我们将详细讨论这一点。

三、从 SPF 树生成路由表

通过 SPF 算法确定最短路径信息后，可将这些路径添加到路由表中。

路由表也包括所有直连的网络以及来自其他来源的路由，如静态路由。现在即可按照路由表中的这些条目转发数据包了。

10.4 链路状态路由协议实施

第 11 章将讨论链路状态路由协议 OSPF 的实施和配置。下面介绍链路状态路由协议的优点、需求及比较。

10.4.1 链路状态路由协议的优点

与距离矢量路由协议相比，链路状态路由协议有几个优点。

一、创建拓扑图

链路状态路由协议会创建拓扑图，即 SPF 树，而距离矢量路由协议没有网络的拓扑图。使用距离矢量路由协议的路由器仅有一个网络列表，其中列出了通往各个网络的开销（距离）和下一跳路由器（方向）。因为链路状态路由协议会交换链路状态信息，所以 SPF 算法可以构建网络的 SPF 树。有了 SPF 树，每台路由器便可独立确定通向每个网络的最短路径。

二、快速收敛

有几个原因使得链路状态路由协议比距离矢量路由协议具有更快的收敛速度。收到一个链路状态数据包（LSP）后，链路状态路由协议便立即将该 LSP 从除接收该 LSP 的接口以外的所有接口泛洪出去。使用距离矢量路由协议的路由器需要处理每个路由更新，并且在更新完路由表后才能将更新从路由器接口泛洪出去，即使对触发更新也是如此。因此链路状态路由协议可更快达到收敛状态。不过 EIGRP 是一个明显的例外。

另一个快速收敛的原因是没有抑制计时器，这是距离矢量路由协议的特性，用来提供网络收敛时间。链路状态路由协议不使用抑制计时器，因为在整个路由域内，拓扑的任何变化都可以用 LSP 立刻泛洪出去。

三、事件驱动更新

在初始 LSP 泛洪之后，链路状态路由协议仅在拓扑发生改变时才发出 LSP。该 LSP 仅包含受影响链路的信息。与某些距离矢量路由协议不同的是，链路状态路由协议不会定期发送更新。

注 OSPF 路由器会每隔 30 分钟泛洪其自身的链路状态。这称为*强制更新*，将在后面的章节中讨论。而且，并非所有距离矢量路由协议都定期发送更新。RIP 和 IGRP 会定期发送更新，但 EIGRP 不会。

四、层次式设计

链路状态路由协议，如 OSPF 和 IS-IS 使用了区域的概念。多个区域形成了层次化的网络结构，这有利于路由聚合（汇总），还便于将路由问题隔离在一个区域内。多区域 OSPF 和 IS-IS 将在 CCNP 课程中进一步讨论。

链路状态路由协议的优点总结如下：

- 每台路由器自行创建网络拓扑图以确定最短路径。
- 立即泛洪，实现更快收敛。
- 仅当拓扑变化时才发送 LSP，而且仅包含变化的信息。
- 多区域环境中采用了层次式设计。

10.4.2 链路状态路由协议的要求

现代链路状态路由协议设计旨在尽量降低对内存、CPU 和带宽的影响。使用并配置多个区域可减小链路状态数据库。划分多个区域还可限制在路由域内泛洪的链路状态信息的数量，并可仅将 LSP 发送给所需的路由器。

例如，当拓扑发生变化时，仅处于受影响区域的那些路由器会收到 LSP 并运行 SPF 算法。这有助于将不稳定的链路隔离在路由域中的特定区域内。如图 10-13 所示，有 3 个独立的路由域：区域 1、区域 0 和区域 51。

如果区域 51 内的一个网络发生故障，包含此故障链路的相关信息的 LSP 仅会泛洪给该区域内的其他路由器。仅区域 51 内的路由器需要更新其链路状态数据库，重新运行 SPF 算法，创建新的 SPF 树，并更新其路由表。其他区域内的路由器也会获悉此路由器发生了故障，但这是通过一种特殊的链路状态数据包来实现。路由器接收到这种数据包时，无需重新运行 SPF 算法，即可直接更新其路由表。其他区域内的路由器可以直接更新其路由表。

注　　多区域 OSPF 和 IS-IS 将在 CCNP 课程中讨论。

一、内存要求

与距离矢量路由协议相比，链路状态路由协议通常需要占用更多的内存、CPU 处理时间和带宽。对内存的要求源于链路状态数据库的使用和创建 SPF 树的需要。

二、处理器要求

与距离矢量路由协议相比，链路状态路由协议可能还需要占用更多的 CPU 处理时间。与 Bellman-Ford 等距离矢量算法相比，SPF 算法需要更多的 CPU 处理时间，因为链路状态路由协议会创建完整的拓扑图。

三、带宽要求

链路状态数据包泛洪会对网络的可用带宽产生负面影响。这应该只出现在路由器初始启动过程中，但在不稳定的网络中也可能导致问题。

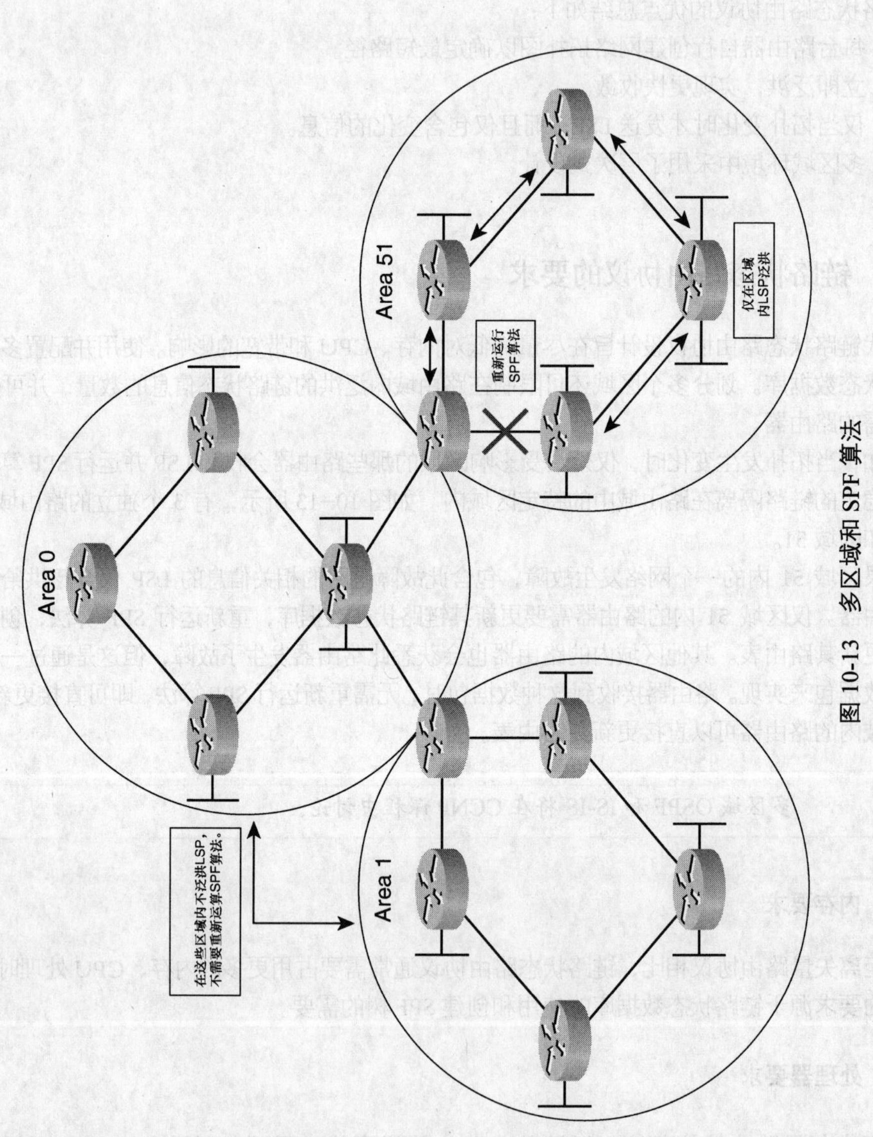

图 10-13 多区域和 SPF 算法

10.4.3 链路状态路由协议比较

如今，用于 IP 路由的链路状态路由协议有如下两种。

- 开放最短路径优先（OSPF）：OSPF 由 IETF（Internet 工程任务组）的 OSPF 工作组设计，该组织如今仍然存在。OSPF 的开发始于 1987 年，如今正在使用的有如下两个版本。
  - OSPFv2：用于 IPv4 网络的 OSPF（RFC 1247 和 RFC 2328）；
  - OSPFv3：用于 IPv6 网络的 OSPF（RFC 2740）。

OSPF 的大部分工作由 John Moy 完成，大多数有关 OSPF 的 RFC 都是他写的。他的著作《OSPF, Anatomy of an Internet Routing Protocol》提供了有关 OSPF 开发的富有趣味的见解。

> 注　OSPF 将在下一章讨论。多区域 OSPF 和 OSPFv3 将在 CCNP 课程中讨论。

- 中间系统到中间系统（IS-IS）：IS-IS 由 ISO（国际标准化组织）设计的，在 ISO 10589 中论述。此路由协议的雏形由 DEC（Digital Equipment Corporation）开发，名为 DECnet Phase V，该 IS-IS 路由协议的首席设计师是 Radia Perlman。

IS-IS 最初是为 OSI 协议簇而非 TCP/IP 协议簇而设计的。后来，集成化 IS-IS，即双 IS-IS 添加了对 IP 网络的支持。尽管 IS-IS 路由协议一直主要供 ISP 和电信公司使用，但已有越来越多的企业开始使用 IS-IS。

OSPF 和 IS-IS 既有很多共同点，也有很多不同之处。有很多分别拥护 OSPF 和 IS-IS 的派别，它们从未停止过对双方优缺点的讨论和争辩。这两种路由协议都提供了必要的路由功能。您可在 CCNP 课程中进一步了解 IS-IS 和 OSPF，从而就双方孰优孰劣作出自己的判断。

> 注　OSP 将在下一章讨论。多区域 OSPF 和 OSPFv3 在 CCNP 中讨论。

10.5 总结

链路状态路由协议也称为最短路径优先协议，它基于 Edsger Dijkstra 的最短路径优先（SPF）算法。用于 IP 路由的链路状态路由协议有两种：OSPF（开放最短路径优先）协议和 IS-IS（中间系统到中间系统）协议。

链路状态路由过程可总结如下：

1. 每台路由器了解自己的直连网络。
2. 每台路由器负责“问候”直连网络中的邻居路由器。
3. 每台路由器创建一个链路状态数据包（LSP），其中包含与该路由器直连的每条链路的状态。
4. 每台路由器将 LSP 泛洪到所有邻居，然后邻居将收到的所有 LSP 存储到数据库中。
5. 每台路由器使用数据库构建一个完整的拓扑图并计算通向每个目的网络的最佳路径。最佳路径被添加到路由表中。这与最佳路径是否是唯一的路由来源有关。如果不是，具有最低管理距离的来源所提供的路由将可以进入路由表。

链路是路由器上的接口。链路状态是指有关接口的信息，包括接口的 IP 地址和子网掩码、网络类型、链路开销以及该链路上的邻居路由器。

每台路由器确定其自身的链路状态，并将该信息泛洪给该区域内的其他所有路由器。结果是，每台路由器构建一个链路状态数据库（LSDB），其中包含来自其他所有路由器的链路状态信息。所有路由器将拥有相同的 LSDB。每台路由器将使用 LSDB 中的信息运行 SPF 算法并创建一个 SPF 树，路由器位于树的根部。每条链路都与其他链路连通后，SPF 树即创建完成。这样，路由器即可自行确定通向树中每个网络的最佳路径，并将此最佳路径信息存储在其路由表中。

链路状态路由协议会为网络构建一个本地拓扑图，该拓扑图使每台路由器均可确定通向给定网络的最佳路径。仅当拓扑发生变化时，才会发送新的 LSP。当路由器上发生链路添加、删除或修改时，该路由器会将新的 LSP 泛洪给同一区域内的其他所有路由器。路由器收到新的 LSP 后，会更新其 LSDB，重新运行 SPF 算法，创建新的 SPF 树，并更新其路由表。

通常链路状态路由协议的收敛时间比距离矢量路由协议的收敛时间短。不过 EIGRP 是一个明显的例外。然而，链路状态路由协议对内存和 CPU 有着更高的要求，不过对于如今的新型路由器来说，这不是什么问题。

在本课程的下一章，即最后一章，你将学习链路状态路由协议 OSPF。

10.6 检查你的理解

完成下面所有的复习题来检测一下你对于本章中的主题和概念的理解。附录“检查你的理解和挑战性问题的答案”列出答案。

1. 哪个路由协议被认为是链路状态协议？
   A. RIPv1
   B. RIPv2
   C. EIGRP
   D. IS-IS
   E. BGP
2. 下面哪种机制用于链路状态路由协议构建和维护路由表？（选 3 项）
   A. 服务网络通告
   B. Hello 数据包
   C. 路由表广播
   D. 最短路径优先算法
   E. 生成树协议
3. 对每个特性，确定是与距离矢量路由协议相关还是与链路状态路由协议相关。
   硬件加速
   使用 Bellman-Ford 算法
   快速收敛
   使用定时更新
   构建完整拓扑
   有时被认为是“传闻路由”
   使用 Dijkstra 算法
4. 链路状态协议与距离矢量协议相比有哪些优势？
   A. 可以路由 IPX
   B. 用定期更新对路由持续检查
   C. 更快的收敛速度

D. 更低的硬件需求

5. 为什么链路状态协议比大多数距离矢量协议更快收敛？

A. 距离矢量协议发送路由更新之前先计算路由表，而链路状态协议不这样

B. 链路状态协议比距离矢量协议有更低的计算量

C. 链路状态协议比距离矢量协议更频繁地发送更新

D. 每个更新期间，距离矢量协议比链路状态协议接收的数据包更多

6. 参考图 10-14，如果所有路由器使用链路状态路由协议，路由器 A 向那台路由器发送 Hello 数据包？

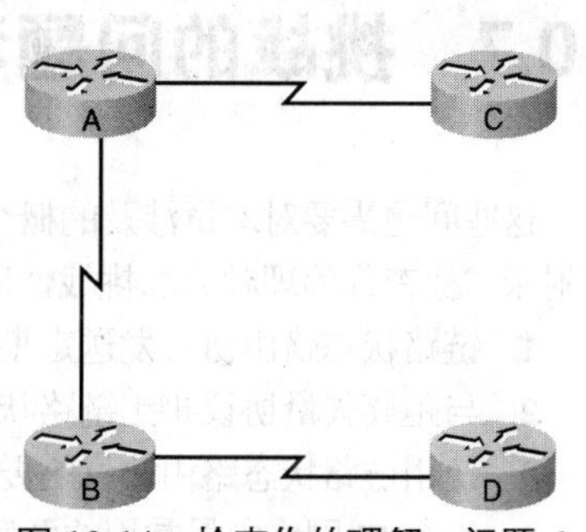

图 10-14 检查你的理解，问题 6

A. B、C

B. B、C、D

C. 仅 DR

D. 仅 DR 和 BDR

7. 链路状态路由器发给邻居的 LSP 中包含什么信息？

A. 路由表的拷贝

B. 拓扑数据库的拷贝

C. 直连链路状态

D. 当前 SPF 树的版本

8. 与距离矢量协议相比链路状态协议的缺点是什么？

A. 收敛慢

B. 平的网络拓扑

C. 定期更新

D. 高的处理器要求

9. 两台 OSPF 路由器已经交换了 Hello 数据包并形成邻接关系，下一步发生什么？

A. 他们互相广播完整的路由表

B. 将开始发送链路状态数据包

C. 他们将协商确定 OSPF 域的根路由器

D. 它们将调整 Hello 时间以防互相干扰

10. 路由器如何学到有关直连网络的信息？

A. 当管理员配置静态路由时

B. 当管理员配置动态路由协议时

C. 当管理员为接口配置 IP 地址和子网掩码时

D. 当在某个指定接口发现广播地址时

11. 为什么说距离矢量路由协议像指路信号？

12. 为什么说链路状态路由协议像地图？

13. 链路状态路由协议使用什么算法？

14. 在链路状态路由术语中，什么是链路？

15. 在链路状态路由术语中，什么是链路状态？

16. 在链路状态路由术语中，什么是邻居，如何发现邻居？

17. 链路状态泛洪过程是什么？最后的结果是什么？

18. LSP 存储在哪里，如何被使用？

10.7 挑战的问题和实践

这些问题需要对本章涉及的概念有更深入的了解，并且问题的形式类似于 CCNA 认证考试。你可在附录“检查你的理解力和挑战性问题的答案”中找到答案。

1. 链路状态路由协议发送定期更新吗？
2. 与距离矢量协议相比链路状态协议的优点是什么？
3. 使用链路状态路由协议的要求是什么？什么可以帮助减少这种要求？
4. 当今 IP 网络中最常用的两种链路状态路由协议是什么？

10.8 知识拓展

推荐书籍

理解 SPF 算法不是一件难事。有几本不错的书籍以及许多在线资源均对 Dijkstra 算法及其在网络中的应用作了阐述。还有些网站专门致力于解释这些算法的工作原理。请寻找一些资源并熟悉此算法的原理。

下面推荐一些资源：

- 《Interconnections, Bridges, Routers, Switches, and Internetworking Protocols》，Radia Perlman 著。
- 《Cisco IP Routing》，Alex Zinin 著。
- 《Routing the Internet》，Christian Huitema 著。

课堂模拟

有一个练习有助于理解 SPF 算法，该练习需由教室中的学生使用一组索引卡来完成。每个学生得到 4 张一组的卡片，并在第一张卡片上写下自己的名字和坐在自己左边的同学的名字。如果其左边没有同学，则写下“无”。然后在第二张卡片上写下自己的名字和右边同学的名字。同理，在接下来的两张卡片上分别写下前排和后排同学的名字。这些索引卡代表链路状态信息。

例如，Teri 拥有 4 张一组的卡片，并写下了下列信息：

- Teri→Jen；
- Teri→Pat；
- Teri→Rick；
- Teri→Allan。

等教室内的所有学生写完卡片后，教师收起所有的索引卡片。这相当于链路状态泛洪过程。那一叠索引卡片即相当于链路状态数据库。在网络中，所有路由器应该拥有这样相同的链路状态数据库。

教师拿起每张卡片，并将卡片上的学生名字和邻居学生的名字列在黑板上，名字之间用线连接。将所有的索引卡抄写到黑板上后，将形成教室内的学生位置分布图。为简易起见，教师应该按照学生在教室内的相对位置（例如 Jen 坐在 Teri 的左边）来安排名字的位置。这相当于由链路状态路由协议创建的 SPF 树。

利用黑板上的拓扑图，教师即可知道通向教室内各个学生的所有路径。

第 11 章 OSPF

11.1 学习目标

完成本章的学习，你应能回答以下问题：

- OSPF 的历史和背景是什么？
- OSPF 的基本特性是什么？
- 你能描述、修改和计算 OSPF 的度量吗？
- 在多路访问网络中，指定路由器和备份指定路由器的过程是什么？
- 在 OSPF 中如何使用 **default-information originate** 命令配置和传输默认路由？

11.2 关键术语

本章使用如下关键术语。你可以在术语表中找到定义。

数据库描述（DBD）
链路状态请求（LSR）
链路状态更新（LSU）
链路状态通告（LSA）
链路状态确认（LSAck）
多路访问网络
非广播型多路访问（NBMA）
指定路由器（DR）
备份指定路由器（BDR）
其他 OSPF 路由器
OSPF 区域
链路不稳
SPF *计划延迟*
自治系统边界路由器（ASBR）

开放最短路径优先（OSPF）协议是一种链路状态路由协议，旨在替代距离矢量路由协议 RIP（见图 11-1）。

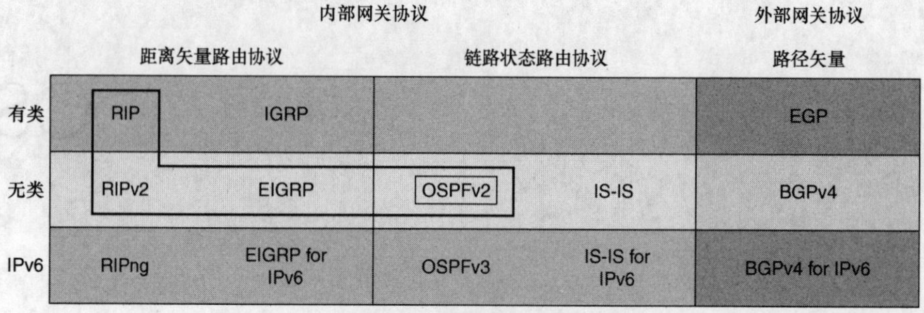

	内部网关协议				外部网关协议
	距离矢量路由协议		链路状态路由协议		路径矢量
有类	RIP	IGRP			EGP
无类	RIPv2	EIGRP	OSPFv2	IS-IS	BGPv4
IPv6	RIPng	EIGRP for IPv6	OSPFv3	IS-IS for IPv6	BGPv4 for IPv6

图 11-1 路由协议分类

RIP 在早期的网络和 Internet 中可满足要求，但它将跳数作为选择最佳路由的唯一标准，因此在需要更健全的路由解决方案的大型网络中，它很快变得难以为继。OSPF 是一种无类路由协议，它使用区域概念实现可扩展性。RFC 2328 将 OSPF 度量定义为一个独立的值，该值称为开销。思科 IOS 使用带宽作为 OSPF 开销度量。

OSPF 相对于 RIP 的主要优点在于迅捷的收敛速度和适于大型网络实施的可扩展性。在路由协议和概念课程的最后一章中，将学习基本的单区域 OSPF 实施和配置。更复杂的 OSPF 配置和概念留待 CCNP 课程中学习。

11.3 OSPF 简介

本节介绍本章中使用的一些概念和协议。其中一些，如 Hello 协议在本章的后续部分有更详细的讨论。所有主题在 CCNP 中有更详细描述。

11.3.1 OSPF 背景

Internet 工程任务组（IETF）的 OSPF 工作组于 1987 年着手开发 OSPF。当时，Internet 基本上是由美国政府资助的学术研究网络。

1989 年，OSPFv1 规范在 RFC 1131 中发布，具有两个版本：一个在路由器上运行，另一个在 UNIX 工作站上运行。后一个版本后来成为一个广泛应用的 UNIX 进程，也就是 GATED。OSPFv1 是一种实验性的路由协议，未获得实施。

1991 年，OSPFv2 由 John Moy 在 RFC 1247 中引入。OSPFv2 在 OSPFv1 基础上提供了重大的技术改进。与此同时，国际标准化组织（ISO）也正在开发自己的链路状态路由协议——中间系统到中间系统（IS-IS）协议。IETF 理所当然地选择 OSPF 作为其推荐的 IGP（内部网关协议）。

1998 年，OSPFv2 规范在 RFC 2328 中得以更新，也就是 OSPF 的现行 RFC 版本。OSPF v2，可在网站http://www.ietf.org/rfc/rfc2328查到。

注　1999 年，用于 IPv6 的 OSPFv3 在 RFC 2740 中发布，RFC 2740 由 John Moy、Rob Coltun 和 Dennis Ferguson 共同编写。OSPFv3 的内容将在 CCNP 课程中论述。

11.3.2 OSPF 消息封装

OSPF 消息的数据部分封装在数据包内。此数据字段可能包含 5 种 OSPF 数据包类型之一。下一主题将简要介绍每种数据包类型。

图 11-2 显示了封装在以太网帧中的 OSPF 消息。

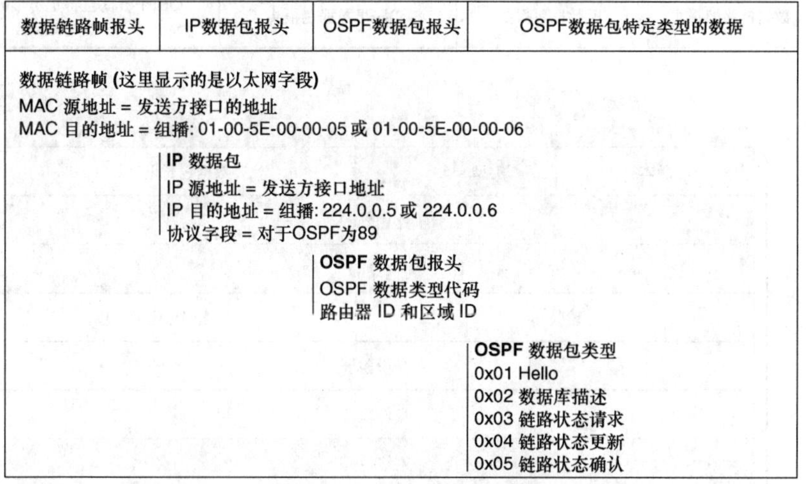

图 11-2　封装的 OSPF 消息

无论哪种类型的 OSPF 数据包，都具有 OSPF 数据包报头。随后，OSPF 数据包报头和数据包特定类型的数据被封装到 IP 数据包中。在该 IP 数据包报头中，协议字段被设为 89 以代表 OSPF，目的地址则被设为以下两个组播地址之一：224.0.0.5 或 224.0.0.6。如果 OSPF 数据包被封装在以太网帧内，则目的 MAC 地址也是一个组播地址：01-00-5E-00-00-05 或 01-00-5E-00-00-06。

11.3.3 OSPF 数据包类型

在前面的章节中，您已经学习了链路状态数据包（LSP）。下面列出 OSPF LSP 的 5 种类型。这只是这些数据包的概述。本章后续部分将再次讨论，而在 CCNP 中会详细描述每种数据包。在 OSPF 路由过程中，每种数据包都发挥着各自的作用。

- Hello：Hello 数据包用于与其他 OSPF 路由器建立和维持邻接关系。Hello 协议将在下一主题中详细讨论。
- DBD：***数据库描述（DBD）***数据包包含发送方路由器的链路状态数据库的简略列表，接收方路由器使用本数据包与其本地链路状态数据库对比。
- LSR：接收方路由器可以通过发送***链路状态请求（LSR）***数据包来请求 DBD 中任何条目的更详细信息。
- LSU：***链路状态更新（LSU）***数据包用于回复 LSR 和通告新信息。LSU 包含 7 种类型的***链路状态通告（LSA）***。LSU 和 LSA 将在下一主题中简略讨论。
- LSAck：路由器收到 LSU 后，会发送一个***链路状态确认（LSAck）***数据包来确认接收到了 LSU。

11.3.4 Hello 协议

图 11-3 显示 OSPF 数据包报头和 Hello 数据包。我们将在本章后续内容中更加详细地论述高亮字

段。现在，我们着重关注 Hello 数据包的用法。

第一种类型的 OSPF 数据包是 OSPF Hello 数据包。Hello 数据包用于以下几方面。

- 发现 OSPF 邻居并建立邻接关系。
- 通告两台路由器建立邻接关系所必需统一的参数。
- 在以太网和帧中继网络等*多路访问网络*中选择指定路由器（DR）和备份指定路由器（BDR）。

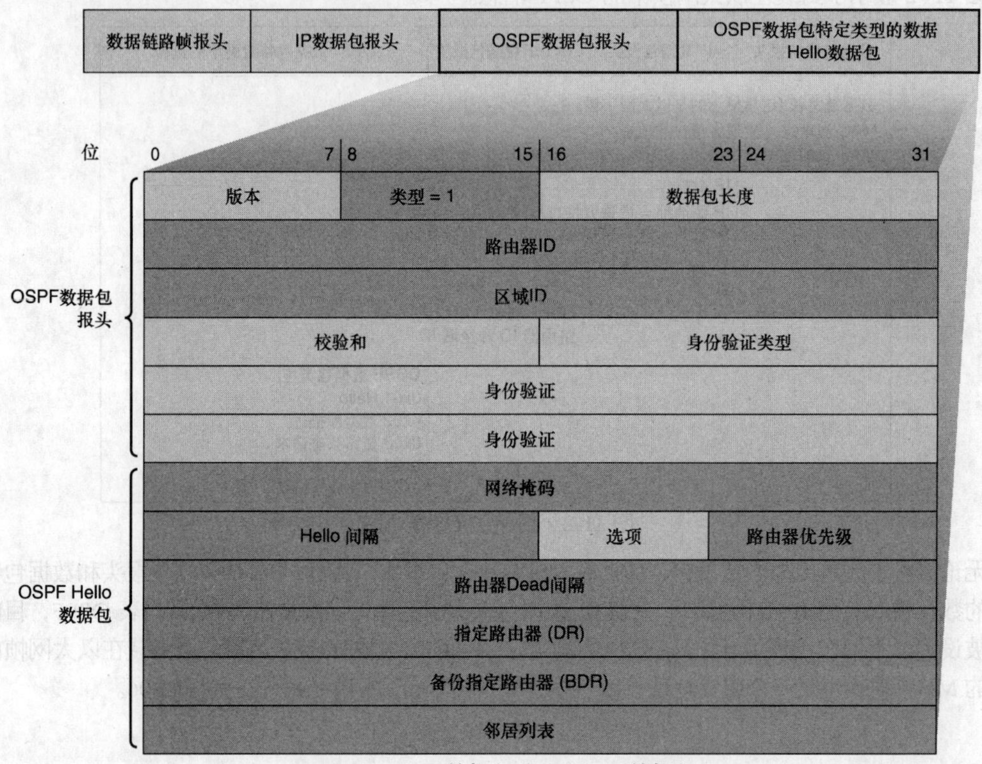

图 11-3 OSPF 数据包头和 Hello 数据包

图中所示的重要字段包括如下几项。

- **类型**：OSPF 数据包类型分为 Hello（类型 1）、DBD（类型 2）、LS 请求（类型 3）、LS 更新（类型 4）、LS 确认（类型 5）。
- **路由器 ID**：始发路由器的 ID。
- **区域 ID**：数据包的始发区域。
- **网络掩码**：与发送方接口关联的子网掩码。
- **Hello 间隔**：发送 Hello 数据包之间的秒数。
- **路由器优先级**：用于 DR/BDR 选择（稍后讨论）。
- **指定路由器（DR）**：DR 的路由器 ID（如果有的话）。
- **备份指定路由器（BDR）**：BDR 的路由器 ID（如果有的话）。
- **邻居列表**：列出相邻路由器的 OSPF 路由器 ID。

一、建立邻居

在 OSPF 路由器可将其链路状态泛洪给其他路由器之前，必须确定在其每个链路上是否存在其他 OSPF 邻居。在图 11-4 中，OSPF 路由器正在通过所有启用了 OSPF 的接口发送 Hello 数据包，以确定哪些链路上存在邻居。

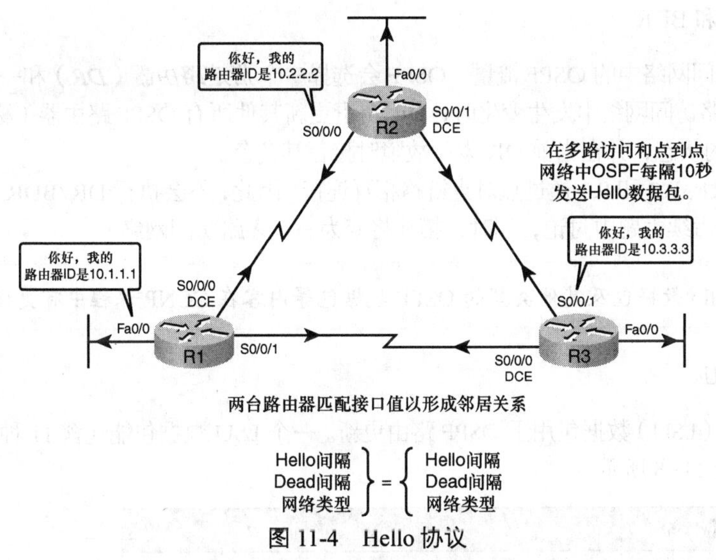

图 11-4　Hello 协议

OSPF Hello 数据包中的信息包括发送方路由器的 OSPF 路由器 ID（路由器 ID 将在本章后续部分中讨论）。如果通过一个接口收到 OSPF Hello 数据包，即可确认该链路上存在另一台 OSPF 路由器。随后，OSPF 即与该邻接建立邻接关系。虽然路由器还不是完全邻接关系，但此时，路由器已注意到链路上的其他路由器。例如，在图 11-4 中，R1 将与 R2 和 R3 建立邻接关系。

完全邻接关系在路由器交换必要的 LSU 并具有相同的链路状态数据库后建立。更深入的过程在 CCNP 中讲述。

二、OSPF Hello 间隔和 Dead 间隔

两台路由器在建立 OSPF 邻接关系之前，必须统一 3 个值：Hello 间隔、无效间隔和网络类型。OSPF Hello 间隔表示 OSPF 路由器发送其 Hello 数据包的频度。默认情况下，在多路访问网段和点对点网段中每 10 秒发送一次 OSPF Hello 数据包，而在***非广播多路访问（NBMA）***网段（帧中继、X.25 或 ATM）中则每 30 秒发送一次 OSPF Hello 数据包。

在多数情况下，OSPF Hello 数据包都会通过组播发送给 ALLSPFRouters 的专用地址 224.0.0.5。源路由器可以节约 CPU 处理时间，而网络带宽也由于发送一个数据包到所有目的取代了发送数据包到每个目的而节省。接收设备也可通过忽略不是给自己的数据包而节约 CPU 处理时间。由于组播既可以节约 CPU 处理时间又可以节省带宽，所以在像以太网这样的广播型网络中选用组播。如使用组播地址，设备的接口如果未启用为接收 OSPF 数据包，则会忽略这些数据包。这样可节省非 OSPF 设备的 CPU 处理时间。

Dead 间隔是路由器在宣告邻居进入 down（不可用）状态之前等待该设备发送 Hello 数据包的时长，单位为秒。思科所用的默认 Dead 间隔为 Hello 间隔的 4 倍。对于多路访问网段和点对点网段，此时长为 40 秒；而对于 NBMA 网络，则为 120 秒。

如果 Dead 间隔已到期，而路由器仍未收到邻居发来的 Hello 数据包，则会从其链路状态数据库中删除该邻居。路由器会将该邻居连接断开的信息通过所有启用了 OSPF 的接口以泛洪的方式发送出去。

网络类型将在本章后续部分加以论述。

注　两台路由器能够建立 OSPF 邻接关系之前，两台路由器的这两个接口也必须在同一个网络，要有相同的子网掩码。

三、选择DR和BDR

为减小多路访问网络中的OSPF流量，OSPF会选择一个***指定路由器（DR）***和一个***备份指定路由器（BDR）***。当多路访问网络中发生变化时，DR负责更新其他所有OSPF路由器（称为DROther）。BDR会监控DR的状态，并在当前DR发生故障时接替其角色。

图11-4中，R1、R2和R3通过点对点链路相互连接。因此，不会执行DR/BDR选择。DR/BDR选择及其过程将在后续主题中讨论，届时，拓扑将变为一个多路访问网络。

注　Hello数据包及其他类型的OSPF数据包等内容在CCNP课程中有更详细的论述。

四、OSPF LSU

链路状态更新（LSU）数据包用于OSPF路由更新。一个LSU数据包能包含11种类型的链路状态通告（LSA），如图11-5所示。

类型	数据包名称	说明
1	Hello	发现邻居并与其建立邻接关系
2	DBD	在路由器间检查数据库同步情况
3	LSR	由一台路由器发往另一台路由器请求特定的链路状态记录
4	LSU	发送所请求的特定链路状态记录
5	LSAck	确认其他数据包类型

LSA类型	说明
1	路由器LSA
2	网络LSA
3或4	汇总LSA
5	自治系统外部LSA
6	组播OSPF LSA
7	专为次末节区域而定义
8	用于边界网关协议(BGP)的外部属性LSA
9、10、11	不透明LSA

缩写LSA和LSU经常互换使用。
一个LSU包含一个或多个LSA。
LSA包含目的网络的路由信息。
LSA将在CCNP中讨论。

图11-5　LSU包含LSA

术语“链路状态更新（LSU）”和“链路状态通告（LSA）”之间的差异有时较难分清。有时，它们可以互换使用。一个LSU包含一个或多个LSA，这两个术语中的任何一个都可用于表示由OSPF路由器传播的链路状态信息。

注　LSA的不同类型将在CCNP课程中加以论述。

五、OSPF算法

图11-6显示了OSPF获取链路状态信息构建路由表的过程，在第10章“链路状态路由协议”中已经讨论过。

每台OSPF路由器都会维持一个链路状态数据库，其中包含来自其他所有路由器的LSA。一旦路由器收到所有 LSA 并建立其本地链路状态数据库，OSPF 就会使用 Dijkstra 的最短路径优先（SPF）算法创建一个 SPF 树。随后，将根据 SPF 树，使用通向每个网络的最佳路径填充 IP 路由表。

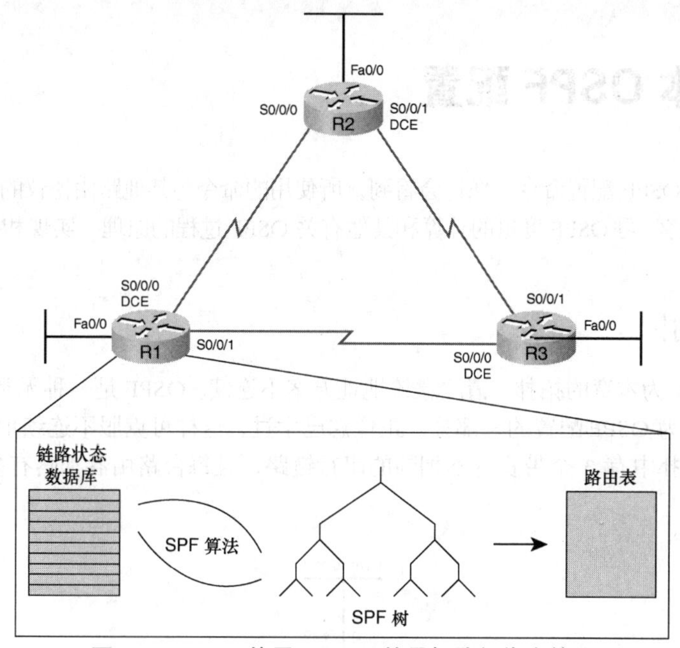

图 11-6 OSPF 使用 Dijkstra 的最短路径优先算法

六、管理距离

您在第 3 章 “动态路由协议介绍” 中已了解，管理距离（AD）是路由来源的可信度（即优先程度）。OSPF 的默认管理距离为 110。如表 11-1 所示，与其他内部网关协议（IGP）相比，OSPF 比 IS-IS 和 RIP 优先。

表 11-1 默认管理距离

路由来源	AD	路由来源	AD
直连	0	OSPF	110
静态	1	IS-IS	115
EIGRP 汇总路由	5	RIP	120
外部 BGP	20	外部 EIGRP	170
内部 EIGRP	90	内部 BGP	200
IGRP	100		

七、验证

如前面的章节所述，配置路由协议以使用身份验证的过程将在后续课程中讨论。与其他路由协议一样，OSPF 也可进行身份验证配置。

对传输的路由信息进行身份验证是好的做法。RIPv2、EIGRP、OSPF、IS-IS 和 BGP 均可配置为对其路由信息进行加密和身份验证。此做法可确保路由器仅接受配置有相同的口令和身份验证信息的其他路由器所发来的路由信息。

注 身份验证不会加密路由器的路由表。

11.4 基本 OSPF 配置

本节讨论基本 OSPF 配置命令。您将会看到，所使用的命令与其他路由协议的命令没有太多的不同。本章的后面，将学习 OSPF 度量的计算和其他有关 OSPF 过程的原理、实现和排错等关键问题。

11.4.1 实验拓扑

图 11-7 所显示为本章的拓扑。请注意该地址方案不连续。OSPF 是一种无类路由协议。因此，我们将配置掩码作为 OSPF 配置的一部分。正像您已学过，这样可克服不连续地址所带来的问题。还请注意，在本拓扑中有 3 个带宽各不相同的串行链路，且每台路由器都具有多条路径通向远程网络。

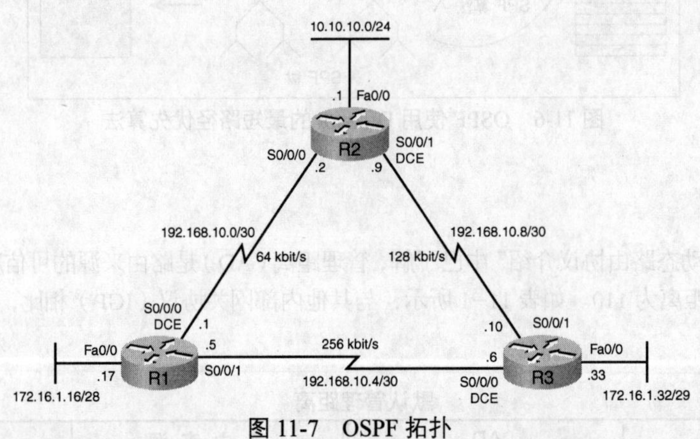

图 11-7 OSPF 拓扑

表 11-2 显示为拓扑中使用的编址结构。示例 11-1、11-2 和 11-3 是路由器 R1、R2、R3 的初始配置。

表 11-2 OSPF 地址表

设备	接口	IP 地址	子网掩码
R1	Fa0/0	172.16.1.17	255.255.255.240
	S0/0/0	192.168.10.1	255.255.255.252
	S0/0/1	192.168.10.5	255.255.255.252
R2	Fa0/0	10.10.10.1	255.255.255.0
	S0/0/0	192.168.10.2	255.255.255.252
	S0/0/1	192.168.10.9	255.255.255.252
R3	Fa0/0	172.16.1.33	255.255.255.248
	S0/0/0	192.168.10.6	255.255.255.252
	S0/0/1	192.168.10.10	255.255.255.252

示例 11-1 R1 初始配置

```
R1#show startup-config

Current configuration : 1344 bytes
!
<some output omitted>
!
hostname R1
!
!
!
interface FastEthernet0/0
 description R1 LAN
 ip address 172.16.1.17 255.255.255.240
!
interface Serial0/0/0
 description Link to R2
 ip address 192.168.10.1 255.255.255.252
 clock rate 64000
!
interface Serial0/0/1
 description Link to R3
 ip address 192.168.10.5 255.255.255.252
!
end
```

示例 11-2 R2 初始配置

```
R2#show startup-config

Current configuration : 1343 bytes
!
<some output omitted>
!
hostname R2
!
!
!
interface FastEthernet0/0
 description R2 LAN
 ip address 10.10.10.1 255.255.255.0
!
interface Serial0/0/0
description Link to R1
ip address 192.168.10.2 255.255.255.252
!
interface Serial0/0/1
 description Link to R3
 ip address 192.168.10.9 255.255.255.252
 clock rate 64000
!
end
```

示例 11-3 R3 初始配置

```
R3#show startup-config

Current configuration : 1342 bytes
```

（待续）

```
!
<some output omitted>
!
hostname R3
!
interface FastEthernet0/0
 description R3 LAN
 ip address 172.16.1.33 255.255.255.248
!
interface Serial0/0/0
 description Link to R1
 ip address 192.168.10.6 255.255.255.252
 clockrate 64000
!
interface Serial0/0/1
 description Link to R2
 ip address 192.168.10.10 255.255.255.252
!
end
```

这些配置中的 **clock rate** 命令仅用于为串行链路提供一个信号。仅为实验用，实际链路中不必要。

目前的配置中不包括 **interface bandwidth** 命令。这意味着串行接口的带宽值都设置为默认值1544kbit/s。

11.4.2 router ospf 命令

OSPF 通过 **router ospf** *process-id* 全局配置命令启用。

```
R1(config)#router ospf 1
R1(config-router)#
```

process-id 是一个介于 1 到 65535 之间的数字，由网络管理员选定。进程 ID 仅在本地有效，这意味着路由器之间建立邻接关系时无需匹配该值。这一点与 EIGRP 不同。EIGRP 进程 ID（即自治系统编号）必须匹配，两个 EIGRP 邻居才能建立邻接关系。

在我们的拓扑中，将使用相同的进程 ID 1 在全部 3 台路由器上启用 OSPF。之所以使用相同的进程 ID，只是为了取得一致。

11.4.3 network 命令

OSPF 中的 **network** 命令与其他 IGP 路由协议中的 **network** 命令具有相同的功能：

- 路由器上任何符合 network 命令中的网络地址的接口都将启用，可发送和接收 OSPF 数据包。
- 此网络（或子网）将被包括在 OSPF 路由更新中。

network 命令在路由器配置模式中使用：

```
Router(config-router)#network network-address wildcard-mask area area-id
```

OSPF **network** 命令所用的 *network-address* 和 *wildcard-mask* 参数与 EIGRP 所用的参数相似，不同的是，OSPF 需要通配符掩码。网络地址和通配符掩码一起，用于指定此 **network** 命令启用的接口或接口范围。

就像在 EIGRP 中一样，通配符掩码可配置为子网掩码的反码。例如，R1 的 FastEthernet 0/0 接口位于 172.16.1.16/28 网络中。此接口的子网掩码为/28，即 255.255.255.240。该子网掩码的反码即为通配符掩码。

```
255.255.255.255
- 255.255.255.240 减去子网掩码
-----------------
  0. 0. 0. 15 通配符掩码
```

注　某些思科 IOS 版本的 OSPF 与 EIGRP 一样，只需输入子网掩码，而不用通配符掩码。随后，思科 IOS 会将子网掩码转换为通配符掩码格式。

area *area-id* 指 ***OSPF 区域***。OSPF 区域是共享链路状态信息的一组路由器。相同区域内的所有 OSPF 路由器的链路状态数据库中必须具有相同的链路状态信息，这通过路由器将各自的链路状态泛洪给该区域内的其他所有路由器来实现。在本章中，我们将配置一个区域内的所有 OSPF 路由器，这称为***单区域 OSPF***。

OSPF 网络也可配置为多区域。将大型 OSPF 网络配置为多区域有很多好处，例如，可减小链路状态数据库，还可以将不稳定的网络问题隔离在一个区域之内。多区域 OSPF 是 CCNP 课程中的内容。

如果所有路由器都处于同一个 OSPF 区域，则必须在所有路由器上使用相同的区域 ID 来配置 network 命令。尽管可使用任何区域 ID，但比较好的做法是在单区域 OSPF 中使用区域 ID 0。此惯例便于以后将该网络配置为多个 OSPF 区域，从而使区域 0 变成主干区域。

示例 11-4 所示为在所有 3 台路由器的所有接口上启用 OSPF 时所用的 network 命令。此时，所有路由器应该能够成功地 ping 通所有网络。

示例 11-4　配置 OSPF 网络

```
R1(config)#router ospf 1
R1(config-router)#network 172.16.1.16 0.0.0.15 area 0
R1(config-router)#network 192.168.10.0 0.0.0.3 area 0
R1(config-router)#network 192.168.10.4 0.0.0.3 area 0
R2(config)#router ospf 1
R2(config-router)#network 10.10.10.0 0.0.0.255 area 0
R2(config-router)#network 192.168.10.0 0.0.0.3 area 0
R2(config-router)#network 192.168.10.8 0.0.0.3 area 0
R3(config)#router ospf 1
R3(config-router)#network 172.16.1.32 0.0.0.7 area 0
R3(config-router)#network 192.168.10.4 0.0.0.3 area 0
R3(config-router)#network 192.168.10.8 0.0.0.3 area 0
```

11.4.4 OSPF 路由器 ID

OSPF 的路由器 ID 在 OSPF 中扮演重要角色。本节讨论路由器 ID 的确定和配置。在本章后面，将会看到在 DR 和 BDR 过程中如何使用路由器 ID。

一、确定路由器 ID

OSPF 路由器 ID 用于唯一标识 OSPF 路由域内的每台路由器。一个路由器 ID 其实就是一个 IP 地址。思科路由器按下列顺序根据下列 3 个条件确定路由器 ID：

1. 使用通过 OSPF router-id 命令配置的 IP 地址。
2. 如果未配置路由器 ID，则路由器会选择其所有环回接口的最高 IP 地址。
3. 如果未配置环回接口，则路由器会选择其所有物理接口的最高活动 IP 地址。

二、最高活动 IP 地址

如果 OSPF 路由器未使用 OSPF router-id 命令进行配置，也未配置环回接口，则其 OSPF 路由器

ID 将是其所有接口上的最高活动 IP 地址。该接口并不需要启用 OSPF，就是说不需要将其包括在 OSPF **network** 命令中。然而，该接口必须活动，即它必须处于工作（up）状态。

通过上述条件，您能使用图 11-7 中的拓扑和表 11-2 中的 IP 地址来确定 R1、R2 和 R3 的路由器 ID 吗？

三、检验路由器 ID

因为我们未在这 3 台路由器上配置路由器 ID 和环回接口，所以每台路由器的路由器 ID 通过列表中的第三个条件确定：路由器的所有物理接口的最高活动 IP 地址。如图 11-7 所示，每台路由器的路由器 ID 如下所示。

- R1：192.168.10.5，该地址比 172.16.1.17 和 192.168.10.1 高
- R2：192.168.10.9，该地址比 10.10.10.1 和 192.168.10.2 高
- R3：192.168.10.10，该地址比 172.16.1.33 和 192.168.10.6 高

你可用于验证路由器 ID 的一个命令为 **show ip protocols**。某些思科 IOS 版本并不像示例 11-5 中所示那样显示路由器 ID。在这些情况下，请使用 **show ip ospf** 或 **show ip ospf interface** 命令检验路由器 ID。

示例 11-5 用 show ip protocols 命令验证路由器 ID

```
R1#show ip protocols
Routing Protocol is "ospf 1"
  Outgoing update filter list for all interfaces is not set
  Incoming update filter list for all interfaces is not set
  Router ID 192.168.10.5
  Number of areas in this router is 1. 1 normal 0 stub 0 nssa
<output omitted>
R2#show ip protocols
Routing Protocol is "ospf 1"
  Outgoing update filter list for all interfaces is not set
  Incoming update filter list for all interfaces is not set
  Router ID 192.168.10.9
  Number of areas in this router is 1. 1 normal 0 stub 0 nssa
<output omitted>
R3#show ip protocols
Routing Protocol is "ospf 1"
  Outgoing update filter list for all interfaces is not set
  Incoming update filter list for all interfaces is not set
  Router ID 192.168.10.10
  Number of areas in this router is 1. 1 normal 0 stub 0 nssa
<output omitted>
```

四、环回地址

如果未使用 OSPF **router-id** 命令，但配置了环回接口，则 OSPF 将选择其所有环回接口的最高 IP 地址。环回地址是一种虚拟接口，配置后即自动处于工作状态。你已经学过用于配置环回接口的命令：

```
Router(config)#interface loopback number
Router(config-if)#ip address ip-address subnet-mask
```

所有 3 台路由器均配置有环回地址以代表 OSPF 路由器 ID。图 11-8 显示了向拓扑中添加环回接口，示例 11-6 为 3 台路由器上环回接口的配置。

示例 11-6 配置环回接口

```
R1(config)#interface loopback 0
R1(config-if)#ip address 10.1.1.1 255.255.255.255
R2(config)#interface loopback 0
R2(config-if)#ip address 10.2.2.2 255.255.255.255
R3(config)#interface loopback 0
R3(config-if)#ip address 10.3.3.3 255.255.255.255
```

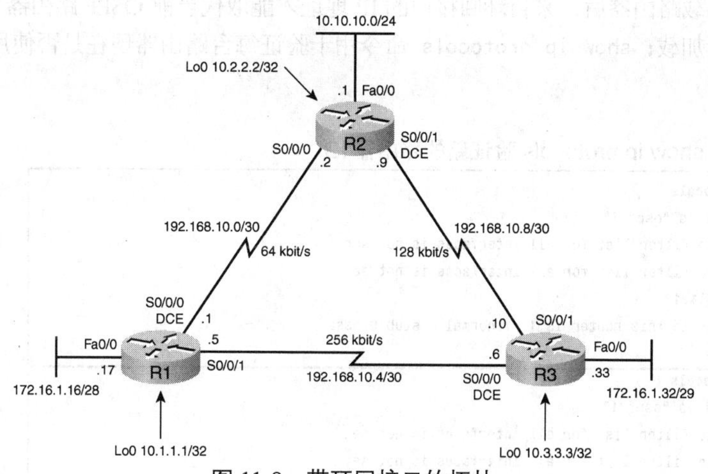

图 11-8 带环回接口的拓扑

使用环回接口的优点在于，不会像物理接口那样发生故障。环回接口无需依赖实际电缆和相邻设备即可处于工作状态。因此，使用环回地址作为路由器 ID 给 OSPF 过程带来了稳定性。因为 OSPF `router-id` 命令，是最近刚加入到思科 IOS 中的，所以使用环回地址来配置 OSPF 路由器 ID 的现象很常见。

五、OSPF router-id 命令

OSPF `router-id` 命令在思科 IOS 12.0（T）中引入，且在确定路由器 ID 时优先于环回接口和物理接口 IP 地址。命令语法为：

```
Router(config)#router ospf process-id
Router(config-router)#router-id ip-address
```

六、修改路由器 ID

路由器 ID 在使用第一个 OSPF `network` 命令配置 OSPF 时选定。如果配置了 OSPF `router-id` 命令或环回地址（在 OSPF `network` 命令之后），路由器 ID 将来自具有最高活动 IP 地址的接口。

路由器 ID 可使用 OSPF `router-id` 命令后的 IP 地址来修改，但必须通过重新加载路由器或使用下列命令才能实现：

```
Router#clear ip ospf process
```

注　使用新的环回接口或物理接口 IP 地址修改路由器 ID 可能需要重新加载路由器。

七、重复的路由器 ID

同一个 OSPF 路由域内的两台路由器具有相同的路由器 ID 时，将无法正常工作。如果两台邻居路由器的路由器 ID 相同，则无法建立邻居关系。当出现重复的 OSPF 路由器 ID 时，思科 IOS 将显示一条类似下列的消息：

```
%OSPF-4-DUP_RTRID1:Detected router with duplicate router ID
```

要纠正此问题，请配置所有路由器，使得每台路由器都具有唯一的 OSPF 路由器 ID。

因为某些思科 IOS 版本不支持 `router-id` 命令，所以我们将使用环回地址的方法分配路由器 ID。

通常只有在重新加载路由器后，来自环回接口的 IP 地址才能取代当前 OSPF 路由器 ID。在示例 11-7 中，路由器已重新加载；show ip protocols 命令用于验证每台路由器现在是否使用环回地址作为其路由器 ID。

示例 11-7 用 show ip protocols 验证新的路由器 ID

```
R1#show ip protocols
Routing Protocol is "ospf 1"
  Outgoing update filter list for all interfaces is not set
  Incoming update filter list for all interfaces is not set
  Router ID 10.1.1.1
  Number of areas in this router is 1. 1 normal 0 stub 0 nssa
<output omitted>
```

```
R2#show ip protocols
Routing Protocol is "ospf 1"
  Outgoing update filter list for all interfaces is not set
  Incoming update filter list for all interfaces is not set
  Router ID 10.2.2.2
  Number of areas in this router is 1. 1 normal 0 stub 0 nssa
<output omitted>
```

```
R3#show ip protocols
Routing Protocol is "ospf 1"
  Outgoing update filter list for all interfaces is not set
  Incoming update filter list for all interfaces is not set
  Router ID 10.3.3.3
  Number of areas in this router is 1. 1 normal 0 stub 0 nssa
<output omitted>
```

11.4.5 校验 OSPF

示例 11-8 中的 show ip ospf neighbor 命令可用于验证 OSPF 邻居关系并排除相应的故障。

示例 11-8 用 show ip ospf neighbor 命令验证邻居关系

```
R1#show ip ospf neighbor
Neighbor ID   Pri   State     Dead Time   Address        Interface
10.3.3.3        1   FULL/ -   00:00:30    192.168.10.6   Serial0/0/1
10.2.2.2        1   FULL/ -   00:00:33    192.168.10.2   Serial0/0/0
```

```
R2#show ip ospf neighbor
Neighbor ID   Pri   State     Dead Time   Address         Interface
10.3.3.3        1   FULL/ -   00:00:36    192.168.10.10   Serial0/0/1
10.1.1.1        1   FULL/ -   00:00:37    192.168.10.1    Serial0/0/0
```

```
R3#show ip ospf neighbor
Neighbor ID  Pri  State     Dead Time   Address        Interface
10.2.2.2       1  FULL/ -   00:00:34    192.168.10.9   Serial0/0/1
10.1.1.1       1  FULL/ -   00:00:38    192.168.10.5   Serial0/0/0
```

此命令为每个邻居显示下列输出。

- **Neighbor ID**：邻居路由器的路由器 ID。
- **Pri**：接口的 OSPF 优先级。这将在后续部分讨论。
- **State**：接口的 OSPF 状态。FULL 状态表明该路由器和其邻居具有相同的 OSPF 链路状态数据库。OSPF 状态在 CCNP 课程中讨论。
- **Dead Time**：路由器在宣告邻居进入 down（不可用）状态之前等待该设备发送 Hello 数据包所剩余的时间。此值在该接口收到 Hello 数据包时重置。
- **Address**：邻居用于与本路由器直连的接口的 IP 地址。

■ **Interface**：本路由器用于与该邻接建立邻接关系的接口。

当排除 OSPF 网络故障时，show ip ospf neighbor 命令可用于验证该路由器是否已与其邻居路由器建立邻接关系。如果未显示邻居路由器的路由器 ID，或未显示 FULL 状态，则表明两台路由器未建立 OSPF 邻接关系。如果两台路由器未建立邻居关系，则不会交换链路状态信息。链路状态数据库不完整会导致 SPF 树和路由表不准确。通向目的网络的路由可能不存在或不是最佳路径。

注　*在以太网等多路访问网络中，相邻的两台路由器可能将它们的状态显示为 2WAY。这将在后续部分讨论。*

在下列情况下，两台路由器不会建立 OSPF 邻接关系：

■ 子网掩码不匹配，导致该两台路由器分到处于不同的网络中。

■ OSPF Hello 计时器或 Dead 计时器不匹配。

■ OSPF 网络类型不匹配。

■ 存在信息缺失或不正确的 OSPF network 命令。

其他功能强大的 OSPF 故障排除命令包括：.

```
show ip protocols
show ip ospf
show ip ospf interface
```

在示例 11–9 中，show ip protocols 命令可用于快速验证关键 OSPF 配置信息，其中包括 OSPF 进程 ID、路由器 ID、路由器正在通告的网络、正在向该路由器发送更新的邻居以及默认管理距离（对于 OSPF 为 110）。

示例 11-9　show ip protocols 命令

```
R1#show ip protocols
Routing Protocol is "ospf 1"
  Outgoing update filter list for all interfaces is not set
  Incoming update filter list for all interfaces is not set
  Router ID 10.1.1.1
  Number of areas in this router is 1. 1 normal 0 stub 0 nssa
  Maximum path: 4
  Routing for Networks:
    172.16.1.16 0.0.0.15 area 0
    192.168.10.0 0.0.0.3 area 0
    192.168.10.4 0.0.0.3 area 0
Reference bandwidth unit is 100 mbps
 Routing Information Sources:
   Gateway         Distance      Last Update
   10.2.2.2             110          11:29:29
   10.3.3.3             110          11:29:29
Distance: (default is 110)
```

示例 11–10 中，R1 上的 show ip ospf 命令也可用于检查 OSPF 进程 ID 和路由器 ID。此外，还可显示 OSPF 区域信息以及上次计算 SPF 算法的时间。

示例 11-10　show ip ospf 命令

```
R1#show ip ospf
 <some output omitted>
 Routing Process "ospf 1" with ID 10.1.1.1
```

（待续）

```
Start time: 00:00:19.540, Time elapsed: 11:31:15.776
Supports only single TOS(TOS0) routes
Supports opaque LSA

Supports Link-local Signaling (LLS)
Supports area transit capability
Router is not originating router-LSAs with maximum metric
Initial SPF schedule delay 5000 msecs
Minimum hold time between two consecutive SPFs 10000 msecs
Maximum wait time between two consecutive SPFs 10000 msecs
Incremental-SPF disabled
Minimum LSA interval 5 secs
Minimum LSA arrival 1000 msecs
Area BACKBONE(0)
        Number of interfaces in this area is 3
        Area has no authentication
        SPF algorithm last executed 11:30:31.628 ago
        SPF algorithm executed 5 times
        Area ranges are
        <output omitted>
```

正像你在示例 11-10 输出中看到的，OSPF 是一种非常稳定的路由协议。在过去的 11.5 小时中，R1 所参与的唯一一个与 OSPF 相关的事件是向其邻居发送了一些小型 Hello 数据包。

> 注　show ip ospf 命令所显示的其他信息在 CCNP 课程中讨论。

命令输出包含重要的 SPF 算法信息，其中包括 SPF 计划延迟：

```
Initial SPF schedule delay 5000 msecs
Minimum hold time between two consecutive SPFs 10000 msecs
Maximum wait time between two consecutive SPFs 10000 msecs
```

路由器每次收到有关拓扑的新信息（链路添加、删除或修改）时，必须重新运行 SPF 算法，创建新的 SPF 树，并更新路由表。SPF 算法会占用很多 CPU 资源，且其耗费的计算时间取决于区域大小。区域大小通过路由器数量和链路状态数据库的大小来衡量。

状态在 up 和 down 之间来回变化的网络称为摆动***链路***。链路不稳会导致区域内的 OSPF 路由器经常地重新计算 SPF 算法，从而无法正确收敛。为尽量减轻此问题，路由器在收到一个 LSU 后，会等待 5 秒（5000 毫秒）才运行 SPF 算法。这称为 ***SPF 计划延迟***。为防止路由器经常地运行 SPF 算法，还有一个 10 秒（10000 毫秒）的保持时间。路由器运行完一次 SPF 算法后，会等待 10 秒才再次运行该算法。

用于检验 Hello 间隔和 Dead 间隔的最快方法是使用 show ip ospf interface 命令。如示例 11-11 所示，将接口名称和编号添加到该命令中即可显示特定接口的输出。

示例 11-11　show ip ospf interface 命令

```
R1#show ip ospf interface serial 0/0/0
Serial0/0/0 is up, line protocol is up
  Internet Address 192.168.10.1/30, Area 0
  Process ID 1, Router ID 10.1.1.1, Network Type POINT_TO_POINT, Cost: 64
  Transmit Delay is 1 sec, State POINT_TO_POINT,
  Timer intervals configured, Hello 10, Dead 40, Wait 40, Retransmit 5
    oob-resync timeout 40
    Hello due in 00:00:07
  Supports Link-local Signaling (LLS)
  Index 2/2, flood queue length 0
```

（待续）

```
Next 0x0(0)/0x0(0)
Last flood scan length is 1, maximum is 1
Last flood scan time is 0 msec, maximum is 4 msec
Neighbor Count is 1, Adjacent neighbor count is 1
  Adjacent with neighbor 10.2.2.2
Suppress hello for 0 neighbor(s)
```

这些间隔包括在邻居之间相互发送的 OSPF Hello 数据包中。OSPF 在不同接口上可能具有不同的 Hello 间隔和 Dead 间隔，但要使 OSPF 路由器建立邻接关系，它们的 OSPF Hello 间隔和 Dead 间隔必须相同。参看示例 11-11 中高亮显示的命令部分。R1 在其 Serial 0/0/0 接口上所用的 Hello 间隔为 10 秒，Dead 间隔为 40 秒。R2 在其 Serial 0/0/0 接口上也必须使用相同的间隔，两台路由器才能建立邻接关系。

11.4.6 检查路由表

你已经知道，最快捷的检验 OSPF 收敛情况方法是查看拓扑中每台路由器的路由表。示例 11-12、11-13 和 11-14 显示了 R1、R2 和 R3 的路由表。

示例 11-12 R1 路由表

```
R1#show ip route
Codes: <some code output omitted>
       D - EIGRP, EX - EIGRP external, O - OSPF, IA - OSPF inter area

Gateway of last resort is not set

      192.168.10.0/30 is subnetted, 3 subnets
C        192.168.10.0 is directly connected, Serial0/0/0
C        192.168.10.4 is directly connected, Serial0/0/1
O        192.168.10.8 [110/128] via 192.168.10.2, 14:27:57, Serial0/0/0
      172.16.0.0/16 is variably subnetted, 2 subnets, 2 masks
O        172.16.1.32/29 [110/65] via 192.168.10.6, 14:27:57, Serial0/0/1
C        172.16.1.16/28 is directly connected, FastEthernet0/0
      10.0.0.0/8 is variably subnetted, 2 subnets, 2 masks
O        10.10.10.0/24 [110/65] via 192.168.10.2, 14:27:57, Serial0/0/0
C        10.1.1.1/32 is directly connected, Loopback0
```

示例 11-13 R2 路由表

```
R2#show ip route
Codes: <some code output omitted>
       D - EIGRP, EX - EIGRP external, O - OSPF, IA - OSPF inter area

Gateway of last resort is not set

     192.168.10.0/30 is subnetted, 3 subnets
C       192.168.10.0 is directly connected, Serial0/0/0
O       192.168.10.4 [110/128] via 192.168.10.1, 14:31:18, Serial0/0/0
C       192.168.10.8 is directly connected, Serial0/0/1
     172.16.0.0/16 is variably subnetted, 2 subnets, 2 masks
O       172.16.1.32/29 [110/65] via 192.168.10.10, 14:31:18, Serial0/0/1
O       172.16.1.16/28 [110/65] via 192.168.10.1, 14:31:18, Serial0/0/0
     10.0.0.0/8 is variably subnetted, 2 subnets, 2 masks
C      10.2.2.2/32 is directly connected, Loopback0
C      10.10.10.0/24 is directly connected, FastEthernet0/0
```

示例 11-14 R3 路由表

```
R3#show ip route
Codes: <some code output omitted>
       D - EIGRP, EX - EIGRP external, O - OSPF, IA - OSPF inter area

Gateway of last resort is not set

     192.168.10.0/30 is subnetted, 3 subnets
O       192.168.10.0 [110/845] via 192.168.10.9, 14:31:52, Serial0/0/1
                     [110/845] via 192.168.10.5, 14:31:52, Serial0/0/0
C       192.168.10.4 is directly connected, Serial0/0
C       192.168.10.8 is directly connected, Serial0/1
     172.16.0.0/16 is variably subnetted, 2 subnets, 2 masks
C       172.16.1.32/29 is directly connected, FastEthernet0/0
O       172.16.1.16/28 [110/782] via 192.168.10.5, 14:31:52, Serial0/0/0
     10.0.0.0/8 is variably subnetted, 2 subnets, 2 masks
C       10.3.3.3/32 is directly connected, Loopback0
O       10.10.10.0/24 [110/782] via 192.168.10.9, 14:31:52, Serial0/0/1
```

您可用 **show ip route** 命令检验路由器是否正在通过 OSPF 发送和接收路由。每条路由开头的 O 表示路由来源为 OSPF。路由表和 OSPF 将在下一节进行更详细的讨论。然而，您应立刻注意到 OSPF 路由表与之前章节中的路由表相比存在两个明显区别。首先，可注意到每台路由器具有 4 个直连网络，原因在于环回接口被计为第四个网络。OSPF 不会通告这些环回接口。因此，每台路由器列出了 7 个已知网络。其次，与 RIPv2 和 EIGRP 不同的是，OSPF 不会自动在主网络边界汇总。无类是 OSPF 的固有属性。

配置和校验 OSPF 路由协议（11.2.6） 使用 Packet Tracer 配置和校验基本 OSPF 路由。在练习中提供更多指令。你可以使用随书附带的 CD-ROM 上的文件 e1-5432.pka 以利用 Packet Tracer 完成本练习。

11.5 OSPF 度量

OSPF 度量称为开销。RFC 2328 中有下列描述：“开销与每个路由器接口的输出端关联。系统管理员可配置此开销。开销越低，该接口越可能被用于转发数据流量。”

请注意，RFC 2328 并未指定使用哪些值来确定开销。

11.5.1 OSPF 度量

思科 IOS 软件使用从路由器到目的网络沿途的传出接口的累积带宽作为开销值。在每台路由器上，接口的开销用如下公式计算：

思科 IOS 的 OSPF 开销=10^8/带宽（bit/s）

在此计算中，10^8称为*参考带宽*。通过使用 10^8除以接口带宽，带宽较高的接口算得的开销值较低。请记住，在路由度量中，开销最低的路由是首选路由（例如，在 RIP 中，3 跳比 10 跳好）。表 11-3 所示为几种接口的默认 OSPF 开销。

表 11-3　思科 IOS OSPF 开销值

接 口 类 型	10^8/bit/s=开销
快速及更快速度的以太网	$10^8$100000000 bit/s=1
以太网	10^8/10000000 bit/s=10
E1	10^8/2048000 bit/s=48
T1	10^8/1544000 bit/s=64
128kbit/s	10^8/128000 bit/s=781
64 kbit/s	10^8/64000 bit/s=1562
56 kbit/s	10^8/56000 bit/s=1785

一、参考带宽

参考带宽默认为 10^8，即 100000000 bit/s 或 100M bit/s。这使带宽等于或大于 100M bit/s 的接口具有相同的 OSPF 开销 1。可使用 OSPF 命令 `auto-cost reference-bandwidth` 修改参考带宽值以适应链路速度高于 100000000 bit/s（100M bit/s）的网络。如果需要使用此命令，则建议同时用在所有路由器上，以使 OSPF 路由度量保持一致。

二、OSPF 累计开销

OSPF 路由的开销为从路由器到目的网络的累计开销值。例如，在示例 11-12 的 R1 路由表输出显示：到 R2 上的网络 10.10.10.0/24 的开销为 65。

```
O        10.10.10.0/24 [110/65] via 192.168.10.2, 14:27:57, Serial0/0/0
```

图 11-9 显示了 R1 到网络 10.10.10.0/24 的每一条链路的开销值。

因为 10.10.10.0/24 连接到快速以太网接口，R2 将 10.10.10.0/24 的开销指定为 1。R1 随后加上在 R1 和 R2 之间通过默认 T1 链路发送数据所需的开销值 64。图 11-9 中的“开销=64”指串口的默认开销（10^8/1544000bit/s=64），不是链路的实际速度。

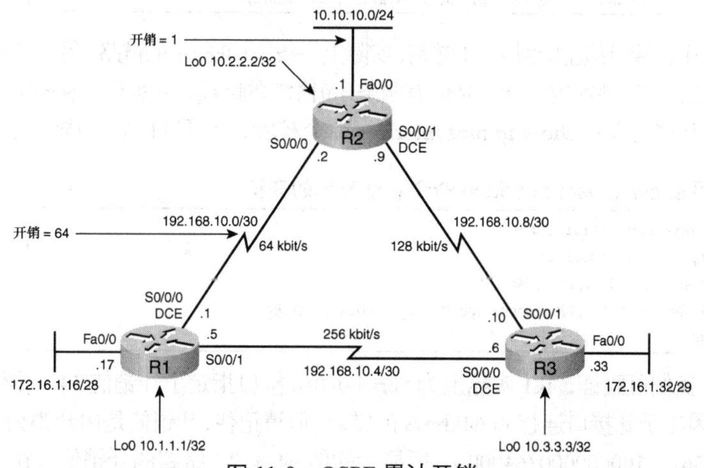

图 11-9　OSPF 累计开销

三、串行接口的默认带宽

您可以回忆起第 9 章“EIGRP”中学过，可使用 **show interface** 命令查看接口所用的带宽值。在思科路由器上，许多串行接口的带宽值默认为 T1（1.544Mbit/s）。然而，某些串行接口可能默认为

128kbit/s。因此，切勿假定OSPF使用的带宽为某一特定值，而应使用 show interface 命令检查默认值。

请记住，此带宽值实际上并不影响链路速度，而是某些路由协议用来计算路由度量。在串行接口上，链路的实际速度很可能不同于默认带宽。带宽值必须反映链路的实际速度，路由表才具有准确的最佳路径信息。例如，Internet服务提供商为您提供的可能是一个部分T1连接，其带宽为全T1连接带宽的四分之一（384kbit/s）。然而，出于路由协议的目的，即使接口实际上是以全T1连接带宽的四分之一（384kbit/s）发送和接收数据，思科IOS也会假定一个T1带宽值。

示例11-15为R1的Serial 0/0/0接口的输出。在前面的图11-9中，所有串行链路的实际带宽值可能不同于默认值。

示例11-15 默认带宽和实际带宽的区别

```
R1#show interface serial 0/0/0
Serial0/0/0 is up, line protocol is up
  Hardware is GT96K Serial
  Description: Link to R2
  Internet address is 192.168.10.1/30
  MTU 1500 bytes, BW 1544 Kbit, DLY 20000 usec,
     reliability 255/255, txload 1/255, rxload 1/255
  Encapsulation HDLC, loopback not set
  <output omitted>
```

请注意，R1的命令输出中的默认带宽值为1544kbit/s。然而，此链路的实际带宽值却为64kbit/s，如图11-9中所示。这意味着路由器上的路由信息并未反映网络拓扑的实际情况。

示例11-16显示了R1路由表的部分输出。

示例11-16 R1路由表中的误差。

```
R1#show ip route
Codes: <some code output omitted>
       D - EIGRP, EX - EIGRP external, O - OSPF, IA - OSPF inter area

<route ouput omitted>

O         192.168.10.8 [110/128] via 192.168.10.6, 14:27:57, Serial0/0/1
                       [110/128] via 192.168.10.2, 14:27:57, Serial0/0/0
```

R1认为其两个串行接口都连接到了T1链路，实际上一条是64kbit/s的链路，另一条是256kbit/s的链路。这导致R1的路由表中通向网络192.168.8.0/30有两条开销相等的路径，而实际上Serial 0/0/1路径更好一些。

接口的OSPF开销可以用 **show ip ospf interface** 命令校验，示例11-17中显示了部分输出。

示例11-17 用 show ip ospf interface 命令验证计算的开销

```
R1#show ip ospf interface serial 0/0/0
Serial0/0/0 is up, line protocol is up
  Interknit Address 192,168,10,1/30, Area 0
  Process ID 1,Rouer ID 10,1,1,1,Network Type POINT_TO_POINT,Cost:64
  <output omitted>
```

利用此命令，我们可验证，R1实际上为Serial 0/0/0接口指定了开销值64。尽管你可能认为这是正确的开销值，原因在于此接口连接到64kbit/s的链路，但请记住，开销值是由开销公式算得的。64kbit/s链路的开销值为1562（100000000/64000）。所显示的值64是T1链路的开销值。在下一主题中，你将学习如何修改拓扑中所有链路的开销。

11.5.2 修改链路开销

当串行接口的实际运行速率不是默认T1速率时，则需要手工修改该接口的速率。链路的两端应该配置为相同值。bandwidth interface 命令或 ip ospf cost interface 接口命令都可以达到此目的：使 OSPF 在确定最佳路由时使用准确的值。

一、bandwidth 命令

bandwidth 命令用于修改思科 IOS 在计算 OSPF 开销度量时所用的带宽值。该接口命令的语法与您在第 9 章中所学的语法一样：

```
Router(config-if)#bandwidth bandwidth-kbps
```

示例 11-18 显示用于修改拓扑中所有串行接口开销值的 bandwidth 命令。对于 R1，show ip ospf interface 命令现在显示 Serial 0/0/0 链路的开销值为 1562，此值由思科 OSPF 开销计算而得（10^8/64000bit/s）。

示例 11-18 bandwidth 命令

```
R1(config)#inter serial 0/0/0
R1(config-if)#bandwidth 64
R1(config-if)#inter serial 0/0/1
R1(config-if)#bandwidth 256
R1(config-if)#end
R1#show ip ospf interface serial 0/0/0
Serial0/0 is up, line protocol is up
  Internet Address 192.168.10.1/30, Area 0
  Process ID 1, Router ID 10.1.1.1, Network Type POINT_TO_POINT, Cost: 1562
  Transmit Delay is 1 sec, State POINT_TO_POINT,
  <output omitted>
R2(config)#inter serial 0/0/0
R2(config-if)#bandwidth 64
R2(config-if)#inter serial 0/0/1
R2(config-if)#bandwidth 128
R3(config)#inter serial 0/0/0
R3(config-if)# bandwidth 256
R3(config-if)#inter serial 0/0/1
R3(config-if)#bandwidth 128
```

二、ip ospf cost 命令

除 bandwidth 命令外，另一种方法是使用 ip ospf cost 命令，该命令可用于直接指定接口开销。例如，在 R1 上，我们可以使用下列命令配置 Serial 0/0/0 接口：

```
R1(config)#interface serial 0/0/0
R1(config-if)#ip ospf cost 1562
```

显然，这不会改变 show ip ospf interface 命令的输出，该输出仍会显示开销为 1562，如示例 11-19 所示。这与你将带宽配置为 64 时由思科 IOS 算得的开销相同。

示例 11-19 ip ospf cost 命令

```
R1(config)#inter serial 0/0/0
R1(config-if)#ip ospf cost 1562
R1(config-if)#end
R1#show ip ospf interface serial 0/0/0
Serial0/0 is up, line protocol is up
  Internet Address 192.168.10.1/30, Area 0
```

（待续）

```
Process ID 1, Router ID 10.1.1.1, Network Type POINT_TO_POINT, Cost: 1562
Transmit Delay is 1 sec, State POINT_TO_POINT,
<output omitted>
```

三、bandwidth 命令与 ip ospf cost 命令的对比

ip ospf cost 命令适用于多厂商的设备环境。在该环境中，非思科路由器所用的度量并非用于计算 OSPF 开销的带宽值。这两个命令之间的主要差异在于 bandwidth 命令使用开销计算的结果确定链路开销。ip ospf cost 命令则直接将链路开销设置为特定值并免除了计算过程。

表 11-4 为可用于修改拓扑中串行链路开销的两种可选方案。示例 11-4 中右侧显示 ip ospf cost 命令，左侧显示 bandwidth 命令。

表 11-4 等效命令：bandwidth 和 ip ospf cost 命令

bandwidth 命令		ip ospf cost 命令
路由器 R1		路由器 R1
R1(config)#interface serial 0/0/0	=	R1(config)#interface serial 0/0/0
R1(config-if)#bandwidth 64		R1(config-if)#ip ospf cost 1562
R1(config)#interface serial 0/0/1	=	R1(config)#interface serial 0/0/1
R1(config-if)#bandwidth 256		R1(config-if)#ip ospf cost 390
路由器 R2		路由器 R2
R2(config)#interface serial 0/0/0	=	R2(config)#interface serial 0/0/0
R2(config-if)#bandwidth 64		R2(config-if)#ip ospf cost 1562
R2(config)#interface serial 0/0/1	=	R2(config)#interface serial 0/0/1
R2(config-if)#bandwidth 128		R2(config-if)#ip ospf cost 781
路由器 R3		路由器 R3
R3(config)#interface serial 0/0/0	=	R3(config)#interface serial 0/0/0
R3(config-if)#bandwidth 256		R3(config-if)#ip ospf cost 390
R3(config)#interface serial 0/0/1	=	R3(config)#interface serial 0/0/0
R3(config-if)#bandwidth 128		R3(config-if)#ip ospf cost 781

Packet Tracer
☐ Activity

修改链路开销（11.3.2） 使用 Packet Tracer 修改 OSPF 开销值。在练习中提供更多指令。你可以使用随书附带的 CD-ROM 上的文件 e 2-1132.pka 以利用 Packet Tracer 完成本练习。

11.6 OSPF 和多路访问网络

在多路访问网络中，相同的共享介质上连接有两台以上设备。多路访问网络的例子包括以太网、令牌环和帧中继。令牌环是一种过时的局域网技术。帧中继将在 CCNA 后续课程中介绍，它是一种广域网技术。

11.6.1 多路访问网络中的挑战

在图 11-10 的上半部分，R1 所连接的以太网 LAN 展开并显示了网络 172.16.1.16/28 所连接的多台设备。

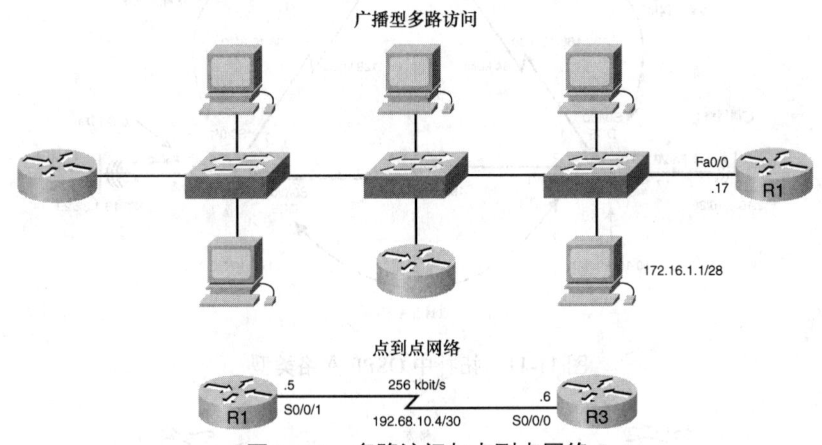

图 11-10 多路访问与点到点网络

以太网 LAN 就是一种广播多路访问网络。因为该网络中的所有设备会看到所有广播帧，所以它属于广播网络。因为该网络可能包括许多主机、打印机、路由器和其他设备，所以属于多路访问网络。

相比之下，点对点网络中只有两台设备，它们分处网络两端。R1 和 R3 之间的 WAN 链路就属于点对点链路。图 11-10 中下半部分即为 R1 和 R3 之间的点对点链路。

OSPF 定义了 5 种网络类型：

- 点对点；
- 广播多路访问；
- 非广播多路访问（NBMA）；
- 点对多点；
- 虚拟链路。

NBMA 和点对多点网络包括帧中继、ATM 和 X.25 网络。NBMA 网络在另一门 CCNA 课程中有所论述。点对多点网络在 CCNP 课程中讨论。虚拟链路是一种特殊链路，可用于多区域 OSPF 中。OSPF 虚拟链路将在 CCNP 课程中涉及。

图 11-11 显示同时使用点到点和广播网络的拓扑。

多路访问网络对 OSPF 的 LSA 泛洪过程提出了两项挑战：

- 创建多边邻接关系，其中每对路由器都存在一项邻接关系。
- LSA（链路状态通告）的大量泛洪。

一、多边邻接关系

在网络中的每对路由器间创建邻接关系会产生一些不必要的邻接关系。这将导致大量 LSA 在该网络内的路由器间传输。

为理解多边邻接关系带来的问题，我们需要学习一个公式。对于多路访问网络中任意数量（用 n 表示）的路由器，将存在 n（n–1）/2 项邻接关系。图 11-12 中所示为 5 台路由器组成的简单拓扑，所有 5 台路由器都连接到同一个多路访问以太网。

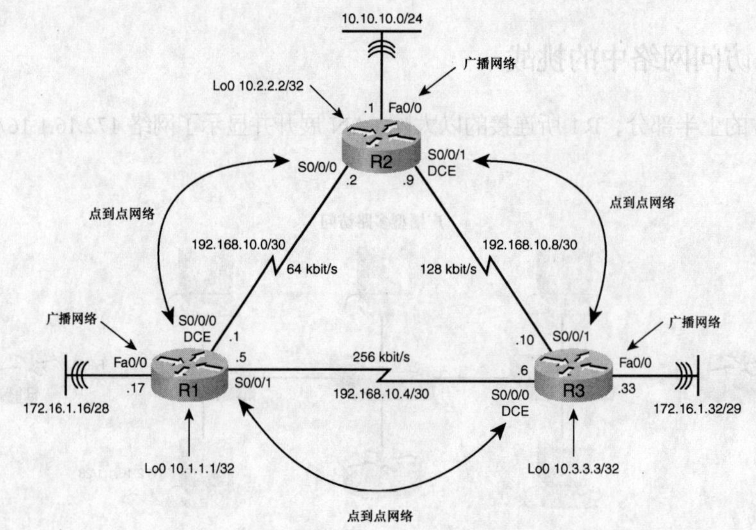

图 11-11 拓扑中 OSPF 网络类型

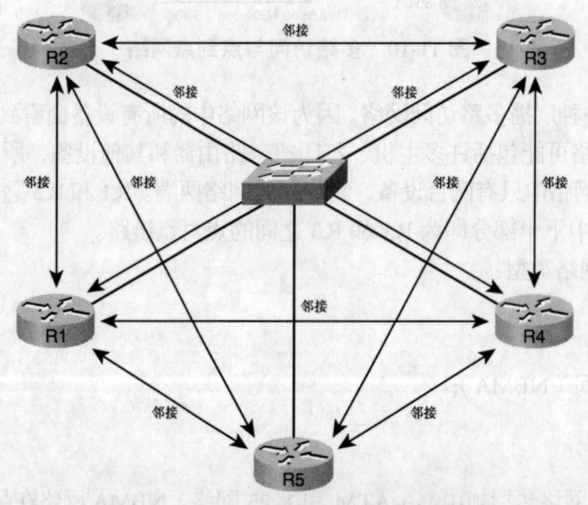

图 11-12 5 台路由器的多路访问网络

如果没有任何机制来减少邻接关系数量，这些路由器总共将形成 10 项邻接关系：5（5−1）/=10。此值看起来不大，但随着网络中路由器数量增加，邻接关系数量将急剧增大。

尽管图 11−12 中的 5 台路由器只需要 10 项邻接关系，但你可看到，10 台路由器需要 45 项邻接关系。20 台路由器就需要 190 项邻接关系了！表 11−5 显示了邻接关系如何以指数级增长。

表 11-5 随着路由器增加，邻接关系以指数级增长

路由器	邻 接 关 系	路由器	邻 接 关 系
n	n(n−1)/2	20	190
5	10	100	4950
10	45		

二、LSA 泛洪

在第 10 章“链路状态路由协议”中已学过，链路状态路由器会在 OSPF 初始化以及拓扑更改时泛洪其链路状态数据包。

在多路访问网络中，此泛洪过程中的流量可能变得很大。在图 11−13 中，R2 发出一个 LSA，然后被图 11−14 中的交换机泛洪。

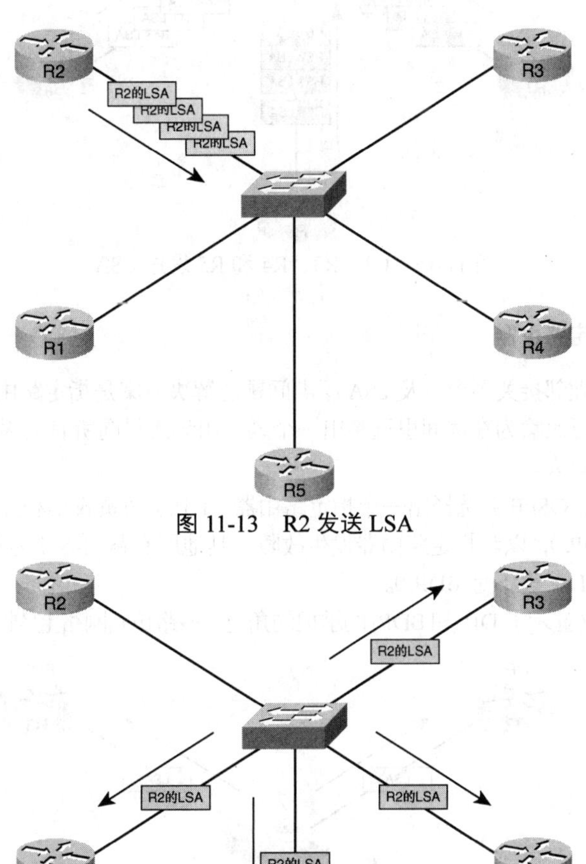

图 11-13　R2 发送 LSA

图 11-14　交换机向所有接口返回 LSA

此事件触发其他每台路由器发出 LSA，如图 11−15 所示。

收到每个 LSA 后需要发出的确认未在图中显示。如果多路访问网络中的每台路由器都需要向其他所有路由器泛洪 LSA 并为收到的所有 LSA 发出确认，网络将变得非常混乱并会使得其他网络流量延迟或丢失。

打个比方，想象你在一个有很多人的房间内。如果每个人都必须向其他所有人逐个作介绍，会发生什么情况呢？不仅每个人必须向其他所有人逐个介绍自己的姓名，而且一旦某个人获悉了另一个人的姓名，还必须将该信息逐个告诉其他所有人。如你所见，此过程会对房间中的每个人造成负担！

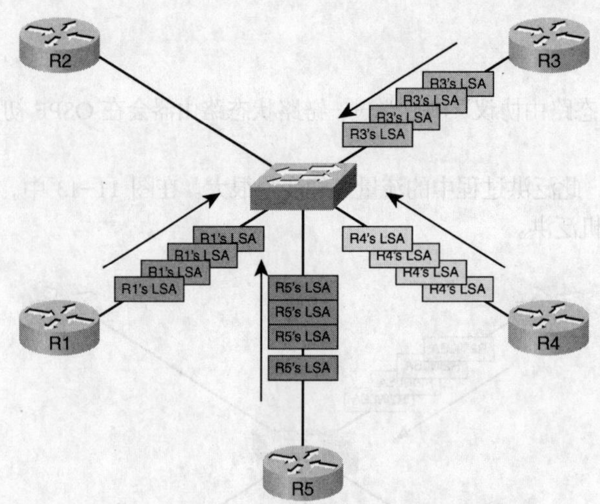

图 11-15 R1、R3、R4 和 R5 发送 LSA

三、解决方案：指定路由器

多路访问网络中管理邻接关系数量及 LSA 泛洪问题的解决方案是指定路由器（DR）。继续讨论上一个例子，此解决方案可比喻为在房间里选举出一个人，由该人员向所有人逐个询问姓名，然后将这些姓名一次性通告给所有人。

在多路访问网络中，OSPF 会选择出一个指定路由器（DR）负责收集和分发 LSA。还会选择出一个备份指定路由器（BDR），以防指定路由器发生故障。其他所有路由器变为其他 OSPF 路由器（这就表示该路由器既不是 DR 也不是 BDR）。

图 11–16 和图 11–17 显示了 DR 和 BDR 的承担的角色。多路访问网络上的路由器选择 DR 和 BDR。

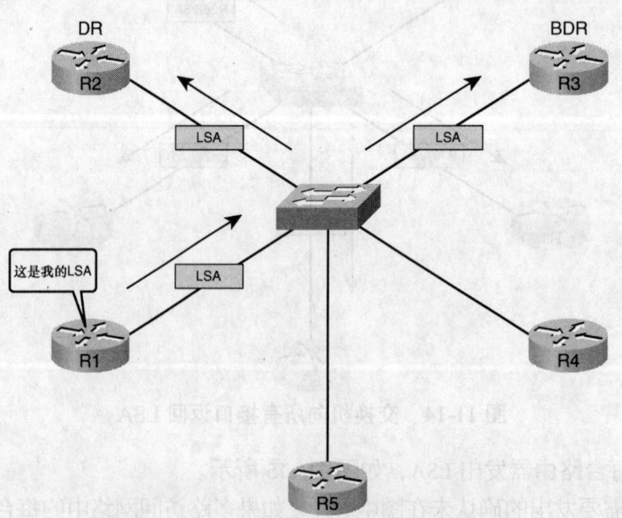

图 11-16 R1 仅向 DR 和 BDR 发送 LSA

其他 OSPF 路由器仅与网络中的 DR 和 BDR 建立完全的邻接关系。这意味着其他 OSPF 路由器无需向网络中的所有路由器泛洪 LSA，只需使用组播地址 224.0.0.6（ALLDRouters，即所有 DR 路由器）将其 LSA 发送给 DR 和 BDR 即可。在图 11–16 中，R1 将 LSA 发给 DR，BDR 也侦听此通信。在图 11–17 中，DR 负责将来自 R1 的 LSA 转发给其他所有路由器。DR 使用组播地址 224.0.0.5（AllSPFRouters，即所有 OSPF 路由器）。最终结果是，多路访问网络中仅有一台路由器负责泛洪所有 LSA。

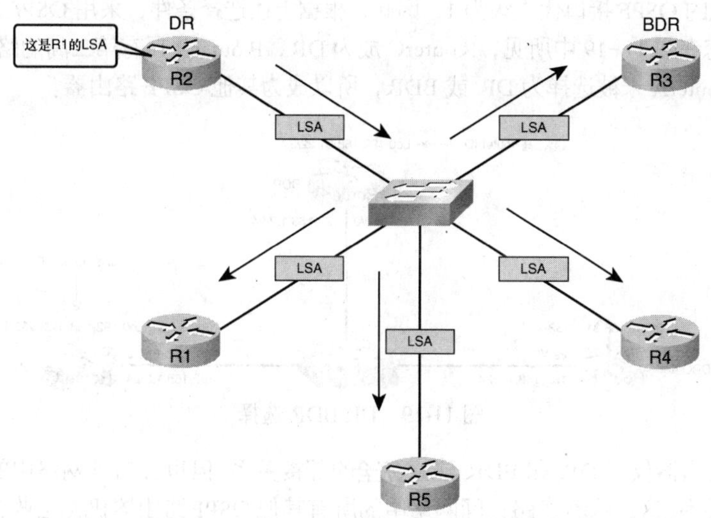

图 11-17　DR 向所有其他路由器发送 LSA

11.6.2　DR/BDR 选择过程

路由器如何成为 DR 或 BDR？下面描述这一过程以及如何将某台路由器配置为 DR 或 BDR。

一、拓扑变化

DR/BDR 选择不会发生在点对点网络中。因此，在标准的三路由器拓扑中，R1、R2 和 R3 不需要选择 DR 和 BDR，原因在于这些路由器之间的链路不是多路访问网络。

为继续讨论 DR 和 BDR，我们将使用如图 11-18 中所示的多路访问拓扑。路由器使用了不同的名称，这只是为了强调此拓扑不是我们一直使用至今的三路由器拓扑。讨论完 DR/BDR 选择过程之后，我们将恢复到本章的拓扑，即图 11-17。

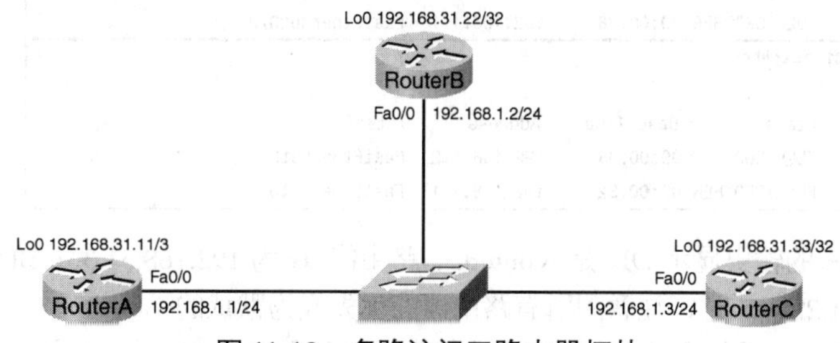

图 11-18　多路访问三路由器拓扑

在此新拓扑中，3 台路由器共享一个以太网多路访问网络 192.168.1.0/24。每台路由器在快速以太网接口上配置 IP 地址，并有一个环回地址以充当路由器 ID。

二、DR/BDR 选择

如何选出 DR 和 BDR 呢？选择过程遵循以下条件。

1. DR：具有最高 OSPF 接口优先级的路由器。
2. BDR：具有第二高 OSPF 接口优先级的路由器。
3. 如果 OSPF 接口优先级相等，则取路由器 ID 最高者。

本例中，默认的 OSPF 接口优先级为 1，因此，根据上述选择条件，采用 OSPF 路由器 ID 来选择 DR 和 BDR。如您在图 11-19 中所见，RouterC 成为 DR，RouterB 具有第二高的路由器 ID，因此成为 BDR。因为 RouterA 未被选择为 DR 或 BDR，所以成为其他 OSPF 路由器。

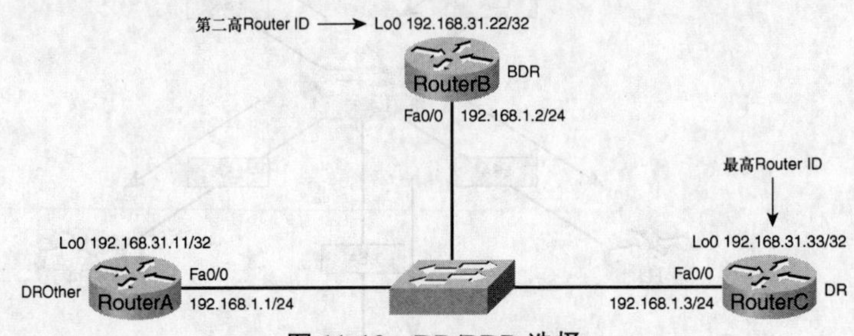

图 11-19　DR/BDR 选择

其他 OSPF 路由器仅与 DR 和 BDR 建立***完全***的邻接关系，但也会与该网络中的任何其他 OSPF 路由器建立邻接关系。这意味着多路访问网络中的所有其他 OSPF 路由器仍然会收到其他所有 OSPF 路由器发来的 Hello 数据包。通过这种方式，它们可获悉网络中所有路由器的情况。当两台其他 OSPF 路由器形成邻接关系后，其邻居状态显示为 2WAY。不同的邻居状态将在 CCNP 课程中有所论述。

示例 11-20 中显示了 **show ip ospf** neighbor 命令的输出，此命令显示了多数访问网络中每一个路由器的邻接关系。

示例 11-20　用 show ip ospf neighbor 命令校验 DR 和 BDR

```
RouterA#show ip ospf neighbor

Neighbor ID     Pri  State        Dead Time   Address       Interface
192.168.31.33     1  FULL/DR      00:00:39    192.168.1.3   FastEthernet0/0
192.168.31.22     1  FULL/BDR     00:00:36    192.168.1.2   FastEthernet0/0
```
```
RouterB#show ip ospf neighbor

Neighbor ID     Pri  State         Dead Time   Address       Interface
192.168.31.33     1  FULL/DR       00:00:34    192.168.1.3   FastEthernet0/0
192.168.31.11     1  FULL/DROTHER  00:00:38    192.168.1.1   FastEthernet0/0
```
```
RouterC#show ip ospf neighbor

Neighbor ID     Pri  State         Dead Time   Address       Interface
192.168.31.22     1  FULL/BDR      00:00:35    192.168.1.2   FastEthernet0
192.168.31.11     1  FULL/DROTHER  00:00:32    192.168.1.1   FastEthernet0
```

请注意，RouterA 的输出显示 DR 是 RouterC，路由器 ID 为 192.168.31.33；BDR 是 RouterB，路由器 ID 是 192.168.31.22。同时，注意到所有路由器的优先级为默认的 1。

因为 RouterA 显示的两个邻居分别为 DR 和 BDR，所以 RouterA 是一个其他 OSPF 路由器。这一点可通过在 RouterA 上运行 show ip ospf interface fastethernet 0/0 命令来验证，命令输出如示例 11-21 所示。此命令将显示此路由器的状态是 DR、BDR 还是其他 OSPF 路由器，以及此多路访问网络中 DR 和 BDR 的路由器 ID。

示例 11-21　用 show ospf interface 命令校验路由器状态

```
RouterA#show ip ospf interface fastethernet 0/0
FastEthernet0/0 is up, line protocol is up
  Internet Address 192.168.1.1/24, Area 0
  Process ID 1, Router ID 192.168.31.11, Network Type BROADCAST, Cost: 1
```

（待续）

```
Transmit Delay is 1 sec, State DROTHER, Priority 1
Designated Router (ID) 192.168.31.33, Interface address 192.168.1.3
Backup Designated router (ID) 192.168.31.22, Interface address 192.168.1.2
Timer intervals configured, Hello 10, Dead 40, Wait 40, Retransmit 5
  oob-resync timeout 40
  Hello due in 00:00:06
Supports Link-local Signaling (LLS)
Index 1/1, flood queue length 0
Next 0x0(0)/0x0(0)
Last flood scan length is 0, maximum is 1
Last flood scan time is 0 msec, maximum is 0 msec
Neighbor Count is 2, Adjacent neighbor count is 2
  Adjacent with neighbor 192.168.31.22 (Backup Designated Router)
  Adjacent with neighbor 192.168.31.33 (Designated Router)
Suppress hello for 0 neighbor(s)
```

三、DR/BDR 选择的时间

当多路访问网络中第一台启用了 OSPF 接口的路由器开始工作时，DR 和 BDR 选择过程随即开始。这可能发生在路由器开机时或为接口配置 OSPF **network** 命令时。选择过程仅需几秒钟。如果多路访问网络中仍有部分路由器未完成启动过程，则成为 DR 的路由器可能具有较低的路由器 ID，原因可能在于具有较低路由器 ID 的路由器所需的启动时间较短。

DR 一旦选出，将保持 DR 地位，直到出现下列条件之一为止：

- DR 发生故障。
- DR 上的 OSPF 进程发生故障。
- DR 上的多路访问接口发生故障。

图 11-20 中，*X* 表示出现上述一条或多条故障。

图 11-19 为当前 DR 和 BDR 的拓扑。

如果 DR 发生故障，BDR 将接替 DR 角色，随即进行选择，选出新的 BDR。在图 11-20 中，RouterC 发生故障，原 BDR（RouterB）成为 DR。仅存的另一个路由器 RouterA 则成为 BDR。

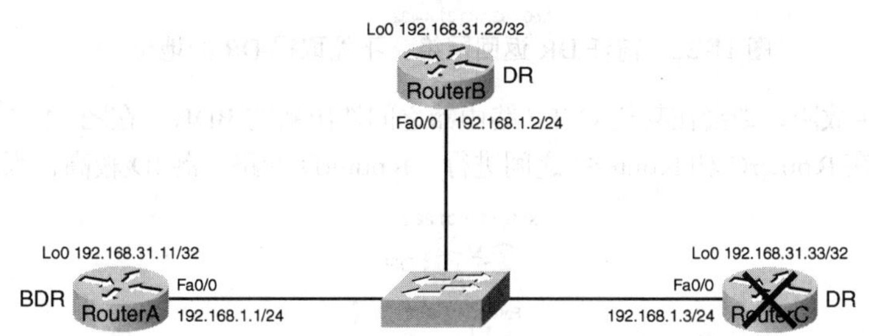

图 11-20　当前的 DR（RouterC）故障

图 11-21 中，RouterD 加入该网络。如果在选出 DR 和 BDR 后有新路由器加入网络，即使新路由器的 OSPF 接口优先级或路由器 ID 比当前 DR 或 BDR 高，也不会成为 DR 或 BDR。如果当前 DR 或 BDR 发生故障，则新路由器可被选择为 BDR。如果当前 DR 发生故障，则 BDR 将成为 DR，新路由器成为新 BDR。

当新路由器成为 BDR 后，如果 DR 失效，新路由器变为 DR。

即使路由器 ID 192.168.31.44 高于当前的 DR 和 BDR，RouterD 也为其他 OSPF 路由器。

前任 DR 返回网络后不会重新取得 DR 的地位。在图 11-22 中，RouterC 已完成重新启动，尽管它的路由器 ID（192.168.31.33）高于当前 DR 和 BDR，也只能成为其他 OSPF 路由器。

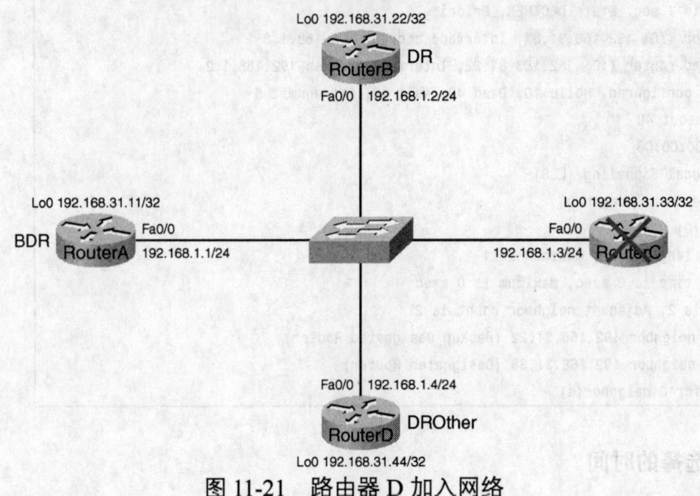

图 11-21 路由器 D 加入网络

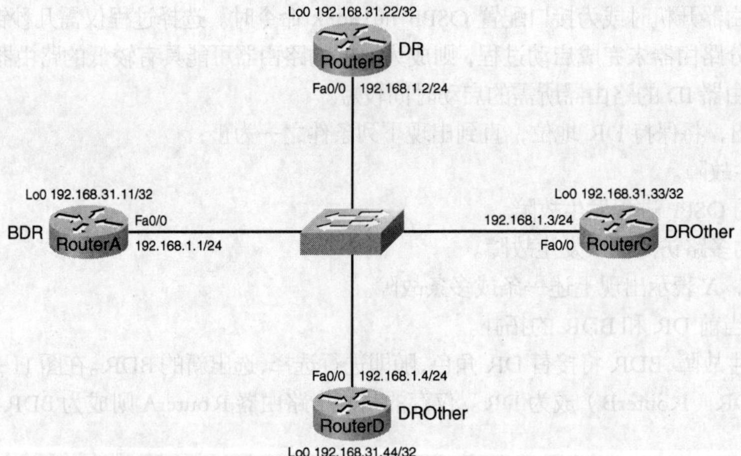

图 11-22 前任 DR 返回网络，不能取得 DR 的地位

如果 BDR 发生故障，则会在其他 OSPF 路由器之间选出新的 BDR。在图 11-23 中，BDR 路由器发生故障。选择在 RouterC 和 RouterD 之间进行。RouterD 的路由器 ID 较高，因此获胜。

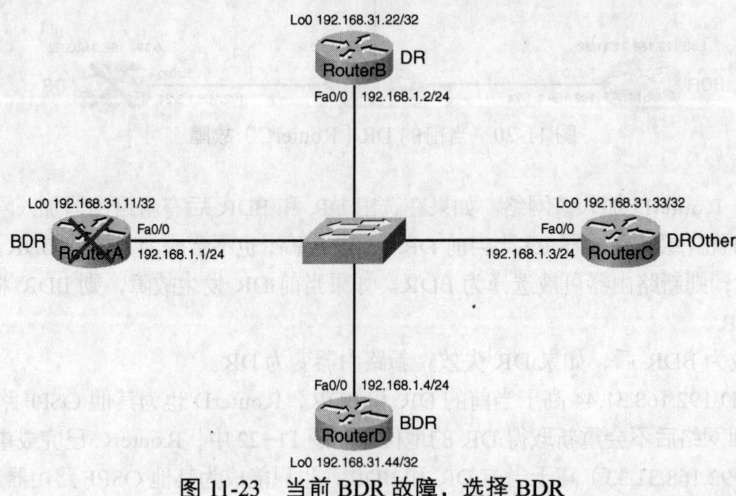

图 11-23 当前 BDR 故障，选择 BDR

在图 11-24 中，RouterB 失效，由于 RouterD 是当前 BDR，因此晋升为 DR，RouterC 则成为 BDR。

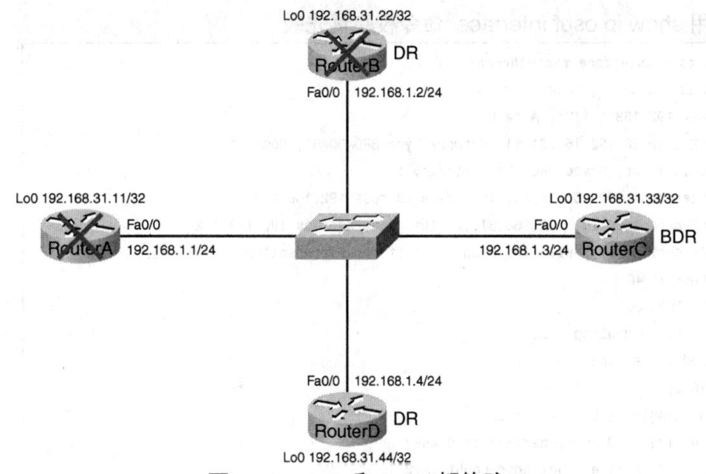

图 11-24 DR 和 BDR 都故障

那么，你怎样确保所需的路由器在 DR 和 BDR 选择中获胜呢？无需进一步配置，解决方案有两种：

- 首先启动 DR，再启动 BDR，然后启动其他所有路由器。
- 关闭所有路由器上的接口，然后在 DR 上执行 **no shutdown** 命令，再在 BDR 上执行该命令，随后在其他所有路由器上执行该命令。

但您可能已经猜到，我们可以通过更改 OSPF 优先级来更好地控制 DR/BDR 选择。

11.6.3 OSPF 接口优先级

由于 DR 成为 LSA 的集散中心，所以它必须具有足够的 CPU 和存储性能才能担此重任。与其依赖路由器 ID 来确定 DR 和 BDR 的选择结果，不如使用 `ip ospf priority` 接口命令来控制选择。

```
Router(config-if)#ip ospf priority {0 - 255}
```

在前述讨论中，各台路由器的 OSPF 优先级相等，原因在于所有路由器接口的优先级值默认为 1，因此通过路由器 ID 来确定 DR 和 BDR。但如果将该值从默认值 1 改为更高的值，则具有最高优先级的路由器将成为 DR，具有第二高优先级的路由器将成为 BDR。若该值为 0，则该路由器不具备成为 DR 或 BDR 的资格。

因为优先级是与具体接口相关的值，因此可更好地控制 OSPF 多路访问网络。它们还允许一台路由器在一个网络中充当 DR，同时在另一个网络中充当其他 OSPF 路由器。

为简化讨论，我们从拓扑中删除了 RouterD，如图 11-25 所示。

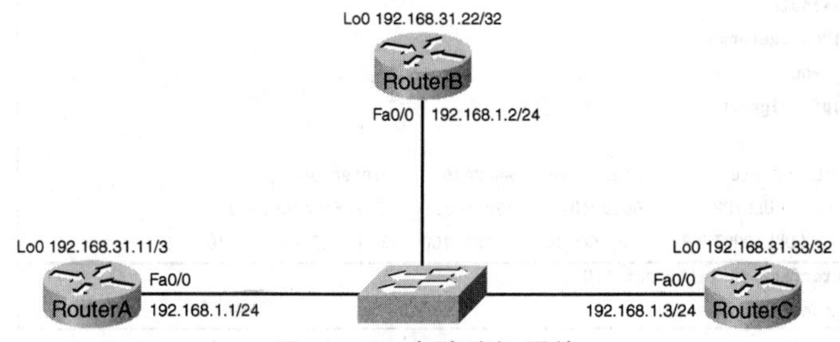

图 11-25 多路访问网络

可使用 show ip ospf interface 命令查看 OSPF 接口优先级。在示例 11-22 中，我们可看到 RouterA 上的优先级被设为默认值 1。

示例 11-22 用 show ip ospf interface 命令校验优先级

```
RouterA#show ip ospf interface fastethernet 0/0
FastEthernet0/0 is up, line protocol is up
  Internet Address 192.168.1.1/24, Area 0
  Process ID 1, Router ID 192.168.31.11, Network Type BROADCAST, Cost: 1
  Transmit Delay is 1 sec, State DROTHER, Priority 1
  Designated Router (ID) 192.168.31.33, Interface address 192.168.1.3
  Backup Designated router (ID) 192.168.31.22, Interface address 192.168.1.2
  Timer intervals configured, Hello 10, Dead 40, Wait 40, Retransmit 5
    oob-resync timeout 40
    Hello due in 00:00:06
  Supports Link-local Signaling (LLS)
  Index 1/1, flood queue length 0
  Next 0x0(0)/0x0(0)
  Last flood scan length is 0, maximum is 1
  Last flood scan time is 0 msec, maximum is 0 msec
  Neighbor Count is 2, Adjacent neighbor count is 2
    Adjacent with neighbor 192.168.31.22 (Backup Designated Router)
    Adjacent with neighbor 192.168.31.33 (Designated Router)
  Suppress hello for 0 neighbor(s)
```

示例 11-23 显示 RouterA 和 RouterB 的 OSPF 优先级被修改，因此具有最高优先级的 RouterA 成为 DR，RouterB 则成为 BDR。RouterC 上的 OSPF 接口优先级保持为默认值 1。

示例 11-23 修改 OSPF 接口优先级

```
RouterA(config)#interface fastethernet 0/0
RouterA(config-if)#ip ospf priority 200
----------------------------------------
RouterB(config)#interface fastethernet 0/0
RouterB(config-if)#ip ospf priority 100
```

示例 11-24 显示强制选择的过程。当在所有 3 台路由器的 FastEthernet 0/0 接口上按顺序执行 shutdown 和 no shutdown 命令后，即可看到 OSPF 接口优先级改变所带来的结果。

示例 11-24 强制选择 DR/BDR

```
RouterA(config)#interface fastethernet 0/0
RouterA(config-if)#shutdown
RouterA(config-if)#no shutdown
RouterA(config-if)#end
RouterA#show ip ospf neighbor

Neighbor ID     Pri   State          Dead Time   Address         Interface
192.168.31.22   100   FULL/BDR       00:00:30    192.168.1.2     FastEthernet0/0
192.168.31.33     1   FULL/DROTHER   00:00:30    192.168.1.3     FastEthernet0/0
----------------------------------------
RouterB(config)#interface fastethernet 0/0
RouterB(config-if)#shutdown
RouterB(config-if)#no shutdown
RouterB(config-if)#end
RouterB#show ip ospf neighbor

Neighbor ID     Pri   State          Dead Time   Address         Interface
192.168.31.11   200   FULL/DR        00:00:37    192.168.1.1     FastEthernet0/0
192.168.31.33   1     FULL/DROTHER   00:00:38    192.168.1.3     FastEthernet0/0
----------------------------------------
RouterC(config)#interface fastethernet 0/0
RouterC(config-if)#shutdown
```

（待续）

```
RouterC(config-if)#no shutdown
RouterC(config-if)#end
RouterC#show ip ospf neighbor

Neighbor ID     Pri   State        Dead Time    Address       Interface
192.168.31.22   100   FULL/BDR     00:00:32     192.168.1.2   FastEthernet0/0
192.168.31.11   200   FULL/DR      00:00:31     192.168.1.1   FastEthernet0/0
```

RouterC 上的 **show ip ospf neighbor** 命令现在显示 RouterA（路由器 ID 为 192.168.31.11）是 DR，其 OSPF 接口优先级最高，为 200；RouterB（路由器 ID 为 192.168.31.22）仍是 BDR，其 OSPF 接口优先级第二高，为 100。请注意 RouterA 的 **show ip ospf neighbor** 命令输出中未显示 DR，因为 RouterA 就是此网络中的 DR。

配置 OSPF 接口优先级不能解决第一台启动的路由器成为 DR 的问题。

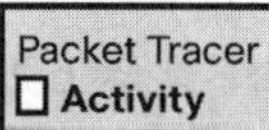

确定 DR 和 BDR（11.4.3） 当您打开 Packet Tracer 文件，会注意到交换机的链路灯都是棕黄色。所有路由器连接到中间的交换机。在交换机确认所连接的是路由器的过程中，链路灯会保持 50 秒的棕黄色。避免环路的技术在另外的课程中讲述。现在，您只要知道 OSPF 收敛会花费一定时间即可。本练习中，您将观察当前的 DR 和 BDR 及角色的转变，然后通过改变优先级，强制转换为新的角色。在练习中提供更详细的指令。你可以使用本书附带的 CD-ROM 上的文件 e2-1143.pka 利用 Packet Tracer 完成本练习。

11.7 更多 OSPF 配置

前一节讨论了基本 OSPF 的配置。下面讨论其他 OSPF 配置命令，包括重发布默认路由、修改参考带宽、修改计时器。

11.7.1 重分布 OSPF 默认路由

像其他路由协议一样，OSPF 可以传播默认路由。

拓扑

如图 11-26 所示，让我们恢复使用之前的拓扑，并添加一条通向 ISP 的链路。

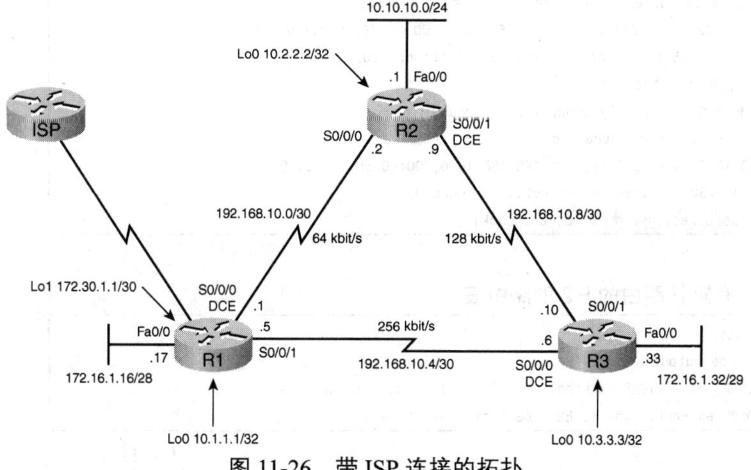

图 11-26 带 ISP 连接的拓扑

就像在 RIP 和 EIGRP 中一样，连接到 Internet 的路由器用于向 OSPF 路由域内的其他路由器传播默认路由。此路由器有时也称为边界路由器、入口路由器或网关路由器。然而，在 OSPF 术语中，位于 OSPF 路由域和非 OSPF 网络间的路由器称为***自治系统边界路由器（ASBR）***。在本拓扑中，Loopback1（Lo1）代表一条通向非 OSPF 网络的链路。我们不会将网络 172.30.1.1/30 配置为 OSPF 路由过程的一部分。

示例 11-25 中，ASBR（R1）配置有 Loopback1 IP 地址和静态默认路由，可向 ISP 路由器转发流量。

示例 11-25　ASBR 的静态默认路由配置

```
R1(config)#interface loopback 1
R1(config-if)#ip add 172.30.1.1 255.255.255.252
R1(config-if)#exit
R1(config)#ip route 0.0.0.0 0.0.0.0 loopback 1
R1(config)#router ospf 1
R1(config-router)#default-information originate
```

注　静态默认路由使用环回接口作为送出接口，原因在于本拓扑中的 ISP 路由器实际上并不存在。我们可以通过使用环回接口来模拟与其他路由器的连接。

与 RIP 相似，OSPF 需要使用 **default-information originate** 命令来将 0.0.0.0/0 静态默认路由通告给区域内的其他路由器。如果未使用 `default-information originate` 命令，则不会将默认的“全零”路由传播给 OSPF 区域内的其他路由器。

示例 11-26、11-27 和 11-28 显示 R1、R2 和 R3 的路由表。3 台路由器在路由表中都设置了“gateway of last resort”。

示例 11-26　有默认路由的路由表

```
R1#show ip route
Codes: <some code output omitted>
       D - EIGRP, EX - EIGRP external, O - OSPF, IA - OSPF inter area
       E1 - OSPF external type 1, E2 - OSPF external type 2

Gateway of last resort is 0.0.0.0 to network 0.0.0.0

     192.168.10.0/30 is subnetted, 3 subnets
C       192.168.10.0 is directly connected, Serial0/0/0
C       192.168.10.4 is directly connected, Serial0/0/1
O       192.168.10.8 [110/1171] via 192.168.10.6, 00:00:58, Serial0/0/1
     172.16.0.0/16 is variably subnetted, 2 subnets, 2 masks
O       172.16.1.32/29 [110/391] via 192.168.10.6, 00:00:58, Serial0/0/1
C       172.16.1.16/28 is directly connected, FastEthernet0/0
     172.30.0.0/30 is subnetted, 1 subnets
C       172.30.1.0 is directly connected, Loopback1
     10.0.0.0/8 is variably subnetted, 2 subnets, 2 masks
O       10.10.10.0/24 [110/1172] via 192.168.10.6, 00:00:58, Serial0/0/1
C       10.1.1.1/32 is directly connected, Loopback0
S*   0.0.0.0/0 is directly connected, Loopback1
```

示例 11-27　有默认路由的 R2 的路由表

```
R2#show ip route
Codes: <some code output omitted>
       D - EIGRP, EX - EIGRP external, O - OSPF, IA - OSPF inter area
       E1 - OSPF external type 1, E2 - OSPF external type 2
```

（待续）

```
Gateway of last resort is 192.168.10.10 to network 0.0.0.0

    192.168.10.0/30 is subnetted, 3 subnets
C      192.168.10.0 is directly connected, Serial0/0/0
O      192.168.10.4 [110/1171] via 192.168.10.10, 00:00:25, Serial0/0/1
C      192.168.10.8 is directly connected, Serial0/0/1
    172.16.0.0/16 is variably subnetted, 2 subnets, 2 masks
O      172.16.1.32/29 [110/782] via 192.168.10.10, 00:00:25, Serial0/0/1
O      172.16.1.16/28 [110/1172] via 192.168.10.10, 00:00:25, Serial0/0/1
    10.0.0.0/8 is variably subnetted, 2 subnets, 2 masks
C      10.2.2.2/32 is directly connected, Loopback0
C      10.10.10.0/24 is directly connected, FastEthernet0/0
O*E2 0.0.0.0/0 [110/1] via 192.168.10.10, 00:00:13, Serial0/0/1
```

示例 11-28 有默认路由的 R3 的路由表

```
R3#show ip route
Codes: <some code output omitted>
       D - EIGRP, EX - EIGRP external, O - OSPF, IA - OSPF inter area
       E1 - OSPF external type 1, E2 - OSPF external type 2

Gateway of last resort is 192.168.10.5 to network 0.0.0.0

    192.168.10.0/30 is subnetted, 3 subnets
O      192.168.10.0 [110/1952] via 192.168.10.5, 00:00:38, Serial0/0/0
C      192.168.10.4 is directly connected, Serial0/0/0
C      192.168.10.8 is directly connected, Serial0/0/1
    172.16.0.0/16 is variably subnetted, 2 subnets, 2 masks
C      172.16.1.32/29 is directly connected, FastEthernet0/0
O      172.16.1.16/28 [110/391] via 192.168.10.5, 00:00:38, Serial0/0/0
    10.0.0.0/8 is variably subnetted, 2 subnets, 2 masks
C      10.3.3.3/32 is directly connected, Loopback0
O      10.10.10.0/24 [110/782] via 192.168.10.9, 00:00:38, Serial0/0/1
O*E2 0.0.0.0/0 [110/1] via 192.168.10.5, 00:00:27, Serial0/0/0
```

请注意，R2 和 R3 的默认路由的路由来源为 OSPF，但带有一个额外代码 E2。对于 R2，该路由为：

```
O*E2 0.0.0.0/0 [110/1] via 192.168.10.10, 00:05:34, Serial0/0/1
```

E2 表示此路由为一条 OSPF 第 2 类外部路由。

OSPF 外部路由分为以下两类：第 1 类外部路由（E1）和第 2 类外部路由（E2）。两种类型的差异在于路由的 OSPF 开销在每台路由器上的计算方式不同。当 E1 路由在整个 OSPF 区域内传播时，OSPF 会累计路由的开销。此过程与普通 OSPF 内部路由的计算过程相同。然而，E2 路由的开销却始终是外部开销，而与通向该路由的内部开销无关。在本拓扑中，因为路由器 R1 的默认路由的外部开销是 1，所以 R2 和 R3 默认 E2 路由显示的开销也是 1。开销为 1 的 E2 路由是默认的 OSPF 配置。这些默认值的更改方法以及其他外部路由信息在 CCNP 课程中讨论。

11.7.2 微调 OSPF

下面讨论修改参考带宽和计时器。在修改默认值时，一定要理解因果关系，在适当的路由器上添加这些命令。

一、参考带宽

你应该记得，思科 OSPF 开销使用累积带宽。每个接口的带宽值根据“100000000/带宽”算得。

100000000 或 10^8 称为参考带宽。

因此，当将实际带宽转换为开销度量时，100000000 是默认的参考带宽。在前面学习中得知，现在出现了比快速以太网快得多的链路，例如吉比特以太网和 10GigE。使用 100000000 作为参考带宽会导致带宽值等于或大于 100Mbit/s 的接口具有相同的 OSPF 开销值 1。

为获得更准确的开销计算结果，可能需要调整参考带宽值。可使用 OSPF 命令 auto-cost reference-bandwidth 修改参考带宽，以适应这些更快链路的要求。

```
R1(config-router)#auto-cost reference-bandwidth ?
1-4294967 The reference bandwidth in terms of Mbits per second.
```

如果需要使用此命令，请同时用在所有路由器上，以使 OSPF 路由度量保持一致。

请注意该值的单位为 Mbit/s。因此，默认值等于 100。要将其增大到 10GigE（10Gbit/s 以太网）的速率，需要将参考带宽更改为 10000。

```
R1(config-router)#auto-cost reference-bandwidth 10000
```

同样，请确保在 OSPF 路由域内的所有路由器上配置此命令。思科 IOS 也会提醒您这一点，如示例 11-29 所示。

示例 11-29 配置参考带宽

```
R1(config-if)#router ospf 1
R1(config-router)#auto-cost reference-bandwidth ?
  <1-4294967> The reference bandwidth in terms of Mbits per second

R1(config-router)#auto-cost reference-bandwidth 10000
% OSPF: Reference bandwidth is changed.
        Please ensure reference bandwidth is consistent across all routers.
R2(config-if)#router ospf 1
R2(config-router)#auto-cost reference-bandwidth 10000
% OSPF: Reference bandwidth is changed.
        Please ensure reference bandwidth is consistent across all routers.
R3(config-if)#router ospf 1
R3(config-router)#auto-cost reference-bandwidth 10000
% OSPF: Reference bandwidth is changed.
        Please ensure reference bandwidth is consistent across all routers.
```

示例 11-30 中，R1 的路由表显示出 OSPF 开销度量的改变。

示例 11-30 R1 路由表：调整为新的参考带宽后的开销度量

```
R1#show ip route
Codes: <some code output omitted>
       D - EIGRP, EX - EIGRP external, O - OSPF, IA - OSPF inter area
         E1 - OSPF external type 1, E2 - OSPF external type 2

Gateway of last resort is 0.0.0.0 to network 0.0.0.0

     192.168.10.0/30 is subnetted, 3 subnets
C       192.168.10.0 is directly connected, Serial0/0/0
C       192.168.10.4 is directly connected, Serial0/0/1
O       192.168.10.8 [110/104597] via 192.168.10.6, 00:01:33, Serial0/0/1
     172.16.0.0/16 is variably subnetted, 2 subnets, 2 masks
O       172.16.1.32/29 [110/39162] via 192.168.10.6, 00:01:33, Serial0/0/1
C       172.16.1.16/28 is directly connected, FastEthernet0/0
```

（待续）

```
    172.30.0.0/30 is subnetted, 1 subnets
C       172.30.1.0 is directly connected, Loopback1
    10.0.0.0/8 is variably subnetted, 2 subnets, 2 masks
O       10.10.10.0/24 [110/65635] via 192.168.10.2, 00:01:33, Serial0/0/0
C       10.1.1.1/32 is directly connected, Loopback0
S* 0.0.0.0/0 is directly connected, Loopback1
```

请注意，现在 OSPF 路由的开销值比示例 11-26 中显示的大得多了。例如，在示例 11-29 中参考带宽更改前，到 10.10.10.0/24 的开销为 1172。配置新的参考带宽后，在示例 11-30 中相同路由的开销为 65635。

二、修改 OSPF 间隔

示例 11-31 中，R1 上的 **show ip ospf neighbor** 命令确认 R1 与 R2 和 R3 相邻。请注意，在输出中，Dead 间隔从 40 秒开始倒计时。默认情况下，当 R1 收到邻居每隔 10 秒发来的 Hello 数据包时，此值被重置。

示例 11-31 用 show ip ospf neighbor 命令校验 Dead 间隔

```
R1#show ip ospf neighbor

Neighbor ID     Pri  State        Dead Time   Address         Interface
10.3.3.3          0  FULL/ -      00:00:35    192.168.10.6    Serial0/0/1
10.2.2.2          0  FULL/ -      00:00:36    192.168.10.2    Serial0/0/0
```

可能需要更改 OSPF 计时器以使路由器更快地检测到网络故障。这样做会增加流量，但有时需要快速收敛，即使导致额外的流量也在所不惜。在修改任何默认值之前，一定要仔细考虑，并充分理解修改可能带来的影响。

可使用下列接口命令手工修改 OSPF Hello 间隔和 Dead 间隔：

```
Router(config-if)#ip ospf hello-interval seconds
Router(config-if)#ip ospf dead-interval seconds
```

示例 11-32 显示将 R1 的 Serial 0/0/0 接口上的 Hello 间隔和 Dead 间隔分别被修改为 5s 和 20s。

示例 11-32 修改 R1 的 Hello 间隔和 Dead 间隔

```
R1(config)#interface serial 0/0/0
R1(config-if)#ip ospf hello-interval 5
R1(config-if)#ip ospf dead-interval 20
R1(config-if)#end

<Wait 20 seconds for IOS message>

%OSPF-5-ADJCHG: Process 1, Nbr 10.2.2.2 on Serial0/0/0 from FULL to DOWN, Neighbor Down:
Dead time expired
```

更改 Hello 间隔之后，思科 IOS 立即自动将 Dead 间隔修改为 Hello 间隔的 4 倍。然而，最好是显式修改该计时器，而不要依赖思科 IOS 的自动功能，因为手工修改可使修改情况记录在配置中。

20 秒之后，R1 上的 Dead 间隔到期。R1 和 R2 失去了邻接关系。我们仅在 R1 和 R2 之间串行链路的一端修改了间隔值。

```
%OSPF-5-ADJCHG: Process 1, Nbr 10.2.2.2 on Serial0/0/0 from FULL to DOWN, Neighbor Down:
   Dead timer expired
```

请记住，邻居的 OSPF Hello 间隔和 Dead 间隔必须相同。你可在 R1 上使用 show ip ospf neighbor 命令验证邻接关系已失去，如示例 11-33 所示。

示例 11-33 R1 失去与 R2 的邻接关系

```
R1#show ip ospf neighbor

Neighbor ID     Pri State           Dead Time   Address         Interface
10.3.3.3          0 FULL/  -        00:00:35    192.168.10.6    Serial0/0/1
```

请注意，邻居 10.2.2.2 已不再出现。但 10.3.3.3（即 R3）仍是邻居。Serial 0/0/0 接口上的计时器设置不影响与 R3 的邻接关系。

示例 11-34 显示可在 R2 上使用 show ip ospf interface serial 0/0/0 命令验证 Hello 间隔和 Dead 间隔不匹配的情况。

示例 11-34 用 show ip ospf interface 命令验证 Hello 间隔和 Dead 间隔

```
R2#show ip ospf interface serial 0/0/0
Serial0/0/0 is up, line protocol is up
  Internet Address 192.168.10.2/30, Area 0
  Process ID 1, Router ID 10.2.2.2, Network Type POINT_TO_POINT, Cost: 65535
  Transmit Delay is 1 sec, State POINT_TO_POINT,
  Timer intervals configured, Hello 10, Dead 40, Wait 40, Retransmit 5
    oob-resync timeout 40
    Hello due in 00:00:09
  Supports Link-local Signaling (LLS)
  Index 2/2, flood queue length 0
  Next 0x0(0)/0x0(0)
  Last flood scan length is 1, maximum is 1
  Last flood scan time is 0 msec, maximum is 0 msec
  Neighbor Count is 0, Adjacent neighbor count is 0
  Suppress hello for 0 neighbor(s)
```

R2（路由器 ID 为 10.2.2.2）上的间隔值仍然设为：Hello 间隔为 10 秒，Dead 间隔为 40 秒。

要恢复 R1 和 R2 的邻接关系，请在 R2 的 Serial 0/0/0 接口修改 Hello 间隔和 Dead 间隔，使其与 R1 的 Serial 0/0/0 接口上的相应间隔值匹配。如示例 11-35 所示。

示例 11-35 通过配置 Hello 间隔和 Dead 间隔恢复与 R2 的邻接关系

```
R2(config)#interface serial 0/0/0
R2(config-if)#ip ospf hello-interval 5
R2(config-if)#ip ospf dead-interval 20
R2(config-if)#end
%OSPF-5-ADJCHG: Process 1, Nbr 10.1.1.1 on Serial0/0/0 from LOADING to FULL,
 Loading Done
```

思科 IOS 显示一条消息，表明已建立邻接关系，且状态变为 FULL。

示例 11-36 在 R1 上使用 show ip ospf neighbor 命令验证邻接关系已恢复。

例 11-36 用 show ip ospf neighbor 命令验证邻接关系已恢复

```
R1#show ip ospf neighbor

Neighbor ID   Pri    State          Dead Time    Address         Interface
10.3.3.3        0    FULL/  -       00:00:36     192.168.10.6    Serial0/0/1
10.2.2.2        0    FULL/  -       00:00:17     192.168.10.2    Serial0/0/0
```

请注意，Serial 0/0/0 接口的 Dead 间隔现在低得多了，因为它现在从 20 秒而非默认的 40 秒开始倒计时。Serial 0/0/1 仍然使用默认计时器工作。

注 OSPF 要求两台路由器匹配 Hello 间隔和 Dead 间隔才能形成邻接关系。这与 EIGRP 不同，两台路由器的 Hello 计时器和抑制计时器无需匹配，即可形成 EIGRP 邻接关系。

Packet Tracer
☐ Activity

默认路由和微调 OSPF（11.5.2） 使用 Packet Tracer 练习来配置默认路由并在 OSPF 路由过程中传播该路由。此外，练习更改参考带宽以及 Hello 间隔和 Dead 间隔。在练习中会提供更详细的指令。你可以使用随书附带的 CD-ROM 上的文件 e2-1152.pka 利用 Packet Tracer 完成本练习。

11.8 总结

OSPF 协议是一种无类的链路状态路由协议。用于 IPv4 的 OSPF 的现行版本为 OSPFv2，该版本由 John Moy 在 RFC 1247 中引入，并在 RFC 2328 中更新。1999 年，用于 IPv6 的 OSPFv3 在 RFC 2740 中发布。

OSPF 的默认管理距离为 110，在路由表中采用路由来源代码 O 表示。OSPF 通过 router ospf process-id 全局配置命令来启用。进程 ID 仅在本地有效，这意味着路由器之间建立邻接关系时无需匹配该值。

OSPF 中的 `network` 命令与其他 IGP 路由协议中的 network 命令具有相同的功能，但语法稍有不同。

```
Router(config-router)#network network-address wildcard-mask area area-id
```

wildcard-mask 为子网掩码的反码，且 *area-id* 应该与区域内的路由器相匹配。虽然区域 ID 可使用任何值，但在单域 OSPF 中应为 0。

OSPF 不使用传输层协议，原因在于 OSPF 数据包直接通过 IP 发送。OSPF 使用 OSPF Hello 数据包来建立邻接关系。默认情况下，在多路访问网段（以太网）和点对点网段中每 10 秒发送一次 OSPF Hello 数据包，而在非广播多路访问（NBMA）网段（帧中继、X.25 或 ATM）中则每 30 秒发送一次 OSPF Hello 数据包。Dead 间隔是 OSPF 路由器在与邻居结束邻接关系前等待的时长。默认情况下 Dead 间隔是 Hello 间隔的 4 倍。对于多路访问网段和点对点网段，此时长为 40s，对于 NBMA 网络则为 120s。

两台路由器的 Hello 间隔、Dead 间隔、网络类型和子网掩码必须匹配，才能建立邻接关系。`show ip ospf neighbors` 命令可用于检验 OSPF 邻接关系。

OSPF 路由器 ID 用于唯一标识 OSPF 路由域内的每台路由器。思科路由器按下列顺序根据下列 3 个条件得出路由器 ID：

1. 使用通过 OSPF `router-id` 命令配置的 IP 地址。
2. 如果未配置路由器 ID，则路由器会选择其所有环回接口的最高 IP 地址。
3. 如果未配置环回接口，则路由器会选择其所有物理接口的最高活动 IP 地址。

RFC 2328 并未指定使用哪些值来确定开销。思科 IOS 使用从路由器到目的网络沿途的传出接口的累积带宽作为开销值。

多路访问网络对 OSPF 的 LSA 泛洪过程提出了两项挑战：创建多边邻接关系（每对路由器都存在一项邻接关系）和大量泛洪 LSA（链路状态通告）。在多路访问网络中，OSPF 选择出一个 DR（指定路由器）充当 LSA 的集散点。还选择出一个 BDR（备份指定路由器），以在 DR 故障时接替其角色。其他所有路由器都称为其他 OSPF 路由器。所有路由器将各自的 LSA 发送给 DR，然后由 DR 将该 LSA 泛洪给该多路访问网络中的其他所有路由器。

具有最高路由器 ID 的路由器是 DR，具有第二高路由器 ID 的路由器则是 BDR。可通过在该接口上执行 `ip ospf priority` 命令使此规则失效。默认情况下，所有多路访问接口上的 `ip ospf priority` 均为“1”。如果一个路由器配置有新的优先级值，则具有最高优先级值的路由器是 DR，第二高则是 BDR。若优先级值为 0，则该路由器不具备成为 DR 或 BDR 的资格。

默认路由在 OSPF 中的传播方式与在 RIP 中相似。OSPF 路由器模式命令 `default-information originate` 用于传播静态默认路由。

`show ip protocols` 命令用于检验重要的 OSPF 配置信息，其中包括 OSPF 进程 ID、路由器 ID 和路由器正在通告的网络。

11.9 检查你的理解

完成下面所有的复习题来检测一下你对于本章中的主题和概念的理解。附录“检查你的理解和挑战性问题的答案”列出答案。

1. 下面哪项关于路由协议中使用的链路状态路由算法是正确的？（选 3 项）

A. 都被认为是链路状态路由协议

B. 它们学习路由并发送给直连邻居

C. 它们维护网络拓扑数据库

D. 基于 Dijkstra 算法

E. 对于有末端路由器的小型网络是一种好的选择

2. 将 OSPF 的描述与合适的术语匹配。

OSPF 描述：

建立和维护邻接关系

当拓扑变化时触发

接口描述和与其他路由器的关系

为每个目的网络计算最佳路径

OSPF 术语：

A. LSA

B. 链路状态

C. SPF 算法换

D. Hello 数据包

3. 在配置 OSPF 时网络管理员使用环回接口的原因是什么？

A. 环回接口是逻辑接口，不会失效

B. 只有环回地址可以用作 OSPF 的路由器 ID

C. 环回接口用于设置 OSPF 度量

D. 环回地址用于路由器 ID，高于物理接口的 IP 地址值

E. OSPF 通过环回地址启动错误检查

F. 环回地址高于配置的路由器优先级值

4. 在以下哪种网络类型中，OSPF 不选择指定路由器？（选 2 项）

A. 点到点

B. 点到多点

C. 广播多路访问

D. 非广播多路访问

5. 网络管理员输入 `router ospf 100` 命令。命令中数字 100 的作用是什么?

A. 自治系统编号

B. 度量

C. 进程 ID

D. 管理距离

6. 运行 OSPF 的路由器中，在串口上输入 **bandwidth 56** 命令的作用是什么?

A. 改变开销值

B. 仅有说明功能

C. 将接口的吞吐量修改为 56kbit/s

D. 对 DUAL 算法是必要的

7. 思科 OSPF 使用哪项选择最佳路由?

A. 运行时间

B. 可靠性

C. 带宽

D. 负载

E. 最小跳数

8. 哪个命令使路由器通过 OSPF 通告默认静态路由?

A. **redistribute static**

B. **network 0.0.0.0 0.0.0.0 area 0**

C. **default-information originate**

D. 默认路由仅作用于本地，不能用 OSPF 通告

9. 在 OSPF DR/BDR 选择过程中，在参加的 OSPF 路由器有相同的接口优先级情况下，什么用于确定 DR 或 BDR?

A. 最高的 OSPF 进程 ID

B. 最低的接口 IP 地址

C. 最低的接口开销

D. 路由器 ID

10. 对 OSPF，哪种数据包类型是无效的?

A. Hello

B. LRU

C. LSR

D. LSAck

E. DBD

11. 在 `router ospf` 命令中，进程 ID 是否需要所有路由器匹配?

12. 给出如下配置，Router A 的路由器 ID 是什么?

```
RouterA(config)#interface serial 0/0/0
RouterA(config-if)#ip add 192.168.2.1 255.255.255.252
RouterA(config)#interface loopback 0
RouterA(config-if)#ip add 10.1.1.1 255.255.255.255
RouterA(config)#router ospf 1
RouterA(config-if)#network 192.168.2.0 0.0.0.3 area 0
```

13. 哪个命令可以让您校验和确定 OSPF 度量所使用的接口带宽值?

14. 哪个命令可以让您修改 OSPF 的接口开销而无需修改接口带宽值?

15. 在以太网和串行点到点网络中的默认 Hello 间隔是多少？在 NBMA 网络中的默认 Hello 间隔是多少？

16. 两台路由器形成 OSPF 邻接关系之前，什么值要匹配？

17. DR 和 BDR 的选择解决什么问题？

18. DR 和 BDR 是如何选择的？

11.10 挑战的问题和实践

这些问题需要对本章涉及的概念有更深入的了解，并且问题的形式类似于 CCNA 认证考试。你可在附录"检查你的理解和挑战性问题的答案"中找到答案。

1. 当 DR 故障，新的 DR 如何确定？

2. 在已经有了 DR 和 BDR 的网络中，添加一个新的具有更高 OSPF 接口优先级的路由器，会发生什么？

3. 当 OSPF 接口优先级设为 0 时代表什么意思？

4. 使用 OSPF 传播默认路由必须用什么命令？

11.11 知识拓展

RFC 2328 OSPF 第 2 版

RFC 是提交给 IETF（Internet 工程任务组）的一系列文档，其中包括有关 Internet 标准的建议，或者一些新的概念、信息，甚至偶尔还会包括幽默的内容。RFC 2328 是 OSPFv2 的现行 RFC。

RFC 可在包括 www.ietf.org 在内的几个网站上找到。请阅读全部或部分 RFC OSPF，以进一步了解此无类链路状态路由协议。

多区域 OSPF

OSPF 的一些真正优势（特别是在大型网络中的优势）体现在多区域 OSPF 上。多区域 OSPF 的内容在 CCNP 课程中有所论述，但您可能现在就想了解一点这些新概念。

推荐的资源：

- 《Routing TCP/IP》第一卷，Jeff Doyle 和 Jennifer Carroll 著。
- 《OSPF, Anatomy of an Internet Routing Protocol》，John Moy 著。